普通高校"十二五"规划教材

EDA 技术及应用教程

刘艳萍　高振斌　主编

北京航空航天大学出版社

内 容 简 介

本书根据工程设计、课堂教学和实验教学的要求,以提高实际工程设计能力为目的,对 EDA 技术和相关知识做了系统和完整的介绍；重点讲述了硬件描述语言(VHDL)及用 VHDL 语言设计数字逻辑电路和数字系统的方法；这是电子系统设计方法上的一次革命性的变化,也是 21 世纪的电子工程师必须掌握的专门知识。

全书分为"理论篇"和"实践篇",共 9 章。"理论篇"详细介绍了 EDA 技术的基本知识、目标器件的结构原理、设计输入方法、VHDL 的设计优化和逻辑综合、综合开发平台以及 EDA 技术的典型应用,每章都配有习题。"实践篇"介绍了常用的 EDA 技术工具的使用方法、实验内容和 FPGA 硬件系统设计。实验内容包含基础性实验、综合性实验和设计性实验三部分,每一个实验后面都有拓展性的思考题,给学习者足够的思考空间和创造空间。

本书可以作为高等院校电子工程、通信、工业自动化、计算机应用技术等学科的本科生或研究生的电子设计或 EDA 技术课程的教材和实验指导书,也可作为相关专业技术人员的参考书。

图书在版编目(CIP)数据

EDA 技术及应用教程 /刘艳萍,高振斌主编. -- 北京：北京航空航天大学出版社,2012.8
ISBN 978-7-5124-0871-5

Ⅰ.①E… Ⅱ.①刘…②高… Ⅲ.①电子电路—电路设计—计算机辅助设计—高等学校—教材 Ⅳ.①TM702

中国版本图书馆 CIP 数据核字(2012)第 157755 号

版权所有,侵权必究。

EDA 技术及应用教程
刘艳萍　高振斌　主编
责任编辑　金友泉

*

北京航空航天大学出版社出版发行

北京市海淀区学院路 37 号(邮编 100191)　http://www.buaapress.com.cn
发行部电话：(010)82317024　传真：(010)82328026
读者信箱：goodtextbook@126.com　邮购电话：(010)82316936
北京建宏印刷有限公司印装　各地书店经销

*

开本：787×1 092　1/16　印张：23.75　字数：608 千字
2012 年 8 月第 1 版　2021 年 12 月第 5 次印刷　印数 4001～4300 册
ISBN 978-7-5124-0871-5　定价：42.00 元

若本书有倒页、脱页、缺页等印装质量问题,请与本社发行部联系调换。联系电话：(010)82317024

前 言

  随着 VLSI(超大规模集成电路)的发展,涉及诸多领域的现代电子设计技术亦迈入一个全新的阶段。目前电子系统的设计可以直接面向用户需求,根据系统的行为和功能要求,自上至下地逐层完成相应的描述、综合、优化、仿真与验证,直到生成器件。上述设计过程除了系统行为和功能描述之外,其余所有设计过程几乎都可以用计算机自动完成,真正做到了电子设计自动化(EDA)。有专家预言,未来的电子技术将是 EDA 技术时代。为了适应时代,各大 VLSI 厂商纷纷推出各种系列的大规模和超大规模 FPGA 和 CPLD 产品。其性能提高之快、品种之多让人应接不暇。Xilinx 公司、Altera 公司和 Lattice 公司相继推出了多种高性能的 FPGA/CPLD 芯片,器件规模已进入千万门的行列,并且内嵌多种 IP 核。与此相适应,世界各大 EDA 公司相继推出各类高性能的 EDA 工具软件,使 EDA 技术成为当代电子设计技术发展的大趋势。

  电子设计自动化(EDA)的关键技术之一是要求用形式化方法来描述电子系统的硬件电路,即使用硬件描述语言(HDL)来描述硬件电路。VHDL 作为 IEEE 标准的硬件描述语言和 EDA 的重要组成部分,经过 20 多年的发展、应用和完善,以其强大的系统描述能力、规范的程序设计结构、灵活的语句表达风格和多层次的仿真测试手段,受到业界的普遍认同和广泛的接受,成为现代 EDA 领域的首选硬件设计计算机语言,而且目前流行的 EDA 工具软件全部支持 VHDL。因此,EDA 技术和 VHDL 语言必将成为高等教育中电类专业知识结构的重要组成部分。

  与一般的高级语言相比,VHDL 的学习具有更强的实践性,所涉及的内容和工具比较多。类似传统软件编程语言的语法语句和编程联系的学习已经不足以掌握 VHDL。因此本书从实际的应用出发,以实用和可操作性为基础,以初步掌握 EDA 技术和具有 VHDL 开发能力为目标,始终围绕一个主题:学以致用。

  系统性和实用性是本书的特点。本书共分为两篇,第一篇是理论篇,第二篇为实践篇,是理论和实践相结合。理论篇包含第 1~6 章,实践篇包含第 7~9 章。第 1 章简述了 EDA 技术的基本知识以及数字系统硬件设计的方法。第 2 章和第 3 章详细介绍了 VHDL 语言的基本知识。第 4 章针对数字系统的典型电路和设计方法给出了相应的 VHDL 设计方法和 VHDL 描述程序。第 5 章借助实际系统设计讲述层次化的系统设计方法和 SOPC 设计的概念。第 6 章介绍了 EDA 目标器件及 EDA 技术的另一重要组成部分仿真与综合的过程和设计实现与优化。第 7 章首先以向导的方式介绍了目前较流行的基于 PC 的 EDA 工具软件 ISE 的使用。第 8 章重点放在 VHDL 开发与应用;首先借助一个 VHDL 设计实例,以向导的方式从编辑、编译、仿真、适配到配置下载和硬件测试,向读者完整的展示了 ISE 软件的各项主要功能使用的全过程,比较适合 EDA 工具的速成式自学;本章设置的实验分为基本性逻辑电路实验、综合性实验和设计性实验三部分,除给出详细的实验目的、实验原理、设计提示、实验报告要求外,附录 B 中还提供了前两部分的参考程序;教师可以根据实验学时和教学实验的要求布置不同层次的实验项目。第 9 章围绕 FPGA 的硬件系统设计,该部分基本涵盖了 FPGA 外围接口电路的设计。另外,附录 A 中给出了 Quartus Ⅱ 9.0 简明教程,使得采用以 Altera 公司 FPGA 为核心器件的实验设备的学校也可以使用本教材。所有的参考程序均可以移植到不同的 EDA 实验系统实现。

本书第一篇由刘艳萍主编;第二篇由高振斌主编。其中第 1~3 章由刘艳萍教授编写,第 4~5 章由刘艳萍和伍萍辉老师编写,第 6 章由高振斌和张艳老师编写,第七章由高振斌和王杨老师编写,第八章由韩力英和王杨老师编写,第 9 章由高振斌老师编写。

本书在编写过程中引用了诸多学者和专家的著作中的研究成果,在此向他们表示衷心的感谢。同时也向热情支持和关心该书的同仁,北京航空航天大学出版社的领导、编辑和工作人员表示深深的谢意。

由于作者水平有限,我们真诚地欢迎专家和读者对书中的错误与偏颇之处给于批评指正。

编 者

2012 年 7 月于天津

目 录

第一篇 理 论 篇

第1章 绪 论 ……………………………………………………………………… 3
1.1 EDA 概述 …………………………………………………………………… 3
  1.1.1 EDA 技术的发展历程 ……………………………………………… 3
  1.1.2 EDA 技术的基本特征 ……………………………………………… 3
  1.1.3 EDA 技术实现目标 ………………………………………………… 4
  1.1.4 硬件描述语言(HDL) ……………………………………………… 5
  1.1.5 EDA 技术的基本工具 ……………………………………………… 7
  1.1.6 EDA 技术的基本设计思路 ………………………………………… 10
  1.1.7 EDA 系统级设计开发流程 ………………………………………… 11
  1.1.8 EDA 技术的发展趋势 ……………………………………………… 15
1.2 数字系统硬件设计概述 …………………………………………………… 17
  1.2.1 自底向上的设计 …………………………………………………… 18
  1.2.2 自顶向下的设计 …………………………………………………… 18
  1.2.3 自顶向下技术的设计流程及关键技术 …………………………… 19
  1.2.4 设计描述风格 ……………………………………………………… 22
习 题 ……………………………………………………………………………… 22

第2章 VHDL 语言程序的基本要素及基本结构 ……………………………… 24
2.1 VHDL 语言的命名规则 …………………………………………………… 24
  2.1.1 数字型文字 ………………………………………………………… 24
  2.1.2 字符串型文字 ……………………………………………………… 25
  2.1.3 标识符 ……………………………………………………………… 26
  2.1.4 下标名 ……………………………………………………………… 26
  2.1.5 段名 ………………………………………………………………… 27
  2.1.6 注 释 ……………………………………………………………… 27
2.2 VHDL 语言的数据类型及运算操作符 …………………………………… 28
  2.2.1 VHDL 语言的客体及其分类 ……………………………………… 28
  2.2.2 VHDL 语言的数据类型 …………………………………………… 32
  2.2.3 VHDL 语言的运算操作符 ………………………………………… 42
2.3 VHDL 语言设计的基本单元及其构成 …………………………………… 48

2.3.1　实体说明 ·· 49
　　2.3.2　构造体 ·· 52
2.4　VHDL 构造体描述的几种方法 ··· 53
　　2.4.1　行为描述 ·· 53
　　2.4.2　数据流描述 ·· 54
　　2.4.3　结构描述 ·· 55
2.5　包集合、库及配置 ··· 56
　　2.5.1　库 ··· 57
　　2.5.2　包集合 ··· 59
　　2.5.3　配置(CONFIGURATION) ··· 62
2.6　VHDL 子程序(SUBPROGRAM) ·· 64
习　题 ··· 69

第 3 章　VHDL 语言的主要描述语句 ·· 72

3.1　顺序处理语句 ·· 72
　　3.1.1　WAIT 语句 ·· 72
　　3.1.2　断言(ASSERT)语句 ·· 77
　　3.1.3　信号赋值语句 ··· 77
　　3.1.4　变量赋值语句 ··· 78
　　3.1.5　IF 语句 ·· 79
　　3.1.6　CASE 语句 ··· 82
　　3.1.7　LOOP 语句 ··· 87
　　3.1.8　NEXT 语句 ··· 89
　　3.1.9　EXIT 语句 ··· 90
　　3.1.10　过程调用语句 ··· 91
3.2　并发处理语句 ·· 92
　　3.2.1　进程(PROCESS)语句 ·· 92
　　3.2.2　并发信号赋值(Concurrent Signal Assignment)语句 ············ 93
　　3.2.3　条件信号赋值(Conditional Signal Assignment)语句 ············ 94
　　3.2.4　选择信号赋值(Selective Signal Assignment)语句 ··············· 95
　　3.2.5　并发过程调用(Concurrent Procedure Call)语句 ················· 97
　　3.2.6　块(BLOCK)语句 ·· 97
　　3.2.7　元件例化语句 ··· 100
　　3.2.8　生成语句 ·· 104
3.3　其他语句和说明 ·· 106
　　3.3.1　属性(ATTRIBUTE)描述与定义语句 ······························· 106
　　3.3.2　文本文件操作 ··· 111
习　题 ··· 113

第4章 VHDL语言描述的典型电路设计 ……………………………………………… 115

4.1 组合逻辑电路设计 …………………………………………………………… 115
4.1.1 编码器、译码器与选择器 ………………………………………………… 115
4.1.2 加法器、求补器 …………………………………………………………… 121
4.1.3 三态门及总线缓冲器 ……………………………………………………… 124

4.2 时序电路设计 ………………………………………………………………… 127
4.2.1 时钟信号和复位信号 ……………………………………………………… 127
4.2.2 触发器 ……………………………………………………………………… 130
4.2.3 寄存器 ……………………………………………………………………… 135
4.2.4 计数器 ……………………………………………………………………… 140

4.3 存储器 ………………………………………………………………………… 150
4.3.1 存储器描述中的一些共性问题 …………………………………………… 151
4.3.2 ROM(只读存储器) ………………………………………………………… 151
4.3.3 RAM(随机存储器) ………………………………………………………… 153
4.3.4 FIFO(先进先出堆栈) ……………………………………………………… 154

4.4 有限状态机(FSM)设计 ……………………………………………………… 158
4.4.1 一般状态机的设计 ………………………………………………………… 158
4.4.2 状态值编码方式 …………………………………………………………… 168
4.4.3 剩余状态与容错技术 ……………………………………………………… 169

4.5 常用接口电路设计 …………………………………………………………… 169
4.5.1 常用显示接口电路设计 …………………………………………………… 169
4.5.2 常用键盘接口电路设计 …………………………………………………… 173
4.5.3 常用 AD 转换接口电路设计 ……………………………………………… 176
4.5.4 MCS-51单片机与 FPGA/CPLD 总线接口逻辑设计 …………………… 178

习 题 ……………………………………………………………………………… 182

第5章 系统设计 ………………………………………………………………… 185

5.1 系统层次化设计 ……………………………………………………………… 185
5.1.1 系统层次化设计思路简介 ………………………………………………… 185
5.1.2 利用 VHDL 语言实现系统层次化设计 ………………………………… 186
5.1.3 利用图形输入法和 VHDL 语言混合输入实现系统层次化设计 ……… 193
5.1.4 系统层次化设计应用举例 ………………………………………………… 197

5.2 应用系统设计举例 …………………………………………………………… 205
5.2.1 多功能数字钟设计 ………………………………………………………… 205
5.2.2 数据采集系统设计 ………………………………………………………… 216

5.3 SOPC 技术简介 ……………………………………………………………… 222
5.3.1 SOPC 简介 ………………………………………………………………… 222
5.3.2 IP 模 块 …………………………………………………………………… 224

习　题 ··· 227

第6章　仿真与实现 ·· 228

6.1　仿　真 ··· 228
　　6.1.1　仿真方法 ··· 229
　　6.1.2　测试(平台)程序的设计方法 ·· 229
　　6.1.3　仿真输入信息的产生 ·· 233
　　6.1.4　仿真结果的处理 ·· 236
6.2　逻辑综合 ··· 238
　　6.2.1　约束条件 ··· 239
　　6.2.2　工艺库 ·· 240
　　6.2.3　逻辑综合的基本步骤 ·· 241
6.3　设计实现 ··· 243
　　6.3.1　设计实现载体 ··· 243
　　6.3.2　设计实现过程 ··· 250
　　6.3.3　设计实现与逻辑综合的关系 ·· 251
6.4　优化设计 ··· 252
　　6.4.1　算法优化 ··· 252
　　6.4.2　代码优化 ··· 255
　　6.4.3　综合过程中的优化 ··· 256
　　6.4.4　其他设计技巧 ··· 257
习　题 ··· 262

第二篇　实　践　篇

第7章　Xilinx软件基本操作 ··· 265

7.1　Xilinx软件流程 ··· 265
　　7.1.1　Xilinx软件介绍 ··· 265
　　7.1.2　软件流程 ··· 266
　　7.1.3　原理图输入方式 ·· 278
7.2　IP核的应用 ·· 282
7.3　时序约束与时序分析初步 ·· 288
　　7.3.1　时序分析 ··· 289
　　7.3.2　时序约束 ··· 291
　　7.3.3　时序约束的实施 ·· 293
　　7.3.4　时序分析报告 ··· 294

第8章 VHDL 设计实验 ... 298

8.1 Xilinx ISE14.1 软件的基本应用实验 ... 298
8.1.1 ISE 软件的基本应用 ... 298
8.1.2 实验要求 ... 309

8.2 基础实验 ... 309
8.2.1 编码器 ... 309
8.2.2 七段数码管显示译码 ... 311
8.2.3 移位寄存器 ... 312
8.2.4 计数器 ... 314
8.2.5 售货机 ... 315
8.2.6 交通灯控制器 ... 316

8.3 综合实验 ... 318
8.3.1 多功能数字钟实验 ... 318
8.3.2 乘法器实验 ... 319

8.4 设计型实验 ... 320
8.4.1 智力竞赛抢答器设计 ... 320
8.4.2 电子琴设计 ... 321
8.4.3 电子乒乓球游戏系统 ... 321
8.4.4 数字密码锁设计 ... 323
8.4.5 数据采集与检测系统 ... 324
8.4.6 任意波形发生器设计 ... 324
8.4.7 量程自动转换的数字式频率计 ... 325
8.4.8 电梯自动控制器 ... 326
8.4.9 8×8 点阵汉字显示综合实验 ... 327
8.4.10 FIR 滤波器的设计 ... 328

第9章 FPGA 硬件电路设计 ... 331

9.1 FPGA 硬件系统组成 ... 331
9.1.1 FPGA 硬件系统 ... 331
9.1.2 FPGA 引脚 ... 331

9.2 电源电路 ... 333
9.2.1 FPGA 电源指标要求 ... 333
9.2.2 电源解决方案 ... 334
9.2.3 FPGA 系统板电源设计实例 ... 335

9.3 FPGA 配置电路 ... 337
9.3.1 Xilinx FPGA 配置概述 ... 338
9.3.2 FPGA 的常用配置电路 ... 339

9.4 存储器接口电路设计 ... 342

9.4.1 高速 SDRAM 存储器 ……………………………………………… 342
9.4.2 异步 SRAM(ASRAM)存储器 ……………………………… 342
9.4.3 Flash 存储器 ……………………………………………… 343
9.4.4 DDR2 存储器 ……………………………………………… 343
9.5 人机界面电路设计 …………………………………………………… 345
9.5.1 PS2 键盘/鼠标接口 ……………………………………… 345
9.5.2 按键与开关 ……………………………………………… 348
9.5.3 显示接口 ………………………………………………… 348
9.6 处理器的接口设计 …………………………………………………… 351
9.6.1 串行接口 ………………………………………………… 351
9.6.2 并行接口 ………………………………………………… 353
9.7 时钟和复位电路 ……………………………………………………… 353
9.7.1 时钟电路 ………………………………………………… 353
9.7.2 复位电路 ………………………………………………… 354

附录 A　Quartus Ⅱ 9.0 简明教程 …………………………………………… 356

附录 B　基础实验程序 ……………………………………………………… 365

参考文献 ……………………………………………………………………… 369

第一篇

理论篇

第1章 绪 论

1.1 EDA 概述

EDA(Electronics Design Automation)即电子设计自动化,是一种以计算机为基础的工作平台;是利用电子技术、计算机技术、智能化技术等多种应用学科的最新成果,进行电子产品设计的自动设计技术;是一种帮助电子设计工程师从事电子元件产品和系统设计的综合技术。

1.1.1 EDA 技术的发展历程

EAD 技术的发展经历了一个由浅入深的过程。EDA 技术伴随着计算机、集成电路、电子系统设计的发展,经历了计算机辅助设计 CAD(Computer Assist Design)、计算机辅助工程设计 CAE(Computer Assist Engineering Design)和电子系统设计自动化 ESDA(Electronic System Design Automation)三个发展阶段。

20 世纪 70 年代,随着中小规模集成电路的开发应用,传统的手工制图设计印刷电路板和集成电路的方法已无法满足设计精度和效率的要求,因此工程师们开始进行二维平面图形的计算机辅助设计,以便解脱复杂、机械的版图设计工作,这就产生了第一代 EDA 工具。

到了 20 世纪 80 年代,为了适应电子产品在规模和制作上的需要,以计算机仿真和自动布线为中心技术的第二代 EDA 技术应运产生。其特点是以软件工具为核心,通过这些软件完成产品开发的设计、分析、生产和测试等各项工作。

20 世纪 90 年代后,出现了以高级语言描述、系统级仿真和综合技术为特征的第三代 EDA 技术。它们的出现,极大地提高了系统设计的效率,使广大的电子设计师开始实现"概念驱动工程"的梦想,逐步从使用硬件转向设计硬件,从电路级电子产品开发转向系统级电子产品开发。设计师们摆脱了大量的辅助设计工作,把精力集中于创造性的方案与概念的构思上,从而极大地提高了设计效率,缩短了产品的研制周期。

1.1.2 EDA 技术的基本特征

就目前而言,EDA 技术的基本特征是采用高级语言描述,具有系统级仿真和综合能力。它主要采用并行工程"自顶向下"的设计方法,要求开发者从一开始就考虑到产品生成周期的诸多方面,包括质量、成本、开发时间及用户的需求等。然后从系统设计入手,在顶层进行功能方框图的划分和结构设计;在方框图一级进行仿真、纠错,并用 VHDL、Verilog - HDL 等硬件描述语言对高层次的系统行为进行描述,在系统一级进行验证。最后再用逻辑综合优化工具生成具体的门级逻辑电路的网表,其对应的物理实现级可以是印刷电路板、专用集成电路或可编程逻辑器件。近几年来,随着硬件描述语言等设计数据格式的逐步标准化,不同设计风格和应用要求导致各具特色的 EDA 工具被集成在同一个工作站上,从而使 EDA 框架日趋标准化。

1.1.3 EDA 技术实现目标

利用 EDA 技术进行电子系统设计，最后的目标是完成专用集成电路（ASIC）的设计与实现，ASIC 作为最终的物理平台，集中容纳了用户通过 EDA 技术将电子应用系统的既定功能和技术具体实现的硬件实体。一般而言，专用集成电路就是具有专门用途和特定功能的独立集成电路器件，根据这个定义，作为 EDA 技术最终实现目标的 ASIC，可以通过三种途径完成，如图 1-1 所示。

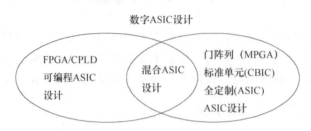

图 1-1 EDA 技术实现目标

1. 超大规模可编程逻辑器件

FPGA(Filed Programmable Gate Array)和 CPLD(Complex Programmable Logic Device)是实现这一途径的主流器件，其特点是直接面向用户，具有极大的灵活性和通用性，使用方便，硬件测试和实现快捷，开发效率高，成本低，技术维护简单，工作可靠性高等。FPGA 和 CPLD 的应用是 EDA 技术有机融合软硬件电子设计技术、SoC(System on Chip)和 ASIC 设计，以及对自动化设计与自动实现最典型的诠释。由于 FPGA 和 CPLD 的开发工具、开发流程和使用方法与 ASIC 有类似之处，因此这类器件通常也被称为可编程专用 IC，或可编程 ASIC。

FPGA 与 CPLD 的辨别和分类主要是根据其结构特点和工作原理，通常的分类方法是：

① 将以乘积项结构方式构成逻辑行为的器件称为 CPLD，如 Lattice 公司的 ispLSI 系列、Xilinx 公司的 XC9500 系列、Altera 公司的 MAX7000S 系列和 Lattice 公司（原 Vantis）的 Mach 系列等。

② 将以查表法结构方式构成逻辑行为的器件称为 FPGA，如 Xilinx 的 Spartan 系列、Altera 的 FLEX10K 或 ACEX1K 系列等。

另外应该注意，就目前 EDA 技术相关概念的流行称谓上看，"FPGA"而非"CPLD"具有更广泛的含义。例如 Synopsys 公司的 Altera 和 Xililnx 公司推出的 FPGA/CPLD 综合器是 FPGA Compiler 和 FPGA express；Mentor 公司的综合器是 FPGA advantage。

2. 半定制或全定制 ASIC

基于 EDA 设计技术的半定制或全定制 ASIC，根据其实现工艺，可统称为掩模 ASIC，或直接称 ASIC。可编程 ASIC 与掩模 ASIC 相比，不同之处在于前者具有面向用户的灵活多样的可编程性。

掩模 ASIC 大致分为门阵列 ASIC、标准单元 ASIC 和全定制 ASIC。

① 门阵列 ASIC：门阵列芯片包括预定制的相连的 PMOS 和 NMOS 晶体管行阵列。设计中，用户可以借助 EDA 工具将原理图或硬件描述语言模型映射为相应门阵列晶体管配置，创

建一个指定金属互连路径文件,从而完成门阵列 ASIC 开发。由于有掩模的创建过程,门阵列有时也称掩模可编程门阵列(MPGA)。但是 MPGA 与 FPGA 完全不同,它不是用户可编程的,也不属于可编程逻辑范畴,而是实际的 ASIC。MPGA 出现在 ASIC 之前,FPGA 技术源自 MPGA。

② 标准单元 ASIC:目前大部分 ASIC 是使用库中的不同大小的标准单元设计,这类芯片一般称为基于单元的集成电路(Cell_based Integrated Circuits,CBIC)。在设计者一级,库包括不同复杂性的逻辑元件:SSI 逻辑块、MSI 逻辑块、数据通道模块、存储器、IP 及系统级模块。库包含每个逻辑单元在硅片级的完整布局的细节。标准单元布局中,所有扩散、接触点、过孔、多晶通道及金属通道都已完全确定。当该单元用于设计时,通过 EDA 软件产生的网表文件将单元布局块"粘贴"到芯片布局之上的单元行上。标准单元 ASIC 设计与 FPGA 设计开发的流程相近。

③ 全定制芯片:全定制芯片中,在针对特定工艺建立的设计规则下,设计者对于电路的设计有完全的控制权,如线的间隔和晶体管大小的确定。

3. 混合 ASIC

混合 ASIC(不是指数模混合 ASIC)主要指既具有面向用户的 FPGA 可编程功能和逻辑资源,同时也含有可方便调用和配置的硬件标准单元模块(IP 核),如 CPU、RAM、ROM 等。Xilinx 和 Altera 公司已经推出了此类器件,如 Virtex-II Pro 系列和 Stratix 系列等。混合 ASIC 成为 SoC 和 SoPC(System on a programmable Chip)设计实现的便捷途径。

1.1.4 硬件描述语言(HDL)

在硬件电路设计中采用计算机辅助设计技术(CAD)到 20 世纪 80 年代才得到普及和应用。在开始阶段,仅仅是利用计算机软件来实现印制电路板 PCB 的布线。随着大规模专用集成电路 ASIC 需要的不断增加,为了提高开发和研制的效率,增加已有开发成果的可继承性以及缩短开发时间,各 ASIC 研制和生产厂商相继开发了用于各自目的的硬件描述语言。

所谓硬件描述语言,就是利用高级语言来描述硬件电路的功能、信号连接关系以及各器件间的时序关系。它能比电路原理图更有效地表示硬件电路的特性,因此硬件描述语言非常适合目前 IC 产业中流行的自顶向下的设计方法。

目前已经存在许多硬件描述语言,如 Silage、Hardware C、CSP、Statecharts、SDL、Gsterel、Speccharts、VHDL 和 Verilog 等,其中 VHDL 和 Verilog 是影响最广泛的两种 HDL。

VHDL 相对于 Verilog 而言,在语法上更严谨一些,却灵活性和多样性稍差,但从文档记录、综合以及器件和系统级的仿真上讲,VHDL 是一种更好的选择。

1. VHDL 语言概述

VHDL 是由美国国防部在 20 世纪 70 年代末和 80 年代初提出的 VHSIC(Very High Speed Integrated Circuit)计划的产物。VHSIC 计划的目标是使工业界可以开发相对于以前更为复杂的 IC,加速美国微电子业的发展。这个计划使 IC 设计与制造的每个阶段都达到了工艺极限,并且有关工艺的各项标准也都得以很好的实现。但设计者却发现,当时的设计工具很难完成这样大型的设计任务;当时普遍采用的基于门级基础的工具很难处理超过十万门电路的设计,因此需要制定一种新方法来完成日益复杂的电路设计任务。

1981 年,美国国防部又提出了一种新的硬件描述语言,称为 VHSIC,也就是目前所说的

VHDL。它是美国国防部委托 IBM 和 Texas Instruments 联合开发的。新语言的设计目标有两个：首先是使设计者可以用这种语言来描述希望描述的复杂电路；其次还希望这种语言成为一种标准，使 VHSIC 计划中每个成员能够按照标准的格式向别的成员提供设计。

1986 年，VHDL 被建议作为 IEEE 标准，经过了多次更改后，直到 1987 年 12 月，才被接纳为 IEEE 1076 标准。该标准经过不断地完善和更新，目前的标准为 IEEE 1164。它已被绝大多数 IC 生产厂家和 EDA 工具供应商所接受。当前几乎所有的 EDA 软件，像 Synopsys、Mentor Graphics、InovaEDA、Cadence 等，均支持该标准。

2. VHDL 语言的特点

VHDL 语言是对逻辑电路进行描述的高级语言。它与其他高级语言相比既有相同之处，也有其自身特点：

(1) VHDL 是工业标准的文本格式语言

VHDL 已成为一种工业标准。设计者、EDA 工具的供应商以及芯片生产厂家，都要遵循这一标准。该语言是一种文本格式的语言，ASIC 的设计者在设计电路时，就像编写其他高级语言一样，用文字来表达所要设计的电路，这样就能比较直观地表达设计者的设计思想，并且易于修改。

(2) VHDL 能同时支持仿真和综合

VHDL 语言是一种能够支持系统仿真的语言。事实上，ASIC 成功的关键在于生产前的设计，而保证设计正确的主要手段是系统仿真。这样，设计者在 ASIC 生产前就能够知道设计的正确与否、系统的性能如何等关键问题。

VHDL 不仅仅是一种仿真语言，而且是一种可综合语言。它的所有语句中有一部分是不支持综合的。也就是说 EDA 工具无法根据所描述的 VHDL 语言产生出电路；但其中的可综合语句足以描述一个大而完整的系统。目前所有的高层综合工具所支持的综合语句，都是 IEEE 标准的一个子集。

因此，VHDL 语言可以有两种完全不同的描述，一种是基于仿真的描述，它可以使用 VHDL 定义的各种语句，这类程序主要适用于编写、测试基准程序和各种仿真模型的工程师使用；另外一种就是用于产生具体电路的可综合描述，它只能使用 VHDL 中的可综合子集，主要适用于从事电路设计的工程师使用，在本书中主要偏重于这种类型的 VHDL 描述。

(3) VHDL 是一种并发执行的语言

我们知道，几乎所有的高级语言的执行都是顺序的，而 VHDL 语言在仿真过程中的执行是并行的。这种特性是符合实际逻辑电路的工作过程。

(4) VHDL 支持结构化设计和 top - down 设计方法

VHDL 语言是一种结构化的语言，它提供的语句可以完成多层结构的描述，所以 VHDL 语言可以支持结构化设计。结构化设计就是将一个系统划分为多个模块，而每个模块又可以继续划分为更多的子模块。这样就可以采用 top - down 的设计方法，从系统整体要求出发，自上而下的逐步将系统内容细化，最后完成系统的整体设计。

(5) VHDL 的描述与工艺无关

设计者在利用 VHDL 描述电路时并不需要关心电路最终将在哪种工艺上实现，EDA 工具可以将 VHDL 源代码映射到不同的工艺库上，提高了设计的可重用性。

(6) 支持多风格的描述方法

VHDL 不仅支持行为级的描述,而且支持数据流及结构描述,这在后面将详细讲述。

1.1.5 EDA 技术的基本工具

EDA 工具的发展经历了两个大的阶段:物理工具和逻辑工具。现在 EDA 和系统设计工具正逐步被理解成一个整体的概念:电子系统设计自动化。物理工具用来完成设计中的实际物理问题,如芯片布局、印刷电路板布线等;逻辑工具是基于网表、布尔逻辑、传输时序等概念,首先由原理图编辑器或硬件描述语言进行设计输入,然后利用 EDA 系统完成综合、仿真、优化等过程,最后生成物理工具可以接受的网表或 VHDL、Verilog-HDL 的结构化描述。现在常用的 EDA 工具有编辑器、仿真器、检查/分析工具和优化综合工具等。

1. 常用的 EDA 工具

本节主要介绍当今广泛使用的以开发 FPGA 和 CPLD 为主的 EDA 工具,及部分关于 ASIC 设计的 EDA 工具。

EDA 工具在 EDA 技术应用中占据极其重要的位置,EDA 的核心是利用计算机完成电子设计全程自动化。因此,基于计算机环境的 EDA 软件的支持是必不可少的。

由于 EDA 的整个流程涉及不同技术环节,每一个环节中必须有对应的软件包或专用 EDA 工具独立处理,包括对电路模型的功能模拟,对 VHDL 进行描述的逻辑综合等。因此单个 EDA 工具往往只涉及 EDA 流程中的某一步骤。这里就以 EDA 设计流程中涉及的主要软件包为 EDA 工具分类,并作简单介绍。EDA 工具大致可以分为如下 5 个模块:

① 设计输入编辑器;

② HDL 综合器;

③ 仿真器;

④ 适配器(或布局、布线器);

⑤ 下载器。

当然这种分类不是绝对的,现在也有集成的 EDA 开发环境,如 Altera 公司的 MaxplusⅡ开发环境。

2. 设计输入编辑器

在 FPGA/CPLD 设计中的设计输入编辑器或称设计输入环境,可以接受不同的设计输入表达方式,如原理图输入方式、状态图输入方式、波形输入方式以及 HDL 的文本输入方式。在各可编程逻辑器件厂商提供的 EDA 开发工具中一般都含有这类输入编辑器,如 Xilinx 公司的 Foundation 及 ISE 开发环境、Altera 公司的 MaxplusⅡ及 QUARTUSⅡ开发环境等。

通常,专业的 EDA 工具供应商也提供相应的设计输入工具,这些工具一般与该公司的其他电路设计软件整合,这一点尤其体现在原理图输入环境上。如 Innovada 公司的 eProduct Designer 中的原理图输入管理工具 DxDesingner(原为 ViewDraw),既可作为 PCB 设计的原理图输入,又可作为 IC 设计、模拟仿真和 FPGA 设计的原理图输入环境。比较常见的还有 Cadence 公司的 Orcad 中的 Capture 工具等。这一类的工具一般都设计成通用型的原理图输入工具。由于针对 FPGA/CPLD 设计的原理图要含有特殊原理图库(含原理图的 symbol)的支持,因此其输出并不与 EDA 流程的下一步设计工具直接相连,而要通过网表文件(如 EDIF 文件)来传递。

由于HDL(包括VHDL、Verilog-HDL等)的输入方式是文本格式,所以它的输入实现要比原理图输入简单得多,用普通的文本编辑器即可完成。如果要求HDL输入时有语法色彩提示,可用带语法提示功能的通用文本编辑器,如UltraEdit、Vim、XEmacs等。当然EDA工具中提供的HDL编辑器会更好用些,如Aldec的Active HDL的HDL编辑器。

另一方面,由于可编程逻辑器件规模的增大,设计的可选性大为增加,需要有完善的输入文档管理,Mentor公司提供的HDL designer series就是此类工具的一个典型代表。

有的EDA设计输入工具把图形设计与HDL文本设计相结合,如在提供HDL文本编辑器的同时提供状态编辑器,用户可用图形(状态图)来描述状态机,最后生成HDL文本输出。如Visual HDL、Mentor公司的FPGA advantage(含HDL designer series)、Active HDL中的Active State等。尤其是HDL designer series中的各种图形编辑器,可以接受诸如原理图、状态图、表格图等输入形式,并将它转成HDL(VHD/Verilog)文本表达方式,很好地解决了通用性(HDL输入的优点)与易用性(图形学的优点)之间的矛盾。

设计输入编辑器在多样、易用和通用方面的功能不断增强,标志着EDA技术中自动化设计程度的不断提高。

3. HDL 综合器

由于目前通用的HDL语言为VHDL、Verilog-HDL,这里介绍的HDL综合器主要是针对这两种语言的。

硬件描述语言诞生的初衷是用于电路逻辑的建模和仿真,但直到Synopsys公司推出了HDL综合器后,才改变了人们的看法,于是可以将HDL直接用于电路的设计。

由于HDL综合器是目标器件硬件结构细节、数字电路设计技术、化简优化算法以及计算机软件的复杂结合体,而且HDL可综合子集迟迟未能标准化,所以相比于形式多样的设计输入工具,成熟的HDL综合器并不多。比较常用的性能良好的FPGA/CPLD设计的HDL综合器有如下3种:

① Synopsys公司的FPGA compoter、FPGA express综合器;
② Synplicity公司的Synplify pro综合器;
③ Montor子公司Exemplar Logic的Leonardo spectrum综合器。

较早推出综合器的是Synopsys公司,它为FPGA/CPLD开发推出的综合器是FPGA express及FPGA compiler,两者的差别不是很大。为了处理方便,最初由Synopsys公司在综合器中增加了一些用户自定义类型,如Std_logic等,后被纳入IEEE标准。对于其他综合器也都只能支持VHDL中的可综合子集。FPGA compiler中带有一个原理图生成浏览器,可以把综合出的网表用原理图的方式画出来,便于验证设计,还附有强大的延时分析器,可以对关键路径进行简单分析。

Synplicity公司的Synplify pro除了有原理图生成器、延时分析器外,还带有一个FSM compiler(有限状态机编译器),可以从提交的VHDL/Verilog设计文本中提出存在的有限状态机设计模块,并用状态图的方式显示出来,用表格说明状态的转移条件及输出。Synplifypro的原理图浏览器可以定位于原理图中元件中VHDL/Verilog源文件的对应语句,便于调试。

Exemplar公司的leonardo spectrum也是一个很好的HDL综合器,它同时可用于FPGA/CPLD和ASIC设计两类工程目标。Leonardo spectrum作为Mentor公司的FPGA advantage中的组成部分,可以与FPGA advantage的设计输入管理工具和仿真工具很好的结合。

当然也有应用于 ASIC 设计的 HDL 综合器,如 Synopsys 的 Design Compiler,Synplicity 的 Synplify ASIC 和 Cadence 的 synergy 等。

HDL 综合器在把可综合的 VHDL/Verilog 语言转化为硬件电路时,一般要经过两个步骤:

第一步,HDL 综合器对 VHDL/Verilog 进行分析处理,并将其转成相应的电路结构或模块,这时是不考虑实际器件实现的,即完全与硬件无关,这个过程是一个通用电路原理图形成的过程。

第二步,对实现目标器件的结构进行优化,使之满足各种约束条件,并优化关键路径等。

HDL 综合器的输出文件一般是网表文件,如 EDIF 格式(electronic design interchange format,电子数据交换格式,是一种工业标准文件格式的文件),或是直接用 VHDL/Verilog 语言表达的标准格式的网表文件,或是对应 FPGA 器件厂商的网表文件,如 Xilinx 公司的 XNF 网表文件。

由于综合器只能完成 EDA 设计流程中的一个独立设计步骤,所以它往往被其他 EDA 环境调用,以完成全部流程。它的调用方式一般有两种:一种是前台模式,在被调用时,显示的是最常见的窗口界面;一种称为后台模式或控制台模式,被调用时不出现图形界面,仅在后台运行。

综合器的使用也有两种模式:图形模式和命令行模式(shell 模式)。

4. 仿真器

仿真器有基于元件(逻辑门)的仿真器和 HDL 语言的仿真器之分,基于元件的仿真器缺乏 HDL 仿真器的灵活性和通用性。在此主要介绍 HDL 仿真器。

在 EDA 设计技术中,仿真的地位十分重要。行为模型的表达、电子系统的建模、逻辑电路的验证乃至门级系统的测试,每一步都离不开仿真器的模拟检测。在 EDA 发展的初期,快速进行电路逻辑仿真是当时的核心问题,即使在现在,各设计环节的仿真仍然是整个 EDA 工程流程中最耗时间的一个步骤。因此仿真器的仿真速度、仿真的准确性、易用性成为衡量仿真器的重要指标。按仿真器对设计语言不同的处理方式分类,可分为编译型仿真器和解释型仿真器。

编译型仿真器的仿真速度很快,但需要预处理,因此不便即时修改;解释型仿真器的仿真速度一般,可随时修改仿真环境和条件。

按处理的硬件描述语言类型分,HDL 仿真器可分为:

① VHDL 仿真器;

② Verilog 仿真器;

③ Mixed HDL 仿真器(混合 HDL 仿真器,同时处理 Verilog 与 VHDL);

④ 其他 HDL 仿真器(针对其他 HDL 语言的仿真)。

Model Technology 的 ModelSim 是一个出色的 VDHL/Verilog 混合仿真器。它也属于编译型仿真器,仿真执行速度较快。

Cadence 公司的 Verilog - XL 是最好的 Verilog 仿真器之一,Verilog - XL 的前身与 Verilog 语言一起诞生。

按仿真电路描述级别的不同,HDL 仿真器可以单独或综合完成以下各仿真步骤:

① 系统级仿真；

② 行为级仿真；

③ RTL 级仿真；

④ 门级时序仿真。

按仿真时是否考虑硬件延时分类，可分为功能仿真和时序仿真，根据输入仿真文件的不同，可以由不同的仿真器完成，也可由同一个仿真器完成。

几乎各个 EDA 厂商都提供基于 Veriolg/VHDL 的仿真器。常用的 HDL 仿真器除上面提及的 ModelSim 与 Verilog - XL 外，还有 Aledc 公司的 Active HDL、Synopsys 公司的 VCS 和 Cadence 公司的 NC - Sim 等。

5. 适配器（布局、布线器）

适配器的任务是完成目标系统在器件上的布局布线。适配，即结构综合，通常都由可编程逻辑器件的厂商提供的专门针对器件的软件来完成。这些软件可以单独使用或嵌入在厂商针对自己产品的集成 EDA 开发环境中。例如 Lattice 公司在其 ispEXPERT 开发系统嵌有自己的适配器，但同时提供性能良好、使用方便的专用适配器，如 ispEXPERT Compiler；而 Altera 公司的 EDA 集成开发环境 MAXplusⅡ、QuartusⅡ中都含有嵌入的适配器（Fitter）；XilInx 的 Foundation 和 ISE 中也同样含有自己的适配器。

适配器最后输出的是各厂商自己定义的下载文件，用于下载到器件中以实现设计。适配器输出如下多种用途的文件：

① 时序仿真文件，如 MAXplusⅡ的 SCF 文件；

② 适配技术报告文件；

③ 面向第三方 EDA 工具的输出文件，如 EDIF、VHDL 或 Verilog 格式的文件；

④ FPGA/CPLD 编辑下载文件，如用于 CPLD 编程的 JEDEC、POF、ISP 等格式的文件；用于 FPGA 配置的 SOF、JAM、bit 等格式的文件。

6. 下载器

下载是在功能仿真与时序仿真正确的前提下，将综合后形成的位流下载到具体的 FPGA 芯片中，称为芯片配置。FPGA 设计有两种配置形式：直接由计算机经过专用下载电缆进行配置，由外围配置芯片进行上电时自动配置。因 FPGA 具有掉电信息丢失的性质，因此可在验证初期使用电缆直接下载位流，如有必要再将位流文件烧录配置芯片中（如 XilInx 公司的 XC18V 系列，Altera 公司的 EPC2 系列）。使用电缆下载时有多种下载方式，如对 XilInx 公司的 FPGA 可以使用 JTAG Programmer、Hardware Programmer、PROM Programmer 三种方式下载，而对 Altera 公司的 FPGA 可以选择 JTAG 方式或 Passive Serial 方式。因此 FPGA 大多支持 IEEE 的 JTAG 标准，所以使用芯片上的 JTAG 口是常用的下载方式。

将位流文件下载到 FPGA 器件内部后进行实际器件的物理测试即为电路验证，当得到正确的验证结果后就证明了设计的正确性。电路验证对 ASIC 投片生产具有较大的意义。

1.1.6 EDA 技术的基本设计思路

1. EDA 技术的电路级设计

电路级设计工作的流程图如图 1 - 2 所示。设计人员首先确定设计方案，并选择能实现该方案的合适元器件，然后根据元器件设计电路原理图，接着进行第一次仿真，其中包括数字电路的逻辑模拟、故障分析等。其作用是在元件模型库的支持下检验设计方案在功能方面的正确性。

仿真通过后,根据原理图产生的电路连接网络表进行 PCB(Printed Circuit Board)的自动布局布线。在制作 PCB 之前,还可以进行 PCB 后分析,并将分析结果反馈回电路图;进行第三次仿真,称为后仿真。其作用是检验 PCB 板在实际工作环境中的可行性。

综上所述,EDA 技术的电路级设计可以使设计人员在实际的电子系统产生以前,就"已经"全面了解系统的功能特性和物理特性,从而将开发风险消灭在设计阶段,缩短开发时间,降低开发成本。

2. EDA 技术的系统级设计

随着电子技术的进步,电子产品的更新换代日新月异,产品的复杂程度大幅度增加。

由于电路级设计的 EDA 技术已不能适应新的形势,必须有一种高层次的设计方案,即"系统级设计",其设计流程图如图 1-3 所示。

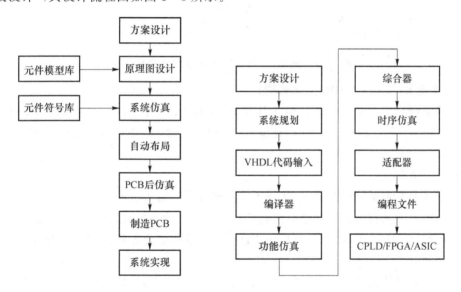

图 1-2 电路级设计工作流程图　　图 1-3 EDA 设计流程图

基于系统级的 EDA 设计方法的主要思路是采用"自顶向下"的设计方法,要求开发者从一开始就考虑到产品生产周期的诸多方面,包括质量成本、开发周期等因素。第一步从系统方案设计入手,在顶层进行系统功能划分和结构设计;第二步用 VHDL、Verilog-HDL 等硬件描述语言对高层次的系统行为进行描述;第三步通过编译器形成标准的 VHDL 文件,并在系统级验证系统功能的设计正确性;第四步用逻辑综合优化工具生成具体的门级电路网络表,这是将高层次描述转化为硬件电路的关键;第五步将利用产品的网络表进行适配前的时序仿真;最后是系统的物理实现级,可以是 CPLD、FPGA 或 ASIC。

1.1.7　EDA 系统级设计开发流程

完整地了解利用 EDA 技术进行设计开发的流程对于正确地选择和使用 EDA 软件,优化设计项目,提高设计效率十分有益。一个完整的、典型的 EDA 设计流程既是自顶向下设计方法的具体实现途径,也是 EDA 工具软件本身的组成结构。在实践中进一步了解这一设计流程的诸多设计工具,有利于有效地排除设计中出现的问题,提高设计质量和总结设计经验。

图 1-4 是基于 EDA 软件的 FPGA/CPLD 开发流程框图,以下将分别介绍模块的功能特点。对于目前流行的 EDA 工具软件,图 1-4 的设计流程具有一般性。

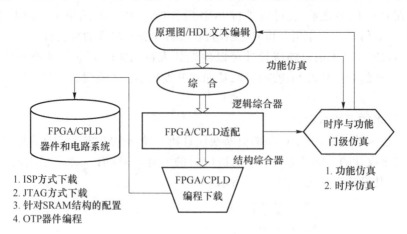

图 1-4 应用于 FPGA/CPLD 的 EDA 开发流程

1. 设计输入(原理图/HDL 文本编辑)

将电路系统以一定的表达方式输入计算机,在 EDA 软件平台上对 FPGA/CPLD 开发的初步步骤。通常,使用 EDA 工具的设计输入可分为两种类型:图形输入和硬件描述语言的文本输入。

(1) 图形输入

图形输入通常包括原理图输入、状态图输入和波形图输入三种常用方法。

状态图输入方法就是根据电路的控制条件和不同的转换方式,用绘图的方法,在 EDA 工具的状态图编辑器上绘出状态图,然后由 EDA 编辑器和综合器将此状态变化流程图形编译综合成电路网表。

波形图输入方法则是将待设计的电路看成是一个黑盒子,只需告诉 EDA 工具,该黑盒子电路的输入和输出时序波形图,EDA 工具即能据此完成黑盒子的电路设计。

以下主要讨论原理图输入。

这是一种类似于传统电子设计方法的原理图编辑输入方式,即在 EDA 软件的图形编辑界面上绘制能完成特定功能的电路原理图。原理图由逻辑器件(符号)和连接线构成,图中的逻辑器件可以是 EDA 软件库中预制的功能模块,如与门、非门、或门、触发器以及各种含 74 系列器件功能的宏功能块,甚至还有一些类似于 IP 的功能块。

原理图编辑绘制完成后,原理图编辑器将对输入的图形文件进行排错,之后再将其编译成适用于逻辑综合的网表文件。用原理图表达的输入方式的优点是:

① 设计者进行电子线路设计不需要增加新的相关知识,如 HDL 等;
② 方法与用 Protel 作图相似,设计过程形象直观,适用于初学或教学演示;
③ 对于较小的电路模型,其结构与实际电路十分接近,设计者易于把握电路全局;
④ 由于设计方式接近于底层电路布局,因此易于控制逻辑资源的耗用,节省面积。

然而,使用原理图输入方式的设计方法的缺点同样十分明显。

① 由于图形设计方式并没有得到标准化，不同的 EDA 软件中的图形处理工具对图形的设计规则、存档格式和图形编译方式都不同，因此图形文件兼容性差，难以交换和管理。

② 随着电路设计规模的扩大，原理图输入描述方式必然引起一系列难以克服的困难：如电路功能原理的易读性下降，错误排查困难，整体调整和结构升级困难。例如，将一个 4 位的单片机设计升级为 8 位的单片机几乎难以在短时间内准确无误地实现。

③ 由于图形文件的不兼容性，性能优秀的电路模块移植和再利用十分困难。这是 EDA 技术应用的最大障碍。

④ 由于在原理图中已经确定了设计系统的基本电路结构和元件，留给综合器和适配器的优化空间已十分有限，因此难以实现用户所实现的面积、速度以及不同风格的综合优化。显然，原理图的设计方法明显偏离了电子设计自动化最本质的涵义。

⑤ 在设计中，由于必须直接面对硬件模块的选用，因此行为模型的建立将无从谈起，从而无法实现实际意义上的自顶向下的设计方案。

(2) 硬件描述语言(HDL)文本输入

这种方式与传统的计算机软件语言编辑输入基本一致，它使用了某种硬件描述语言的电路设计文本(如 VHDL 或 Verilog)进行编辑输入。可以说，应用 HDL 的文本输入方法克服了上述原理图输入法存在的所有弊端，为 EDA 技术的应用和发展打开一个广阔的天地。当然，在一定的条件下，情况会有所改变。目前有些 EDA 输入工具可以把图形的直观与 HDL 的优势结合起来。如状态图输入的编辑方式，即用图形化状态机输入工具，用图形的方式表示状态图。当填好时钟信号名、状态转换条件、状态机类型等要素后，就可以自动生成 VHDL/Verilog 程序。又如，在原理图输入方式中，连接用 VHDL 描述的各个电路模块，直观地表示系统的总体框架，再用自动 HDL 生成工具生成相应的 VHDL 或 Verilog 程序。但总体上看，纯粹的 HDL 输入设计仍然是最基本、最有效和最通用的输入方法。

2. 综合过程

综合(Synthesis)就其字面含义应该理解为：把抽象的实体结合成单个或统一的实体。因此，综合就是把某些东西结合到一起，把设计抽象层次中的一种表示转化成另一种表示的过程。对电子设计领域的综合概念可以表示为：将用行为和功能层次表达的电子系统转换为低层次的、便于具体实现的模块组合的过程。

事实上，设计过程中的每一步都可称为一个综合环节。设计过程通常从高层次的行为描述开始，以最底层的结构描述结束，每个综合步骤都是上一层的转换。即：

① 自然语言转换到 VHDL 语言算法表示，即自然语言综合。

② 从算法表示转换到寄存器传输级(register transport level, RTL)，即从行为域到结构域的综合，即行为综合。

③ RTL 级表示转换到逻辑门(包括触发器)的表示，即逻辑综合。

④ 从逻辑门表示转换到版图表示(ASIC 设计)，或转换到 FPGA 的配置网表文件，可称为版图综合或结构综合。有了版图信息就可以把芯片生产出来了。有了对应的配置文件，就可以使对应的 FPGA 变为具有专门功能的电路器件。

显然，综合器就是能够自动将一种设计表示形式向另一种设计表述形式转换的计算机程序，或协助进行手工转换的程序。它可以将高层次的表示转化为低层次的表示，可以从行为域转化为结构域，可以将高一级抽象的电路表示(如算法级)转化为低一级的表示(如门级)，并可以用某种特定的技术实现(如 CMOS)。

一般来说,综合过程是仅对应于 HDL 而言的。利用 HDL 综合器对设计进行综合是十分重要的一步,因为综合过程将把软件设计的 HDL 描述与硬件结构挂钩,是将软件转化为硬件电路的关键步骤,是文字描述与硬件实现的一座桥梁。综合就是将电路的高级语言(如行为描述)转换成低级的,可与 FPGA/CPLD 的基本结构相映射的网表文件或程序。

当输入的 HDL 文件在 EDA 工具中检测无误后,首先面临的是逻辑综合,因此要求 HDL 源文件中的语句都是可综合的。

在综合之后,HDL 综合器一般都可以生成一种或多种文件格式网表文件,如有 EDIF、VHDL 和 Verilog 等标准格式,在这种网表文件中用各自的格式描述电路的结构。如在 VHDL 网表文件采用 VHDL 的语法,用结构描述的风格重新诠释综合后的电路结构。

整个综合过程就是将设计者在 EDA 平台上编辑输入的 HDL 文本、原理图或状态图形描述,依据给定的硬件结构组件和约束控制条件进行编译、优化、转换和综合,最终获得门级电路甚至更底层的电路描述网表文件。由此可见,综合器工作前,必须给定最后实现的硬件结构参数,它的功能就是将软件描述与给定的硬件结构用某种网表文件的方式对应起来,成为相应的映射关系。

如果把综合理解为映射过程,那么,显然这种映射不是唯一的,并且综合的优化也不是单纯的或一个方向的。为达到速度、面积、性能的要求,往往需要对综合加以约束,称为综合约束。

需要注意的是,VHDL(包括 Verilog)方面的 IEEE 标准,主要指的是文档的表述、行为建模及仿真,至于在电子线路的设计方面,VHDL 并没有得到全面的支持和标准化。也就是说,VHDL 综合器并不能支持标准 VHDL 的全集(全部语句程序),而只能支持其子集,即部分语句。并且不同的 VHDL 综合器可能综合出在结构和功能上并不完全相同的电路系统。对此,设计者应给予充分的注意,对于不同的综合结果,不应对综合器的特性冒然做出评价,同时在设计过程中,必须尽可能全面了解所使用的综合工具的基本特性。

3. 适　配

适配功能是将由综合器产生的网表文件配置于指定的目标器件中,使之产生最终的下载文件,如 JEDEC、Jam 格式的文件。适配功能由适配器完成,适配器也称为结构综合器,适配器所选定的目标器件(FPGA/CPLD 芯片)必须属于原综合器指定的目标器件系列。通常,EDA 软件中的综合器可由专业的第三方 EDA 公司提供,而适配器则需由 FPGA/CPLD 供应商提供。因为适配器的适配对象直接与器件的结构细节相对应。

逻辑综合通过后,必须利用适配器将综合后网表文件针对某一具体的目标器件进行逻辑映射操作,其中包括底层器件配置、逻辑分割、逻辑优化、逻辑布局布线操作。适配完成后可以利用适配所产生的仿真文件做精确的时序仿真,同时产生可用于编程的文件。

4. 时序仿真与功能仿真

在编程下载前必须利用 EDA 工具对适配生成的结果进行模拟测试,这就是所谓的仿真。仿真就是让计算机根据一定的算法和一定的仿真库对 EDA 进行模拟,以验证设计,排除错误。仿真是 EDA 设计过程中的重要步骤。图 1-4 所示的功能与门级时序仿真通常由 PLD 公司的 EDA 开发工具直接提供(当然也可以选用第三方的专业仿真工具),它可以完成两种不同级别的仿真测试,即时序仿真和功能仿真。

(1) 时序仿真

该仿真就是接近真实器件运行特性的仿真,仿真文件中包含了器件的硬件特性参数,因而,仿真精度高。但时序仿真的仿真文件必须来自针对具体器件的综合器与适配器。综合后所得到的 EDIF 等网表文件通常作为 FPGA 适配器的输入文件,适配器产生的仿真网表文件中包含了精确的硬件延迟信息。

(2) 功能仿真

该仿真是直接对 VHDL、原理图描述或其他描述形式的逻辑功能进行功能模拟,以了解其实现的功能是否满足原设计要求的过程。仿真过程不涉及任何具体器件的硬件特性,不必经历综合与适配阶段,在设计项目编辑编译后即可进入功能仿真器进行模拟测试。直接进行功能仿真的好处是设计耗时短,对硬件库、综合器等没有任何要求。对于规模比较大的设计项目,综合和适配在计算机上的耗时是十分可观的,如果每一次修改后的模拟都必须进行时序仿真,显然会极大地降低开发效率。因此,通常的做法是,首先进行功能仿真,待确认设计文件所表达的功能满足设计者原有意图时,即逻辑功能满足要求后,再进行综合、适配和时序仿真,以便把握设计项目在硬件条件下的运行情况。

5. 编程下载

把适配后生成的下载文件或配置文件,通过编程器或编程电缆向 FPGA 或 CPLD 进行下载,以便进行硬件调试和验证。

通常,将对 CPLD 的下载称为编程(program),对 FPGA 中的 SRAM 进行直接下载的方式称为配置(configure),但对于 OTP FPGA 的下载和对 FPGA 的专用配置 ROM 的下载仍称为编程。

6. 硬件测试

将含有载入了设计的 FPGA 或 CPLD 的硬件系统进行统一的测试,以便最终验证设计项目在目标系统上的实际工作情况,以排除错误,完成设计。

1.1.8 EDA 技术的发展趋势

随着 Intel 公司 Pentium 处理器的推出,Xilinx 等公司几十万门规模的 FPGA(现场可编程门阵列)的上市,以及大规模的芯片组和高速、高密度印刷电路板的应用,EDA 技术在仿真、时序分析、集成电路自动测试、高速印刷电路板设计及操作平台的扩展等方面面临着新的巨大的挑战。这些就是新一代的 EDA 技术未来的发展趋势。面对当今飞速发展的电子产品市场,设计师需要更加实用、快捷的 EDA 工具,使用统一的集成化设计环境,改变传统设计思路,将精力集中到设计构思、方案比较和寻找优化设计等方面,以最快的速度开发出性能优良、质量一流的电子产品。新一代 EDA 技术将向着功能强大、简单易学、使用方便的方向发展。

1. 可编程逻辑器件发展趋势

可编程逻辑器件已经成为当今世界上最富吸引力的半导体器件,在现代电子系统设计中扮演着越来越重要的角色。过去的几年里,可编程器件市场的增长主要来自大容量的可编程逻辑器件 CPLD 和 FPGA,其未来的发展趋势如下。

(1) 向高密度、高速度、宽频带方向发展

随着电子系统复杂度的提高,高密度、高速度和宽频带的可编程逻辑产品已经成为主流器件,其规模也不断扩大,从最初的几百门到现在的上百万门,有些已具备了片上系统集成的能

力。这些高密度、大容量的可编程逻辑器件的出现,给现代电子系统(复杂系统)的设计与实现带来了巨大的帮助。

(2) 向在系统、可编程方向发展

在系统、可编程是指程序(或算法)在置入用户系统后仍具有改变其内部功能的能力。采用在系统可编程技术,可以像对待软件那样通过编程来配置系统内硬件的功能,从而在电子系统中引入"软硬件"的全新概念。它不仅使电子系统的设计和产品性能的改进和扩充变得十分简便,还使新一代电子系统具有极强的灵活性和适应性,为许多复杂信号的处理和信息加工的实现提供了新的思路和方法。

(3) 向可预测延时方向发展

当前的数字系统中,由于数据处理量的激增,要求其具有大的数据吞吐量,加之多媒体技术的迅速发展,要求能够对图像进行实时处理,就要求有高速的系统硬件系统。为了保证高速系统的稳定性,可编程逻辑器件的延时可预测性是十分重要的。因此,为了适应未来复杂高速电子系统的要求,可编程逻辑器件的高速可预测延时是非常必要的。

(4) 向混合可编程技术方向发展

可编程逻辑器件为电子产品的开发带来了极大的方便,它的广泛应用使得电子系统的构成和设计方法均发生了很大的变化。但是,有关可编程器件的研究和开发工作多数集中在数字逻辑电路上,直到 1999 年 11 月,Lattice 公司推出了在系统、可编程模拟电路,为 EDA 技术的应用开拓了更广阔的前景。其允许设计者使用开发软件在计算机中设计、修改模拟电路,进行电路特性仿真,最后通过编程电缆将设计方案下载至芯片中。已有多家公司开展了这方面的研究,并且推出了各自的模拟与数字混合型的可编程器件,相信在未来几年里,模拟电路及数模混合电路可编程技术将得到更大的发展。

(5) 向低电压、低功耗方面发展

集成技术的飞速发展,工艺水平的不断提高,节能潮流在全世界的兴起,也为半导体工业提出了向降低工作电压、降低功耗的方向发展。

2. 开发工具的发展趋势

面对当今飞速发展的电子产品市场,电子设计人员需要更加实用、快捷的开发工具,使用统一的集成化设计环境,改变优先考虑具体物理实现方式的传统设计思路,将精力集中到设计构思、方案比较和寻找优化设计等方面,以最快的速度开发出性能优良、质量一流的电子产品。开发工具的发展趋势如下。

(1) 具有混合信号处理能力

由于数字电路和模拟电路的不同特性,模拟集成电路 EDA 工具的发展远远落后于数字电路 EDA 开发工具。但是,由于物理量本身多以模拟形式存在,实现高性能复杂电子系统的设计必然离不开模拟信号。20 世纪 90 年代以来,EDA 工具厂商都比较重视数模混合信号设计工具的开发。美国 Cadence、Synopsys 等公司开发的 EDA 工具已经具有了数模混合设计能力,这些 EDA 开发工具能完成含有模数变换、数字信号处理、专用集成电路宏单元、数模变换和各种压控振荡器在内的混合系统设计。

(2) 高效的仿真工具

在整个电子系统设计过程中,仿真是花费时间最多的工作,也是占用 EAD 工具时间最多的一个环节。可以将电子系统设计的仿真过程分为两个阶段:设计前期的系统级仿真和设计过程中的电路级仿真。系统级仿真主要验证系统的功能,如验证设计的有效性等;电路级仿真主要验证系统的性能,决定怎样实现设计,如测试设计的精度、处理和保证设计要求等。要提高仿真的效率,一方面是要建立合理的仿真算法;另一方面是要更好地解决系统级仿真中,系统模型的建模和电路级仿真中电路模型的建模技术。在未来的 EDA 技术中,仿真工具将有较大的发展空间。

(3) 理想的逻辑综合、优化工具

逻辑综合功能是将高层次系统行为设计自动翻译成门级逻辑的电路描述,做到了实际与工艺的独立。优化则是对于上述综合生成的电路网表,根据逻辑方程功能等效的原则,用更小、更快的综合结果替代一些复杂的逻辑电路单元,根据指定目标库映射成新的网表。随着电子系统的集成规模越来越大,几乎不可能直接面向电路图做设计,要将设计者的精力从烦琐的逻辑图设计和分析中转移到设计前期算法开发上。逻辑综合、优化工具就是要把设计者的算法完整高效地生成电路网表。

3. 系统描述方式的发展趋势

(1) 描述方式简便化

20 世纪 80 年代,电子设计开始采用新的综合工具,设计工作由逻辑图设计描述转向以各种硬件描述语言为主的编程方式。用硬件描述语言描述设计,更接近系统行为描述,且便于综合,更适于传递和修改设计信息,还可以建立独立于工艺的设计文件;不便之处是不太直观,要求设计师具有硬件语言编程能力,但是编程能力需要长时间的培养。

到了 20 世纪 90 年代,一些 EDA 公司相继推出了一批图形化的设计输入工具。这些输入工具允许设计师用他们最方便并熟悉的设计方式(如框图、状态图、真值表和逻辑方程)建立设计文件,然后由 EDA 工具自动生成综合所需的硬件描述语言文件。图形化的描述方式具有简单直观、容易掌握的优点,是未来主要的发展趋势。

(2) 描述方式高效化和统一化

C/C++语言是软件工程师在开发商业软件时的标准语言,也是使用最为广泛的高级语言。许多公司已经提出了不少方案,尝试在 C 语言的基础上设计下一代硬件描述语言。随着算法描述抽象层次的提高,使用 C/C++语言设计系统的优势将更加明显,设计者可以快速而简洁地构建功能函数,通过标准库和函数调用技术,创建更庞大、更复杂和更高速的系统。

但是,目前的 C/C++语言描述方式与硬件描述语言之间还有一段距离,还有待于更多 EDA 软件厂家和可编程逻辑器件公司的支持。随着 EDA 技术的不断成熟,软件和硬件的概念将日益模糊,使用单一的高级语言直接设计整个系统将是一个统一化的发展趋势。

1.2 数字系统硬件设计概述

IC 电路系统的设计可以采用不同的方法,具体选择哪一种设计方法取决于对下述因素的考虑:设计者的设计经验、设计的规模和复杂程度、设计采用的工具及选定的 IC 生产厂家或选用的可编程器件。在今天复杂的 IC 设计环境下,概括起来只有两种设计方案供 IC 设计者选择。

① 自底向上的设计(bottom-up):从结构层开始,采用结构化单元和由少数行为级模块构成的层次式模型,逐级向上搭建出符合要求的系统。

② 自顶向下的设计(top-down)：先对所要设计的系统进行功能描述，然后逐步分块细化，直至结构化最底层的具体实现。

1.2.1 自底向上的设计

自底向上的设计方法是传统的 IC 和 PCB 的设计方法。采用自底向上的设计方法需要设计者首先定义和设计每个基本模块，然后对这些模块进行连线以完成整体设计。在 IC 设计的复杂程度较低时，自底向上的设计方法是相当有效的；但随着设计复杂程度的增加，设计者就很难处理其层次化的各个细节了。如果对较大规模的电路采用这种设计方法，就会导致产品生产周期长、可靠性差、开发费用高等问题。

1.2.2 自顶向下的设计

所谓自顶向下的设计方法，单从字面上解释，就是在抽象的高层次上形成一个设计思想，然后实现这个思想；也就是说，从系统整体要求出发，自上而下的逐步将系统实际内容细化。

从电子工程的角度来讲，这就意味着首先应该在高层次上定义一个系统，然后对该系统进行逻辑划分，最后才去实现划分后的低层次的逻辑。整个系统实现后必须进行功能模拟，最后才能进行版图设计和验证，得到具体的实际电路。

自顶向下的设计方法相对传统的自底向上的设计方法来说，具有很多优点，因为设计工程师可以将更多的精力和时间花费在高层次上对系统进行功能定义和设计。其优越性如下。

1. 提高设计生产的效率

自顶向下的设计方法允许设计者在一个高抽象层次上对系统的功能进行定制，而不需要考虑门级的具体实现方法。这充分体现了工艺无关性的基本设计思想。设计者只需要写出设计中所需部件的硬件设计语言代码或者是其他类型的模型，设计工具就会根据编写的高层描述生成门级的实现，大大减少了设计者以往必须花费在设计细节上的时间。

2. 增加设计的重用性

在大多数的自顶向下的设计过程中，对设计的描述都保持在一个普通的工艺水平上，它不是为某一厂商的工艺库而特意定制的。也就是说，设计是与工艺无关的，所以在实现设计时不必使用某一特定厂商的工艺。这样就极大地提高了设计的可重用性，如果需要改变设计所使用的工艺，只需将设计在需要的工艺库上重新映射即可。不仅对整个设计是如此，对于设计中的模块也是如此。

3. 易于早期发觉设计错误

因为设计工程师可以将更多的精力和时间投入到高层次上对系统的功能定义和设计，所以在产品设计的初期阶段就能发现更多的设计错误，这会带来以下几个好处。

① 减少产品开发周期：通常情况下，在电路设计的最后阶段发现的错误远比在设计的开始阶段发现的错误难修改，因此在设计初期发现和修改绝大多数错误可以极大地降低设计的反复性。

② 降低开发成本：因为在设计的初期阶段发现的错误修改起来相对简单，并且可以消除由该错误连带发生的错误，因此可以降低开发成本。

③ 增加设计一次成功通过的可能性：因为在设计开始阶段出现的错误越少，那么在厂家

验证时,一次通过的可能性就越大。

综上所述,自顶向下的设计方法是面向系统的设计技术。设计者不需要再用逻辑图的形式来设计系统,而是采用硬件描述语言对系统进行描述,其关键技术在于系统的仿真、综合和测试,这些都由技术上相对成熟的电子设计自动化软件来完成,大大减少了设计者参与具体电路细节的工作量,可以使其将更多精力投入到系统设计上,极大地提高了工作效率。

1.2.3 自顶向下技术的设计流程及关键技术

如果简单地认为自顶向下技术就是用 VHDL 或其他硬件描述语言对电路进行描述,然后进行综合优化,最后产生出 ASIC,这种看法是不全面的。自顶向下技术是各方面知识的综合应用,设计者必须从系统的角度来分析一个设计,同时还要在对数字电路结构、EDA 工具工作原理、微电子等有关知识有一个比较全面的了解,才能充分发挥自顶向下设计的优势,提高电路设计的质量和效率。仿真和综合只是系统实现的手段,要成功地完成一个复杂系统的设计,不仅要熟练地使用先进的高层次设计工具,同时要对系统本身有正确理解。

因此在高层次设计方法中,对电路的正确理解是一个成功设计的基础,对高层次设计方法的正确运用是一个成功设计途径,忽视哪一方面都无法成功地设计出高性能的电路。

采用自顶向下技术进行设计可分为三个主要阶段:系统设计、系统综合化、系统实现。各个阶段之间并没有绝对的界限,图 1-5 是一个较为完整的自顶向下的设计过程。下面将详细讲述每个设计阶段的细节。

1. 系统设计

系统设计是整个设计流程中最重要的部分,它包括系统功能分析、系统结构设计、系统描述与功能仿真 4 个步骤,这一阶段所做的工作基本上决定了所设计电路的性能,后面所做的工作都以这一部分为基础。

(1) 系统功能分析

进行系统功能分析的目的在于进行系统设计之前明确系统的需求,也就是明确系统所要完成的功能、系统的输入输出以及这些输入输出之间的关系等,并且要确定系统的时序要求。

系统功能分析的另外一个目的是系统的模块划分。在系统分析时,应根据功能的耦合程度,将系统划分为不同的功能模块,每一个功能都映射到一个模块,同时还需要确定模块之间的相互关系,这是模块化设计的基本要求。

(2) 体系结构设计

体系结构设计又是整体系统设计阶段最重要的工作,它的首要任务就是数据通路(受控部分)和控制通路(控制部分)的设计。在数字系统设计中,系统的控制是建立在数据通路的基础之上的,不同的数据通路对应了不同的控制通路。数据通路的设计包括被处理数据的类型分析、处理单元的划分以及处理单元之间的关联程度等。控制通路是数据通路上数据传输的控制单元,用于协调数据处理单元之间的关系;控制通路的设计主要包括数据的调度、数据的处理算法和正确的时序安排等。

数据通路和控制通路的设计并不是截然分开的,有时在确定好数据通路后,由于时序或数据调度等问题,而不得不重新修改数据通路。所以数据通路与控制通路的设计往往要经过许多次反复才能达到最优效果。

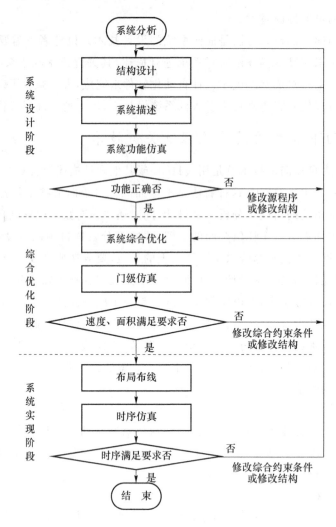

图 1-5 自顶向下技术设计流程

(3) 系统描述

所谓系统描述也就是使用 VHDL 语言对系统进行编码。在进行大型软件的开发时，编码相对于前面所进行的系统划分工作就显得不那么重要，但在使用硬件描述语言进行数字电路描述时，情况则完全不同，因为语言的描述直接决定着电路的性能，不好的编码将无法反映所确定的体系结构，可能导致前面所作的工作完全无效。尽管 VHDL 可以支持不同的描述方法，但对于系统的描述，仍要遵循下面几个原则：

① 要采用 top-down 的结构化设计方法。这要求设计者先从系统的最顶层进行设计，然后逐步细化，最后完成设计。这样的设计结构与层次都非常清晰，易于修改和调试。

② 设计的源码风格对电路有很大的影响。同样的功能用不同的描述，可以产生不同的结果，所以在描述电路时，应认真考虑电路的描述方法。

③ 虽然高层次设计提倡设计与工艺的无关性，但是在有些设计中，由于特定结构的要求，有些描述有可能无法实现，致使在综合中产生不必要的错误。另外，对于一些特定功能单元（如 RAM、ROM 等），如果采用标准的语言描述，在仿真与综合时都能够通过，但综合的效果

(速度与面积)一般不会达到最好,在这种情况下,要采用厂家提供的功能单元(用结构描述方法调用)。

④ 在进行电路描述时,要使用可综合的 VHDL 子集;在建立仿真模型时,可以使用所有的 VHDL 语句。从事具体电路设计的工程师要注意使用的 VHDL 语句,否则可能造成无法综合的问题。

(4) 系统的功能仿真

系统的功能仿真(functional simulation)是用来验证设计者所编写的 VHDL 代码是否完成了预定的功能。几乎所有的高层设计软件都支持语言级的系统仿真,这样在系统综合前就可以通过系统功能仿真来验证所设计系统的功能正确与否。

在语言级系统仿真时,要求设计者使用 VHDL 语言所提供的丰富的仿真语句来编写系统的测试基准程序(testbench)。测试基准程序在高层次设计中占有非常重要的地位,不仅在系统功能仿真时被用来作为功能验证的基准,而且在门级仿真与后时序仿真都要以此为基准。

测试基准程序用于模拟系统的工作环境。在该程序中,产生系统工作所需要的所有输入信号,同时对系统产生的输出信号进行判别,并由此判断系统功能是否正确。测试程序与被测电路 UUT(unit under test)作为子单元,构成系统的最顶层单元。测试程序所使用的语句并不限制在可综合的子集内,测试工程师可以使用 VHDL 语言提供的各种语言和函数,这样可以极大地提高仿真程序编写的效率。

2. 系统的综合优化

在完成系统功能仿真后,接下来的工作就是系统的综合。在该阶段主要的工作是系统的综合优化与门级(gate level)仿真。

(1) 系统的综合优化

综合器对系统的综合优化主要分为两步:第一步是将硬件描述语言翻译成门电路,第二步是对产生的电路进行优化。主要工作是在第二步进行的,判断一个综合器性能的标准也是基于这一方面的。

系统优化的目的就是花费最小的硬件资源满足最大的时序要求,所以系统优化就是在系统的速度(speed)和面积(area)之间找到一个最佳方案(trade-off)。系统优化的关键在于系统约束条件(constraints)的设定,施加到系统的约束条件将使综合器对系统的优化按照设计者所期望的目标进行。

(2) 门级仿真

综合工具可以从综合优化后的电路中提取出系统门级描述 VHDL 语言文件。该文件内不仅包含了完成系统功能所需的元件,而且也包含了电路元件的一些时序信息,但不包含元件之间的连线信息。可以使用该文件替代原来的设计文件作为 UUT 和 testbench 连接在一起进行仿真,这就是门级仿真。门级仿真比功能仿真可以更精确地反映电路的时序特性,经门级仿真的电路通过布局布线后仿真的可能性增大。门级仿真只是一个中间过程,主要是针对进行 ASIC 设计时,在生产厂家(factory)的工艺库上布局布线的流程较为烦琐,进行门级仿真可以在布局布线之前最大限度的发现问题而节省时间,如果进行布局布线后时序仿真的条件便利,很多情况下就不需要进行门级仿真工作,比如在使用可编程器件(FPGA 或 CPLD)实现电路时,设计者可以相对容易地获得布局、布线后提取出的延时信息文件,就不需要进行门级仿真工作。

3. 系统实现

如果系统综合优化的结果满足设计者的要求,就可以进行系统实现的工作。

在一般的 ASIC 设计中,设计者应该将综合后电路的网表(netlist)文件和设计的时序要求交给 IC 生产厂家进行下一步的工作。

系统实现的工作主要是将用户的设计在生产厂家的工艺库上进行布局布线(place and route),最后得到电路的具体实现。布线时所遇到的最大问题是布通率,一般情况下在布局、布线时要加入一定的人工干预,诸如改变引脚的位置、特殊功能块的安排等。

在进行完布局、布线工作后要进行电路参数的提取,并将这个文件交给投片方进行系统的后仿真(post simulation)。在这个文件中不但包含了器件的延时信息也包含了器件之间的连线延时信息,使用这些时序信息所作的系统仿真真实地反映了电路的实际工作情况,如果系统的速度和时序关系达到要求,就可以进行流片工作,这是整个设计的最后一道保障。

如果不需要进行定制 ASIC 设计而是由 FPGA 或 CPLD 实现,则将综合后电路的网表(netlist)文件直接下载到 FPGA 或 CPLD 中实现即可。

1.2.4 设计描述风格

设计描述的风格直接控制着 EDA 工具综合的结果。描述同一功能的两段 RTL 描述能产生出时序和面积完全不同的电路,好的描述方式易于被综合器识别并可以被综合出设计者期望的电路,而电路的质量取决于工程师使用的描述风格和综合工具的能力。

虽然没有严格的描述风格的标准,但描述风格已被证明在综合过程中是非常重要的。设计人员应该采用层次化来描述电路,首先应该确定这个系统的工作时钟(clock),在设计中使用时钟限制可以综合出并行或串行的电路。从高层次上讲,ASIC 设计一般由 RAM、ROM、控制通路(控制部分)和数据通路(受控部分)组成;控制通路和数据通路又是由诸如 ALU、寄存器堆(register file)、状态机(state machine)和随机逻辑(random logic)组成。分层设计可以使设计人员更容易控制综合的结果接近期望的目标。

在自顶向下的设计流程中,处理复杂事务时常采用层次结构方法,这种方法可以把复杂的问题分解成较小的、更容易解决的问题。层次结构在处理数字系统设计中的复杂问题时非常重要的,它能够影响设计的物理实现和设计的电路质量,而且与设计的电路能否重用也有密切关系。HDL 描述的好处之一就是易于掌握层次结构设计,电子设计自动化软件在综合过程中对层次结构的识别能使我们充分利用这些优点。

许多 ASIC 设计库都有一些现成的电路模块(如乘法器、微控制器等),这些模块都是对某一特殊工艺库已经优化过的最佳设计方案,并且给使用这些工艺库的用户提供高质量的源代码,这有助于设计人员更好的完成设计,因此设计人员可以在电路的源代码中引用这些模块。

习 题

1-1 简述 EDA 技术的发展历程? EDA 技术的核心内容是什么?

1-2 EDA 技术与 ASIC 设计和 FPGA 开发有什么关系?

1-3 叙述 FPGA/CPLD 设计流程。

1-4 简述在基于 FPGA/CPLD 的 EDA 设计流程中所涉及的 EDA 工具及其在整个流

程中的作用。

1-5　什么是综合？有哪些类型？综合在电子设计自动化中的地位是什么？

1-6　FPGA/CPLD在ASIC设计中有什么用处？

1-7　什么是硬件描述语言，它和一般的高级语言有什么相同点和不同点？

1-8　什么是自下至上的设计方法？什么是自上至下的设计方法？各自的特点是什么？

1-9　用VHDL语言设计数字系统有什么优点？

第 2 章　VHDL 语言程序的基本要素及基本结构

一个完整的 VHDL 语言程序通常包含实体(Entity)、构造体(Architecture)、配置(Configuration)、包集合(Package)和库(Library)5 个部分。前 4 种是可分别编译的源设计单元。实体用于描述所设计的系统的外部接口信号;构造体用于描述系统内部的结构和行为;包集合存放各设计模块都能共享的数据类型、常数和子程序等;配置用于从库中选取所需单元来组成系统设计的不同版本;库存放已经编译的实体、构造体、包集合和配置。库可由用户生成或由 ASIC 芯片制造商提供,以便于在设计中为大家所共享。本章将对上述 VHDL 设计的主要构成、基本结构及所涉及的语言要素详细介绍。

VHDL 具有计算机编程语言的一般特性,其语言要素是编程语句的基本单元,是 VHDL 作为硬件描述语言的基本结构元素,反映了 VHDL 重要的语言特性。准确无误地理解和掌握 VHDL 语言要素的基本含义和用法,对于正确地完成 VHDL 程序设计十分重要。

VHDL 的语言要素主要有数据对象(客体)(Data Objects,简称 Objects)、数据类型(Data Types,简称 Types)和各类操作数(Operands)及运算操作符(Operators)。

2.1　VHDL 语言的命名规则

与其他计算机高级语言一样,VHDL 也有自己的文字规则,在编程中需认真遵循。除了具有类似于计算机高级语言编程的一般文字规则外,VHDL 还包含特有的文字规则和表达方式。VHDL 文字(Literal)主要包括数值和标识符。数值型文字所描述的值主要有数字型、字符串型、位串型。

2.1.1　数字型文字

数字型文字的值有多种表达方式,现列举如下:

① 整数文字:整数文字都是十进制的数,如:5,678,0,156E2(=15600),45_234_287(=45234287)。

数字间的下画线仅仅是为了提高文字的可读性,相当于一个空的间隔符,而没有其他的意义,因而不影响数字本身的数值。

② 实数文字:实数文字也都是十进制的数,但必须带有小数点,如:188.993,88_670_551.453_909(=88670551.453909),1.0,44.99E-2(=0.4499),1.335,0.0

VHDL 综合器不支持此类文字。

③ 以数制基数表示的文字:用这种方式表示的数由 5 个部分组成。第一部分,用十进制数标明数制进位的基数;第二部分,数制隔离符号"♯";第三部分,表达的文字;第四部分,指数隔离符号"♯";第五部分,用十进制表示的指数部分,这一部分的数如果为 0 可以省去不写。

现举例如下：

```
SIGNAL d1,d2,d3,d4,d5:INTEGER  RANGE 0 TO 255;
d1<= 10#170# ;           -- 十进制表示,等于 170
d2<= 16#FE# ;            -- 十六进制表示,等于 254
d3<= 2#1111_1110# ;      -- 二进制表示,等于 254
d4<= 8#376# ;            -- 八进制表示,等于 254
d5<= 16#E#E1 ;           -- 十六进制表示,等于 2#11100000# ,等于 224
...
```

④ 物理量文字(VHDL 综合器不接受此类文字)。如：

60 s(60 秒),100 m(100 米),1 kΩ(1 千欧姆),177 A(177 安培)。

2.1.2 字符串型文字

字符是用单引号引起来的 ASCII 字符,可以是数值,也可以是符号或字母,如：

'R','a','*','Z','U','0','11','-','L',…

例如,可用字符来定义一个新的数据类型：

TYPE STD_ULOGIC IS('U','X','0','1','W','L','H','-');

字符串则是一维的字符数组,需放在双引号中。有两种类型的字符串：数位字符串和文字字符串。

(1) 文字字符串

文字字符串是用双引号引起来的一串文字,如：

"ERROR", "Both S and Q equal to 1", "X", "BBMYMCC"

(2) 数位字符串

数位字符串也称位矢量,是预定义数据类型 Bit 的一维数组。数位字符串与文字字符串相似,但所代表的是二进制、八进制或十六进制的数组。它们所代表位矢量的长度即为等值二进制数的位数。字符串数值的数据类型是一维的枚举型数组。与文字字符串表示不同,数位字符串的表示首先要有计算基数,然后将该基数表示的值放在双引号中,基数符以"B"、"O"和"X"表示,并放在字符串的前面。其含义分别是：

① B：二进制基数符号,表示二进制位 0 或 1,在字符串中的每一个位表示一个 Bit。

② O：八进制基数符号,在字符串中的每一个数代表一个八进制数,即代表一个 3 位(BIT)的二进制数。

③ X：十六进制基数符号,代表一个十六进制数,即代表一个 4 位的二进制数。

例如：

```
data1<= B "1_1101_1110";      -- 二进制数数组,位矢量数组长度是 9
data2<= O "15";                -- 八进制数数组,位矢量数组长度是 6
data3<= X "AD0";               -- 十六进制数数组,位矢量数组长度是 12
data4<= B "101_010_101_010";   -- 二进制数数组,位矢量数组长度是 12
data5<= "101_010_101_010";     -- 表达错误,缺 B
data6<= "0AD0";                -- 表达错误,缺 X
```

2.1.3 标识符

标识符是最常用的操作符,标识符可以是常数、变量、信号、端口、子程序、标号、实体名、构造体名或参数的名字。

(1) VHDL 基本标识符的书写遵循

① 有效的字符:英文字母包括 26 个大小写字母:a~z,A~Z;数字包括 0~9 以及下画线"_"。

② 任何标识符必须以英文字母开头。

③ 必须是单一下画线"_",且其前后都必须有英文字母或数字。

④ 标识符中的英语字母不分大小写。

以上规则是 VHDL'87 标准中标示符的限制。

(2) VHDL'93 标准支持扩展标识符书写规则

① 扩展标识符以反斜杠来界定,可以以数字打头,如\74LS373\、\Hello World\ 都是合法的标识符。

② 允许包含图形符号(如回车符、换行符等),也允许包含空格符。如 \IRDY\、\C/BE\、\A or B\ 等都是合法的标识符。

③ 两个反斜杠之前允许有多个下画线相邻,扩展标识符区分大小写。扩展标识符与短标识符不同。扩展标识符如果含有一个反斜杠,则用两个反斜杠来代替它。

支持扩展标识符的目的是免受 1987 标准中的短标识符的限制,描述起来更为直观和方便。但是目前仍有许多 VHDL 工具不支持扩展标识符。

以下是几种 VHDL'87 标准标识符的示例:

合法的标识符:Decoder_1 , FFT , Sig_N , Not_Ack , State0 , Idle
非法的标识符:

```
_Decoder_1      -- 起始为非英文字母
2FFT            -- 起始为数字
Sig_#N          -- 符号"#"不能成为标识符的构成
Not-Ack         -- 符号"-"不能成为标识符的构成
RyY_RST_        -- 标识符的最后不能是下画线"_"
data__BUS       -- 标识符中不能有双下画线
return          -- 关键字
```

2.1.4 下标名

下标名用于指示数组型变量或信号的某一元素。下标段名则用于指示数组型变量或信号的某一段元素。下标名的语句格式如下:

标识符(表达式)

标识符必须是数组型的常数、变量或信号的名字,圆括号中的表达式即为下标名,表达式所代表的值必须是数组下标范围中的一个值,这个值将对应数组中的一个元素。

如果这个表达式是一个可计算的值,则此操作数可很容易地进行综合。如果是不可计算的,则只能在特定的情况下综合,且耗费资源较大。

下例的两个下标名中一个是 m,属不可计算,另一个是 3,属可计算的。例如:

```
SIGNAL   a,b :BIT_VECTOR(0 TO 3);
SIGNAL   m   :INTEGER  RANGE 0 TO 3;
SIGNAL   y,z :BIT;
y<= a(m);              -- 不可计算型下标表示
z<= b(3);              -- 可计算型下标表示
```

2.1.5 段 名

段名为多个下标名的组合,段名将对应数组中某一段的元素。段名的格式如下括号中内容:

标识符(表达式　方向　表达式)

这里的标识符必须是数组类型的常数名、信号名或变量名,圆括号中的表达式即为段名,每一个表达式的数值必须在数组元素下标号范围以内,并且必须是可计算的(立即数)。方向用 TO 或者 DOWNTO 来表示。TO 表示数组下标序列由低到高,如(2 TO 8);DOWNTO 表示数组下标序列由高到低,如(8 DOWNTO 2),所以段中两表达式值的方向必须与原数组一致。

下例各信号分别以段的方式进行赋值:

```
SIGNAL   a ,z  :BIT_VECTOR(0 TO 7);
SIGNAL   b     :STD_LOGIC_VECTOR(4 DOWNTO 0);
SIGNAL   c     :STD_LOGIC_VECTOR(0 TO 4);
SIGNAL   e     :STD_LOGIC_VECTOR(0 TO 3);
SIGNAL   d     :STD_LOGIC;
…
z(0 TO 3)<= a(4 TO 7);   --赋值对应:z(0)<= a(4)、z(1)<= a(5)、…
z(4 TO 7)<= a(0 TO 3);
b(2)<= '1';
b(3 DOWNTO 0)<= "1010";  --赋值对应:b(3)<= '1'、b(2)<= '0'、…
c(0 TO 3)<= "0110";
c(2)<= d;
c<= b ;-- 即 c(0 TO 4)<= b(4 DOWNTO 0),对应:c(0)<= b(4)、c(1)<= b(3)、…
e<= c ;-- 错误,双方位矢量长度不等!
e<= c(0 TO 3);-- 正确!
e<= c(1 TO 4);-- 正确!
```

2.1.6 注 释

若要将一条语句加注释,在注释内容前加两个短画线。

2.2 VHDL 语言的数据类型及运算操作符

VHDL 语言像其他高级语言一样,具有多种数据类型。对大多数数据类型的定义,两者是一致的。但是也有某些区别,如 VHDL 语言中可以由用户自己定义数据类型,这一点在其他高级语言中是做不到的。读者在阅读时务请多加注意。数据类型是用来定义某一个客体的,因此亦可称客体为数据对象。

2.2.1 VHDL 语言的客体及其分类

在 VHDL 语言中凡是可以赋予一个值的对象称为客体(Object)。客体主要包括以下 3 种:信号、变量、常数(Signal、Variable、Constant)。在电子电路设计中,这三类客体通常都具有一定的物理含义。例如,信号对应地代表物理设计中的某一条硬件连接线;常数对应地代表数字电路中的恒定电平,如电源和地等。变量对应关系不太直接,通常只代表暂存某些值的载体。3 类客体的含义和说明场合如表 2-1 所列。

表 2-1 VHDL 语言 3 类客体含义和说明场合

客体类别	含 义	工作说明场合
信 号	信号说明全局量	ARCHITECTURE,PACKAGE,ENTITY,BLOCK
变 量	变量说明局部量	PROCESS,FUNCTION,PROCEDURE
常 数	常数说明全局量	上面两种场合下,均可存在

1. 常数(Constant)

常数是一个固定的值。所谓常数说明就是对某一常数名赋予一个固定的值。通常赋值在程序开始前进行,该值的数据类型则在说明语句中指明。常数说明的一般格式如下:

CONSTANT 常数名:数据类型:= 表达式;

例如:

CONSTANT Vcc:REAL:= 5.0;
CONSTANT DALEY:TIME:= 100 ns;
CONSTANT FBUS:BIT_VECTOR:= "0101";

常数一旦赋值就不能再改变。上面 Vcc 被赋值为 5.0,那么在所有的 VHDL 语言程序中 Vcc 的值就固定为 5.0,它不像后面所提到的信号和变量那样,可以任意代入不同的数值。另外,常数所赋的值应和定义的数据类型一致。例如:

CONSTANT Vcc:REAL:= "0101";

这样的常数说明显然是错误的。

2. 变量(Variable)

变量只能在进程语句、函数语句和过程语句结构中使用,它是一个局部量。在仿真过程中,它不像信号那样,到了规定的仿真时间才进行赋值,变量的赋值是立即生效的。变量说明语句的格式为:

VARIABLE 变量名:数据类型 约束条件[:=初始值];

该语句格式中[:=初始值]不是必需的。另外,由于硬件电路上电后的随机性,定义的初始值只对 HDL 仿真器有效,对综合器无效。例如:

VARIABLE x,y:INTEGER;
VARIABLE count:INTEGER RANGE 0 TO 255:=10;

信号赋值的语句格式如下:

目标变量名:=表达式;

变量的赋值符号为":=",表达式和目标变量名的数据类型和范围必须相同。在赋值时不能产生附加延时。例如,tmp1,tmp2,tmp3 都是变量且数据类型和范围,那么下式产生延时的方式是不合法的:

tmp3:=tmp1+tmp2 AFTER 10 ns;

3. 信号(Signal)

信号是电子电路内部硬件连接的抽象。它除了没有数据流动的方向说明以外,其他性质几乎和 2.3 节所述的"端口"概念一致。信号通常在构造体、包集合和实体中加以说明。信号说明的语句格式为:

SIGNAL 信号名:数据类型 约束条件:=初始值;

该语句格式中[:=初始值]不是必需的。另外,由于硬件电路上电后的随机性,定义的初始值只对 VHDL 仿真器有效,对综合器无效。

信号赋值的语句格式如下:

目标信号名<= 表达式 [after 时间量];

变量的赋值符号为"<=",表达式和目标信号名的数据类型和范围必须相同,方括号中内容不是必须,表达式可以是一个运算表达式,也可以是某一个客体。例如:

SIGNAL sys_clk:BIT:='0';
SIGNAL ground:BIT:='0';

信号赋值时可以附加延时。例如,s1 和 s2 都是信号,且 s2 的值经 10 ns 延时以后才被代入 s1。此时信号传送语句可书写为:

s1<= s2 AFTER 10 ns;

信号是一个全局量,它可以用来实现进程之间的通信。

一般来说,在 VHDL 语言中对信号赋值是按仿真时间来进行的。信号值的改变也需按仿真时间的计划表行事。

4. 进程中信号和变量赋值的区别

准确理解和把握一个进程中信号和变量赋值行为的特点以及其功能上的异同点,对利用 VHDL 更好地设计电路是十分重要的。变量只能作为局部的信息载体,如只能在所定义的进程中有效;而信号则可作为模块间的信息载体,如在结构体中各进程间传递信息。变量的设置有时只是一种过渡,最后的信息传输和界面间的通信都靠信号来完成。综合后信号对应更多的硬件结构,有时信号和变量在综合后的硬件电路结构中并没有区别。

信号和变量值的赋值不仅形式不同,而且其操作过程也不同。在变量的赋值语句中,该语句一旦被执行,其值立即被赋予变量。在执行下一条语句时,该变量的值就为上一句新赋的值。变量的赋值符为":="。信号赋值语句采用"<="赋值符,该语句即时被执行也不会使信号立即发生赋值。下一条语句执行时,仍使用原来的信号值。由于信号赋值语句是同时处理的,信号赋值是在进程结束进程中所有信号才同时赋值。

为了更具体了解信号和变量的特性,下面将举例说明。

【例 2 - 1】

```
ENTITY DFF1 IS
   PORT(CLK,D:IN BIT;
         Q :OUT BIT) ;
END DFF1 ;
AECHITECTURE BHV OF DFF1 IS
BEGIN
PROCESS(CLK)
   VARIABLE QQ:BIT;
BEGIN
2   IF CLK'EVENT AND CLK = '1' THEN
   QQ: = D; Q<= QQ;
   END IF;
END PROCESS;
END BHV;
```

【例 2 - 2】

```
ENTITY DFF2 IS
   PORT(CLK,D:IN BIT;
         Q :OUT BIT) ;
END DFF2 ;
AECHITECTURE BHV OF DFF2 IS
   SIGNAL QQ:BIT;
BEGIN
PROCESS(CLK)
   BEGIN
   IF CLK'EVENT AND CLK = '1' THEN
       QQ<= D; Q<= QQ;
   END IF;
   END PROCESS;
END BHV;
```

【例 2 - 1】和【例 2 - 2】中分别把 QQ 定义成了变量和信号,其综合结果都是 D 触发器,如图 2 - 1 所示。

【例 2 - 3】

```
ENTITY DFF3 IS
```

```
    PORT(CLK,D:IN BIT;
         Q :OUT BIT) ;
END DFF3 ;
AECHITECTURE BHV OF DFF3 IS
BEGIN
PROCESS(CLK)
   VARIABLE A,B:BIT;
BEGIN
   IF CLK'EVENT AND CLK = '1' THEN
     A: = D;B: = A; Q<= B;
    END IF;

END PROCESS;
END BHV;
```

【例 2－4】

```
ENTITY DFF4 IS
   PORT(CLK,D:IN BIT;
        Q :OUT BIT) ;
END DFF4 ;
AECHITECTURE BHV OF DFF4 IS
   SIGNAL A,B:BIT;
BEGIN
PROCESS(CLK)
   BEGIN
   IF CLK'EVENT AND CLK = '1' THEN
      A<= D;B<= A;Q<= B;
   END IF;
   END PROCESS;
END BHV;
```

【例 2－3】和【例 2－4】中分别把 A、B 定义成了变量和信号,其综合的结果却不同,【例 2－3】综合结果和【例 2－1】、【例 2－2】相同,如图 2－1 所示;【例 2－4】综合结果如图 2－2 所示,是 3 个 D 触发器串联。

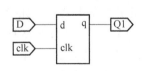 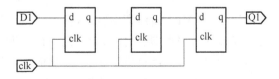

图 2－1 【例 2－1】和【例 2－2】综合结果　　图 2－2 【例 2－4】综合结果

现在来看一下【例 2－5】中两个进程描述的语句。首先,由于信号 A 发生变化使进程语句开始启动执行。这样一来,仿真器对进程中的各语句自上至下地进行处理。当进程所有语句执行完毕,或者中途碰到 WAIT 语句时,该进程执行结束,信号赋值过程被执行。

【例 2-5】

```
PROCESS(A,B,C,D)
BEGIN
  D<= A;
  X<= B + D;
  D<= C;
  Y<= B + D;
END PROCESS;
```

结　果
  X<= B + C;
  Y<= B + C;

```
PROCESS(A,B,C)
VARIABLE D:STD_LOGIC_VECIOR(3 DOWNTO 0);
BEGIN
  D: = A;
  X<= B + D;
  D: = C;
  Y<= B + D;
END PROCESS;
```

结　果
  X<= B + A;
  Y<= B + C;

在【例 2-5】的第一个进程中，D 中最初代入的值是 A，接着又代入 C 值。尽管 D 中先代入 A 值，后代入 C 值，在时间上有一个 Δ 的延时，但是，在代入时由于不进行处理，因此仿真时认为是时间 0 值延时。因此 D 的最终值应为 C，这样 X 和 Y 的内容都为 B+C。

在【例 2-5】的第二个进程中，D 是变量。在执行"D:=A"语句以后，A 的值就被赋给 D，所以 X 为 B+A。此后又执行"D:=C"，从而使 Y 为 B+C。从这里可以看出，信号量的值将进程语句最后所代入的值作为最终代入值，而变量的值一经赋值就变成新的值。这就是变量赋值和信号代入在操作上的区别。

2.2.2　VHDL 语言的数据类型

如前所述，在 VHDL 语言中客体（信号、变量、常数）都要指定数据类型。为此，VHDL 提供了许多标准的数据类型。另外，为使用户设计方便，还可以由用户自定义数据类型。这样使语言的描述能力及自由度更进一步提高，从而为系统高层次的仿真提供了必要手段。

与此相反，VHDL 语言的数据类型的定义相当严格，不同类型之间的数据不能直接代入，而且，即使数据类型相同，而位长不同时也不能直接代入。这样，为了熟练地使用 VHDL 语言编写程序，必须很好理解各种数据类型的定义。

1. 标准的数据类型

标准的数据类型共有 10 种，它们是已在 STD 库中 STANDARD 包集合中定义的，如表

2-2所列。

表 2-2 标准数据类型

数据类型	含 义
整 数	整数 32 位，-2 147 483 647～2 147 483 647
实 数	浮点数，-1.0E+38～+1.0E+38
位	逻辑"0"或"1"
位矢量	由位组成的一维数组
布尔量	逻辑"假"或逻辑"真"
字 符	ASCII 字符
时 间	时间单位 fs,ps,ns,μs,ms,sec,min,hr
错误等级	NOTE,WARNING,ERROR,FAILURE
自然数,正整数	整数的子集(自然数:大于等于 0 的整数;正整数:大于 0 的整数)
字符串	字符矢量

表 2-2 中，实数、字符、错误等级和字符串型数据类型 VHDL 综合器不支持，只能用于仿真。下面对各种数据类型作简要说明。

(1) 整 2 数(Integer)

整数与数学中的定义相同。在 VHDL 中，整数的表示范围为 -2 147 483 647～2 147 483 647，即从 $-(2^{31}-1)$ 到 $(2^{31}-1)$。千万不要把一个实数(含小数点的数)赋予一个整数变量，这是因为 VHDL 是一种强类型语言，它要求在赋值语句中的数据类型必须匹配。整数的例子如下：+136,+12 456,-457。

尽管整数值在电子系统中可能是用一系列二进制值来表示的，但是整数不能看作是位矢量，也不能按位来进行访问，对整数不能用逻辑操作符。当需要进行位操作时，可以用转换函数，将整数转换成位矢量。

实际应用中，VHDL 仿真器通常将 INTEGER 类型作为有符号数处理，VHDL 综合器则将 INTEGER 类型作为无符号数处理。在使用整数时，VHDL 综合器要求用 RANGE 子句为所定义的数限定范围，然后根据限定范围决定表示此客体的二进制数的位数，VHDL 综合器不支持未限定范围的整数类型的客体。

(2) 实数(Real)

在进行算法研究或者实验时，作为对硬件方案的抽象手段，常常采用实数四则运算。实数的定义值范围为 -1.0E+38～+1.0E+38。实数有正负数，书写时一定要有小数点。例如：-1.0,+2.5,-1.0E38。

有些数可以用整数表示也可以用实数表示。例如，数字 1 的整数表示为 1，而用实数表示则为 1.0。两个数的值是一样的，但数据类型却不一样。

(3) 位(Bit)

在数字系统中，信号值通常用一个位来表示。位值的表示方法是用字符'0'或者'1'(将值放在单引号中)表示。位与整数中的 1 和 0 不同，'1'和'0'仅仅表示一个位的两种取值。位数据类型的客体可以参与逻辑运算，运算结果仍是位的数据类型。

位数据可以用来描述数字系统中总线的值。位数据不同于布尔数据，当然也可以用转换函数进行转换。

(4) 位矢量(Bit_Vector)

位矢量是用双引号括起来的一组位数据。例如：

"001100"
X"00BB"

在这里，位矢量最前面的 X 表示是十六进制。用位矢量数据表示总线状态最形象也最方便，在以后的 VHDL 程序中将会经常遇到。

使用位矢量必须注明位宽，例如：SIGNAL A:BIT_VECTOR(0 to 7);

(5) 布尔量(Boolean)

一个布尔量具有两种状态，即"真"或者"假"。虽然布尔量也是二值枚举量，但它和位不同，没有数值的含义，也不能进行算术运算，但能进行关系运算。例如，它可以在 IF 语句中被测试，测试结果产生一个布尔量 TRUE 或者 FALSE，综合器将其综合成 1 和 0 的信号值。

一个布尔量常用来表示信号的状态或者总线上的情况。如果某个信号或者变量被定义为布尔量，那么在仿真中将自动地对其赋值进行核查。一般这一类型的数据初始值总为FALSE。

(6) 字符(Character)

字符也是一种数据类型，所定义的字符量通常用单引号括起来，如'A'。一般情况下 VHDL 对大小写不敏感，但是对字符量中的大、小写字符则认为是不一样的。例如，'B'不同于'b'。字符量中的字符可以是 a～z 中的任一个字母，0～9 中的任一个数字以及空格或者特殊字符，如 MYM,@,%等。包集合 STANDARD 中给出了预定义的 128 个 ASCII 码字符类型，不能打印的用标示符给出。字符'1'与整数 1 和实数 1.0 都是不相同的。当要明确指出 1 的字符数据时，则可写为 CHARACTER'('1')。

(7) 字符串(String)

字符串是由双引号括起来的一个字符序列，它也称字符矢量或字符串数组。例如：

"integer range"

字符串常用于程序的提示和说明。

(8) 时间(Time)

时间是一个物理量数据。完整的时间量数据应包含整数和单位两部分，而且整数和单位之间至少应留一个空格的位置。例如，55 sec，2 min 等。在包集合 STANDARD 中给出了时间的预定义，其单位为 fs,ps,ns,μs,ms,sec,min 和 hr。下面是时间数据的例子：

20 μs,100 ns,3 sec

在系统仿真时，时间数据特别有用，用它可以表示信号延时，从而使模型系统能更逼近实际系统的运行环境。

(9) 错误等级(Severity Level)

错误等级类型数据用来表征系统的状态，它共有 4 种：NOTE(注意)，WARNING(警告)，ERROR(出错)和 FAILURE(失败)。在系统仿真过程中可以用这 4 种状态来提示系统当前的工作情况。这样可以使操作人员随时了解当前系统工作的情况,并根据系统的不同状态采取相应的对策。

(10) 自然数大于等于零的整数(Natural),正整数(Positive)

这两类数据是整数的子类,Natural 类数据只能为取值大于等于 0 的整数;而 Positive 则只能为大于 0 的整数。

上述 10 种数据类型是 VHDL 语言中标准的数据类型,在编程时可以直接引用。如果用户需要使用这 10 种以外的数据类型,则必须进行自定义。但是,大多数的 CAD 厂商已在包集合中对标准数据类型进行了扩展。例如,数组型数据等,这一点请读者注意。

由于 VHDL 语言属于强类型语言,在仿真过程中,首先要检查赋值语句中的类型和区间,任何一个信号和变量的赋值均需落入给定的约束区间中,也就是说,要落入到有效数值的范围中。约束区间的说明通常跟在数据类型说明的后面。例如:

```
INTEGER RANGE 100 DOWNTO 1
BIT_VECTOR(3 DOWNTO 0)
REAL RANGE 2.0 TO 30.0
```

这里的 DOWNTO 表示下降;而 TO 表示上升。

一个 BCD 数的比较器,利用约束区间说明的端口说明语句可以写为:

```
ENTIYTY   bcd_compare IS
PORT(a ,b:IN INTEGER RANGE 0 TO 9: = 0;
     c:OUT BOOLEAN);
END bcd_compare;
```

2. 用户定义的数据类型

在 VHDL 语言中,使用户最感兴趣的一个特点是,可以由用户自己来定义数据类型。由用户定义数据类型的书写格式为:

TYPE 数据类型名 {,数据类型名} IS 数据类型定义;

可由用户定义的数据类型有:

① 枚举(Enumerated)类型;
② 整数(Integer)类型;
③ 实数(Real)、浮点数(Floating)类型;
④ 数组(Array)类型;
⑤ 存取(Access)类型;
⑥ 文件(File)类型;
⑦ 记录(Recode)类型;
⑧ 时间(Time)类型(物理类型)。

下面对常用的几种用户定义的数据类型举例说明。

(1) 枚举(Enumerated)类型

在逻辑电路中,所有的数据都是用'1'或'0'来表示的,但是人们在考虑逻辑关系时,只有数字往往是不方便的。在 VHDL 语言中,可以用符号名来代替数字。例如,在表示一周每一天状态的逻辑电路中,可以假设"000"为星期天,"001"为星期一。这对阅读程序是很不方便

的。为此,可以定义一个为"week"的数据类型,即

TYPE week IS(sun,mon,tue,wed,thu,fri,sat);

由于上述的定义,凡是用于代表星期二的日子都可以用 tue 来代替,这比用代码"010"表示星期二直观多了,使用时也不易出错。

枚举类型数据的定义格式为:

TYPE 数据类型名 IS(元素,元素,…);

这类用户定义的数据类型应用相当广泛,例如在包集合"STD_LOGIC_UNSIGNED"和"STD_LOGIC_1164"中都有此类数据的定义。如:

TYPE STD_LOGIC IS('U','X','0','1','Z','W','L','H','—');

(2) 整数类型,实数类型(Integer,Real)

整数类型在 VHDL 语言中已存在,这里所说的是用户所定义的整数类型,实际上可以认为是整数的一个子类。例如,在一个数码管上显示数字,其值只能取 0～9 的整数。如果由用户定义一个用于数码管显示的数据类型,那么就可以写为:

TYPE digit IS INTEGER RANGE 0 TO 9;

同理实数类型也如此,例如:

TYPE current IS REAL RANGE -1E4 TO 1E4;

据此,可以总结出整数或实数用户定义数据类型的格式为:

TYPE 数据类型名 IS 数据类型定义 约束范围;

(3) 数组(Array)

数组是将相同类型的数据集合在一起所形成的一个新的数据类型。它可以是一维的也可以是二维或多维的。

数组定义的书写格式为:

TYPE 数据类型名 IS ARRAY 范围 OF 原数据类型名;

在这里如果范围这一项没有被指定,则使用整数数据类型。例如:

TYPE word IS ARRAY(INTEGER 1 TO 8)OF STD_LOGIC;

若范围这一项需用整数类型以外的其他数据类型时,则在指定数据范围前应加数据类型名。例如:

TYPE word IS ARRAY(INTEGER 1 TO 8)OF STD_LOGIC;
TYPE instruction IS(ADD,SUB,INC,SRL,SRF,LDA,LDB,XFR);
SUB TYPE digit IS INTEGER RANGE 0 TO 9;
TYPE insflag IS ARRAY(instruction ADD TO SRF)OF digit;

数组常在总线定义及 ROM,RAM 等的系统模型中使用。"STD_LOGIC_VECTOR"也属于数组数据类型,它在包集合"STD_LOGIC_1164"中被定义:

TYPE STD_LOGIC_VECTOR IS ARRAY

(NATURAL RANGE< >)OF STD_LOGIC;

这里的范围由"RANGE< >"指定,这是一个没有范围限制的数组。在这种情况下,范围由信号说明语句等确定。例如:

SIGNAL aaa:STD_LOGIC_VECTOR(3 DOWNTO 0);

在函数和过程的语句中,若使用无限制范围的数组时,其范围一般由调用者所传递的参数来确定。

多维数组需要用两个以上的范围来描述,而且多维数组不能生成逻辑电路,因此只能用于生成仿真图形及硬件的抽象模型。例如:

TYPE memory IS ARRAY(0 TO 5,7 DOWNTO 0)OF STD_LOGIC;

CONSTANT romdata:memory: =
      (('0','0','0','0','0','0','0','0'),
      ('0','1','1','1','0','0','0','1'),
      ('0','0','0','0','0','1','0','1'),
      ('1','0','1','0','1','0','1','0'),
      ('1','1','0','1','1','1','1','0'),
      ('1','1','1','1','1','1','1','1'));
SIGNAL data_bit:STD_LOGIC;
  ⋮
data_bit<= romdata(3,7);

上述例子是二维的,而在三维情况下要用3个范围来描述。

在代入初值时,各范围最左边所说明的值为数组的初始位脚标。在上例中(0,7)是起始位,接下去右侧范围向右移一位变为(0,6),以后顺序为(0,5),(0,4)直至(0,0)。然后,左侧范围向下移一位变为(1,7),此后按此规律移动得到最后一位(5,0)。

(4) 时间(Time)类型(物理类型)

表示时间的数据类型,在仿真时是必不可少的,其书写格式为:

TYPE 数据类型名 IS 范围;
  UNITS 基本单位;
END UNITS;

例如:

TYPE time IS RANGE −E18 TO 1E18;
  UNITS
  fs;
  ps = 1000 fs;
  ns = 1000 ps;
  μs = 1000 ns;
  ms = 1000μs;
  sec = 1000 ms;
  min = 60 sec;
  hr = 60 min;

END UNITS;

这里基本单位是"fs",其1 000倍是"ps"等。时间是物理类型的数据,当然对容量、阻抗值等也可以作定义。

(5) 记录(Recode)类型

数组是同一数据类型集合起来形成的,而记录则是将不同类型的数据和数据名组织在一起而形成的新客体。记录数据类型的定义格式为:

```
TYPE 数据类型名 IS  RECORD
    元素名:数据类型名;
    元素名:数据类型名;
        ⋮
END RECORD;
```

在从记录数据类型中提取元素数据类型时应使用"·"。例如:

```
TYPE bank IS RECORD
      addr0:STD_LOGIC_VECTOR(7 DOWNTO 0);
      addr1:STD_LOGIC_VECTOR(7 DOWNTO 0);
      r0:INTEGER RANGE 0 TO 10;
      inst:instruction;
END RECORD;
SIGNAL addbus1,addbus2:STD_LOGIC_VECTOR(7 DOWNTO 0);
SIGNAL result:INTEGER RANGE 0 TO 10;
SIGNAL alu_code:instruction;
SIGNAL r_bank:bank: = ("00000000","00000000",0,add);
addbus1<= r_bank.addr1;
r_bank.inst<= alu_code;
```

用记录描述 SCSI 总线及通信协议是比较方便的。记录数据类型在生成逻辑电路时应将它分解开来才行。因此,它比较适用于系统仿真。

3. 用户定义的子类型

用户定义的子类型是用户对已定义的数据类型,作一些范围限制而形成的一种新的数据类型。子类型的名称通常采用用户较易理解的名字。子类型定义的一般格式为:

```
SUBTYPE 子类型名 IS 数据类型名[范围];
```

例如,在"STD_LOGIC_VECTOR"基础上所形成的子类:

```
SUBTYPE iobus IS STD_LOGIC_VECTOR(7 DOWNTO 0);
SUBTYPE digit IS INTEGER RANGE 0 TO 9;
```

子类型可以对原数据类型指定范围而形成,也可以完全和原数据类型范围一致。例如:

```
SUBTYPE abus IS STD_LOGIC_VECTOR(7 DOWNTO 0);
SIGNAL aio:STD_LOGIC_VECTOR(7 DOWNTO 0);
SIGNAL bio:STD_LOGIC_VECTOR(15 DOWNTO 0);
SIGNAL cio:abus;
aio<= cio;正确操作
```

bio<= cio;错误操作

除上述外,子类型还常用于存储器阵列等的数组描述的场合。新构造的数据类型及子类型通常在包集合中定义,再由 USE 语句装载到描述语句中。

4. 数据类型的转换

在 VHDL 语言中,数据类型的定义是相当严格的,不同类型的数据是不能进行运算和直接代入的。为了实现正确的代入操作,必须将要代入的数据进行类型变换,这就是所谓类型转换。转换函数通常由 VHDL 语言的包集合提供。例如,在"STD_LOGIC_1164","STD_LOGIC_ARITH","STD_LOGIC_UNSIGNED"的包集合中提供了如表 2-3 所列的数据类型转换函数。

表 2-3 数据类型转换函数

函 数 名	功 能
• STD_LOGIC_1164 包集合 TO_STDLOGICVECTOR(A) TO_BITVECTOR(A) TO_STDLOGIC(A) TO_BIT(A)	由 BIT_VECTOR 转换为 STD_LOGIC_VECTOR 由 STD_LOGIC_VECTOR 转换为 BIT_VECTOR 由 BIT 转换成 STD_LOGIC 由 STD_LOGIC 转换成 BIT
• STD_LOGIC_ARITH 包集合 CONV_STD_LOGIC_VECTOR(A,位长) CONV_INTEGER(A)	由 INTEGER,UNSIGNED,SIGNED 转换成 STD_LOGIC_VECTOR 由 UNSIGNED,SIGNED 转换成 INTEGER
• STD_LOGIC_UNSIGNED 包集合 CONV_INTEGER(A)	由 STD_LOGIC_VECTOR 转换成 INTEGER

下面举一个数据类型转换的例子。

【例 2-6】 由"STD_LOGIC_VECTOR"变换成"INTEGER"的实例。

```
LIBRARY IEEE;
USE IEEE.STD_LOGIC_1164.ALL;
ENTITY add5 IS
    PORT(num:IN STD_LOGIC_VECTOR(2 DOWNTO 0);
        ⋮
END add5;
ARCHITECTURE rt1 OF add5 IS
SIGNAL in_num:INTEGER RANGE 0 TO 5;
    ⋮
BEGIN
in_num<= CONV_INTEGER (num);
    ⋮
END rt1;
```

此外,由"BIT_VECTOR"变换成"STD_LOGIC_VECTOR"也非常方便。有的 EDA 软件中代入"STD_LOGIC_VECTOR"的值只能是二进制数,而代入"BIT_VECTOR"的值除二进制数以外,还可能是十六进制及八进制数。不仅如此,"BIT_VECTOR"还可以用"-"来分隔数值位。下面的几个语句表示了"BIT_VECTOR"和"STD_LOGIC_VECTOR"的赋值语句：

```
SIGNAL a:BIT_VECTOR(11 DOWNTO 0);
SIGNAL b:STD_LOGIC_VECTOR(11 DOWNTO 0);
a<= X"A8";    --十六进制值可赋予位矢量
b<= X"A8";    --语法错,十六进制值不能赋予标准逻辑矢量
b<= TO_STDLOGICVECTOR(X"AF7");
b<= TO_STDLOGICVECTOR(O"5177");    --八进制变换
b<= TO_STDLOGICVECTOR(B"1010_1111_0111");
```

5. 数据类型的限定

在 VHDL 语言中,有时候可以用所描述的文字的上下关系来判断某一数据的数据类型。例如：

```
SIGNAL a:STD_LOGIC_VECTOR(7 DOWNTO 0);
a <= "01101010";
```

联系上下文关系,可以断定"01101010"不是字符串(String),也不是位矢量(Bit_Vector),而是"STD_LOGIC_VECTOR"。但是,有时也有判断不出来的情况。例如：

```
CASE (a&b&c)IS
    WHEN "001" = >Y<= "01111111";
    WHEN "010" = >Y<= "10111111";
     ⋮
END CASE;
```

在该例中,a&b&c 的数据类型如果不确定就会发生错误。在这种情况下就要对数据进行类型限定(这类似于 C 语言中的强制方式)。数据类型限定的方式是在数据前加上"类型名"。例如：

```
a<= STD_LOGIC_VECTOER'("01101010");
SUBTYPE STD3BIT IS STD_LOGIC_VECTOR(0 TO 2);
CASE STD3BIT'(a&b&c)IS
    WHEN "000" = >Y<= "01111111";
    WHEN "001" = >Y<= "10111111";
     ⋮
```

类型限定方式与数据类型转换很相似,这一点应引起读者注意。

6. IEEE 标准"STD_LOGIC"、"STD_LOGIC_VECTOR"

在上面的数据类型介绍中,曾讲到 VHDL 的标准数据类型"BIT",它是一个逻辑型的数据类型,这类数据取值只能是'0'和'1'。由于该类型数据不存在不定状态'X',故不便于仿真。另外,由于它不存在高阻状态,因此也很难用它来描述双向数据总线。为此,IEEE 在 1993 年制订出了新的标准(IEEE STD1164),使得"STD_LOGIC"型数据可以具有如下的 9 种不同的值：

'U'——初始值；
'X'——不定；
'0'——0；

'1'——1；
'Z'——高阻；
'W'——弱信号不定；
'L'——弱信号 0；
'H'——弱信号 1；
'—'——忽略；

"STD_LOGIC"和"STD_LOGIC_VECTOR"是 IEEE 新制订的标准化数据类型，也是在 VHDL 语法以外所添加的数据类型，因此将它归属到用户定义的数据类型中。它们是在 IEEE 库中 STD_LOGIC_1164 包集合中定义，当使用该类型数据时，在程序中必须写出使用包集合和包集合所存在库的说明语句。

7. 其他预定义标准数据类型

VHDL 综合工具配带的扩展程序包中，定义了一些有用的类型。如 Synopsys 公司在 IEEE 库中加入的程序包 STD_LOGIC_ARITH 中定义了如下的数据类型：

① 无符号型(UNSIGNED)；
② 有符号型(SIGNED)；
③ 小整型(SMALL_INT)。

在程序包 STD_LOGIC_ARITH 中的类型定义如下：

```
TYPE UNSIGNED IS ARRAY(NATURAL range < >)OF STD_LOGIC ;
TYPE SIGNED IS ARRAY(NATURAL range < >)OF STD_LOGIC ;
SUBTYPE SMALL_INT IS INTEGER RANGE 0 TO 1 ;
```

如果将信号或变量定义为这几个数据类型，就可以使用本程序包中定义的运算符。在使用之前，请注意必须加入下面的语句：

```
LIBRARY IEEE ;
USE IEEE.STD_LOGIC_ARITH.ALL ;
```

UNSIGNED 类型和 SIGNED 类型是用来设计可综合的数学运算程序的重要类型，UNSIGNED 用于无符号数的运算，SIGNED 用于有符号数的运算。在实际应用中，大多数运算都需要用到它们。

在 IEEE 程序包 NUMERIC_STD 和 NUMERIC_BIT 中也定义了 UNSIGNED 型及 SIGNED 型，NUMERIC_STD 是针对于 STD_LOGIC 型定义的，而 NUMERIC_BIT 是针对于 BIT 型定义的。在程序包中还定义了相应的运算符重载函数。有些综合器没有附带 STD_LOGIC_ARITH 程序包，此时只能使用 NUMERIC_STD 和 NUMERIC_BIT 程序包。

在 STANDARD 程序包中没有定义 STD_LOGIC_VECTOR 运算符，而整数类型一般只在仿真时用来描述算法，或做数组下标运算，因此 UNSIGNED 和 SIGNED 的使用率是很高的。

无符号数据类型(UNSIGNED TYPE)：

UNSIGNED 数据类型代表一个无符号的数值，在综合器中，这个数值被解释为一个二进制数，这个二进制数的最左位是其最高位。例如，十进制的 8 可以作如下表示：

```
UNSIGNED'("1000")
```

如果要定义一个变量或信号的数据类型为 UNSIGNED,则其位矢量长度越长,所能代表的数值就越大。如一个 4 位变量的最大值为 15,一个 8 位变量的最大值则为 255,0 是其最小值,不能用 UNSIGNED 定义负数。以下是两条语句无符号数据定义的示例:

VARIABLE var :UNSIGNED(0 TO 10);
SIGNAL   sig :UNSIGNED(5 DOWNTO 0);

其中变量 var 有 11 位数值,最高位是 var(0),而非 var(10);信号 sig 有 6 位数值,最高位是 sig(5)。

2.2.3　VHDL 语言的运算操作符

在 VHDL 语言中共有 4 类操作符,可以分别进行逻辑运算(Logical)、关系运算(Relational)、算术运算(Arithmetic)和并置运算(Concatenation)。需要注意的是,被操作符所操作的对象是操作数,且操作数的类型应该和操作符所要求的类型相一致。另外,运算操作符是有优先级的,例如逻辑运算符 NOT,在所有操作符中其优先级最高。表 2-4 及表 2-5 列出了所有操作符及其优先次序。

表 2-4　VHDL 操作符列表

类　型	操作符	功　能	操作数数据类型
并置运算符	&	并置	Bit,std_logic,bit_vector,std_logic_vector
算术操作符	+	加	整　数
	-	减	整　数
	*	乘	整数、实数(包括浮点数)、物理量
	/	除	整数、实数(包括浮点数)、物理量
	MOD	取模	整　数
	REM	取余	整　数
	SLL	逻辑左移	BIT 或布尔型一维数组
	SRL	逻辑右移	BIT 或布尔型一维数组
	SLA	算术左移	BIT 或布尔型一维数组
	SRA	算术右移	BIT 或布尔型一维数组
	ROL	逻辑循环左移	BIT 或布尔型一维数组
	ROR	逻辑循环右移	BIT 或布尔型一维数组
	**	乘　方	整数、实数
	ABS	取绝对值	整　数
	+	正	整　数
	-	负	整　数
关系操作符	=	等　于	任何数据类型
	/=	不等于	任何数据类型
	<	小　于	枚举与整数类型,及对应的一维数组
	>	大　于	枚举与整数类型,及对应的一维数组
	<=	小于等于	枚举与整数类型,及对应的一维数组
	>=	大于等于	枚举与整数类型,及对应的一维数组

续表 2-4

类 型	操作符	功 能	操作数数据类型
逻辑操作符	AND	与	BIT,BOOLEAN,STD_LOGIC,BIT_VECTOR,STD_LOGIC_VECTOR
	OR	或	BIT,BOOLEAN,STD_LOGIC,BIT_VECTOR,STD_LOGIC_VECTOR
	NAND	与非	BIT,BOOLEAN,STD_LOGIC,BIT_VECTOR,STD_LOGIC_VECTOR
	NOR	或非	BIT,BOOLEAN,STD_LOGIC,BIT_VECTOR,STD_LOGIC_VECTOR
	XOR	异或	BIT,BOOLEAN,STD_LOGIC,BIT_VECTOR,STD_LOGIC_VECTOR
	XNOR	异或非	BIT,BOOLEAN,STD_LOGIC,BIT_VECTOR,STD_LOGIC_VECTOR
	NOT	非	BIT,BOOLEAN,STD_LOGIC,BIT_VECTOR,STD_LOGIC_VECTOR

表 2-5 VHDL 操作符优先级

运 算 符	优 先 级
NOT,ABS,** *,/,MOD,REM +(正号),-(负号) +,-,& SLL,SLA,SRL,SRA,ROL,ROR =,/=,<,<=,>,>= AND,OR,NAND,NOR,XOR,XNOR	最高优先级 ↑ 最低优先级

1. 逻辑运算符

在 VHDL 语言中逻辑运算符共有 6 种,它们分别是:

NOT——取反;
AND——与;
OR——或;
NAND——与非;
NOR——或非;
XOR——异或。

这 6 种逻辑运算符可以对"STD_LOGIC"和"BIT"等的逻辑型数据、"BIT_VECTOR"、"STD_LOGIC_VECTOR"逻辑型数据及布尔型数据进行逻辑运算。必须注意,运算符的左边和右边,以及代入的信号的数据类型必须是相同的。

当一个语句中存在两个以上的逻辑表达式时,在 C 语言中运算有自左至右的优先级顺序的规定,而在 VHDL 语言中,左右没有优先级差别。如去掉式中的括号,那么从语法上来说是错误,如

X<=(a AND b)OR(NOT c AND d);

当然也有例外,如果一个逻辑表达式中只有"AND","OR","XOR"运算符,那么改变运算顺序将不会导致逻辑的改变。此时,括号是可以省略的。例如:

a<= b AND c AND d AND e ;
a<= b OR c OR d OR e ;
a<= b XOR c XOR d XOR e ;

a<=((b NAND c)NAND d)NAND e；(必须要括号)
a<=(b AND c)OR(d AND e)；(必须要括号)

在所有逻辑运算符中 NOT 的优先级最高。

2．算术运算符

（1）基本算术运算符

VHDL 语言有 10 种基本算术运算符，它们分别是：

+ ——加；
− ——减；
* ——乘；
/ ——除；
MOD——求模；
REM——求余；
+ ——正；(一元运算)
− ——负；(一元运算)
* *——指数；
ABS——取绝对值。

在算术运算中，对于一元运算的操作数（正、负）可以为任何数值类型（整数、实数、物理量）。加法和减法的操作数也和上面的一样，具有相同的数据类型，而且参加加、减运算的操作数的类型也必须相同。乘除法的操作数可以同为整数和实数。物理量可以被整数或实数相乘或相除，其结果仍为一个物理量。物理量除以同一类型的物理量即可得到一个整数量。求模和取余的操作数必须是同一整数类型数据。一个指数的运算符的左操作数可以是任意整数或实数，而右操作数应为一整数（只有在左操作数是实数时，右操作数才可以是负整数）。

实际上肯定能够综合逻辑电路的算术运算符只有"＋"、"−"、"＊"。对于算术运算符"/"、"MOD"、"REM"，分母的操作数为 2 乘方的常数时，逻辑电路综合是可能的。

应该注意，虽然在一定条件下，乘法和除法运算是可综合的，但从优化综合、节省芯片资源的角度考虑，最好不要轻易直接使用乘除运算符，乘除运算可以用移位相加方式、查表方式和 LPM 宏模块或 IP 核等方法实现。

若对"STD_LOGIC_VECTOR"进行"＋"(加)、"−"(减)运算时，两边的操作数和代入的变量位长如不同，则会产生语法错误。另外，"＊"运算符两边的位长相加后的值和要代入的变量的位长不相同时，同样也会出现语法错误。

（2）移位运算符

6 种移位操作符 SLL、SRL、SLA、SRA、ROL 和 ROR 都是 VHDL'93 标准新增的运算符，在 VHDL'87 标准中没有。VHDL'93 标准规定移位操作符作用的操作数的数据类型应是一维数组并要求数组中的元素必须是 BIT 或 BOOLEAN 的数据类型，移位的位数则是整数。如果操作符右边是 INTEGER 型常数，移位操作符实现起来较节省硬件资源。

其中 SLL 是将位矢量向左移，右边跟进的位补零；SRL 的功能恰好与 SLL 相反；ROL 和 ROR 的移位方式稍有不同，它们移出的位将用于依次填补移空的位，执行的是自循环式移位方式；SLA 和 SRA 是算术移位操作符，其移空位用最初的首位来填补。

移位操作符的语句格式是：

标识符　移位操作符　移位位数；

读者可以通过【例 2-7】、【例 2-8】和【例 2-9】具体了解这 6 种移位操作符的功能和用法。

【例 2-7】

```
...
VARIABLE shifta : STD_LOGIC_VECTOR(3 DOWNTO 0)
            : = ('1','0','1','1');                    --设初始值
...
shifta SLL 1;            --('0','1','1','0')    --左移位数是1
shifta SLL 3;            --('1','0','0','0')    --左移位数是3
shifta SLL - 3;                                 --等于 shifta SRL 3
shifta SRL 1;            --('0','1','0','1')
shifta SRL 3;            --('0','0','0','1')
shifta SRL - 3;                                 --等于 shifta SLL 3
shifta SLA 1;            --('0','1','1','1')
shifta SLA 3;            --('1','1','1','1')
shifta SLA - 3;                                 --等于 shifta SRA 3
shifta SRA 1;            --('1','1','0','1')
shifta SRA 3;            --('1','1','1','1')
shifta SRA - 3;                                 --等于 shifta SLA 3
shifta ROL 1;            --('0','1','1','1')
shifta ROL 3;            --('1','1','0','1')
shifta ROL - 3;                                 --等于 shifta ROR 3
shifta ROR 1;            --('1','1','0','1')
shifta ROR 3;            --('0','1','1','1')
shifta ROR - 3;                                 --等于 shifta ROL 3
......
```

以下两例的结果是一样的：

【例 2-8】

```
LIBRARY IEEE ;
USE IEEE.STD_LOGIC_1164.ALL ;
ENTITY shift1 IS
    PORT(a,b : IN   STD_LOGIC_VECTOR(7 DOWNTO 0) ;
         OUT1,OUT2 : OUT   STD_LOGIC_VECTOR(7 DOWNTO 0)) ;
END shift1 ;
ARCHITECTURE example OF shift1 IS
BEGIN
    OUT1<= a SLL 2 ;
    OUT2<= b ROL 2 ;
END example ;
```

【例 2-9】

```
LIBRARY IEEE ;
```

```
USE IEEE.STD_LOGIC_1164.ALL ;
ENTITY shift1 IS
    PORT(a,b : IN   STD_LOGIC_VECTOR(7 DOWNTO 0) ;
         OUT1,OUT2 : OUT   STD_LOGIC_VECTOR(7 DOWNTO 0)) ;
END shift1 ;
ARCHITECTURE example OF shift1 IS
BEGIN
    OUT1<= a(5 DOWNTO 0)&"00" ;
    OUT2<= b(5 DOWNTO 0)&b(7 DOWNTO 6) ;
END example ;
```

【例 2-10】利用移位操作符 SLL 和程序包 STD_LOGIC_UNSIGNED 中的数据类型转换函数 CONV_INTEGER 十分简洁地完成了 3-8 译码器的设计。

【例 2-10】

```
LIBRARY IEEE ;
USE IEEE.STD_LOGIC_1164.ALL ;
USE IEEE.STD_LOGIC_UNSIGNED.ALL ;
ENTITY decoder3to8 IS
    PORT(input : IN   STD_LOGIC_VECTOR(2 DOWNTO 0) ;
         output : OUT   BIT_VECTOR(7 DOWNTO 0)) ;
END decoder3to8 ;
ARCHITECTURE behave OF decoder3to8 IS
BEGIN
    output<= "00000001" SLL CONV_INTEGER(input) ;
END behave ;
```

3. 关系运算符

VHDL 语言中有 6 种关系运算符,它们分别是:

= ——等于;
/= ——不等于;
< ——小于;
<= ——小于等于;
> ——大于;
>= ——大于等于。

在关系运算符的左右两边是运算操作数,不同的关系运算符对两边的操作数的数据类型有不同的要求。其中等号"="和不等号"/="可以适用所有类型的数据。其他关系运算符则可适用于整数(INTEGER)、位(BIT、STD_LOGIC)等枚举类型以及位矢量(BIT_VECTOR、STD_LOGIC_VECTOR)等数组类型的关系运算。在进行关系运算时,左右两边的操作数的数据类型必须相同,但是位长度不一定相同,当然也有例外的情况。在利用关系运算符对位矢量数据进行比较时,比较过程是从最左边的位开始,自左至右按位进行比较的。在位长不同的情况下,只能按自左至右的比较结果作为关系运算的结果。例如,对 3 位和 4 位的位矢量进行比较:

```
SIGNAL a:STD_LOGIC_VECTOR(3 DOWNTO 0);
```

```
SIGNAL b:STD_LOGIC_VECTOR(2 DOWNTO 0);
a<= "1010";       --10
b<= "111";        --7
IF(a>b)THEN
  ⋮
ELSE
  ⋮
```

上例中 a 的值为 10,而 b 的值为 7,a 应该比 b 大。但是,由于位矢量是从左至右按位比较的,当比较到次高位时,a 的次高位为"0",而 b 的次高位为"1",故比较结果 b 比 a 大。这样的比较结果显然是不符合实际情况的。

为了能使位矢量进行关系运算,在包集合"STD_LOGIC_UNSIGNED"中对"BIT_VECTOR、STD_LOGIC_VECTOR"关系运算重新作了定义,使其可以正确地进行关系运算。注意在使用时必须首先说明调用该包集合。当然,此时位矢量还可以和整数进行关系运算。

在关系运算符中小于等于符"<="和信号赋值符"<="是相同的,在读 VHDL 语言的语句时,应按照上下文关系来判断此符号到底是关系符还是信号赋值符。

4. 并置运算符

并置运算符"&"用于单个元素或一维数组的连接。其操作过程是将右操作数连接在左操作数后边,形成一个新的数组。例如,将 4 个位用并置运算符"&"连接起来就可以构成一个具有 4 位长度的位矢量。两个 4 位的位矢量用并置运算符"&"连接起来就可以构成 8 位长度的位矢量。图 2-3 就是使用并置运算符的实例。

在图 2-3 中 en 是 b(0)~b(3) 的允许输出信号,而 y(0)~y(7) 中存在如下关系:

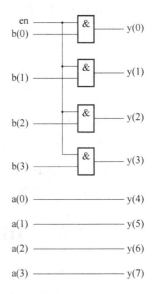

y(0) = b(0)   y(1) = b(1)
y(2) = b(2)   y(3) = b(3)
y(4) = a(0)   y(5) = a(1)
y(6) = a(2)   y(7) = a(3)
tmp_b<= b AND (en&en&en&en);
y<= a & tmp_b;

这种逻辑关系用并置运算符就很容易表达出来:

第一个语句表示 b 的 4 位位矢量由 en 进行选择得到一个 4 位位矢量的输出。第二个语句表示 4 位位矢量 a 和 4 位位矢量 b 再次连接(并置)构成 8 位的位矢量 y 输出。

位的连接也可使用集合体的方法,即将并置符换成逗号就可以了。例如:

tmp_b<= (en,en,en,en);

图 2-3 并置运算符使用实例

但是,这种方法不适用于并置对象中有位矢量类对象的并置。如下的描述方法是错误的:

y<= (a,tmp_b);

集合体也能指定位的脚标,例如上一个语句可表示为:

tmp_b<＝(3=>en,2=>en,1=>en,0=>en);

或 tmp_b<＝(3 DOWNTO 0=>en);

在指定位的脚标时,也可以用"OTHERS"来说明:tmp_b<＝(OTHERS=>en);

要注意,在集合体中"OTHERS"只能放在最后。假若b位矢量的脚标b(2)的选择信号为"0",其他位的选择信号均为en。那么此时表达式可写为:

tmp_b<＝(2=>'0',OTHERS=>en);

5. 省略赋值操作符

短语(OTHERS=>X)是一省略赋值操作符,它可以在较多位的位矢量赋值中做省略化的赋值,如以下语句:

SIGNAL d1,d2,e:STD_LOGIC_VECTOR(7 DOWNTO 0);
SIGNAL f:STD_LOGIC_VECTOR(4 DOWNTO 0);
…
d1<＝(OTHERS=>'0');

这条语句等同于 d1<＝"00000000"。其优点是在给定大的位矢量赋值时,简化了表述,明确了含义,这种表述与位矢量长度无关。利用(OTHERS=>X)可以给位矢量的某一部分位赋值之后再使用OTHERS给剩余的位赋值,如:

d2<＝(1=>'1',4=>'1',OTHERS=>'0');

此赋值语句的意义是给位矢量d2的第1位和第4位赋值为'1',而其余位赋值为'0'。下例是用省略赋值操作符(OTHERS=>X)给d2赋值其他信号的值,如

f<＝(1=>e(3),3=>e(5),OTHERS=>e(1));

这个向量赋值语句也可以改写为下面的使用连接符的语句,如

f<＝e(1)& e(5)& e(1)& e(3)& e(1);

其排序方式是:

f<＝f(4)& f(3)& f(2)& f(2)& f(0);

显然利用(OTHERS=>X)的描述方法要优于用&的描述方法,因为后者的缺点是赋值依赖于矢量的长度,当长度改变时必须重新排序。

2.3 VHDL语言设计的基本单元及其构成

所谓VHDL语言设计的基本设计单元,就是VHDL语言的一个基本设计实体(Design Entity)。一个基本设计单元,简单的可以是一个与门(AND Gate),复杂点的可以是一个微处理器或一个系统。但是,不管是简单的数字电路,还是复杂的数字电路,其基本构成是一致的。它们都是由实体说明(Entity Declaration)和构造体(Architecture Body)两部分构成。实体说明部分规定了设计单元的输入接口或引脚,而构造体部分定义设计单元的具体构造和操作(行为)。【例2-11】给出了作为一个设计单元的二选一电路的VHDL描述。由【例2-11】可以看出,实体说明是二选一器件外部引脚的定义;而构造体则描述了二选一器件的内部逻辑电路

和逻辑关系。
【例 2 - 11】

```
ENTITY mux IS
GENERIC(m:TIME: = 1ns);
    PORT(d0,d1,sel: IN BIT;
        q: OUT BIT);
END mux;
ARCHITECTURE connect OF mux IS
SIGNAL tmp: BIT;
    BEGIN
    cale :PROCESS(d0,d1,sel)
        VARIABLE tmp1,tmp2,tmp3 : BIT;
        BEGIN
            tmp1: = d0 AND sel;
            tmp2: = d1 AND (NOT sel);
            tmp3: = tmp1 OR tmp2;
            tmp<= tmp3;
            q<= tmp AFTER m;
        END PROCESS;
END connect;
```

下面以二选一器件描述为例,说明实体说明和构造体说明这两部分的具体书写规定。

2.3.1 实体说明

任何一个基本设计单元的实体说明都具有如下的结构:

ENTITY 实体名 IS
　　[类属参数说明];
　　[端口说明];
END [实体名];

一个基本设计单元的实体说明以"ENTITY 实体名 IS"开始至"END 实体名"结束,方括号中内容不是必需的。例如在【例 2 - 11】中,从"ENTITY mux IS"开始,至"END mux"结束。这里大写字母表示实体说明的框架,即每个实体说明都应这样书写,是不可缺少和省略的部分。小写字母是设计者添写的部分,随设计单元不同而不同。实际上,对 VHDL 而言,这里的大写或小写都一视同仁,不加区分,仅仅是为了阅读方便而加以区分的。

1. 类属参数说明

类属(GENERIC)参数是一种端口界面常数,常以一种说明的形式放在实体或块结构体前的说明部分。类属参数为所说明的环境提供了一种静态信息通道,类属与常数不同,常数只能从设计实体的内部得到赋值且不能再改变,而类属的值可以由设计实体外部提供。因此设计者可以从外面通过类属参量的重新设定而容易地改变一个设计实体或一个元件的内部电路结构和规模。

类属参数表说明用于设计实体和其外部环境通信的参数,传递静态的信息。类属参数在所定义的环境中的地位与常数十分接近,但却能从环境(如设计实体)外部动态地接收赋值,其行为又有点类似于端口 PORT,因此常如以上的实体定义语句那样将类属说明放在其中,且放在端口说明语句的前面。

在一个实体中定义的来自外部赋入类属的值可以在实体内部或与之相应的结构体中读到。其中的类属参数名是由设计者确定的,数据类型通常取 INTEGER 或 TIME 等类型,设定值即为类属参数名所代表的数值,但需注意 VHDL 综合器仅支持数据类型为整数的类属值。

类属参数说明必须放在端口说明之前,用于指定参数,具体格式如下:

GENERIC(类属参数名{,类属参数名}:数据类型:=初始值;
    ……
    类属参数名{,类属参数名}:数据类型:=初始值);

如【例 2-11】中的 GENERIC(m:TIME:=1 ns);
该语句指定了结构体内 m 的值为 1 ns,这样语句为

q<= tmp AFTER m;

语句说明经过 1 ns 后将 tmp 赋值给信号量 q。在这个例子中,GENERIC 利用类属参数为 tmp 建立了一个延迟值。

2. 端口说明

端口说明是对基本设计实体(单元)与外部接口的描述,也可以说是对外部引脚信号的名称、数据类型和输入、输出方向的描述。其一般书写格式如下:

PORT(端口名{,端口名}:方向 数据类型名;
    ……
    端口名{,端口名}:方向 数据类型名);

(1) 端口名

端口名是赋予每个外部引脚的名称,通常用一个或几个英文字母,或者用英文加数字命名。例如【例 2-11】中的外部引脚 d0,d1,sel,q。

(2) 端口方向

端口方向用来定义外部引脚的信号方向是输入还是输出。例如,【例 2-11】中的 d0,d1,sel 为输入引脚,故用方向说明符"IN"说明,而 q 则为输出引脚,用方向说明符"OUT"说明。

凡是用"IN"进行方向说明的端口,其信号自端口输入到构造体,而构造体内部的信号不能从该端口输出。相反,凡是用"OUT"进行方向说明的端口,其信号将从构造体内经端口输出,而不能通过该端口向构造体内输入信号。

另外,"INOUT"用以说明该端口是双向的,可以输入也可以输出;"BUFFER"用以说明该端口可以输出信号,且在构造体内部也可以使用该输出信号。表示方向的说明符及其含义如表 2-6 所列。

表 2-6 端口方向说明

方向定义	含 义
IN	输 入
OUT	输出(构造体内部不能再使用)
INOUT	双 向
BUFFER	输出(构造体内部可再使用)

表 2-6 中"OUT"和"BUFFER"都可以定义输出端口,但它们之间是有区别的,如图 2-4 所示。

在图 2-4(a)中,锁存器的输出端口被说明为"OUT",而在图(b)中,锁存器的输出被说明为"BUFFER"。从图中可以看到,如果构造体内部要使用该信号,那么锁存器的输出端口必须说明为"BUFFER",而不能用"OUT"说明。

图 2-4(b)说明了当一个构造体需要输出信号用于内部反馈时,该输出信号端口要定义为"BUFFER"。

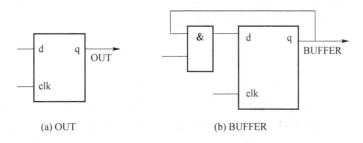

图 2-4 OUT 和 BUFFER 的区别

(3) 数据类型

在 VHDL 语言中标准数据类型有 10 种,但是在逻辑电路设计中主要用到两种:BIT 和 BIT_VECTOR。IEE 标准的两种数据类型 STD_LOGIC 和 STD_LOGIC_VECTOR 也常用到。

当端口被说明为 BIT 数据类型时,该端口的信号取值只能是'1'或'0'。注意,这里的'1'和'0'是指逻辑值。所以 BIT 数据类型是位逻辑数据类型,其取值只能是两个逻辑值('1'和'0')中的一个。

当端口被说明为 BIT_VECTOR 数据类型时,该端口的取值是一组二进制位的值。例如,某一数据总线输出端口,具有 8 位的总线宽度。那么这样的总线端口的数据类型可以被说明成 BIT_VECTOR。总线端口上的值由 8 位二进制位的值所确定。

STD_LOGIC 和 STD_LOGIC_VECTOR 数据类型是对 BIT 和 BIT_VECTOR 的补充。

较完整的端口说明如【例 2-12】所示。

【例 2-12】

```
PORT(d0,d1,sel: IN BIT;
    q: OUT BIT;
    bus: OUT  BIT_VECTOR(7 DOWNTO 0));
```

该例中 d0,d1,sel,q 都是 BIT 数据类型,而 bus 是 BIT_VECTOR 类型,(7 DOWNTO 0) 表示该 bus 端口是一个 8 位端口,由 bus(7) 到 bus(0) 8 位构成,位矢量长度是 8 位。

IEEE 库中包集合 STD_LOGIC_1164 中的 STD_LOGIC 和 STD_LOGIC_VECTOR 两种也经常用到。仍以【例 2-12】为例进行说明。

【例 2-13】

```
LIBRARY IEEE;
USE IEEE.STD_LOGIC_1164.ALL;
```

```
ENTITY mu IS
  PORT(d0,d1,sel: IN STD_LOGIC;
       q: OUT STD_LOGIC;
       bus: OUT STD_LOGIC_VECTOR(7 DOWNTO 0));
END mu;
```

该例中用 STD_LOGIC 说明 d0,d1,sel 和 q,而 bus 则用 STD_LOGIC_VECTOR(7 DOWNTO 0)说明。在用 STD_LOGIC 和 STD_LOGIC_VECTOR 说明时,在实体说明以前必须增加例中所示的 IEEE 库和 STD_LOGIC_1164 包集合的使用说明语句,以便在对 VHDL 语言程序编译时,从指定库的包集合中寻找数据类型的定义。

2.3.2 构造体

构造体是一个基本设计单元的基本组成部分,它具体地指明了该基本设计单元的行为、元件及内部的连接关系,也就是说它定义了设计单元具体的功能。构造体对其基本设计单元的输入输出关系可以用3种描述方法进行描述,即行为描述(基于设计单元的数学模型描述)、寄存器传输描述(数据流描述)和结构描述(逻辑元件连接描述)。不同的描述方法只体现在描述语句上,而构造体的结构是完全一样的。

由于构造体是对实体功能的具体描述,因此它一般要跟在实体说明的后面。通常,先编译实体说明之后才能对构造体进行编译。如果实体需要重新编译,那么相应的构造体也应重新进行编译。

一个构造体的具体结构描述如下:

```
ARCHITECTURE 构造体名 OF 实体名 IS
   [定义语句];     -- 内部信号,常数, 数据类型,子程序等的定义;
BEGIN
   [并行处理语句];
END 构造体名;
```

一个构造体从"ARCHITECTURE 构造体名 OF 实体名 IS"开始,至"END 构造体名"结束。下面对构造体的有关内容和书写方法进行说明。

1. 构造体名称的命名

构造体的名称是对构造体的命名,它是该构造体的唯一名称。OF 后面紧跟的实体名表明了该构造体所对应的是哪一个实体,用 IS 来结束构造体的命名。

构造体的名称可以由设计者自由命名。但是在大多数的文献和资料中,通常把构造体的名称命名为 behavioral(行为),dataflow(数据流)或者 structural(结构)。如前所述,这3个名称实际上是3种构造体描述方式的名称。当设计者采用某一种描述方式来描述构造体时,该构造体的结构名称就命名为那一个名称。这样,使得阅读 VHDL 语言程序的人能直接了解设计者所采用的描述方式。例如,使用结构描述方式来描述二选一电路,那么二选一电路的构造体就可以这样命名:

```
ARCHITECTURE structural OF mux IS
```

2. 定义语句

定义语句位于 ARCHITECTURE 和 BEGIN 之间,用于对构造体内部所使用的信号、常

数、数据类型和子程序进行定义,不是必需的。例如:

```
ARCHITECTURE behave OF mux IS
    SIGNAL   nes1:BIT;
        …
BEGIN
        …
END behave;
```

信号定义和端口说明语句一样,应有信号名和数据类型的说明。但是因为它是内部连接用的信号,故没有也不需要有方向说明。

【例 2-14】
```
ENTITY   mux   IS
    PORT(d0,d1:IN BIT;
         sel:IN BIT;
         q:OUT BIT);
END mux;
ARCHITECTURE dataflow OF mux IS
BEGIN
    q<= (d0 AND sel)OR(NOT sel AND d1);
END dataflow;
```

在该程序的构造体中所使用的语句,实际上是二选一的逻辑表达式的描述语句,它正确地反映了二选一器件的行为。这种语句和其他高级语言是相当类似的,读者只要有一点基本的高级语言知识就可以读懂。在语句中,信号赋值符号"<="表示传送(或赋值)的意思,即将逻辑运算结果送 q 输出。

在构造体中的语句都是可以并行执行的,也就是说,语句的执行不以书写的语句顺序为执行顺序。

2.4 VHDL 构造体描述的几种方法

从前面的叙述可以看出,VHDL 的构造体具体描述整个设计实体的逻辑功能,对于所希望的电路功能行为,可以在构造体中用不同的语句类型和描述方式来表达,对于相同的逻辑行为,可以有不同的语句表达方式。在 VHDL 构造体中,这种不同的描述方式,或者说建模方法,通常可归纳为行为描述、RTL 描述和构造描述。其中 RTL(寄存器传输语言)描述方式也称为数据流描述方式。VHDL 可以通过这 3 种描述方法,或称描述风格,从不同的侧面描述构造体的行为方式。

在实际应用中,为了能兼顾整个设计的功能、资源、性能几个方面的因素,通常混合使用这3 种描述方式。

2.4.1 行为描述

如果 VHDL 的构造体只描述了所希望电路的功能或者电路行为,而没有直接指明或涉及实现这些行为的硬件结构,包括硬件特性、连线方式、逻辑行为方式,则称为行为方式的描述或行为描述。行为描述只表示输入和输出间转换的行为,它不包含任何结构的信息。行为描述主要是指顺序语句描述,即通常是指含有进程的非结构化的逻辑描述。行为描述的设计模型定义了系统的行为,这种描述方式通常由一个或多个进程构成,每一个进程又包含了一系列顺序语句。这里所谓的硬件结构,是指具体硬件电路的连接结构、逻辑门的组成结构、元件或其他各种功能单元的层次结构等。

如【例 2 - 15】是二选一的数据选择器的 VHDL 描述。

【例 2 - 15】

```
ENTITY  mux   IS
    PORT(d0,d1:IN BIT;
         sel:IN BIT;
         q:OUT BIT);
END mux;
ARCHITECTURE behave OF mux IS
BEGIN
    PROCESS(d0,d1,sel)
    BEGIN
      IF sel = '0' THEN
         q<= d0;
      ELSE
         q<= d1;
      END IF;
    END PROCESS;
END behave;
```

【例 2 - 15】的描述中,不存在任何与硬件选择相关的语句,也不存在任何有关硬件内部连线方面的语句。整个程序中,从表面上看不出是否引入寄存器方面的信息,或是使用组合逻辑还是时序逻辑方面的信息。整个程序只是对所设计的电路系统的行为功能作了描述,不设计任何具体方面的内容,这就是所谓的行为描述方法,或行为描述风格。

2.4.2 数据流描述

数据流描述风格,也称 RTL 描述方法。RTL 是寄存器传输语言的简称。RTL 级描述是以规定设计中的各种寄存器形式为特征,然后在寄存器之间插入组合逻辑。这类寄存器或者显式地通过元件具体装配,或者通过推论作隐含的描述。一般地,VHDL 的 RTL 描述方法类似于布尔方程,可以描述时序电路,也可以描述组合电路,它既含有逻辑单元的结构信息,又隐含表示某种行为,数据流描述主要是指非结构化的并行语句描述。

数据流的描述风格是建立在用并行信号赋值语句描述基础上的,当语句中任一输入信号发生变化时,赋值语句就被激活,随着这种语句对电路行为的描述,大量的有关这种结构的信息也从这种逻辑描述中"流出"。认为数据是从一个设计中流出,从输入到输出流出的观点称为数据流风格。数据流描述方法能比较直观地表达底层逻辑行为。

【例 2 - 16】是这种描述方式实现二选一数据选择器的 VHDL 描述。

【例 2 - 16】

```
ENTITY  mux IS
  PORT(d0,d1,sel: IN BIT;
       q: OUT BIT);
END mux;
ARCHITECTUER dataflow OF mux IS
  SIGNAL tmp1,tmp2,tmp3,nsel: BIT;
BEGIN
cale:PROCESS(d0,d1,sel)
  BEGIN
        Nsel<= NOT sel;
        tmp1<= d0 AND sel;
        tmp2<= d1 AND nsel;
        tmp3<= tmp1 OR tmp2;
        q<= tmp3;
  END PROCESS;
END dataflow;
```

【例 2 - 16】实现的电路原理图如图 2 - 5 所示。不难看出,【例 2 - 16】完全按原理图具体电路进行的描述。

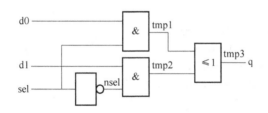

图 2 - 5 二选一数据选择器电路图

2.4.3 结构描述

VHDL 结构型描述风格是基于元件例化语句或生成语句的应用,利用这种语句可以用不同类型的结构来完成多层次的工程,即从简单的门到非常复杂的元件(包括各种已完成的设计实体子模块)来描述整个系统。元件间的连接是通过定义的端口界面来实现的,其风格最接近实际的硬件结构,即设计中的元件是互联的。

结构描述就是表示元件之间的互联,这种描述允许互联元件的层次式安置,如同网表本身的构建一样。结构描述建模步骤如下:

① 元件说明:描述局部接口。

② 元件例化:相对于其他元件放置元件。

③ 元件配置:指定元件所用的设计实体。即对一个给定实体,如果有多个可用的构造体,则由配置决定仿真与综合中所用的一个构造体。

元件的定义或使用声明以及元件例化语句是用 VHDL 实现层次化,模块化设计的手段,与传统原理图设计输入方式相仿。在综合时,如果没有配置指定,VHDL 综合器会根据相应的元件声明搜索与元件同名的实体,将此实体合并到生成的门级网表中。

【例 2-17】是用结构的描述方法实现如图 2-5 所示的二选一数据选择器的 VHDL 描述。
【例 2-17】

```
ENTITY  mux IS
    PORT(d0,d1,sel: IN BIT;
         q: OUT BIT);
END mux;
ARCHITECTUER stru OF mux IS
    SIGNAL tmp1,tmp2,tmp3,nsel: BIT;
    COMPONENT and2
         PORT(a,b:IN BIT;
              c:OUT BIT);
    END COMPONENT;
    COMPONENT inv
         PORT(a:IN BIT;
              c:OUT BIT);
    END COMPONENT;
    COMPONENT  or2
         PORT(a,b:IN BIT;
              c:OUT BIT);
    END COMPONENT;
BEGIN
    U1:inv PORT MAP (a = >sel,c = >nsel);
    U2:and2 PORT MAP (d0, sel,tmp1);
    U3:and2 PORT MAP (d1,nsel,tmp2);
    U4:or2   PORT MAP (tmp1,tmp2,tmp3);
    q<= tmp3;
END stru;
```

利用结构描述方式,可以采用结构化、模块化的思想,将一个大的设计划分为许多小的模块,逐一设计调试完成,然后利用结构描述方法将它们组装起来,形成更为复杂的设计。

显然,在 3 种描述风格中,行为描述的抽象程度最高,最能体现 VHDL 描述高层次结构和系统的能力。正是 VHDL 语言的行为描述能力使自顶向下的设计方式成为可能。认为 VHDL 综合器不支持行为描述方式是一种比较早期的认识,因为那时 EDA 工具的综合能力和综合规模都十分有限。由于 EDA 技术应用的不断深入,超大规模可编程逻辑器件的不断推出和 VHDL 系统级设计功能的提高,有力地促进了 EDA 工具的完善。事实上,当今流行的 EDA 综合器,除书本中提到的一些语句不支持外,将支持任何方式描述风格的 VHDL 语言结构。至于综合器不支持或忽略的那些语句,其原因也并非在综合器本身,而是硬件电路中目前尚无与之对应的结构。

2.5 包集合、库及配置

除了实体和结构体之外,包集合、库及配置是在 VHDL 语言中另外 3 个可以各自独立编译的源设计单元。

2.5.1 库

库(Library)是经编译后的数据的集合,它存放包集合定义、实体定义、构造体定义和配置定义。

库的功能类似于 UNIX 和 MS-DOS 操作系统中的目录,库中存放设计的数据。在 VHDL 语言中,库的说明总是放在设计单元的最前面,如

LIBRARY　库名；

这样,在设计单元内的语句就可以使用库中的数据。由此可见,库的好处在于使设计者可以共享已经编译过的设计结果。在 VHDL 语言中可以存在多个不同的库,但是库和库之间是独立的,不能相互嵌套。

1. 库的种类

当前在 VHDL 语言中存在的库大致可以归纳为 5 种:IEEE 库、STD 库、ASIC 库、用户定义库和 WORK 库。

(1) IEEE 库

在 IEEE 库中有一个"STD_LOGIC_1164"的包集合,它是 IEEE 正式认可的标准包集合。现在有些公司,如 Synopsys 公司也提供一些包集合,如"STD_LOGIC_ARITH"和"STD_LOGIC_UNSIGNED",尽管它们没有得到 IEEE 的承认,但是仍汇集在 IEEE 库中。

① STD_LOGIC_1164 包集合　STD_LOGIC_1164 包集合是 IEEE 库中最常用的程序包,是 IEEE 的标准程序包。其中也包含了一些数据类型、子类型和函数的定义,这些定义将 VHDL 扩展为一个能描述多值逻辑(即除具有"0"和"1"以外还有其他的逻辑量,如高阻态"Z"、不定态"X"等)的硬件描述语言,很好地满足了实际数字系统的设计需求。STD_LOGIC_1164 程序包中用得最多和最广的是定义了满足工业标准的两个数据类型 STD_LOGIC 和 STD_LOGIC_VECTOR,它们非常适合于 FPGA/CPLD 器件中多值逻辑设计结构。

② STD_LOGIC_ARITH 包集合　STD_LOGIC_ARITH 预先编译在 IEEE 库中,是 Synopsys 公司的程序包。此程序包在 STD_LOGIC_1164 程序包的基础上扩展了 3 个数据类型 UNSIGNED、SIGNED 和 SMALL_INT,并为其定义了相关的算术运算符和转换函数。

③ STD_LOGIC_UNSIGNED 和 STD_LOGIC_SIGNED 包集合都是 Synopsys 公司的程序包,都预先编译在 IEEE 库中。这些程序包重载了可用于 INTEGER 型及 STD_LOGIC 和 STD_LOGIC_VECTOR 型混合运算的运算符,并定义了一个由 STD_LOGIC_VECTOR 型到 INTEGER 型的转换函数。这两个程序包的区别是,STD_LOGIC_SIGNED 中定义的运算符考虑到了符号,是有符号的运算。

程序包 STD_LOGIC_ARITH、STD_LOGIC_UNSIGNED 和 STD_LOGIC_SIGNED 虽然未成为 IEEE 标准,但已经成为事实上的工业标准,绝大多数的 VHDL 综合器和 VHDL 仿真器都支持它们。

(2) STD 库

STD 库是 VHDL 的标准库,在库中存放有两个包集合,即"STANDARD"包集合和"TEXTIO"包集合。

STANDARD 包集合中定义了许多基本的数据类型、子类型和函数。由于 STANDARD

包集合是 VHDL 标准程序包,实际应用中已隐性地打开了,所以不必再用 USE 语句另作声明。TEXTIO 包集合定义了支持文本文件操作的许多类型和子程序。在使用本程序包之前,则必须加以下语句:

LIBRARY STD;
USE STD.TEXTIO.ALL;

TEXTIO 包集合仅供仿真器使用。可以用文本编辑器建立一个数据文件,文件中包含仿真时需要的数据,然后仿真时用 TEXTIO 包集合中的子程序存取这些数据文件。在 VHDL 综合器中,此程序包被忽略。

(3) 面向 ASIC 的库

在 VHDL 中,为了进行门级仿真,各公司可提供面向 ASIC 的逻辑门库。在该库中存放着与逻辑门一一对应的实体。为了使用面向 ASIC 的库,对库必须进行说明。

(4) WORK 库

WORK 库是现行作业库。设计者所描述的 VHDL 语句不需要任何说明,将都存放在 WORK 库中。在使用该库时无须任何说明。

(5) 用户定义库

用户为自身设计需要所开发的共用包集合和实体等,也可以汇集在一起定义成一个库,这就是用户定义库或称用户库。在使用时同样要首先说明库名。

2. 库的使用

(1) 库的说明

前面提到的 5 类库除 WORK 库和 STD 库之外,其他 3 类库在使用前都首先要作说明,第一条语句是"LIBRARY 库名;",表明使用什么库。另外还要说明设计者要使用的是库中哪一个包集合以及包集合中的项目名(如过程名、函数名等)。这样第二条语句的格式如:

USE LIBRARY_name.package_name.ITEM_name;

所以,一般在使用库时首先要用两条语句对库进行说明。例如:

LIBRARY IEEE;
USE IEEE.STD_LOGIC_1164.ALL;
……

上述表明,在该 VHDL 语言程序中要使用 IEEE 库中 STD_LOGIC_1164 包集合的所有项目。这里,项目名为 ALL,表示包集合的所有项目都要用。

(2) 库说明作用范围

库说明语句的作用范围从一个实体说明开始到它所属的构造体、配置为止。当一个源程序中出现两个以上的实体时,两条作为使用库的说明语句应在每个实体说明语句前重复书写。例如:

【例 2-18】

LIBRARY IEEE;   ⎫
USE IEEE.STD_LOGIC_1164.ALL;⎬ 库使用说明
                          ⎭

ENTITY and1 IS

```
...
END and1;
ARCHTECTURE rtl of and1 IS
...
END rtl;
CONFIGURATION s1 OF and1 IS
...
END s1;
LIBRARY IEEE;            ⎫ 库使用说明
USE IEEE.STD_LOGIC_1164.ALL; ⎭

ENTITY or1 IS
...
CONFIGURATION s2 OF or1 IS
...
END s2;
```

2.5.2 包集合

包集合(Package)说明像 C 语言中 include 语句一样,用来单纯地罗列 VHDL 语言中所要用到的信号定义、常数定义、数据类型、元件语句、子程序(函数和过程)定义等,它是一个可编译的设计单元,也是库结构中的一个层次。要使用包集合时可以用 USE 语句说明。例如:

```
USE IEEE.STD_LOGIC_1164.ALL;
```

该语句表示在 VHDL 程序中要使用名为 STD_LOGIC_1164 的包集合中的所有定义或说明项。

包集合的语句结构如下所示:

```
PACKAGE  包集合名  IS ⎫
    [说明语句];         ⎬ 包集合标题
END  包集合名;         ⎭

PACKAGE BODY 包集合名  IS ⎫
    [说明语句];              ⎬ 包集合体
END 包集合名;              ⎭
```

一个包集合由两大部分组成:包集合标题(Header)和包集合体。包集合体(Package Body)是一个可选项,包集合可以只由包集合标题构成,也就是说包集合体中说明的内容也可在包集合标题中说明。一般包集合标题列出所有项的名称,而包集合体具体给出各项的细节。例如:

【例 2-19】

```
LIBRARY IEEE;
USE IEEE.STD_LOGIC_1164.ALL;
```

```
PACKAGE bpac IS
    FUNCTION  max(a: STD_LOGIC_VECTOR;
                 b: STD_LOGIC_VECTOR)
             RETURN STD_LOGIC_VECTOR
END bpac;
```
　　　　　　　　　　　　　　　　　　　　包集合标题

```
PACKAGE BODY bpac IS
    FUNCTION  max(a: STD_LOGIC_VECTOR;
                 b: STD_LOGIC_VECTOR)
             RETURN STD_LOGIC_VECTOR IS
        VARIABLE tmp: STD_LOGIC_VECTOR(a'RANGE);
    BEGIN
        IF(a>b) THEN
            tmp: = a;
        ELSE
            tmp: = b;
        END IF;
        RETURN tmp;
     END max;
END bpac;
```
　　　　　　　　　　　　　　　　　　　　包集合体

【例 2-20】

```
LIBRARY STD;
USE STD.STD_LOGIC.ALL;
PACKAGE math IS
  TYPE tw16 IS ARRAY(0 TO 15)OF T_WLOGIC;
  FUNCTION vect_to_int(s:tw16) RETURN INTEGER;
  FUNCTION int_to_tw16(s:INTEGER)RETURN tw16
  FUNCTION add(a,b:IN tw16) RETURN tw16;
  FUNCTION sub(a,b:IN tw16) RETURN tw16;
END math;
```
　　　　　　　　　　　　　　　　　　　　包集合标题

```
PACKAGE BODY math IS
  FUNCTION vect_to_int(s:tw16)
  RETURN INTEGER IS
  VARIABLE result: INTEGER: = 0;
BEGIN
  FOR i IN 0 TO 15 LOOP
  result: = result * 2;
  IF s(i) = '1' THEN
     result: = result +1 ;
  END IF;
  END LOOP;
  RETURN result;
END vect_to_int;
FUNCTION int_to_tw16(s:INTEGER)
```
　　　　　　　　　　　　　　　　　　　　包集合体

第 2 章 VHDL 语言程序的基本要素及基本结构

```
      RETURN tw16 IS
        VARIABLE result :tw16;
        VARIABLE digit :INTEGER: = 2 * * 15;
        VARIABLE local :INTEGER;
      BEGIN
         local: = s;
         FOR i IN 0 TO 15 LOOP
          IF local/digit >= 1 THEN
            result(i): = 1;
            local: = local - digit;
          ELSE
            result(i): = 0;
          END IF;
            digit: = digit/2;
         END LOOP;
         RETURN result;
        END int_to_tw16;
      FUNCTION add(a,b:IN tw16)
          RETURN   tw16   IS
         VARIABLE result: INTEGER;
      BEGIN
        result: = vect_to_int(a) + vect_to_int(b);
        RETURN int_to_tw16(result);
      END add;
      FUNCTION sub (a,b: IN tw16)
          RETURN tw16 IS
         VARIABLE   result: INTEGER;
      BEGIN
        result: = vect_to_int(a) - vect_to_int(b);
        RETURN   int_to_tw16(result);
        END sub;
      END math;
```
（右侧大括号标注：包集合体）

　　上面例子的包集合由包集合标题和包集合体两部分组成。在包集合标题中，定义了数据类型和函数调用的说明，而在包集合体中才具体地描述实现该函数功能的语句和数据的赋值。这种分开描述的好处是，当函数的功能需要作某些调整或数据赋值需要变化时，只要改变包集合体的相关语句就行了，而无须改变包集合标题的说明，这样可以使重新编译的单元数目尽可能少。

　　包集合也可以只有一个包集合标题说明，因为在包集合标题中也允许使用数据赋值和有实质性的操作语句。例如：

【例 2-21】

```
LIBRARY IEEE;
USE IEEE.STD_LOGIC_1164.ALL;
PACKAGE upac IS
```

```
    CONSTANT k : INTEGER: = 4;
    TYPE instruction IS ( add,sub,adc,inc,srf,slf);
    SUBTYPE cpu_bus IS STD_LOGIC_VECTOR(k - 1 DOWNTO 0);
END upac;
```

上述的包集合是用户自定义的。在该包集合中定义了 CPU 的指令这一数据类型和 cpu_bus 为一个 4 位的位矢量。由于它是用户自己定义的，因此在编译以后就会自动地加到 WORK 库中，如要使用该包集合，则可用如下格式调用：

```
USE WORK.upac.instruction;
```

2.5.3 配置(CONFIGURATION)

配置可以把特定的构造体关联到一个确定的实体。正如"配置"一词本身的含义一样，配置语句是用来为较大的系统设计提供管理和工程组织的。通常在大而复杂的 VHDL 工程设计中，配置语句可以为实体指定或配属一个构造体，如可以利用配置使仿真器为同一实体配置不同的构造体以使设计者比较不同构造体的仿真差别，或者为例化的各元件实体配置指定的构造体，从而形成一个所希望的例化元件层次构成的设计实体。

配置也是 VHDL 设计实体中的一个基本单元，在综合或仿真中，可以利用配置语句为确定整个设计提供许多有用的信息。例如对以元件例化的层次方式构成的 VHDL 设计实体，就可以把配置语句的设置看成是一个元件表，以配置语句指定在顶层设计中的每一元件与一特定构造体相衔接，或赋予特定属性。配置语句还能用于对元件的端口连接进行重新安排等。VHDL 综合器允许将配置规定对应一个设计实体中的最高层设计单元，但只支持对最顶层的实体进行配置。通常情况下，配置主要用在 VHDL 的行为仿真中。

配置语句的一般格式如下：

```
CONFIGURATION 配置名 OF 实体 IS
    配置说明
END 配置名;
```

配置主要为顶层设计实体指定构造体，或为参与例化的元件实体指定所希望的构造体，以层次方式来对元件例化作构造配置。如前所述。每个实体可以拥有多个不同的构造体，而每个构造体的地位是相同的，在这种情况下，可以利用配置说明为该实体指定一个构造体。【例 2 - 22】是一个配置的简单方式应用，即在一个描述与非门 nand 的设计实体中会有两个以不同的逻辑描述方式构成的构造体，用配置语句来为特定的构造体需求作配置指定。

【例 2 - 22】

```
LIBRARY IEEE;
USE IEEE.STD_LOGIC_1164.ALL;
ENTITY nand IS
    PORT (a: IN STD_LOGIC;
          b: IN STD_LOGIC;
          c: OUT STD_LOGIC);
END nand;
ARCHITECTURE one OF nand IS
```

```
BEGIN
    c<= NOT(a AND b);
END one;
ARCHITECTURE two OF nand IS
BEGIN
    c<= '1' WHEN (a='0')AND(b='0') ELSE
        '1' WHEN (a='0')AND(b='1') ELSE
        '1' WHEN (a='1')AND(b='0') ELSE
        '0' WHEN (a='1')AND(b='1') ELSE
        '0';
END two;
CONFIGURATION second OF nand IS
    FOR two
    END FOR;
END second;
CONFIGURATION first OF nand IS
    FOR one
    END FOR;
END first;
```

在【例2-22】中若指定配置名为second,则实体nand配置的构造体为two;若指定配置名为first,则实体nand配置的构造体为one。这两种构造体的描述方式是不同的,但具有相同的逻辑功能。

如果将【例2-22】中的配置语句全部除去,则可以用此具有两个结构体的实体nand构成另一个更高层次设计实体中的元件,并由此设计实体中的配置语句来指定元件实体nand使用哪一个结构体。【例2-23】是利用【例2-22】的文件nand实现RS触发器设计的。最后利用配置语句指定元件实体nand中的第二个结构体two来构成nand的结构体。

【例2-23】

```
LIBRARY IEEE;
USE IEEE.STD_LOGIC_1164.ALL;
ENTITY rs1 IS
    PORT (r: IN STD_LOGIC;
          s: IN STD_LOGIC;
          q: OUT STD_LOGIC;
          qf: OUT STD_LOGIC);
END rs1;
ARCHITECTURE rsf OF rs1 IS
    COMPONENT nand
        PORT (a: IN STD_LOGIC;
              b: IN STD_LOGIC;
              c: OUT STD_LOGIC);
    END COMPONENT;
BEGIN
    U1: nand PORT MAP (a =>s, b =>qf, c =>q);
```

```
    U2:nand PORT MAP(a => q,b => r,c => qf);
END rsf;
CONFIDURATION sel OF rs1 IS
   FOR rsf
       FOR   u1,u2:nand
            USE ENTITY WORK.nand(two);
        END FOR;
    END FOR;
END sel;
```

这里假设与非门的设计实体已进入工作库 WORK。

从【例 2-22】和【例 2-23】可以看出,配置语句的形式有多种,【例 2-22】使用的是最基本形式;【例 2-23】配置了设计实体 rsl 采用的是 rsf 构造体,同时配置 rsf 构造体例化元件采用的是 WORK 库中设计实体 nand 中的 two 构造体。

2.6 VHDL 子程序(SUBPROGRAM)

一个设计实体中声明的数据类型、客体、子程序、元件声明和属性等,对于其他设计实体是不可被利用的。为了使 VHDL 描述具有可重用性,可以将共享资源封装在 2.5 节所讲的包集合中单独编译,并可以为不同的设计实体所利用。包集合中的一个重要成分就是子程序。

VHDL 子程序是一个 VHDL 程序模块,是在主程序调用以后能将处理结果返回主程序的程序模块,这个模块中只能使用顺序描述语句。子程序可以在 VHDL 描述中的 3 个不同位置进行定义,即在包集合、构造体和进程中定义,因为结构体和进程中定义的子程序只能在哪里定义在哪里使用,只有包集合中定义的子程序才能够被其他不同的设计实体所调用,所以一般应在程序包中定义子程序。子程序的使用方式只能通过子程序调用实现。

在 VHDL 中子程序有两种类型:过程(Procedure)和函数(Function)。其中"过程"与其他高级语言中的子程序相当;而"函数"与其他高级语言中的函数相当。

1. 过程语句

(1) 过程语句的结构

在 VHDL 语言中,过程语句的书写格式如下:

```
Procedure 过程名(形式参数 1:方式 数据类型;
                     ⋮
             形式参数 n:方式 数据类型)is
    [定义语句];        --过程中用到的数据类型和变量定义
Begin
    [顺序描述语句];    --过程的语句
End 过程名;
```

在 PROCEDURE 结构中,参数说明中包含形式参数名、定义参数工作方式(信息的流向)和参数的数据类型。也就是说,过程中的输入输出参数都应列在紧跟过程名的括号内。参数的工作方式有 3 种,即 IN(输入)、OUT(输出)、INOUT(输入输出)。如果没有定义工作模式,则默认为 IN。IN 模式的参数默认为常数,其他模式参数默认为变量,若参数作为信号使用,则必须在定义参数前加关键词 SIGNAL。例如,在 VHDL 语言中,将标准逻辑矢量转换为整数的程序可以由一个过程语句来实现。

【例 2-24】
```
PROCEDURE  vector_to_int
    (z: IN STD_LOGIC_VECTOR;
    x_flag: OUT BOOLEAN;
    q: INOUT INTEGER)   IS
BEGIN
    q: = 0;
    x_flag: = FLASE;
    FOR i IN z'RANGE LOOP
        q: = q * 2;
        IF(z(i) = 1) THEN
            q: = q + 1;
        ELSIF(z(i)/ = 0) THEN
            x_flag: = TRUE;
        END IF;
    END LOOP;
END vector_to_int;
```

该过程调用后,如果 x_flag:=TRUE,说明转换失败,不能得到正确的转换整数值。

在上例中,z 是输入,x_flag 是输出,q 是输入输出。在没有特别指定的情况下,"z"作为常数,而"x_flag"和"q"则看作"变量"进行复制。当过程的语句执行结束以后,在过程内所传递的输出和输入输出参数值,将复制到调用者的信号或变量中。此时输入输出参数如没有特别指定则按变量对待,将值传递给变量。如果调用者需要将输出和输入输出作为信号使用,则在过程参数定义时要指明是信号。例如

【例 2-25】
```
PROCEDURE   shift(
                din: IN STD_LOGIC_VECTOR;
                SIGNAL dou : OUT STD_LOGIC_VECTOR);
                …
END shift;
```

(2) 过程调用

过程调用是对应相应的实参一个过程的执行。过程调用的语句格式如下:

过程名(实参1,实参2,…,实参n);

传递给过程的参数类型必须与调用的过程在其过程声明中声明的形式参数类型相同。一个过程调用将完成如下3个步骤:

① 将 IN 和 INOUT 模式的实参赋给要调用过程中与其对应的形参值;
② 执行该过程;
③ 将过程中 OUT 和 INOUT 模式的形参值返回给对应的实参值。

过程调用语句既可用做顺序描述语句亦可用做并发处理语句,具体内容见3.1节和3.2节。

2. 函数语句

(1) 函数语句的结构

在 VHDL 语言中，函数语句的书写格式如下：

function 函数名(形式参数1:数据类型;
                ⋮
                形式参数n:数据类型)
return 返回值数据类型 is
    定义语句;
begin
    顺序处理语句;
return [返回变量名];
end 函数名;

在 VHDL 语言中，FUNCTION 语句中圆括号内的所有参数都是输入参数。因此在括号内指定端口方向"IN"可以省略。FUNCTION 的输入值由调用者复制到输入参数中，如果没有特别指定，在 FUNCTION 语句中按常数处理。

通常各种功能的 FUNCTION 语句的程序都被集中在包集合(Package)中。例如：

【例 2-26】

```
LIBRARY IEEE;
USE IEEE.STD_LOGIC_1164.ALL;
PACKAGE bpac IS
    FUNCTION  max(a: STD_LOGIC_VECTOR;
                  b: STD_LOGIC_VECTOR)
    RETURN STD_LOGIC_VECTOR
END bpac;
PACKAGE BODY of bpac IS
    FUNCTION  max(a: STD_LOGIC_VECTOR;
                  b: STD_LOGIC_VECTOR)
    RETURN STD_LOGIC_VECTOR IS
    VARIABLE tmp: STD_LOGIC_VECTOR(a'RANGE);
    BEGIN
        IF(a>b) THEN
            tmp: = a;
        ELSE
            tmp: = b;
        END IF;
        RETURN tmp;
    END max;
END bpac;
```

(2) 函数调用及结果的返回

在 VHDL 语言中，函数语句可以在构造体的语句中直接调用。【例 2-27】给出用 FUNCTION 语句描述最大值检出的程序。

【例 2-27】

```
LIBRARY IEEE,NEWLIB;
USE IEEE.STD_LOGIC_1164.ALL;
USE NEWLIB.bpac.ALL;
ENTITY   peakdetect IS
    PORT(data: IN STD_LOGIC_VECTOR(5 DOWNTO 0);
         clk,set: IN STD_LOGIC;
         dataout:  OUT STD_LOGIC_VECTOR (5 DOWNTO 0));
END peakdetect;
ARCHITECTURE rtl OF peakdetect IS
    SIGNAL peak: STD_LOGIC_VECTOR(5 DOWNTO 0);
BEGIN
    dataout<= peak;
    PROCESS(clk)
    BEGIN
        IF (clk'EVENT AND clk = '1') THEN
            IF (set = '1') THEN
                Peak<= data;
            ELSE
                Peak<= MAX(data,peak);
            END IF;
        END IF;
    END PROCESS;
EMD rtl;
```

在上述程序中，peak<= MAX(data,peak)是调用 FUNCTION 的语句。在包集合中的参数 a 和 b，可用 data 和 peak 替代。函数的返回值 tmp 被赋予 peak。在 MAX(a,b)函数的定义中，返回值 tmp 可以赋予信号或者变量，在本例中被赋予 peak。

上面详细叙述了子程序中过程、函数的结构和使用方法。为了能重复使用这些过程和函数，该程序通常组织在包集合和库中。它们与包集合和库有这样的关系，即几个过程和函数汇集在一起构成包集合(Package)，而几个包集合汇集在一起就形成一个库(Library)。

3. 决断函数

一个信号通常只有一个驱动源，但 VHDL 提供了用多个源来驱动同一个信号的机制，多驱动源驱动的信号称为决断信号。决断函数主要用于解决决断信号被多个驱动源驱动时，驱动信号间的竞争问题。如一个内部总线被多个信号占用时，决断函数将对多个信号占用总线作出裁决，给总线驱动一个合适的信号值。

在 VHDL 中一个信号带多个驱动源时，没有附加决断条件是不合法的。当多个驱动源同时产生一个处理事项时，只有其中一个驱动源的信号值能赋给被驱动的决断信号。这个功能由决断函数完成。一个决断信号必须有与之相关联的决断函数，即决断信号具有多个驱动源和一个决断函数。

(1) 决断信号的声明

一个具有多个驱动源的信号必须被声明为决断信号，否则会出现错误。

声明决断信号有两种方法：一是在信号声明中直接包含决断函数；二是先声明一个决断子类型，然后用这个子类型声明一个信号，这种方法常用于多个决断信号使用同一个决断函数的情况。

例如一个 four_value 类型的决断信号 multi_driv_sig 的声明可以有以下两种方式：

第一种方式：

SIGNAL multi_driv_sig:decide four_value;

第二种方式：

SUBTYPE multi_driv:decide four_value;
SIGNAL multi_driv_sig:multi_driv;

其中 decive 是一个决断函数。

(2) 决断函数定义

决断函数输入一般是单一变量，多个驱动源组成非限定性数组，数组元素的个数即为驱动源的个数。例如前面定义的决断信号 multi_driv_si，其多驱动源的信号值包含 4 个逻辑值'X'、'0'、'1'和'Z'，其中'X'表示不确定值，'0'表示逻辑 0 值，'1'表示逻辑 1 值，'Z'表示高阻态。现将其定义为 four_value 数据类型如下：

TYPE four_value IS ('X','0''1''Z');

为了判断一个 four_value 类型的决断函数的最终值，必须规定 four_value 数据类型中的 4 个逻辑值的竞争力，当两值竞争时，竞争力强的逻辑值赋值给决断信号。four_value 数据类型中的四个逻辑值'X'竞争力最强，'0'和'1'竞争力中等，'Z'竞争力最弱。以上所述四值逻辑的决断函数的 VHDL 描述如例 2-28 所示。该决断函数包含在一个包集合中。

【例 2-28】

```
PACKAGE example IS
    TYPE four_value IS('X','0','1','Z');
    TYPE four_value_vector IS ARRAY(NATURAL RANGE<>)OF FOUR_VALUE;
    FUNCTION decide(input:four_value_vector )RETUN four_value;
END example;
PACKAGE BODY example IS
    FUNCTION decide(input:four_value_vector )RETUN four_value IS
        VARIABLE result:four_value: = 'Z';
BEGIN
FOR i   input'RANGE LOOP
CASE result IS
WHEN 'Z' = >CASE input(i) IS
        WHEN '1' = >result: = '1';
        WHEN '0' = >result: = '0';
        WHEN 'X' = >result: = 'X';
        WHEN OTHERS = >NULL;
    END CASE;
WHEN '0' = >CASE input(i) IS
        WHEN '1'|'X' = >result: = 'X';
```

```
                WHEN OTHERS = >NULL;
            END CASE;
        WHEN '1' = >CASE input(i) IS
                WHEN '0'|'X' = >result: = 'X';
                WHEN OTHERS = >NULL;
            END CASE;
        END CASE;
        EXIT WHEN result = 'X';
        END LOOP;
        RETURN result;
        END decide;
    END example;
```

在【例 2-28】中,输入决断函数 decide 的实参是一个 four_value 数据类型的非限定型数组,数组元素的个数即为驱动源的个数。有几个驱动源,则决断函数 decide 内部的循环体最多执行几次,对每一个驱动源的值进行比较,最后挑选竞争力最强的值作为决断函数的返回值赋值给决断信号。

习 题

2-1 判断下列 VHDL 标识符是否合法,如果有误则指出原因:

ENTITY,1APPLE,BEHAV_,TO-VECTOR,DEFF__4,\74HC574\,ENCODER2,CLR/RESET,\IN,4/SCLK\,D100%

2-2 VHDL 中有哪三种数据客体(对象)?详细说明它们的功能特点以及使用方法,举例说明数据客体与数据类型的关系。

2-3 信号和变量在描述和使用时有哪些主要区别?

2-4 STRING,TIME,REAL,BIT,STD_LOGIC 数据类型中,VHDL 综合器支持哪些类型?

2-5 表达式 C=A+B 中,A、B 和 C 的数据类型都是 STD_LOGIC_VECTOR,是否能直接进行加法运算?说明原因和解决方法。

2-6 能把任意一种进制的值向一整数类型的数据对象赋值吗?如果能,怎样做?

2-7 数据类型 BIT、INTEGER、BOOLEAN 和 STD_LOGIC 分别定义在哪个库中的哪个包集合中?哪些库和程序包总是可见的?

2-8 Bit 类型数据和 std_logic 类型数据有什么区别?

2-9 回答有关 BIT 和 BOOLEAN 数据类型的问题:

(1)解释 BIT 和 BOOLEAN 类型的区别。

(2)对于逻辑操作应使用哪种类型?

(3)关系操作的结果为哪种类型?

2-10 试问下面数据类型定义和操作是否正确?

```
Signal atmp:Std_logic_Vector(7 Downto 0);
Signal btmp:std_logic_Vector(0 TO 7);
Signal cint:integer;
```

```
Signal dtmp:std_logic_Vector(15 Downto 0)
    atmp<=cint;
    atmp<=btmp;
    btmp<=dtmp;
```

2-11 VHDL 语言有哪几类主要运算,在一个表达式中有多种运算符时应按怎样的准则进行运算?

2-12 如下 3 个表达式是否等效:

```
a<= NOT b AND c OR d;
a<= (NOT b AND c)OR d;
a<= NOT b AND(c OR d);
```

2-13 并置运算应用于什么场合?下面的并置运算是否正确?

```
Signal  a:std_logic;
Signal  eb:std_logic;
Signal  b:std_logic_vector(3 downto 0);
Signal  d:std_logic_vector(7 downto 0);
    b<= a&a&eb&eb;
    d<= (b,eb,eb,eb,eb);
```

2-14 完整 VHDL 语言程序包含哪几部分?

2-15 VHDL 语言设计的基本单元是什么?由哪几部分构成?各部分的结构是怎样描述的?

2-16 试以"与非"门为例,说明"与非"门逻辑符与描述"与非"门的 VHDL 语言基本设计单元各部分之间的对应关系。

2-17 实体说明中端口模式有哪些?说明端口模式 OUT、INOUT 和 BUFFER 有何异同点。

2-18 过程语句用于什么场合?其所带参数是怎样定义的?

2-19 函数语句用于什么场合?其所带参数是怎样定义的?

2-20 过程和函数的调用有何不同?

2-21 VHDL 构造体描述有哪几种方法?如何应用?

2-22 VHDL 语言现有支持库有哪些?如何使用它们?

2-23 一个包集合由哪两大部分组成?包集合体通常包含哪些内容?

2-24 在 VHDL 语言中配置的主要功能是什么?试举例说明之。

2-25 类属参量与常数有何区别?与原理图输入法相比,类属参量语句的特点为 VHDL 程序设计带来怎样的便利?

2-26 画出与下列实体描述对应的原理图符号:

```
(1) ENTITY buf3s IS
        PORT(input : IN STD_LOGIC;
             Enable: IN STD_LOGIC;
             output: OUT STD_LOGIC);
    END bus3f;
```

(2) ENTITY mux21 IS
      PORT(d0,d1,sel : IN STD_LOGIC;
           otput: OUT STD_LOGIC);
    END mux21;

2-27 判断下面 3 例 VHDL 描述中是否有错误,若有错误指出错误原因。

(1) SIGNAL a,en:STD_LOGIC;
    PROCESS(a,en)
    VARIABLE b:STD_LOGIC;
    BEGIN
      IF en = '1' THEN
        b<= a;
      END IF;
    END PROCESS;

(2) ARCHITECTURE one OF sample IS
    VARIABLE a,b,c:INTEFER;
    BEGIN
      c<= a + b;
    END ;

(3) LIBRARY IEEE;
    USE IEEE.STD_LOGIC_1164.ALL;
    ENTITY mux21 IS
    PORT(a,b,sel:IN STD_LOGIC;
         C:OUT STD_LOGIC;);
    END sam2;
    ARCHITECTURE one OF mux21 IS
    BEGIN
    IF sel = '0' THEN
      c: = a;
    ELSE
      c: = b;
    END IF;
    END two;

2-28 改正【例 2-17】中程序(1)和程序(2)的错误,并为这两个程序配上相应的实体和构造体。

2-29 什么是决断信号？如何声明决断信号？

2-30 决断函数的作用是什么？

第 3 章 VHDL 语言的主要描述语句

在用 VHDL 语言描述系统硬件行为时,按语句执行顺序对其进行分类,可以分为顺序(sequential)处理语句和并发(concurrent)处理语句。例如,进程语句(PROCESS statement)是一条并发描述语句。在一个构造体内可以有几个进程语句同时存在,各进程语句是并发执行的。但是,在进程内部所有语句应是顺序处理语句。也就是说,按书写的顺序自上而下,一条语句一条语句地执行。例如,IF 语句、LOOP 语句等都属于此类顺序处理语句。灵活运用这两类语句就可以正确地描述系统的并发行为和顺序行为。

3.1 顺序处理语句

顺序处理语句只能出现在进程或子程序中,由它定义进程或子程序所执行的算法。语句中所涉及的系统行为有时序流、控制、条件和迭代等;语句的功能操作有算术运算、逻辑运算、信号和变量的赋值、子程序调用等。顺序处理语句像在一般高级语言中一样,其语句是按出现的次序执行的。在 VHDL 语言中顺序处理语句有以下几种:

① WAIT 语句;
② 断言语句;
③ 信号代入语句;
④ 变量赋值语句;
⑤ IF 语句;
⑥ CASE 语句;
⑦ LOOP 语句;
⑧ NEXT 语句;
⑨ EXIT 语句;
⑩ 过程调用语句;
⑪ NULL 语句。

空(NULL)语句表示只占位置的一种空处理操作,但是它可以用来为所对应信号赋一个空值,表示该驱动器被关闭。该语句在下面不介绍,其余语句将通过具体实例作详细介绍。

3.1.1 WAIT 语句

进程在仿真运行中总是处于下述两种状态之一:执行或挂起。进程状态的变化受 WAIT 语句的控制,当进程执行到 WAIT 语句时,就被挂起,并设置好再次执行的条件。WAIT 语句可以设置 4 种不同的条件:无限等待,时间到,条件满足以及敏感信号量变化。这几类条件可以混用,其书写格式为:

```
WAIT              --无限等待
WAIT ON           --敏感信号量变化
WAIT UNTIL        --条件满足
WAIT FOR          --时间到
```

1. WAIT ON

WAIT ON 语句的完整书写格式为:

WAIT ON 信号[,信号];

WAIT ON 语句后面跟着的是一个或多个信号量,例如:

WAIT ON a, b;

该语句表明,它等待信号量 a 或 b 发生变化。a 或 b 中只要有一个信号量发生变化,进程将结束挂起状态,而继续执行 WAIT ON 语句后继的语句。WAIT ON 可以再次启动进程的执行,其条件是指定的信号量必须有一个新的变化。从这一点来看,与进程指定的敏感信号量有新的变化时,启动进程的情况相类似,如【例 3-1】所示。

【例 3-1】

```
PROCESS(a, b)
BEGIN
  y<= a AND b;
END PROCESS;


PROCESS
BEGIN
  y<= a AND b;
  WAIT ON a, b;
END PROCESS;
```

【例 3-1】所示的两个进程的描述是完全等价的,只是 WAIT ON 和 PROCESS 中所使用的敏感信号量的书写方法有区别。在使用 WAIT ON 语句的进程中,敏感信号量应写在进程中的 WAIT ON 语句后面;而在不使用 WAIT ON 语句的进程中,敏感信号量只应在进程开头的 PROCESS 后跟的括号中说明。需要注意的是,如果 PROCESS 语句已有敏感信号量说明,那么在进程中不能再使用 WAIT ON 语句。例如,【例 3-2】的描述是非法的。

【例 3-2】

```
PROCESS(a, b)
BEGIN
  y<= a AND b;
  WAIT ON a, b; -- 错误语句
END PROCESS;
```

2. WAIT UNTIL

WAIT UNTIL 语句的完整书写格式为:

WAIT UNTIL 表达式;

WAIT UNTIL 语句后跟的是布尔表达式,当进程执行到该语句时将被挂起,直到表达式返回一个"真"值,进程才被再次启动。

该语句在表达式中将建立一个隐式的敏感信号量表,当表中的任何一个信号量发生变化时,就立即对表达式进行一次评估。如果评估结果使表达式返回一个"真"值,则进程脱离等待状态,继续执行下一个语句。例如:

WAIT UNTIL((x * 10)<100);

在这个例子中,当信号量 x 的值大于或等于 10 时,进程执行到该语句时将被挂起;当 x 的值小于 10 时进程再次被启动,继续执行 WAIT 语句的后继语句。

设 clock 为时钟输入信号,以下 4 条 WAIT UNTIL 语句所设的进程的启动条件描述的是时钟的上升沿,如

```
WAIT UNTIL clock = '1';
WAIT UNTIL rising_edge(clock);
WAIT UNTIL NOT clock'STABLE AND clock = '1';
WAIT UNTIL clock'EVENT AND clock = '1';
```

一般地,只有 WAIT UNTIL 格式的等待语句可以实现逻辑综合,其他 WAIT 语句只能在 VHDL 仿真器中使用。

3. WAIT FOR 语句

WAIT FOR 语句的完整书写格式是:

WAIT FOR 时间表达式;

WAIT FOR 语句后面跟的是时间表达式,当进程执行到该语句时将被挂起,直到指定的等待时间到时,进程再开始执行 WAIT FOR 语句的后续的语句。例如:

```
WAIT FOR 20 ns;
WAIT FOR (a * (b + c));
```

在上例的第一个语句中,时间表达式是一个常数值 20 ns,当进程执行到该语句时将等待 20 ns。一旦 20 ns 时间到,进程将执行 WAIT FOR 语句的后继语句。

在上述的第二个语句中,FOR 后面是一个时间表达式,(a * (b + c))是时间量。WAIT FOR 语句在等待过程中,要对表达式进行一次计算,计算结果返回的值就作为该语句的等待时间。例如,a=2,b=50 ns,c=70 ns。那么 WAIT FOR(a * (b+c))这个语句将等待 240 ns,也就是说该语句和 WAIT FOR 240 ns 是等价的。

4. 多条件 WAIT 语句

在前面已叙述的 3 种 WAIT 语句中,等待的条件是单一的,要么是信号量,要么是布尔量,要么是时间量。实际上 WAIT 语句还可以同时使用多个等待条件,例如:

WAIT ON clk UNTIL clk = '1';

该语句等到 clk 信号发生变化,而且 clk 的值为'1',(clk 上升沿)进程结束挂起状态,执行该语句后边的语句。

例如:

WAIT ON nmi, interrupt UNTIL((nmi = ture)OR(interrupt = TURE)) FOR 5 μs;

上述语句等待的是 3 个条件:
① 信号量 nmi 和 interrupt 任何一个有一次新的变化;
② 信号量 nmi 或 interrupt 任何一个取值为"真";
③ 该语句已等待 5 μs。

只要上述 3 个条件中第一和第二条同时满足或第三条满足,进程将再次启动,继续执行 WAIT 语句的后继语句。

应该注意的是,在多条件等待时,表达式的值至少应包含一个信号量的值,例如:

WAIT UNTIL(interrupt = TURE)OR (old_clk ='1');

如果该语句的 interrupt 和 old_clk 两个都是变量,而不是信号量,那么,即使两个变量的值有新的改变,该语句也不会对表达式进行评估和计算(事实上,在挂起的进程中变量的值是不可能改变的)。这样,该等待语句将变成无限的等待语句,包含该等待语句的进程就不能再启动。在多种等待条件中,只有信号量变化才能引起等待语句表达式的一次新的评价和计算。

5. 超时等待

往往存在这样一种情况,在设计的程序模块中,等待语句所等待的条件,在实际执行时不能保证一定会碰到。在这种情况下,等待语句通常要加一项超时等待项,以防止该等待语句进入无限期的等待状态。但是,如果采用这种方法,应作适当的处理,否则就会产生错误的行为,如【例 3-3】所示。

【例 3-3】

```
ARCHTECTURE wait_example Of wait_example IS
    SIGNAL sendA:STD_LOGIC: = '0';
    SIGNAL sendB:STD_LOGIC: = '0';
BEGIN
A:PROCESS
BEGIN
    WAIT UNTIL sendB = '1';
    sendA<= '1'AFTER 10ns;
    WAIT UNTIL sendB = '0';
    sendA<= '0'AFTER 10ns;
END PROCESS A;
B:PROCESS
BEGIN
    WAIT UNTIL sendA = '0';
    sendB<= '0'AFTER 10ns;
    WAIT UNTIL sendA = '1';
    sendB<= '1'AFTER 10ns;
END PROCESS B;
END wait_example;
```

在【例 3-3】中,一个构造体内包含两个进程。这两个进程通过两个信号量 sendA 和 sendB 进行通信。尽管该例子实际上并不作任何事情,但是它可以说明为什么等待语句会处于无限期的等待状态,也就是通常所说的"死锁"状态。

在仿真的最初阶段,所有的进程都将会执行一次。进程通常在仿真启动的执行点得到启动。在本例中进程 A 在仿真启动点启动,而在下述执行语句被挂起:

WAIT UNTIL sendB = '1';

此时,进程 B 同样在启动点被启动,而在执行到下述语句时被挂起:

WAIT UNTIL sendA = '0';

B进程启动以后不会停留在第一条等待语句 WAIT UNTIL sendA='0'。这是因为该构造体中信号 sendA 初值为'0'。它使 B 进程中的第一条等待语句,已满足了等待条件,可以继续执行后继的语句。此后 B 进程向下执行将'0'代入 sendB,而后停留在 B 进程的第二条等待语句上。这样,两个进程就处于相互等待状态,两个进程都不能继续执行。因为两个进程各自等待的条件都需要对方继续执行。如果在每一个等待语句中插入一个超时等待项,那么就可以允许进程继续执行,而不至于进入死锁状态。为了检测出进程在没有遇到等待条件而继续向下执行的情况,在等待语句后面可以加一条 ASSERT(断言)语句。加有超时等待项的例程如【例 3-4】所示。

【例 3-4】

```
ARCHITECTURE wait_timeout OF wait_example IS
    SIGNAL sendA,sendB:STD_LOGIC: ='0';
BEGIN
A:PROCESS
BEGIN
    WAIT UNTIL (sendB = '1') FOR 1 μs;
    ASSERT (sendB = '1')
    REPROT "sendB time out at '1'"
    SEVERITY ERROR;
    sendA<= '1'AFTER 10 ns;
    WAIT UNTIL (sendB = '0') FOR 1 μs;
    ASSERT (sendB = '0')
    REPROT "sendB timed out at '0'"
    SEVERITY ERROR;
    sendA<= '0'AFTER 10 ns;
END PROCESS A;
BPROCESS
BEGIN
    WAIT UNTIL (sendA = '0') FOR 1 μs;
    ASSERT (sendA = '0')
    REPROT "sendA timed out at '0'"
    SEVERITY ERROR;
    sendB<= '1'AFTER 10 ns;
    WAIT UNTIL (sendA = '1') FOR 1 μs;
    ASSERT (sendA = '1')
    REPROT "sendA timed out at '1'"
    SEVERITY ERROR;
    sendB<= '0'AFTER 10 ns;
END PROCESS B;
END wait_timeout;
```

在【例 3-4】中,每个等待语句的超时表达式用 1μs 说明。如果等待语句的等待时间超过了,进程将执行下一条 ASSERT 语句。ASSERT 语句判断条件为"假",就向操作人员提供错误信息输出,从而有助于操作人员了解在进程中发生了超时等待。

3.1.2 断言(ASSERT)语句

ASSERT语句主要用于程序仿真、调试中的人－机对话,可以给出一个文字串作为警告和错误信息。ASSERT语句的书写格式为:

ASSERT 条件 [REPORT 输出信息] [SEVERITY 级别];

当执行ASSERT语句时,就会对条件进行判别。如果条件为"真",则向下执行另一个语句;如果条件为"假",则输出错误信息和错误严重程度的级别。在REPORT后面跟的是设计者所写的文字串,通常是说明错误的原因,文字串应用双引号将它们括起来。SEVERITY后面跟的是错误严重程度的级别。在VHDL语言中错误严重程度分为4个级别:FAILURE,ERROR,WARNING和NOTE。

例如,在【例3-4】A进程中的第一个等待语句后面跟的ASSERT语句:

```
ASSERT (sendB = '1')
REPORT "sendB timed out at '1'"
SEVERITY ERROR;
```

该断言语句的条件是信号量sendB='1'。如果执行到该语句时,信号量sendB='0',说明条件不满足,就会输出REPORT后面的文字串。该文字串说明出现超时等待错误。SEVERITY后跟的错误级别告诉操作人员,其出错级别为ERROR。ASSERT语句为程序的仿真和调试带来了极大的方便。

3.1.3 信号赋值语句

信号赋值语句的情况在第3章中已有详述。这里只作归纳性的介绍。

信号赋值语句的书写格式为:

目的信号量<= 表达式;

该语句表明,将右边表达式的值赋予左边的目的信号量。右边的表达式可以是变量、信号、数值或字符。例如:

a<= b;

该语句表示将信号量b的当前值赋值给目的信号量a。需要再次指出的是,赋值语句的符号"<=",和关系操作的小于等于符"<="非常相似,要正确判别不同的操作关系,应注意上下文的含义和说明。另外,赋值符号两边内容的类型和位长度应该是一致的。

信号赋值语句可以带有延时条件,在VHDL中存在两种延时类型:惯性延时和传输延时。延时常用于行为描述方式中。

1. 惯性延时

在VHDL语言中,惯性延时是默认的,即在语句中如果不作特别说明,产生的延时一定是惯性延时。因为大多数器件在行为仿真时都会呈现这种惯性延时。

在惯性模型中,系统或器件输出信号要发生变化必须有一段时间的延时,这段延时时间常称为系统或器件的惯性或称惯性延时。惯性延时有一个最大的特点,只要一个系统或器件的输入信号变化周期小于系统或器件的惯性(或惯性延时)时,其输出将保持不变。如图3-1所示,有一个门电路,其惯性延时时间为 20 ns,当该门电路的输入信号 a 输入一个 10 ns 的脉冲信号时,其输出端 b 的输出仍维持低电平,没有发生变化。对于惯性延时等于 20 ns 的门电路,为使其实现正常的功能,输入信号的变化周期一定要大于 20 ns。

几乎所有器件都存在惯性延时,因此,电路的设计人员为了逼真地仿真硬件电路的实际工作情况,在信号代入语句中总要加上惯性延时时间的说明。例如:

b<= a AFTER 10 ns;

惯性延时说明只在行为仿真时有意义,逻辑综合时被忽略,或者在逻辑综合前必须去掉。

2. 传输延时

在 VHDL 语言中,传输延时不是默认的,必须在语句中明确说明。传输延时常用于描述总线的延时、连接线的延时及 ASIC 芯片中的路径延时。如果图 3-1 所示的门电路的惯性延时用传输延时替代,那么就可以得到图 3-2 所示的波形结果。从图 3-2 的波形可以看出,同样门电路,当有 10 ns 的脉冲波形输入时,经 20 ns 传输延时以后,在输出端就产生 10 ns 的脉冲波形。也就是说,输出端的信号除延时规定时间外,将完全复现输入端的输入波形,而不管输入波形的形状和宽窄如何。

具有传输延时的信号代入语句如下所示:

b<= TRANSPORT a AFTER 20 ns;

语句中"TRANSPORT"是专门用于说明传输延时的前置词。

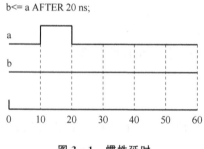
图 3-1 惯性延时

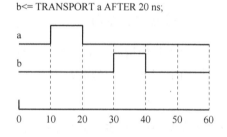
图 3-2 传输延时

3.1.4 变量赋值语句

变量赋值语句的书写格式为:

目的变量:= 表达式;

该语句表明,目的变量的值将由表达式所表达的新值替代,但是两者的类型必须相同。目的变量的类型、范围及初值在事先应已定义。右边的表达式可以是变量、信号或字符,该变量和一般高级语言中的变量是类似的。例如:

a:= 2;
b:= 3.0;
c:= d + e;

变量只在进程或子程序中使用,它无法传递到进程之外。因此,它类似于一般高级语言的局部变量,只在局部范围内有效。

3.1.5 IF 语句

IF 语句是根据所指定的条件来确定执行哪些语句,其书写格式通常可以分为 4 种类型:单条件控制 IF 语句、两条件控制 IF 语句、多条件 IF 语句和嵌套 IF 语句。

1. 单条件控制 IF 语句

单条件控制的 IF 语句的书写格式为:

```
IF  条件  THEN
   顺序处理语句;
END IF;
```

当程序执行到该 IF 语句时,就要判断 IF 语句所指定的条件是否成立。如果条件成立,则 IF 语句所包含的顺序处理语句将被执行;如果条件不成立,程序将跳过 IF 语句所包含的顺序处理语句,而向下执行 IF 语句后继的语句。这里的条件起到门闩的控制作用,如【例 3-5】所示。

【例 3-5】

```
IF (a = '1') THEN
     c<= b;
END IF;
```

该 IF 语句所描述的是一个门闩电路。a 是门闩控制信号量;b 是输入信号量;c 是输出信号量。当门闩控制信号量 a 为 1 时,输入信号量 b 的任何值的变化都将被赋予输出信号量 c。也就是说,c 与 b 是永远相等的。当 a≠1 时,c<=b 语句不被执行,c 将维持原始值,而不管信号量 b 的值发生什么变化。

这种描述经逻辑综合,实际上可以生成 D 触发器。【例 3-6】是 D 触发器的 VHDL 语言描述。

【例 3-6】

```
LIBRRY IEEE;
USE IEEE.STD_LOGIC_1164.ALL;
ENTITY dff IS
    PORT(clk,d:IN STD_LOGIC;
            q:OUT STD_LOGIC);
END dff;
ARCHITECTURE rtl OF dff IS
BEGIN
    PROCESS(clk)
    BEGIN
       IF(clk'EVENT AND clk = '1') THEN
           q<= d;
       END IF;
    END PROCESS;
END rtl;
```

在【例3-6】中IF语句的条件是时钟信号clk发生变化,且时钟信号clk='1'。只是在这个时候q端输出复现d端输入的信号值。当该条件不满足时,q端维持原来的输出值。

2. 两控制条件的IF语句

两控制条件的IF语句的书写格式为:

```
IF   条件   THEN
     顺序处理语句;
ELSE
     顺序处理语句;
END IF;
```

在这种格式的IF语句中,当IF语句所指定的条件满足时,将执行THEN和ELSE之间所界定的顺序处理语句。当IF语句所指定的条件不满足时,将执行ELSE和END IF之间所界定的顺序处理语句。也就是说,用条件来选择两条不同程序执行的路径。

这种描述的典型逻辑电路实例是二选一电路,例如【例3-7】所示。

【例3-7】

```
ARCHITECTURE rtl OF mux2 IS
BEGIN
    PROCESS(a,b,sel)
    BEGIN
        IF(sel = '1') THEN
            c<= a;
        ELSE
            c<= b;
        END IF;
    END PROCESS;
END rtl;
```

3. 多条件控制的IF语句

多条件控制的IF语句的书写格式为:

```
IF   条件   THEN
     顺序处理语句;
ELSIF 条件   THEN
     顺序处理语句;
ELSIF 条件   THEN
     顺序处理语句;
        ⋮
ELSE
     顺序处理语句;
END IF;
```

在这种多选择控制的IF语句中,设置了多个条件。当满足所设置的多个条件之一时,就执行该条件后跟的顺序处理语句。如果所有设置的条件都不满足,则执行ELSE和END IF之间的顺序处理语句,ELSE分支若不需要可以省略。

这种描述的典型逻辑电路实例是多选一电路。例如,四选一电路的描述如【例 3 - 8】所示。

【例 3 - 8】
```
LIBRRY IEEE;
USE IEEE.STD_LOGIC_1164.ALL;
ENTITY mux4 IS
PORT(input:IN STD_LOGIC_VECTOR(3 DOWNTO 0);
     sel:IN STD_LOGIC_VECTOR(1 DOWNTO 0);
     y:OUT STD_LOGIC);
END mux4;
ARCHITECTURE rtl OF mux4 IS
BEGIN
  PROCESS(input,sel)
  BEGIN
   IF(sel = "00") THEN
       y<= input(0);
   ELSIF(sel = "01") THEN
       y<= input(1);
   ELSIF(sel = "10") THEN
       y<= input(2);
   ELSIF(sel = "11") THEN
       y<= input(3);
   END IF;
  END PROCESS;
END rtl;
```

4. 嵌套的 IF 语句

前面讲述的 3 种 IF 语句中都可以嵌入其中任何一种 IF 语句,而且可以多层嵌套,形式比较灵活,嵌套的 IF 语句的书写格式为:

```
IF   条件    THEN
  IF   条件    THEN
     顺序处理语句;
       ⋮
  END IF;
   ⋮
END IF;
```

这种描述可以实现多级条件控制的逻辑电路描述。例如,一个 16 进制计数器的描述如【例 3 - 9】所示。

【例 3 - 9】
```
LIBRARY IEEE;
USE IEEE.STD_LOGIC_1164.ALL;
USE IEEE.STD_LOGIC_unsigned.ALL;
ENTITY counter IS
```

```
    PORT(clk:IN STD_LOGIC;
         y:IN STD_LOGIC_VECTOR(3 DOWNTO 0));
END counter;
ARCHITECTURE behav OF counter IS
    Signal cnt:std_logic_vector(3 doento 0);
BEGIN
Process(clk)
Begin
    if(clk'event and clk = '1') then
        if(cnt = "1111") then   cnt<= "0000";
        else
            cnt<= cnt + '1';
        End if;
    End if;
End process;
    Y<= cnt;
End rtl;
```

IF 语句不仅可以用于选择器的设计,而且还可以用于比较器、译码器、计数器等可以进行条件控制的逻辑电路设计。

需要注意的是,IF 语句的条件判断输出是布尔量,即是"真"(TRUE)或"假"(FALSE)。因此在 IF 语句的条件表达式中只能使用关系运算操作及逻辑运算操作的组合表达式。IF 语句的条件有优先级,第一个条件优先级最高。

3.1.6 CASE 语句

CASE 语句用来描述总线或编码、译码的行为,从许多不同语句的序列中选择其中之一执行。虽然 IF 语句也有类似的功能,但是 CASE 语句的可读性比 IF 语句要强得多,程序的阅读者很容易找出条件表达式和动作的对应关系。CASE 语句的书写格式如下所示:

```
CASE    表达式    IS
WHEN    条件表达式 1 => 顺序处理语句;
WHEN    条件表达式 2 => 顺序处理语句;
        ⋮
WHEN    条件表达式 n => 顺序处理语句;
END CASE;
```

当 CASE 和 IS 之间的表达式的取值满足指定的条件表达式值时,程序将执行其后边由符号=>所指向的顺序处理语句。

上述 CASE 语句中的条件表达式可以是一个值,或者是多个值的"或"关系;或者是一个取值范围;或者表示其他所有的默认值,对应表示形式如下 4 种所示:

```
WHEN 值=>顺序处理语句;
WHEN 值|值|值|…|值=>顺序处理语句;
WHEN 值 TO 值=>顺序处理语句;
WHEN OTHERS=>顺序处理语句;
```

当条件表达式取值为某一值时的 CASE 语句的使用实例如【例 3-10】所示。

【例 3-10】

```
LIBRRY IEEE;
USE IEEE.STD_LOGIC_1164.ALL;
ENTITY mux4 IS
  PORT(a,b,i0,i1,i2,i3:IN STD_LOGIC;
       q:OUT STD_LOGIC);
END mux4;
ARCHITECTURE mux4_behave OF mux4 IS
BEGIN
B:PROCESS(a,b,i0,i1,i1,i3)
  VARIABLE sel:INTEGER RANGE 0 TO 3;
BEGIN
    Sel:=0;
    IF(a='1') THEN
        Sel:=sel+1;
    END IF;
    IF(b='1') THEN
        Sel:=sel+2;
    END IF;
    CASE sel IS
       WHEN 0=>q<=i0;
       WHEN 1=>q<=i1;
       WHEN 2=>q<=i2;
       WHEN 3=>q<=i3;
    END CASE;
  END PROCESS;
END mux4_behave;
```

【例 3-10】表明,选择器的行为描述不仅可以使用 IF 语句,而且也可以使用 CASE 语句,但是它们两者还是有区别的。首先在 IF 语句中,先处理最起始的条件;如果不满足,再处理下一个条件。而在 CASE 语句中,没有值的顺序号,所有值是并行处理的。因此,在 WHEN 项中已用过的值,如果在后面 WHEN 项中再次使用,在语法上是错误的。也就是说,值不能重复使用。另外,应该将表达式的所有取值都一一列举出来,如果不列举出表达式的所有取值,在语法上也是错误的。

带有 WHEN OTHERS 项的三—八译码器的行为描述如【例 3-11】所示。

【例 3-11】

```
LIBRRY IEEE;
USE IEEE.STD_LOGIC_1164.ALL;
ENTITY decode_3to8 IS
  PORT(a,b,c,G1,G2A,G2B:IN STD_LOGIC;
       y:OUT STD_LOGIC_VECTOR(7 DOWNTO 0));
END decode_3to8;
```

```
ARCHITECTURE rtl OF decode_3to8 IS
    SIGNAL indata:STD_LOGIC_VECTOR(2 DOWNTO 0);
BEGIN
    Indata<= c&b&a;
    PROCESS(indata,G1,G2A,G2B)
    BEGIN
        IF(G1 = '1'AND G2A = '0'AND G2B = '0') THEN
            CASE indata IS
                WHEN "000" = >y<= "11111110";
                WHEN "001" = >y<= "11111101";
                WHEN "010" = >y<= "11111011";
                WHEN "011" = >y<= "11110111";
                WHEN "100" = >y<= "11101111";
                WHEN "101" = >y<= "11011111";
                WHEN "110" = >y<= "10111111";
                WHEN "111" = >y<= "01111111";
                WHEN OTHERS = >y<= "XXXXXXXX";
            END CASE;
        ELSE
            y<= "11111111";
        END IF;
    END PROCESS;
END rtl;
```

在【例 3-11】中，indata 是标准逻辑矢量型数据，除了取值为"0"和"1"之外，还有可能取值为"X"、"Z"和"U"。尽管这些取值在逻辑电路综合时没有用，但是，在 CASE 语句中却必须把所有可能的值都要描述出来，故在本例中应加一项 WHEN OTHERS 项，使得它包含了 y 输出的所有默认值。当 WHEN 后跟的值不同，但是输出相同时，则可以用"｜"符号来描述。例如，本例中 WHEN OTHERS 项也可以写成：

WHEN "UZX" ｜ "ZXU" ｜ "UUZ" ｜ … ｜ "UUU" = >y<= "XXXXXXXX";

所有"U"，"Z"，"X"三种状态的排列，表示了不同的取值。但是，所有这些排列，使三一八译码器的输出值是一致的。因此 WHEN 后面可以用 OTHERS 符号来列举所有可能的取值。

同样，当输入值在某一连续范围内，其对应的输出值是相同的，此时在用 CASE 语句时，在 WHEN 后面可以用"TO"来表示一个取值的范围。例如，对自然数取值范围为 1~9，则可表示为 WHEN 1 TO 9=>…。

应该再次提醒的是，WHEN 后面跟的"=>"符号不是关系运算操作符，它在这里仅仅描述值和对应执行语句的对应关系。

在进行组合逻辑电路设计时，往往会碰到任意项，即在实际正常工作时不可能出现的输入状态。在利用卡诺图对逻辑进行化简时，可以把这些项看作"1"或者"0"，从而可以使逻辑电路得到简化。

现在来看一下，怎样用 CASE 语句来描述这种逻辑设计时的任意项。

【例 3-11】描述的是一个三一八译码电路。将三一八译码电路的输入变为输出，输出变为输入,它就变为八－三编码电路,该电路的功能描述如【例 3－12】所示。

【例 3－12】

```
LIBRRY IEEE;
USE IEEE.STD_LOGIC_1164.ALL;
ENTITY encoder IS
  PORT(input:IN STD_LOGIC_VECTOR(7 DOWNTO 0);
       y:OUT STD_LOGIC_VECTOR(2 DOWNTO 0));
END encoder;
ARCHITECTURE rtl OF encoder IS
BEGIN
  PROCESS(input)
  BEGIN
    CASE input IS
        WHEN "11111110" = >y<= "000";
        WHEN "11111101" = >y<= "001";
        WHEN "11111011" = >y<= "010";
        WHEN "11110111" = >y<= "011";
        WHEN "11101111" = >y<= "100";
        WHEN "11011111" = >y<= "101";
        WHEN "10111111" = >y<= "110";
        WHEN "01111111" = >y<= "111";
        WHEN OTHERS = >y<= "XXX";
    END CASE;
  END PROCESS;
END rtl;
```

在【例 3-12】中的 WHEN OTHERS 语句和【例 3-10】中的 WHEN OTHERS 语句尽管最后都将使"X"值代入 y,但是其含义是不一样的。在【例 3-10】中,在正常情况下的所有的输入状态从 000～111 都在 CASE 语句的 OTHERS 之前罗列出来了。因此在逻辑综合时就不会有什么不利影响。而在【例 3-12】中输入的所有状态并未在 CASE 语句的 OTHERS 之前都罗列出来。例如,当某一输入同时出现两个以上"0"时,y 输出值就将变为"X"(可能是 0 或 1)。如果逻辑综合时,可以认为这些是不可能的输出项,那么就可以大大简化逻辑电路的设计。在仿真时如果出现了不确定的"X"值就可以检查是否出现了不正确的输入。

如果要想用 CASE 语句描述具有两个以上"0"的情况,并使它们针对某一特定的 y 输出,例如 OTHERS 改写为:

```
WHEN OTHERS = >y<= "111";
```

那么,在逻辑电路综合时,就会使电路的规模和复杂性大大增加。

在目前 VHDL 语言的标准中还没有能对输入任意项进行处理的方法。例如优先级编码器的真值如表 3-1 所列。其中,标有"－"符号的输入项为任意项。也就是说标有"－"的位,其值可以取"1"也可以取"0"。如果想用 CASE 语句来描述优先级编码电路就必须用到下述这样的语句:

```
WHEN "XXXXXXX0" = >y<= "111";
```

WHEN "XXXXXX01" =＞y＜= "110";

表 3-1 优先级编码器的真值表

输入								输出		
b7	b6	b5	b4	b3	b2	b1	b0	y2	y1	y0
—	—	—	—	—	—	—	0	1	1	1
—	—	—	—	—	—	0	1	1	1	0
—	—	—	—	—	0	1	1	1	0	1
—	—	—	—	0	1	1	1	1	0	0
—	—	—	0	1	1	1	1	0	1	1
—	—	0	1	1	1	1	1	0	1	0
—	0	1	1	1	1	1	1	0	0	1
—	1	1	1	1	1	1	1	0	0	0

显然,这样的描述语句在 VHDL 语言中还未制定出来,因此不能使用这种非法的语句。此时利用 IF 语句则能正确地描述优先级编码器的功能,如【例 3-13】所示。

【例 3-13】
```
LIBRRY IEEE;
USE IEEE.STD_LOGIC_1164.ALL;
ENTITY priorityencoder IS
      PORT(input:IN STD_LOGIC_VECTOR(7 DOWNTO 0);
           y:OUT STD_LOGIC_VECTOR(2 DOWNTO 0));
END priorityencoder;
ARCHITECTURE rtl OF priorityencoder IS
BEGIN
 PROCESS(input)
  BEGIN
      IF(input(0) = '0') THEN
           y＜= "111";
      ELSIF (input(1) = '0') THEN
           y＜= "110";
      ELSIF (input(2) = '0') THEN
           y＜= "101";
      ELSIF (input(3) = '0') THEN
           y＜= "100";
      ELSIF (input(4) = '0') THEN
           y＜= "011";
      ELSIF (input(5) = '0') THEN
           y＜= "010";
      ELSIF (input(6) = '0') THEN
           y＜= "001";
      ELSE
```

```
            y<= "000";
        END IF;
    END PROCESS;
END rtl;
```

在【例 3-13】中,IF 语句首先判别 input(0)是否为'0',然后再依顺序判别下去。如果该程序中首先判别 input(6)是否为'0',然后再判别 input(5)是否为'0',这样一直判别到 input(0)是否为'0',尽管每种情况所使用的条件是一样的,而且每种条件也只用到一次,但是其结果却是不一样的。【例 3-13】中所采用的判别顺序是正确的,它正确地反映了优先级编码器的功能;假如按 input(7)到 input(0)的顺序进行判别,它不能正确反映优先级编码器的功能,其原因请读者自己思考。

通常在 CASE 语句中,WHEN 语句可以颠倒次序而不至于发生错误,而在 IF 语句中,颠倒条件判别的次序往往会使综合的逻辑功能发生变化,这一点希望读者切记。

在大多数情况下,能用 CASE 语句描述的逻辑电路,同样也可以用 IF 语句来描述。例如,【例 3-8】用 IF 语句描述的四选一电路和【例 3-10】用 CASE 语句描述的四选一电路。

目前 IEEE 正在对任意项描述的 VHDL 语言标准进行深入探讨,相信在不久的将来,像优先级编码器那样的逻辑电路也完全可以用 CASE 语句进行描述。

3.1.7 LOOP 语句

LOOP 语句与其他高级语句中的循环语句一样,使程序能进行有规则的循环,循环的次数受迭代算法控制。在 VHDL 语言中它可以使所包含的一组顺序语句被循环执行,其执行次数可由设定的循环参数决定。

LOOP 语句包含两种格式:FOR—LOOP 语句和 WHILE—LOOP 语句。

1. FOR—LOOP 语句

这种 LOOP 语句的书写格式如下:

```
[标号]:FOR   循环变量   IN   离散范围   LOOP
        顺序处理语句;
END   LOOP [标号];
```

LOOP 语句中的循环变量值在每次循环中都将发生变化,而 IN 后跟的离散范围则表示循环变量在循环过程中一次取值的范围。例如:

```
ASUM:FOR i IN 1 TO 9 LOOP
    sum = i + sum; -- sum 初始值为 0
END LOOP ASUM;
```

在该例子中 i 是循环变量,它可取值 1,2,…,9 共 9 个值。也就是说,sum=i+sum 的算式应循环计算 9 次。该程序对 1~9 的数进行累加计算。

【例 3-14】是 8 位的奇偶校验电路的 VHDL 语言描述的实例。

【例 3-14】

```
LIBRRY IEEE;
USE IEEE.STD_LOGIC_1164.ALL;
```

```
ENTITY parity_check IS
    PORT(a:IN STD_LOGIC_VECTOR(7 DOWNTO 0);
         y:OUT STD_LOGIC);
END parity_check;
ARCHITECTURE rtl OF parity_check IS
BEGIN
  PROCESS(a)
     VARIABLE tmp:STD_LOGIC;
  BEGIN
     tmp: = '0';
     FOR i IN 0 TO 7 LOOP
        tmp: = tmp XOR a(i);
     END LOOP;
   y<= tmp;
  END PROCESS;
END rtl;
```

在【例 3-14】中有几点需要说明：tmp 是变量，它只能在进程内部说明，因为它是一个局部量。FOR—LOOP 语句中的 i 无论在信号说明和变量说明中都未涉及，它是一个循环变量，属于 LOOP 语句的局部变量，不需要定义。如前例所述，它是一个整数变量。信号和变量都不能代入到此循环变量中，循环变量递增是自动完成的。使用时应当注意，在 LOOP 语句范围内不要再使用其他与此循环变量同名的标识符。tmp 是变量，如果该变量值要从进程内部输出就必须将它代入信号量，信号量是全局的，可以将值带出进程。在【例 3-14】中 tmp 的值通过信号 y 带出进程。

在 FOR—LOOP 语句中，离散范围决定其中顺序语句被执行的次数，循环变量从离散范围的初值开始，每执行完一次顺序语句后递增 1，直到达到离散范围的最大值。

2. WHILE—LOOP 语句

该 LOOP 语句的书写格式如下：

```
[标号]:WHILE   条件   LOOP
        顺序处理语句；
END LOOP [标号];
```

在该 LOOP 语句中，如果条件为"真"，则进行循环；如果条件为"假"，则结束循环。例如：

```
  i: = 1;
  sum: = 0;
sbcd:WHILE(i<10) LOOP
    sum: = i + sum;
    i: = i + 1;
END LOOP sbcd;
```

该例和 FOR—LOOP 语句举例的行为是一样的，都是对 1～9 的数求累加和的运算。这里利用 i<10 的条件使程序结束循环，而循环控制变量 i 的递增是通过算式 i: = i+1 来实现的。

【例 3-14】的 8 位奇偶校验电路的行为如果用 WHILE 条件的 LOOP 语句来描述，即可写为如【例 3-15】所示的程序。

【例 3-15】

```
LIBRRY IEEE;
USE IEEE.STD_LOGIC_1164.ALL;
ENTITY parity_check IS
   PORT(a:IN STD_LOGIC_VECTOR(7 DOWNTO 0);
        y:OUT STD_LOGIC);
END parity_check;
ARCHITECTURE behav OF parity_check IS
BEGIN
   PROCESS(a)
     VARIABLE tmp:STD_LOGIC;
     VARIABLE i :integer range 0 to 7;
   BEGIN
     tmp: = '0';
     i: = 0;
     WHILE (i<8) LOOP
           tmp: = tmp XOR a(i);
           i: = i+1;
     END LOOP;
     y<= tmp;
   END PROCESS;
END rtl;
```

比较【例 3-14】和【例 3-15】，FOR—LOOP 和 WHILE—LOOP 语句可以互相替换，WHILE—LOOP 语句中必须对循环变量进行定义、初始化和递增循环变量的操作，而 FOR—LOOP 语句不需要。

FOR—LOOP 可以用来进行逻辑综合，因此，一般都不太采用 WHILE—LOOP 语句来进行描述。

3.1.8 NEXT 语句

在 LOOP 语句中 NEXT 语句用来有条件或无条件的跳出本次循环，其书写格式为：

NEXT［标号］［WHEN 条件］；

NEXT 语句执行时将停止本次迭代，而转入下一次新的迭代。NEXT 后跟的"标号"表明下一次迭代的起始位置，而"WHEN 条件"则表明 NEXT 语句执行的条件。如果 NEXT 语句后面既无"标号"也无"WHEN 条件"说明，那么只要执行到该语句就立即无条件地跳出本次循环，从 LOOP 语句的起始位置进入下一次循环，即进行下一次迭代，如【例 3-16】所示。

【例 3-16】

```
PROCESS(a,b)
    VARIABLE done:boolean;
    CONSTANT max_limit:INTEGER: = 255;
BEGIN
```

```
    FOR i IN 0 TO max_limit LOOP
      IF (done(i) = TURE) THEN
        NEXT;
         ELSE
            done(i):= TURE;
        END IF;
        q(i)<= a(i) AND b(i);
    END LOOP;
  END PROCESS;
```

当 LOOP 语句嵌套时,通常 NEXT 语句应标有"标号"和"WHEN 条件"。例如,有一个 LOOP 语句嵌套的程序如下所示:

```
L1:WHILE i<10 LOOP
  L2:WHILE j<20 LOOP
      ⋮
      NEXT L1 WHEN i = j;
      ⋮
    END LOOP L2;
  END LOOP L1;
```

在上例中,当 i=j 时,NEXT 语句被执行,程序将从内循环跳出,而再从下一次外循环开始执行。

由此可见,NEXT 语句实际上是用于 LOOP 语句的内部循环控制。

3.1.9 EXIT 语句

EXIT 语句也是 LOOP 语句中使用的循环控制语句,与 NEXT 语句不同的是,执行 EXIT 语句将结束循环状态,而从 LOOP 语句中跳出,结束 LOOP 语句的正常执行。EXIT 语句的书写格式为:

EXIT [标号] [WHEN 条件];

如果 EXIT 后面没有跟"标号"和"WHEN 条件",则程序执行到该语句时就无条件地从 LOOP 语句中跳出,结束循环状态,继续执行 LOOP 语句后继的语句,如【例 3-17】所示。

【例 3-17】

```
PROCESS(a)
 VARIABLE int_a:INTEGER;
BEGIN
 int_a:= a;
 FOR i IN 0 TO max_limit LOOP
   IF (int_a <= 0) THEN
        EXIT;
   ELSE
        nt_a:= int_a-1;
        q(i)<= 3.1416/REAL'(a*i);
   END IF;
```

```
    END LOOP;
    y<= q;
END PROCESS;
```

在该例中 int_a 通常代入大于 0 的正数值。如果 int_a 的取值为负值或零将出现错误状态,算式就不能计算。也就是说,int_a 小于或等于 0 时,IF 语句将返回"真"值,EXIT 语句得到执行,LOOP 语句执行结束,程序将向下执行 LOOP 语句后继的语句。

EXIT 语句具有 3 种基本的书写格式:

第一种书写格式是 EXIT 语句没有"循环标号"或"WHEN 条件"。当执行 EXIT 语句时,程序将按如下顺序执行:执行 EXIT,程序跳到当前所属的 LOOP 语句的终点,执行其后边的语句。如果 EXIT 语句位于一个内循环 LOOP 语句中,即该 LOOP 语句嵌在任何其他的一个 LOOP 语句中,那么执行 EXIT,程序仅仅退出内循环,而仍然留在外循环的 LOOP 语句中。

第二种书写格式是 EXIT 语句后跟 LOOP 语句的标号。此时,执行 EXIT 语句时,程序将跳至所说明标号的 LOOP 语句的终点,即完全跳出指定循环。

第三种书写格式是 EXIT 语句后跟"WHEN 条件"语句。当程序执行到该语句时,只有所说明的条件为"真"的情况下,才跳出循环的 LOOP 语句。此时,不管 EXIT 语句是否有标号说明,都将执行下一条语句。如果有标号说明,下一条要执行的语句将是标号所说明的语句后边的语句。如果无标号说明,下一条要执行的语句是循环外的下一条语句。

EXIT 语句是一条很有用的控制语句。当程序需要处理保护、出错和警告状态时,它能提供一个快捷、简便的方法。

3.1.10 过程调用语句

过程调用语句作为顺序描述语句要在进程语句内使用。如对 2.5 节中【例 2-24】定义的过程 vector_to_int 进行调用,具体如下所示:

```
PROCESS(Z)
    VARIABLE Z1,q1:INTEGER;
    VARIABLE flag:BOOLEAN;
BEGIN
    Z1:= Z;
    Vector_to_int(Z1,flag,q1);
    x_flag<= flag;
    q<= q1;
END PROCESS;
```

因为【例 2-24】中所有参数均为变量,对其调用时对应实参也应该是变量,所以在该进程中定义了三个变量 z1,q,flag 作为三个实参。若对【例 2-25】定义的过程 vector_to_int 调用,则不需定义变量,因为过程定义中已经定义所有参数均为信号。具体如下:

```
PROCESS(Z)
BEGIN
    Vector_to_int(Z,x_flag,q);
END PROCESS;
```

3.2 并发处理语句

在 VHDL 语言中能进行并发处理的语句有:进程(PROCESS)语句、并发信号赋值(concurrent signal assignment)语句、条件信号赋值(conditional signal assignment)语句、选择信号赋值(selective signal assignment)语句、并发过程调用(concurrent procedure call)语句、块(block)语句、元件例化语句和生成语句。由于硬件描述语言所描述的实际系统,许多操作是并发的,所以在对系统进行仿真时,这些系统的元件在定义的仿真时刻应该是并发工作的。并发语句就是用来表示这种并发行为的。并发描述可以是结构性的也可以是行为性的。并发语句中最关键的语句是进程。下面对各种并发处理语句进行介绍。

3.2.1 进程(PROCESS)语句

PROCESS 语句在前面众多实例中得到了广泛的使用。进程语句是一种并发处理语句,在一个构造体中多个 PROCESS 语句可以同时并发运行。因此,PROCESS 语句是 VHDL 语言中描述硬件系统并发行为的最基本的语句。

PROCESS 语句归纳起来有如下几个特点:

① 可以与其他进程并发运行,并可存取构造体或实体中所定义的信号;
② 进程结构中的所有语句都是按顺序执行的;
③ 为启动进程,在进程结构中必须包含一个显式的敏感信号量表或者包含一个 WAIT 语句;
④ 进程之间的通信是通过信号量传递来实现的;
⑤ 一个进程中只允许描述对应于一个时钟信号的同步时序逻辑,而多时钟同步逻辑必须有多个进程来描述。

后面要提到的一些并发语句,实质上是一种进程的缩写形式。

1. PROCESS 语句的结构

采用 PROCESS 语句描述的书写格式如下:

[进程名]:PROCESS[(敏感信号表)]
   BEGIN
    [顺序处理语句;]
END PROCESS;

进程名可有可无。PROCESS 语句从 PROCESS 开始至 END PROCESS 结束。使用 PROCESS 语句时,通常带有若干个信号量,放在敏感信号表中,用逗号隔开。这些信号量将在 PROCESS 语句中被使用,每一个信号量的变化都会启动该进程。若顺序语句中有 WAIT 语句,则敏感信号表要去掉。用 PROCESS 语句结构描述的程序如【例 3 – 18】所示。

【例 3 – 18】

```
ENTITY  mux IS
    PORT( d0,d1,sel: IN BIT;
          q: OUT BIT);
END mux;
```

```
ARCHITECTUER connect OF mux IS
BEGIN
    cale:PROCESS(d0,d1,sel)
        VARIABLE tmp1,tmp2,tmp3: BIT;
    BEGIN
        tmp1: = d0 AND sel;
        tmp2: = d1 AND (NOT sel);
        tmp3 = tmp1 OR tmp2;
        q<= tmp3;
    END PROCESS;
END connect;
```

程序中 tmp1,tmp2 和 tmp3 是变量,变量只在进程中定义,详细说明见第 2 章。

2. 进程(PROCESS)中语句的顺序性

在 VHDL 中,某一个功能独立的电路,在设计时也可以用一个 PROCESS 语句结构来描述。在系统仿真时,PROCESS 结构中的语句是按顺序一条一条向下执行的,但是若包含多条信号赋值语句,则这些语句在遇到 END PROCESS 或 WAIT 语句时同时赋值。

3. PROCESS 的启动

在 PROCESS 的语句中总是带有 1 个或几个敏感信号量。这些信号量是 PROCESS 的输入信号,在书写时跟在"PROCESS"后面的括号里。例如,PROCESS(d0,d1,sel),该语句中 d0,d1,sel 都是信号量,在 VHDL 语言中也称敏感量(或敏感信号)。这些信号无论哪一个发生变化(如由'0'变'1'或由'1'变'0')都将启动该 PROCESS 语句。一旦启动后,PROCESS 中的语句将从上到下逐句执行一遍。当最后一个语句执行完毕以后,就返回到开始的 PROCESS 语句,等待下一次变化的出现。这样,只要 PROCESS 中指定的信号变化一次,该 PROCESS 语句就会执行一遍。

3.2.2 并发信号赋值(Concurrent Signal Assignment)语句

在 3.1 节中已详述了信号赋值语句的功能和相关的问题。这里重提信号赋值语句,并且冠以"并发信号"的词句,主要是强调该语句的并发性。信号赋值语句可以在进程内部使用,此时它作为顺序语句形式出现;信号赋值语句也可以在构造体的进程之外使用,此时它作为并发语句形式出现。一个并发信号赋值语句实际上是一个进程的缩写。例如:

```
ARCHITECTURE behav OF a_var IS
BEGIN
  output<= a(i);
END behav;
```

可以等效于

```
ARCHITECTURE behav OF a_var IS
BEGIN
  PROCESS(a,i)
  BEGIN
    output<= a(i);
```

```
    END PROCESS;
    END behav;
```

由信号赋值语句的功能可以知道,当赋值符号"<="右边的信号值发生任何变化时,赋值操作就立即发生,新的值将赋予赋值符号左边的信号。从进程语句描述来看,在 PROCESS 语句的括号中列出了敏感信号量表,例中是 a 和 i。由 PROCESS 语句的功能可知,在仿真时进程一直在监视敏感信号量表中的敏感信号量 a 和 i。一旦任何一个敏感信号量发生新的变化,使其值有了一个新的改变,进程将得到启动,赋值语句将被执行,新的值将从 output 信号量输出。

由上面叙述可知,并发信号赋值语句和进程语句在这种情况下确实是等效的。

并发信号赋值语句在仿真时刻同时运行,它表征了各个独立器件的各自的独立操作。例如:

```
    a<= b + c;
    d<= e * f;
```

第一条语句描述了一个加法器的行为,而第二条语句描述了一个乘法器的行为。在实际硬件系统中,加法器和乘法器是独立并行工作的。第一条语句和第二条语句都是并发信号赋值语句,在仿真时刻,两个语句是并发处理的,从而真实地模拟了实际硬件系统中的加法器和乘法器的工作。

并发信号赋值语句可以仿真加法器、乘法器、除法器、比较器以及各种逻辑电路的输出。因此,在赋值符号"<="的右边可以用算术运算表达式,也可以用逻辑运算表达式,还可以用关系操作表达式来表示。

3.2.3 条件信号赋值(Conditional Signal Assignment)语句

条件信号赋值语句也是并发描述语句,它可以根据不同条件将不同的多个表达式之一的值赋值给目的信号量,其书写格式为:

```
目的信号量<= 表达式 1 WHEN 条件 1  ELSE
            表达式 2 WHEN 条件 2  ELSE
            表达式 3 WHEN 条件 3  ELSE
                ⋮         ⋮
            表达式 n-1    ELSE
            表达式 n;
```

在每个表达式后面都跟有用"WHEN"所指定的条件,如果满足该条件,则表达式值赋值给目的信号量;如果不满足条件,则再判别下一个表达式所指定的条件。最后一个表达式可以不跟条件。它表明,在上述表达式所指名的条件都不满足时,则将该表达式的值赋值给目的信号量。

【例 3-19】就是利用条件信号赋值语句来描述的四选一逻辑电路。

【例 3-19】

```
    LIBRARY IEEE;
    USE IEEE.STD_LOGIC_1164.ALL;
```

```
ENTITY mux4 IS
    PORT(a,b,i0,i1,i1,i3:IN STD_LOGIC;
         q:OUT STD_LOGIC);
END mux4;
ARCHITECTURE rtl OF mux4 IS
  SIGNAL sel:STD_LOGIC_VECTOR(1 DOWNTO 0);
BEGIN
    sel<= b&a;
    q<= i0 WHEN sel = "00"ELSE
        i1 WHEN sel = "01"ELSE
        i2 WHEN sel = "10"ELSE
        i3 WHEN sel = "11"ELSE
        'X';
END rtl;
```

条件信号赋值语句与前述的 IF 语句的不同之处在于,后者只能在进程内部使用(因为它们是顺序语句),而且与 IF 语句相比,条件信号赋值语句中的 ELSE 是一定要有的,而 IF 语句则可以有也可以没有。另外,与 IF 语句不同的是,条件信号赋值语句不能进行嵌套,因此,受制于没有自身值赋值的描述,不能生成锁存电路。用条件信号赋值语句所描述的电路,与逻辑电路的工作情况比较贴近,这样,往往要求设计者具有较多的硬件电路知识,从而使一般设计者难于掌握。一般来说,只有当用进程语句、IF 语句和 CASE 语句难于描述时,才使用条件信号赋值语句。

3.2.4 选择信号赋值(Selective Signal Assignment)语句

选择信号赋值语句类似于 CASE 语句,它对表达式进行测试,当表达式取值不同时,将使不同的值赋值给目的信号量。选择信号赋值语句的书写格式如下:

```
WITH  表达式  SELECT
    目的信号量<= 表达式1   WHEN   条件1,
              表达式2   WHEN   条件2,
                 ⋮
              表达式n   WHEN   条件n;
```

在每个表达式后面都跟有用"WHEN"所指定的条件,如果某个条件满足,则对应的表达式值赋值给目的信号量;所有条件的测试是同时进行的,所以它们没有优先级。

下面仍以四选一电路为例说明一下该语句的使用方法,具体如【例 3 - 20】所示。

【例 3 - 20】

```
LIBRARY IEEE;
USE IEEE.STD_LOGIC_1164.ALL;
ENTITY mux IS
    PORT(a,b,i0,i1,i1,i3:IN STD_LOGIC;
         q:OUT STD_LOGIC);
END mux;
ARCHITECTURE behav OF mux IS
```

```
        SIGNAL sel:INTEGER RANGE 0 TO 4;
BEGIN
    WITH sel SELECT
        q<= i0 WHEN 0,
            i1 WHEN 1,
            i2 WHEN 2,
            i3 WHEN 3,
            'X' WHEN OTHERS;
        sel<= 0 WHEN a = '0' AND b = '0' ELSE
              1 WHEN a = '1' AND b = '0' ELSE
              2 WHEN a = '0' AND b = '1' ELSE
              3 WHEN a = '1' AND b = '1' ELSE
              4;
    END behav;
```

例中的选择信号赋值语句,根据 sel 当前不同值来完成 i0,i1,i2,i3 及剩余情况的选择功能。选择信号赋值语句在进程外使用。当被选择信号(如 sel)发生变化时,该语句就会启动执行。由此可见,选择信号的并发赋值,可以在进程外实现 CASE 语句进程的功能。例如,四选一电路用 CASE 语句进程所描述的程序如【例 3 – 21】所示。

【例 3 – 21】

```
LIBRRY IEEE;
USE IEEE.STD_LOGIC_1164.ALL;
ENTITY mux4 IS
    PORT(input:IN STD_LOGIC_VECTOR(1 DOWNTO 0);
         i0,i1,i1,i3:IN STD_LOGIC;
         q:OUT STD_LOGIC);
END mux4;
ARCHITECTURE rtl OF mux4 IS
BEGIN
    PROCESS(input)
    begin
        CASE input IS
            WHEN "00" => q<= i0;
            WHEN "01" => q<= i1;
            WHEN "10" => q<= i2;
            WHEN "11" => q<= i3;
            WHEN OTHERS => q<= 'X';
        END CASE;
    END PROCESS;
END rtl;
```

对照【例 3 – 20】和【例 3 – 21】可以看到,两者功能是完全一样的,只是描述方法有所不同。

选择信号赋值语句与 CASE 语句类似,必须将表达式的所有取值全部列出,否则为语法错误。

3.2.5 并发过程调用(Concurrent Procedure Call)语句

并发过程调用语句可以出现在构造体中,而且是一种可以在进程之外执行的过程调用语句。有关过程的结构和写法在第2章中已详述,这里仅就调用时应注意的几个问题作一说明。

① 并发过程调用语句是一个完整的语句,在它的前面可以加标号;

② 并发过程调用语句应带有IN,OUT或者INOUT的参数,它们应列于过程名后边的括号内;

③ 并发过程调用可以有多个返回值,但这些返回值必须通过过程中所定义的输出参数带回。

在构造体中采用并发过程调用语句的实例如下所示:

```
ARCHITECTURE …
BEGIN
    vector_to_int(z,x_flag,q);
         ⋮
END…;
```

例中的 vector_to_int 并发过程调用是对2.5节【例2-25】定义的过程进行调用,其中 z, x_flag 和 q 均为信号。

注意:对于2.5节中【例2-24】定义的过程不能用并发过程调用语句调用。请思考为什么?

3.2.6 块(BLOCK)语句

BLOCK语句是一个并发语句,而它所包含的一系列语句也是并发语句,而且块语句中的并发语句的执行与次序无关。为便于BLOCK语句的使用,在这里详细介绍一下BLOCK语句的书写格式。BLOCK语句的书写格式一般为:

```
标号:BLOCK
    块头
    {说明语句};
BEGIN
    {并发处理语句};
END BLOCK 标号名;
```

在这里,块头主要用于信号的映射及参数的定义,通常通过GENERIC语句、GENERIC MAP语句以及PORT语句和PORT MAP语句来实现。

说明语句与构造体的说明语句相同,主要是对该块要用到的客体加以说明。可说明的项目有:

① USE 子句;

② 子程序说明以及子程序体;

③ 数据类型说明;

④ 常数说明;

⑤ 信号说明;

⑥ 元件说明。

BLOCK 语句常用于构造体的结构化描述。为了更好地了解 BLOCK 语句的使用方法，这里再举一实例。

如果想设计一个 CPU 芯片，为简化起见，假设这个 CPU 只由 ALU 模块和 REG8 模块组成。ALU 模块和 REG8 模块的行为分别由两个 BLOCK 语句来描述。每个模块相当于 CPU 原理图中的子原理图。在每个块内能够由局部信号、数据类型、常数等说明。任何一个客体可以在构造体中说明，也可以在块中说明，如【例 3-22】所示。

【例 3-22】

```
LIBRRY IEEE;
USE IEEE.STD_LOGIC_1164.ALL
PACKAGE BIT32 IS
    TYPE tw32 IS ARRAY(31 DOWNTO 0) of STD_LOGIC;
END BIT32;
LIBRRY IEEE;
USE IEEE.STD_LOGIC_1164.ALL;
USE WORK.BIT32.ALL;
ENTITY CPU IS
    PORT(clk,interrupt:IN STD_LOGIC;
         adder:OUT tw32;
         data:INOUT tw32);
END CPU;
ARCHITECTURE cpu_blk OF cpu IS
    SIGNAL ibus,dbus:tw32;
BEGIN
  ALU:BLOCK
      SIGNAL qbus:tw32;
  BEGIN
      -- ALU 行为描述语句
  END BLOCK ALU;
  REG8:BLOCK
      SIGNAL zbus:tw32;
  BEGIN
    REG1:BLOCK
      SIGNAL qbus:tw32;
    BEGIN
      -- REG1 行为描述语句
    END BLOCK REG1;
      -- 其他 REG 行为描述语句
  END BLOCK REG8;
END cpu_blk;
```

在【例 3-22】中，CPU 模块有 4 个端口用于外面的接口。其中 clk，interrupt 是输入端口；adder 是输出端口；data 是双向端口。在该例的构造体中的所有 BLOCK，对这些信号都是显示说明的，全都可以在 BLOCK 内使用。

信号 ibus 和 dbus 是构造体 cpu_blk 中的局部信号量,它只能在构造体 cpu_blk 中使用,在构造体 cpu_blk 外不能使用。只要在 cpu_blk 构造体内,无论在哪一个 BLOCK 块中这些信号量都是可以使用的。另外,由于 BLOCK 块是可以嵌套的,内层 BLOCK 块能够使用外层 BLOCK 块所说明的语句,而外层 BLOCK 块却不能使用内层 BLOCK 块中所说明的信号。

块是一个独立的子结构,它可以包含 PORT 和 GENERIC 语句。这样就可以通过这两条语句将块内的信号变化传递给块的外部信号,同样也可以将块外部的信号变化传递给块的内部,如【例 3-23】所示。

【例 3-23】

```
PACKAGE math IS
  TYPE tw 32 IS ARRAY(31 DOWNTO 0) of STD_LOGIC;
  FUNCTION tw_add(a,b:tw32)RETURN tw32;
  FUNCTION tw_sub(a,b:tw32)RETURN tw32;
END math;
LIBRRY IEEE;
USE IEEE.STD_LOGIC_1164.ALL;
USE WORK.math.ALL;
ENTITY CPU IS
  PORT(clk,interrupt:IN STD_LOGIC;
       add:OUT tw32;
       comt:IN INTEGER;
       data:INOUT tw32);
END CPU;
ARCHITECTURE cpu_blk OF cpu IS
    SIGNAL ibus,dbus:tw32;
BEGIN
  ALU:BLOCK
    PORT(abus,bbus:IN tw32;
         d_out:OUT tw32;
         ctbus:IN INTEGER);
    PORT MAP(abus=>ibus,bbus=>dbus,d_out=>data,ctbus=>comt);
    SIGNAL qbus:tw32;
  BEGIN
    D_out<= tw_add(abus,bbus)WHEN ctbus = 0 ELSE
            tw_sub(abus,bbus)WHEN ctbus = 1 ELSE
              abus;
  END BLOCK ALU;
END  cpu_blk;
```

从【例 3-23】可以看出,除了端口和端口映射语句之外,ALU 的说明语句和前面例子中所描述的是一样的。端口语句说明了端口号和方向,并且还说明了端口的数据类型。端口映射语句映射了带有信号的新端口,或者映射了 BLOCK 块外的端口。例如,端口 abus 被映射到 cpu_blk 构造体内说明的局部信号 ibus;端口 bbus 被映射到 dbus;端口 d_bus 和 ctbus 被映射到实体外部端口。

映射实现了端口和外部信号之间的连接，使连接端口的信号值发生变化，由原来的值变成一个新的值。如果这种变化发生在 ibus 上，则 ibus 上出现的新值，将被传送到 ALU 块内，使得 abus 端口得到新的值。当然，其他有映射关系的端口也应如此。

3.2.7　元件例化语句

元件例化就是引入一种连接关系，将预先设计好的设计实体定义为一个元件，然后利用特定的语句将此元件与当前的设计实体指定的端口或信号进行连接，从而为当前设计实体引入一个新的低一级的设计层次。在这里，当前设计实体相当于一个较大的电路系统，所定义的例化元件相当于一个要插在这个电路系统板上的芯片，而当前设计实体中指定的端口或信号则相当于准备接受此芯片的一个插座。元件例化是使 VHDL 设计实体构成自上而下层次化设计的一种重要途径。

在一个结构体中调用子程序，包括并行过程的调用非常类似于元件例化，因为通过调用，为当前系统增加了一个类似于元件的功能模块。但这种调用是在同一层次内进行的，并没有因此而增加新的电路层次，这类似于在原电路系统增加了一个电容或一个电阻。

元件例化是可以多层次的，在一个设计实体中被调用安插的元件本身也可以是一个低层次的当前设计实体，因而可以调用其他的元件，以便构成更低层次的电路模块。因此，元件例化就意味着在当前构造体内定义了一个新的设计层次，这个设计层次的总称称为元件，但它可以不同的形式出现。如上所说，这个元件可以是已设计好的一个 VHDL 设计实体，可以是来自 FPGA 元件库中的元件。它们可能是以别的硬件描述语言，如 Verilog 设计的实体。元件还可以是软的 IP 核，或者是 FPGA 中的嵌入式硬 IP 核。

元件例化由两部分组成，前一部分是将一个现成的设计实体定义为一个元件，第二部分则是此元件与当前设计实体中的连接说明，它们的语句格式如下：

```
COMPONENT 元件名 [IS]
  GENERIC(类属表);               ⎫
  PORT(端口名表);                ⎬ -- 元件定义语句
END COMPONENT [元件名];          ⎭

标号：元件名  GENERIC MAP [类属名=>] 连接端口名,…)  ⎫
              PORT MAP([端口名=>] 连接端口名,…);    ⎬ -- 元件例化语句
                                                   ⎭
```

以上两部分语句在元件例化中都是必须存在的。第一部分语句是元件定义语句（方括号中内容不是必需的），相当于对一个现成的设计实体进行封装，使其只留出对外的接口界面。就像一个集成芯片只留几个引脚在外一样，它的类属表可列出端口的数据类型和参数，端口名表可列出对外通信的各端口名，实际上，就是被调用元件实体说明部分说明的内容。元件例化的第二部分语句即为元件例化语句，其中的标号是必须存在的，类似于标在当前系统（电路板）中的一个插座名，而元件名则是准备在此插座上插入的、已定义好的元件名。元件例化语句包含两部分：类属参数映射 GENERIC MAP 和端口映射 PORT MAP。以上两部分中的元件名应和被调用元件的实体名一致。

1. 端口映射

端口映射中的端口名是在元件定义语句中的端口名表中已定义好的元件端口的名字，连

接端口名则是当前系统与准备接入的元件对应端口相连的通信端口,相当于端口上各插针的引脚名。元件的端口名与当前系统的连接端口名的接口表达有两种方式:名字关联方式和位置关联方式。

在名字关联方式下,例化元件的端口名和关联(连接)符号"=>"两者都是必须存在的。这时,端口名与连接端口名的对应式,在 PORT MAP 句中的位置可以是任意的。

在位置关联方式下,端口名和关联连接符号都可省去,在 PORT MAP 子句中,只要列出当前系统中的连接端口名就行了,但要求连接端口名的排列方式与所需例化的元件端口定义中的端口名位置一一对应。

以下是用元件例化语句完成的多个 D 触发器构成移位寄存器的例子。【例 3-24】首先完成一个 D 触发器的 VHDL 语言描述,然后用元件例化产生如图 3-3 所示的 4 位串行移位寄存器。图 3-3 电路的 VHDL 描述见【例 3-25】。

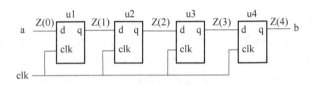

图 3-3　串行输入、串行输出的 4 位移位寄存器

【例 3-24】

```
LIBARY IEEE;
USE IEEE.STD_LOGIC_1164.ALL;
ENTITY dff IS
  PORT(d,clk:IN STD_LOGIC;
       q:OUT STD_LOGIC);
END dff;
ARCHITECTURE behav OF dff IS
BEGIN
    PROCESS(clk)
    BEGIN
        IF(clk'EVENT AND clk = '1') THEN
            q<= d;
        END IF;
    END PROCESS;
END behav;
```

【例 3-25】

```
LIBRRY IEEE;
USE IEEE.STD_LOGIC_1164.ALL;
ENTITY shift IS
  PORT(clk,a:IN STD_LOGIC;
       b:OUT STD_LOGIC);
END shift;
ARCHITECTURE rtl OF shift IS
```

```
COMPONENT dff is
 PORT(d,clk: IN STD_LOGIC;
     q: OUT STD_LOGIC);
END COMPONENT;
   SIGNAL z:STD_LOGIC_VECTOR(0 TO 4);
 BIGIN
 z(0)<= a;
 u1:dff PORT MAP(z(0),clk,z(1));
 u2:dff PORT MAP(z(1),clk,z(2));
 u3:dff PORT MAP(z(2),clk,z(3));
 u4:dff PORT MAP(z(3),clk,z(4));
 b<= z(4);
END rtl;
```

2. 类属参数映射

类属参数映射可用于设计从外部端口改变元件内部参数或结构规模的元件,或称类属元件,这些元件在例化中特别方便,在改变电路结构或元件升级方面显得尤为便捷。

类属参数映射与端口映射具有相似的功能和使用方法,它描述相应元件类属参数间的衔接和传递方式,类属参数映射方法同样有名称关联方式和位置关联方式两种。【例 3-26】和【例 3-27】是一个带有类属参数映射的典型的元件例化示例。

【例 3-26】描述了一个通过类属参数定义实现的通用计数器。【例 3-27】通过使用元件例化调用该通用计数器完成一个六十进制计数器的描述。六十进制计数器的电路如图 3-4 所示。

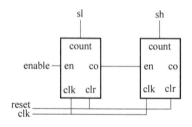

图 3-4　六十进制计数器电路图

【例 3-26】

```
LIBRARY IEEE;
USE IEEE.STD_LOGIC_1164.ALL;
USE IEEE.STD_LOGIC_UNSIGNED.ALL;
ENTITY counter IS
   GENERIC( count_value: INTEGER: = 9);
   PORT(clk,clr,en: IN STD_LOGIC;
       co: OUT STD_LOGIC;
       count: OUT INTEGER RANGE 0 TO count_value);
END counter;
ARCHITECTURE a OF counter IS
   SIGNAL cnt : INTEGER RANGE 0 TO count_value;
```

```
BEGIN
  PROCESS (clk,clr)
  BEGIN
      IF clr = '1' THEN
          cnt <= 0;
      ELSIF (clk'EVENT AND clk = '1') THEN
          IF en = '1' THEN
              IF cnt = count_value THEN
                  cnt <= 0;
              ELSE
                  cnt <= cnt + 1;
              END IF;
          END IF;
      END IF;
  END PROCESS;
  co <= '1' WHEN cnt = count_value ELSE '0';
  count <= cnt;
END a;
```

【例 3 – 27】

```
LIBRARY IEEE;
USE IEEE.STD_LOGIC_1164.ALL;
USE IEEE.STD_LOGIC_UNSIGNED.ALL;
ENTITY timer IS
 PORT (
      clk,reset,enable: IN STD_LOGIC;
      sh: OUT INTEGER RANGE 0 to 5;
      sl: OUT INTEGER RANGE 0 to 9
      );
END timer;
ARCHITECTURE stru OF timer IS
 SIGNAL sh_en: STD_LOGIC;
 COMPONENT counter IS
      GENERIC( count_value: INTEGER: = 9);
      PORT (clk,clr,en: IN STD_LOGIC;
           co: OUT STD_LOGIC;
           count: OUT INTEGER RANGE 0 TO count_value);
 END COMPONENT;
BEGIN
CNT1S:counter
      GENERIC MAP( count_value = > 9)
      PORT MAP(clk = >clk,clr = >reset,en = >enable,co = > sh_en,count = >sl);
CNT10S:counter
      GENERIC MAP ( count_value = > 5)
      PORT MAP (clk = >clk,clr = >reset,en = > sh_en, count = >sh);
END stru;
```

3.2.8 生成语句

生成语句可以简化为有规则设计结构的逻辑描述。生成语句有一种复制作用,在设计中,只要根据某些条件,设定好某一元件或设计单元,就可以利用生成语句复制一组完全相同的并行元件或设计单元电路结构。生成语句的语句格式有如下两种形式:

[标号:] FOR 循环变量 IN 取值范围 GENERATE
　　　并发处理语句;
END GENERATE [标号];

[标号:] IF 条件 GENERATE
　　　并发处理语句;
END GENERATE [标号];

这两种语句格式都是由如下三部分组成的:
① 生成方式:有 FOR 语句结构或 IF 语句结构,用于规定并行语句的复制方式。
② 并行语句:生成语句结构中的并行语句是用来"COPY"的基本单元,主要包括元件例化语句、进程语句、块语句、并行过程调用语句、并行信号赋值语句,甚至生成语句,这表示生成语句允许存在嵌套结构,因而可用于生成元件的多维阵列结构。
③ 标号:生成语句中的标号并不是必需的,但如果在嵌套式生成语句结构中就是十分重要的。

对于 FOR 语句结构,主要是用来描述设计中的一些有规律的单元结构,其生成参数及其取值范围的含义和运行方式与 LOOP 语句十分相似。但需注意,从软件运行的角度上看,FOR 语句格式中生成参数(循环变量)的递增方式具有顺序的性质,但最后生成的设计结构却是完全并行的,这就是为什么必须用并行语句来作为生成设计单元的缘故。

生成参数(循环变量)是自动产生的,它是一个局部变量,根据取值范围自动递增或递减。取值范围的语句格式与 LOOP 语句是相同的,有两种形式:

表达式 TO 表达式;　　--递增方式
表达式 DOWNTO 表达式;　　--递减方式

其中的表达式必须是整数。

利用 GENERATE 语句来描述图 3-3 所示 4 位移位寄存器的 VHDL 描述见【例 3-28】。

【例 3-28】

```
LIBRRY IEEE;
USE IEEE.STD_LOGIC_1164.ALL;
ENTITY shift IS
    PORT(clk,a:IN STD_LOGIC;
         b:OUT STD_LOGIC);
END shift;
ARCHITECTURE gen_shift OF shift IS
    COMPONENT dff  is
        PORT(d,clk: IN STD_LOGIC;
             q: OUT STD_LOGIC);
```

```
    END COMPONENT;
    SIGNAL z:STD_LOGIC_VECTOR(0 TO 4);
BIGIN
    z(0)<= a;
    g1:FOR i IN 0 TO 3 GENERATE
        dffx:dff PORT MAP(z(i),clk,z(i+1));
    END GENERATE;
    b<= z(4);
END gen_shift;
```

【例3-28】是4位移位寄存器的结构描述,端口 a 是移位寄存器的输入端,端口 b 为输出端,端口 clk 是时钟输入端。

在构造体 gen_shift 中有两条并发的信号赋值语句和一条 GENERATE 语句。信号赋值语句将内部信号 z、输入端口 a、输出端口 b 三者连接起来。GENERATE 语句产生了4个D触发器元件。

在 FOR-GENERATE 语句中,FOR 的作用和一般顺序语句中的 FOR-LOOP 相像,变量 i 不需要事先定义,i 在 GENERATE 语句外部是不可见的,而且在 GENERATE 语句内部也是不能赋值的。

从【例3-28】和【例3-25】比较可以看出,两者的区别仅仅在于,前者用一条 FOR-GENERATE 语句替代了后者的4条 PORT MAP 语句,使程序更加简练了,而且改变 i 的取值范围可以描述任意长度的移位寄存器。

由【例3-28】可以发现,在移位寄存器输入端和输出端的信号连接无法用 FOR-GENERATE 语句来实现,只能用两条信号赋值语句来完成。也就是说,FOR-GENERATE 语句只能处理规则的构造体。但是在大多数情况下,电路的两端总是具有不规则性,无法用同一种结构表示。为解决这种不规则电路的同一描述方法,就可以采用 IF-GENERATE 语句。下面仍以任意长移位寄存器描述模块为例来加以说明。假设移位寄存器的输入信号为 a,输出信号为 b,时钟信号为 clk,共有 len 位,那么该移位寄存器描述的模块如【例3-29】所示。

【例3-29】

```
LIBRRY IEEE;
USE IEEE.STD_LOGIC_1164.ALL;
ENTITY shift IS
    GENERIC(len:INTEGER);
    PORT(clk,a:IN STD_LOGIC;
         b:OUT STD_LOGIC);
END shift;
ARCHITECTURE IF_shift OF shift IS
    COMPONENT dff is
        PORT(d,clk: IN STD_LOGIC;
             q: OUT STD_LOGIC);
    END COMPONENT;
    SIGNAL z:STD_LOGIC_VECTOR(0 TO (len-1));
BIGIN
```

```
    g1:FOR I IN 0 TO (len-1) GENERATE
        IF i = 0 GENERATE
            Dff1: dff PORT MAP(a,clk,z(i+1));
        END GENERATE;
        IF i = (len-1) GENERATE
            dffx: dff PORT MAP(z(i),clk,b);
        END GENERATE;
        IF((i/=0)AND(i/=(len-1))) GENERATE
            dffn: dff PORT MAP(z(i),clk,z(i+1));
        END GENERATE;
    END GENERATE;
END if_shift;
```

在【例 3-29】中使用了一个可配置长度的移位寄存器。len 是移位寄存器的长度,也是信号数组 z 的长度,它由 GENERIC 语句事先说明。

在 FOR-GENERATE 语句结构中,IF-GENERATE 语句首先检查 i=0,或者 i=len-1。也就是说,所产生的 D 触发器是移位寄存器最前面一级还是最后面一级。因为在程序中都用 PORT MAP 语句来生成 D 触发器。如果是第一级,那么 PORT MAP 语句中的输入信号用信号 a 代入;而如果最后一级,那么 PORT MAP 语句的输出信号应用 b 来取代。这样引入条件语句后,用 PORT MAP 语句就可以生成任意长度的移位寄存器。

3.3 其他语句和说明

3.3.1 属性(ATTRIBUTE)描述与定义语句

VHDL 中预定义属性描述语句有许多实际的应用,可用于对信号或其他项目的多种属性检测或统计。VHDL 中可以具有属性的项目如下:

① 类型、子类型;
② 过程、函数;
③ 信号、变量、常量;
④ 实体、结构体、配置、程序包;
⑤ 元件;
⑥ 语句标号。

属性是以上各类项目的特性,某一项目的特定属性或特征通常可以用一个值或一个表达式来表示,通过 VHDL 的预定义属性描述语句就可以加以访问。

属性的值与数据对象(信号、变量和常量)的值完全不同,在任一给定的时刻,一个数据对象只能具有一个值,但却可以具有多个属性。VHDL 还允许设计者自己定义属性(即用户定义的属性)。

表 3-2 是常用的预定义属性。其中综合器支持的属性有:LEFT、RIGHT、HIGH、LOW、RANGE、REVERS_RANGE、LENGTH、EVENT、STABLE。

预定义属性描述语句实际上是一个内部预定义函数,其语句格式是:

属性测试项目名'属性标识符

属性测试项目即属性对象,可由相应的标识符表示,属性标识符就是列于表 3-2 中的有关属性名。以下仅就可综合的属性项目使用方法作一说明。

表 3-2 预定义的属性函数功能表

属性名	功能与函数	适用范围
LEFT [(n)]	返回类型或者子类型的左边界,用于数组时,n 表示二维数组行序号	类型、子类型
RIGHT [(n)]	返回类型或者子类型的右边界,用于数组时,n 表示二维数组行序号	类型、子类型
HIGH [(n)]	返回类型或者子类型的上限值,用于数组时,n 表示二维数组行序号	类型、子类型
LOW [(n)]	返回类型或者子类型的下限值,用于数组时,n 表示二维数组行序号	类型、子类型
LENGTH [(n)]	返回数组范围的总长度(范围个数),用于数组时,n 表示二维数组行序号	数组
STRUCTURE [(n)]	如果块或结构体只含元件具体装配语句或被动进程时,属性'STRUCTURE 返回 TRUE	块、构造
BEHAVIOR	如果由块标志指定块或者由构造名指定结构体,又不含有元件具体装配语句,则'BEHAVIOR 返回 TRUE	块、构造
POS(value)	参数 VALUE 的位置序号	枚举类型
VAL(value)	参数 VALUE 的位置值	枚举类型
SUCC(value)	比 VALUE 的位置序号大的一个相邻位置值	枚举类型
PRED(value)	比 VALUE 的位置序号小的一个相邻位置值	枚举类型
LEFTOF(value)	在 VALUE 左边位置的相邻值	枚举类型
RIGHTOF(value)	在 VALUE 右边位置的相邻值	枚举类型
EVENT	如果当前的 δ 期间内发生了事件,则返回 TRUE,否则返回 FALSE	信号
ACTIVE	如果当前的 δ 期间内信号有效,则返回 TRUE,否则 FALSE	信号
LAST_EVENT	从信号最近一次的发生事件至今所经历的时间	信号
LAST_VALUE	最近一次事件发生之前信号的值	信号
LAST_ACTIVE	返回自信号前面一次事件处理至今所经历的时间	信号
DELAYED [(time)]	建立和参考信号同类型的信号,该信号紧跟着参考信号之后,并有一个可选的时间表达式指定延迟时间	信号
STABLE [(time)]	每当在可选的时间表达式指定的时间内信号无事件时,该属性建立一个值为 TRUE 的布尔型信号	信号
QUIET [(time)]	每当参考信号在可选的时间内无信号处理时,该属性建立一个值为 TRUE 的布尔型信号	信号
TRANSACTION	在此信号上有事件发生,或每个事项处理中,它的值翻转时,该属性建立一个 BIT 型的信号(每次信号有效时,重复返回 0 和 1 的值)	信号
RANGE [(n)]	返回按指定排序范围,参数 n 指定二维数组的第 n 行	数组
REVERSE_RANGE [(n)]	返回按指定逆序范围,参数 n 指定二维数组的第 n 行	数组

注:① LEFT、RIGHT、LENGTH 和 LOW 用来得到类型或者数组的边界。
② POS、VAL、SUCC、LEFTOF 和 RIGHTOF 用来管理枚举类型。
③ ACTIVE、EVENT、LAST_ACTIVE、LAST_EVENT 和 LAST_VALUE 当事件发生时用来返回有关信息。
④ DELAYED、STABLE、QUIET 和 TRANSACTION 建立一个新信号,该新信号为有关的另一个信号返回信息。
⑤ RANGE 和 REVERSE_RANGE 在该类型恰当的范围内用来控制语句。

1. 信号类属性

信号类属性中,最常用的当属 EVENT。例如,短语"clock'EVENT"就是对以 clock 为标识符的信号,在当前的一个极小的时间段 δ 内发生事件的情况进行检测。所谓发生事件,就是电平发生变化,从一种电平方式转变到另一种电平方式。如果在此时间段内,clock 由 0 变成 1,或由 1 变成 0,都认为发生了事件,于是这句测试事件发生与否的表达式将向测试语句(如 IF 语句)返回一个 BOOLEAN 值 TRUE,否则为 FALSE。

如果将以上短语"clock'EVENT"改成语句:

clock'EVENT AND clock = '1'

则表示对 clock 信号上升沿的测试。即一旦测试到 clock 有一个上升沿时,此表达式将返回一个布尔值 TRUE。当然,这种测试是在过去的一个极小的时间段 δ 内进行的,之后又测得 clock 为 1,从而满足此语句所列条件"clock = '1'",因而也返回 TRUE,两个"TRUE"相与后仍为 TRUE。由此便可以从当前的"clock = '1'"推断,在此前的 δ 时间段内,clock 必为 0。因此,以上的表达式可以用来对信号 clock 的上升沿进行检测。【例 3 - 30】是此表达式的实际应用。

【例 3 - 30】

```
PROCESS(clock)
   IF(clock'EVENT AND clock = '1')THEN
       Q< = DATA;
   END IF;
END PROCESS;
```

【例 3 - 30】的进程即为对上升沿触发器的 VHDL 描述。进程中 IF 语句内的条件表达式即可为此触发器时钟输入端信号的上升沿进行测试,上升沿一旦到来,表达式在返回 TRUE 后,立即执行赋值语句 Q<=DATA,并保持此值于 Q 端,直至下一次时钟上升沿的到来。同理,以下表达式表示对信号 clock 下降沿的测试:

(clock'EVENT AND clock = '0')

属性 STABLE 的测试功能恰与 EVENT 相反,它是信号在 δ 时间段内无事件发生,则返还 TRUE 值。以下两语句的功能是一样的:

(NOT clock'STABLE AND clock = '1')
(clock'EVENT AND clock = '1')

请注意,语句"(NOT clock'STABLE AND clock = '1')"的表达式是不可综合的。因为,对于 VHDL 综合器来说,括号中的语句已等效于一条时钟信号边沿测试专用语句,它已不是普通的操作数,所以不能以操作数方式来对待。

另外还应注意,对于普通的 BIT 数据类型的 clock,它只有 1 和 0 两种取值,因而语句 clock'EVENT AND(clock = '1')的表述作为对信号上升沿到来与否的测试是正确的。但如果 clock 的数据类型已定义为 STD_LOGIC,则其可能的值有 9 种。这样一来,就不能从 (clock = '1')= TRUE 来简单地推断 δ 时刻前 clock 一定是 '0'。因此,对于这种数据类型的时钟信号边沿检测,可用以下表达式来完成:

```
RISING_EDGE(clock)
```

RISING_EDGE()是 VHDL 在 IEEE 库中标准程序包内的预定义函数,这条语句只能用于标准位数据类型的信号,其用法如下:

```
IF RISING_EDGE(clock)THEN
```

或

```
WAIT UNTIL RISING_EDGE(clock)
```

在实际使用中,'EVENT 比'STABLE 更常用。对于目前常用的 VHDL 综合器来说,'EVENT 只能用于 IF 和 WAIT 语句中。

2. 数据区间类属性

数据区间类属性有'RANGE[(n)]和'REVERSE_RANGE[(n)]。这类属性函数主要是对属性项目取值区间进行测试,返还的内容不是一个具体值,而是一个区间,它们的含义如表 3-2 所列。对于同一属性项目,'RANGE 和'REVERSE_RANGE 返回的区间次序相反,前者与原项目次序相同,后者相反,见【例 3-31】。

【例 3-31】

```
...
SIGNAL range1:STD_LOGIC_VECTOR(0 TO 7);
   ...
FOR i IN range1'RANGE LOOP
   ...
```

程序【例 3-31】中的 FOR_LOOP 语句与语句"FOR i IN 0 TO 7 LOOP"的功能是一样的,这说明 range1'RANGE 返回的区间即为位矢量 range1 定义的元素范围。如果用'REVERSE_RANGE,则返回的区间正好相反,是(7 DOWNTO 0)。

3. 数值类属性

在 VHDL 中的数值类属性测试函数主要有'LEFT、'RIGHT、'HIGH、'LOW,它们的功能如表 3-2 所列。这些属性函数主要用于对属性测试目标的一些数值特性进行测试。如:

【例 3-32】

```
...
PROCESS(clock,a,b)
   TYPE obj IS ARRAY (0 TO 15)OF BIT;
   SIGNAL ele1,ele2,ele3,ele4:INTEGER;
BEGIN
   ele1<=obj'RIGHT;
   ele2<=obj'LEFT;
   ele3<=obj'HIGH;
   ele4<=obj'LOW;
   ...
```

信号 ele1、ele2、ele3 和 ele4 获得的赋值分别是 15、0、0 和 15。

【例 3-33】描述的是一个奇偶校验判别信号发生器,程序利用了属性函数'LOW 和

'HIGH,其综合后的电路如图 3-5 所示。

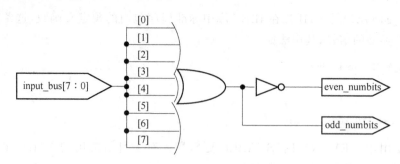

图 3-5 奇偶校验判别信号发生器

【例 3-33】
```
LIBRARY IEEE;
USE IEEE.STD_LOGIC_1164.ALL;
ENTITY parity IS
    GENERIC(bus_size :INTEGER : = 8);
    PORT(input_bus :IN STD_LOGIC_VECTOR(bus_size - 1 DOWNTO 0);
        even_numbits,odd_numbits :OUT STD_LOGIC);
END parity;
ARCHITECTURE behave OF parity IS
BEGIN
    PROCESS(input_bus)
        VARIABLE temp:STD_LOGIC;
    BEGIN
        temp : = '0';
        FOR i IN input_bus'LOW TO input_bus'HIGH LOOP
            temp : = temp XOR input_bus(i);
        END LOOP;
        odd_numbits< = temp;
        even_numbits< = NOT temp;
    END PROCESS;
END behave;
```

4. 数组属性 'LENGTH

此函数的用法同前,只是对数组的宽度或元素的个数进行测定。例如:

【例 3-34】
```
    …
TYPE arry1 ARRAY(0 TO 7)OF BIT;
VARIABLE wth:INTEGER;
    …
wth1: = arry1'LENGTH ; -- wth1 = 8;
    …
```

5. 用户定义属性

属性与属性值的定义格式如下:

ATTRIBUTE 属性名:数据类型;
ATTRIBUTE 属性名 OF 对象名:对象类型 IS 值;

VHDL 综合器和仿真器通常使用自定义的属性实现一些特殊的功能,由综合器和仿真器支持的一些特殊的属性一般都包含在 EDA 工具厂商的程序包里,例如 Synplify 综合器支持的特殊属性都在 synplify.attributes 程序包中,使用前加入以下语句即可:

LIBRARY synplify;
USE synplify.attributes.all;

又如在 DATA I/O 公司的 VHDL 综合器中,可以使用属性 pinnum 为端口锁定芯片引脚。例如:

【例 3-35】

```
LIBRARY IEEE;
USE IEEE.STD_LOGIC_1164.ALL;
ENTITY cntbuf IS
    PORT(Dir:IN STD_LOGIC;
        Clk,Clr,OE:IN STD_LOGIC;
        A,B:INOUT STD_LOGIC_VECTOR(0 TO 1);
        Q:INOUT STD_LOGIC_VECTOR(3 DOWNTO 0));
    ATTRIBUTE PINNUM:STRING;
    ATTRIBUTE PINNUM OF Clk:signal is "1";
    ATTRIBUTE PINNUM OF Clr:signal is "2";
    ATTRIBUTE PINNUM OF Dir:signal is "3";
    ATTRIBUTE PINNUM OF OE:signal is "11";
    ATTRIBUTE PINNUM OF A:signal is "13,12";
    ATTRIBUTE PINNUM OF B:signal is "19,18";
    ATTRIBUTE PINNUM OF Q:signal is "17,16,15,14";
END cntbuf;
```

Synopsys FPGA Express 中也在 synopsys.attributes 程序包中定义了一些属性,用以辅助综合器完成一些特殊功能。

定义一些 VHDL 综合器和仿真器所不支持的属性通常是没有意义的。

3.3.2 文本文件操作

文件操作的概念来自于计算机编程语言。这里所谓的文件操作只能用于 VHDL 仿真器中,因为在 IC 中,并不存在磁盘和文件,所以 VHDL 综合器忽略程序中所有与文件操作有关的部分。

在完成较大的 VHDL 程序的仿真时,由于输入信号很多,输入数据复杂,这时可以采用文件操作的方式设置输入信号,将仿真时输入信号所需要的数据用文本编辑器写到一个磁盘文件中,然后在 VHDL 程序的仿真驱动信号生成模块中调用 STD.TEXTIO 程序包中的子程序,读取文件中的数据,经过处理后或直接驱动输入信号端。

仿真的结果或中间数据也可以用 STD.TEXTIO 程序包中提供的子程序保存在文本文件中,这对复杂的 VHDL 设计仿真尤为重要。

VHDL 仿真器 Modelsim 支持许多文件操作子程序,附带的 STD.TEXTIO 程序包源程序是很好的参考文件。

文本文件操作用到的一些预定义的数据类型及常量定义如下:

```
type LINE is access string;
type TEXT is file of string;
type SIDE is(right,left);
subtype WIDTH is natural;

file input:TEXT open read_mode is "STD_INPUT";
file output:TEXT open write_mode is "STD_OUTPUT";
```

STD.TEXTIO 程序包中主要有 4 个过程用于文件操作,即 READ、READLINE、WRITE、WRITELINE。因为这些子程序都被多次重载以适应各种情况,实用中请参考 VHDL 仿真器给出的 STD.TEXTIO 源程序获取更详细的信息。

以下是一个文件操作的示例:

【例 3 - 36】

```
    ...
component counter8
    port (
        CLK:IN STD_LOGIC;
        RESET:IN STD_LOGIC;
        CE,LOAD,DIR:IN STD_LOGIC;
        DIN:in INTEGER range 0 to 255;
        COUNT:out INTEGER range 0 to 255
        );
end component;
    ...
file RESULTS:TEXT open WRITE_MODE is "results.txt";
    ...
procedure WRITE_RESULTS (
                    CLK    :STD_LOGIC;
                    RESET  :STD_LOGIC;
                    CE     :STD_LOGIC;
                    LOAD   :STD_LOGIC;
                    DIR    :STD_LOGIC;
                    DIN    :INTEGER;
                    COUNT  :INTEGER;
                    )is
    variable V_OUT:LINE;
begin
--写入时间
    write(V_OUT,now,right,16,ps);
--写入输入值
    write(V_OUT,CLK,right,2);
```

```
        write(V_OUT,RESET,right,2);
        write(V_OUT,CE,right,2);
        write(V_OUT,LOAD,right,2);
        write(V_OUT,DIR,right,2);
        write(V_OUT,DIN,right,257);
--写入输出值
        write(V_OUT,COUNT,right,257);
        writeline(RESULTS,V_OUT);
END WRITE_RESULTS;
    ...
```

这个例子是一个 8 位计数器 VHDL 测试基准模块的一部分,其中定义的过程 WRITE_RESULTS 是用来将测试过程中的信号、变量的值写入到文件 results.txt 中,以便于分析。

习　题

3-1 什么是顺序描述语句,什么是并发描述语句,它们各自有何特点?

3-2 WAIT 语句有几种书写格式? 哪一种格式可以进行逻辑综合?

3-3 若在进程中加入 WAIT 语句,应注意哪几个方面的问题?

3-4 在 CASE 语句中,在什么情况下可以不要 When others 语句? 在什么情况下一定要 When others 语句?

3-5 CASE 语句和 if 语句有什么不同? 它们在什么情况下可以互相替换?

3-6 Loop 语句应用于什么场合? 有几种方式? 循环变量怎样取值? 是否需要事先在程序中定义?

3-7 Loop 语句的循环控制如何实现?

3-8 比较 CASE 语句与选择信号赋值语句,IF 语句和条件信号赋值语句,选择信号赋值语句与条件信号赋值语句,说明其异同点。

3-9 分别用 CASE 语句和 IF 语句设计 3—8 译码器。

3-10 选择合适的顺序描述语句改写所给如下构造体。

```
ARCHITECTURE aa OF encoder IS
BEGIN
    With A select
    y<= "00" WHEN "0001",
        "01" WHEN "0010",
        "10" WHEN "0100",
        "11" WHEN "1000",
        "ZZ" WHEN OTHERS;
END aa;
```

3-11 选择合适的并发描述语句改写所给如下构造体。

```
architecture rtl of encoder is
begin
```

```
process(P)
begin
    if (P(0) = '1') then y<= "00";
    elsif (P(1) = '1') then y<= "01";
    elsif (P(2) = '1') then y<= "10";
    elsif (P(3) = '1') then y<= "11";
    else y<= "ZZ";
    end if;
end process;
end rtl;
```

3-12 试用选择信号赋值语句描述 4 个 16 位输入、1 个 16 位输出的 4 选 1 多路选择器。

3-13 元件例化使用哪些语句？一般用于哪种方式的结构体描述？它们在构造体说明中的位置？

3-14 元件说明语句和元件设计实体的 VHDL 描述的对应关系是什么？元件例化语句包含哪些映射？如何实现它们的映射？

3-15 采用结构的描述方法，试用十进制计数器构成一个一百进制同步计数器。

第 4 章　VHDL 语言描述的典型电路设计

在前面几章中,对 VHDL 语言的语句、语法及利用 VHDL 语言设计逻辑电路的基本方法作了详细介绍。为了使读者能深入理解和使用 VHDL 语言设计数字逻辑电路的具体步骤和方法,本章将以常用的基本逻辑电路和典型接口电路设计为例,再次对其进行详细介绍,以使读者初步掌握用 VHDL 语言描述基本逻辑电路的方法。

4.1　组合逻辑电路设计

在本节所要叙述的组合逻辑电路有编码器、选择器、译码器、三态门等。下面逐一对它们进行介绍。

4.1.1　编码器、译码器与选择器

编码器、译码器和选择器是组合电路中较简单的 3 种通用电路。它们可以由简单的门电路组合连接而构成。例如,如图 4-1 所示,它是一个 3—8 译码器引脚图(74LS138)。由有关手册可知,该译码器由 8 个 3 输入"与非"门、4 个反相器和一个 3 输入"或非"门构成。如果事先不作说明,只给出电路,让读者来判断该电路的功能,那么毋庸置疑,要读懂该电路就要花较多的时间。如果采用 VHDL 语言,从行为、功能来对 3—8 译码器进行描述,不仅逻辑设计变得非常容易,而且阅读也会很方便。

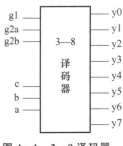

图 4-1　3—8 译码器引脚号图

1. 3—8 译码器

3—8 译码器是最常用的一种小规模集成电路,它有 3 个二进制输入端 a、b、c 和 8 个译码输出端 y0～y7。对输入 a、b、c 的值进行译码,就可以确定输出端 y0～y7 的哪一个输出端变为有效(低电平),从而达到译码的目的。

3—8 译码器的真值如表 4-1 所列。该 3—8 译码器还有 3 个选通输入端 g1、g2a 和 g2b。只有在 g1='1',g2a='0',g2b='0'时,3—8 译码器才能正常译码,否则 y0～y7 输出将均为高电平。

用 VHDL 语句描述 3—8 译码器如【例 4-1】所列。

表 4-1　3—8 译码器的真值

选通输入			二进制输入端			译码输出端							
g1	g2a	g2b	c	b	a	y0	y1	y2	y3	y4	y5	y6	y7
X	1	X	X	X	X	1	1	1	1	1	1	1	1
X	X	1	X	X	X	1	1	1	1	1	1	1	1
0	X	X	X	X	X	1	1	1	1	1	1	1	1
1	0	0	0	0	0	0	1	1	1	1	1	1	1
1	0	0	0	0	1	1	0	1	1	1	1	1	1
1	0	0	0	1	0	1	1	0	1	1	1	1	1
1	0	0	0	1	1	1	1	1	0	1	1	1	1
1	0	0	1	0	0	1	1	1	1	0	1	1	1
1	0	0	1	0	1	1	1	1	1	1	0	1	1
1	0	0	1	1	0	1	1	1	1	1	1	0	1
1	0	0	1	1	1	1	1	1	1	1	1	1	0

【例 4-1】

```
LIBRARY IEEE;
USE IEEE.STD_LOGIC_1164.ALL;
ENTITY decoder3_to_8 IS
      PORT(a,b,c,g1,g2a,g2b:IN STD_LOGIC;
           y:OUT STD_LOGIC);
END decoder3_to_8;
ARCHITECTURE rtl OF decoder3_to_8 IS
      SIGNAL indata:STD_LOGIC_VECTOR(2 DOWNTO 0);
BEGIN
      indata<= c & b & a;
      PROCESS(indata,g1,g2a,g2b)
      BEGIN
            IF(g1 = '1'AND g2a = '0'AND g2b = '0')THEN
                CASE indata IS
                WHEN "000" =>y<= "11111110";
                WHEN "001" =>y<= "11111101";
                WHEN "010" =>y<= "11111011";
                WHEN "011" =>y<= "11110111";
                WHEN "100" =>y<= "11101111";
                WHEN "101" =>y<= "11011111";
                WHEN "110" =>y<= "10111111";
                WHEN "111" =>y<= "01111111";
                WHEN OTHERS =>y<= "XXXXXXXX";
                END CASE;
            ELSE
                y<= "11111111";
            END IF;
      END PROCESS;
END rtl;
```

在【例 4-1】中,y(0)对应真值表中的 y0,y(1)对应 y1,依次类推。

2. 七段数码管显示译码器

数码管分为共阴极和共阳极两种,一个七段数码管可以显示十进制数 0~9,十六进制数 0~F,要将上述数据由数码管正确显示,必须经过译码,译码器的输入为 4 位,输出为 7 位即可。假设数码管为共阴极,其显示译码真值如表 4-2 所列。

表 4-2 十六进制数七段显示译码的真值

二进制输入端				译码输出端						
a	b	c	d	y6	y5	y4	y3	y2	y1	y0
0	0	0	0	0	1	1	1	1	1	1
0	0	0	1	0	0	0	0	1	1	0
0	0	1	0	1	0	1	1	0	1	1
0	0	1	1	1	0	0	1	1	1	1
0	1	0	0	1	1	0	0	1	1	0
0	1	0	1	1	1	0	1	1	0	1
0	1	1	0	1	1	1	1	1	0	1
0	1	1	1	0	0	0	0	1	1	1
1	0	0	0	1	1	1	1	1	1	1
1	0	0	1	1	1	0	1	1	1	1
1	0	1	0	1	1	1	0	1	1	1
1	0	1	1	1	1	1	1	1	0	0
1	1	0	0	0	1	1	1	1	0	1
1	1	0	1	0	0	1	1	1	1	0
1	1	1	0	1	1	1	1	0	0	1
1	1	1	1	1	1	1	0	0	0	1

【例 4-2】

```
LIBRARY IEEE;
USE IEEE.STD_LOGIC_1164.all;
ENTITY hex2led IS
     PORT(a,b,c,d : IN STD_LOGIC;
           y : OUT STD_LOGIC_VECTOR(6 downto 0));
end hex2led;
ARCHITECTURE rtl OF hex2led IS
    SIGNAL hex :STD_LOGIC_VECTOR(3 downto 0);
BEGIN
    hex<= a&b&c&d;
  WITH hex SELECT
      y<= "0000110" WHEN "0001",    -- 1
          "1011011" WHEN "0010",    -- 2
          "1001111" WHEN "0011",    -- 3
          "1100110" WHEN "0100",    -- 4
          "1101101" WHEN "0101",    -- 5
          "1111101" WHEN "0110",    -- 6
          "0000111" WHEN "0111",    -- 7
          "1111111" WHEN "1000",    -- 8
          "1101111" WHEN "1001",    -- 9
          "1110111" WHEN "1010",    -- A
          "1111100" WHEN "1011",    -- b
          "0111001" WHEN "1100",    -- C
          "1011110" WHEN "1101",    -- d
          "1111001" WHEN "1110",    -- E
          "1110001" WHEN "1111",    -- F
          "0111111" WHEN others;    -- 0
END rtl;
```

在【例 4-2】中,y(0)对应真值表中的 y0,y(1)对应 y1,依次类推。

3. 地址译码器

地址译码器是 CPLD 在数字系统中最典型的应用。地址译码器的工作原理是根据系统地址总线信息产生相应的选通控制信号,从而控制数字系统外围电路的选通。一般选通信号为低电平有效。

假设一个微处理器存储空间为从 0000H～FFFFH,将其分成 5 部分,它们的地址分配如下:

0000H—DFFFH 为动态随机存储器 DRAM 使用;

E000H—E7FFH 为 I/O 设备使用;

E800H—EFFFH 备用;

F000H—F7FFH 为第一个只读存储器使用 ROM1;

F800H—FFFFH 为第二个只读存储器使用 ROM2;

假设 DRAM,IO,ROM1,ROM2 分别为占用除了备用地址区间的相关器件的选通控制信号，其均为低电平有效。

【例4-3】为利用所有地址信息的地址译码器，称为全地址译码器。

【例4-3】

```
LIBRARY IEEE;
USE IEEE.STD_LOGIC_1164.ALL;
ENTITY ad_decoder IS
       PORT( address : IN STD_LOGIC_VECTOR(15 downto 0);
             DRAM1,IO,ROM1,ROM2 : OUT STD_LOGIC);
END ad_decoder ;
ARCHITECTURE a OF ad_decoder IS
BEGIN
    PROCESS(address)
    BEGIN
       IF address<= x"dfff" THEN
             DRAM<='0'; IO<='1'; ROM1<='1'; ROM2<='1';
       ELSIF (address> = x"e000" AND address<= x"e7ff") THEN
             DRAM<='1'; IO<='0'; ROM1<='1'; ROM2<='1';
       ELSIF (address> = x"f000" AND address<= x"f7ff" )THEN
             DRAM<='1'; IO<='1'; ROM1<='0'; ROM2<='1';
       ELSIF address> = x"f800" THEN
             DRAM<='1'; I/O<='1'; ROM1<='1'; ROM2<='0';
       END IF;
    End PROCESS;
END a;
```

【例4-4】为采用部分地址线译码，该例中要完成上述地址分配控制需要16位地址总线的高5位(A15～A11)。

【例4-4】

```
LIBRARY IEEE;
USE IEEE.STD_LOGIC_1164.ALL;
ENTITY ad_decoder IS
     PORT( A15,A14,A13,A12,A11: IN STD_LOGIC;
           DRAM1,IO,ROM1,ROM2 : OUT STD_LOGIC);
END ad_decoder ;
ARCHITECTURE a OF ad_decoder IS
BEGIN
     PROCESS(A15,A14,A13,A12,A11)
     BEGIN
       IF (A15 AND A14 AND A13) ='0' THEN
             DRAM<='0'; IO<='1'; ROM1<='1'; ROM2<='1';
       ELSIF A13 ='1' AND A12 ='0' AND A11 = '0' THEN
             DRAM<='1'; IO<='0'; ROM1<='1'; ROM2<='1';
       ELSIF A13 ='1' AND A12 ='1' AND A11 = '0' THEN
             DRAM<='1'; IO<='1'; ROM1<='0'; ROM2<='1';
```

```
                ELSIF A13 = '1' AND A12 = '1' AND A11 = '1' THEN
                        DRAM<='1'; IO<='1'; ROM1<='1'; ROM2<='0';
                END IF;
        END PROCESS;
END a;
```

4. 优先级编码器

优先级编码器常用于中断的优先级控制,例如,74LS148 是一个 8 输入、3 位二进制码输出的优先级编码器。当其某一个输入有效时,就可以输出一个对应的 3 位二进制编码。另外,当同时有几个输入有效时,将输出优先级最高的那个输入所对应的二进制编码。

图 4-2 就是优先级编码器的引脚图,它有 8 个输入 input(0)~input(7)和 3 位二进制码输出 y0~y2。

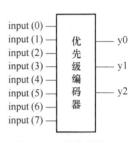

图 4-2 优先级译码器引脚图

该优先级编码器的真值表如表 4-3 所列。表中的"X"项表示任意项,它可以是"0",也可以是"1"。input(0)的优先级最高,input(7)的优先级最低。

表 4-3 优先级编码器的真值表

输 入								二进制编码输出		
input(7)	input(6)	input(5)	input(4)	input(3)	input(2)	input(1)	input(0)	y2	y1	y0
X	X	X	X	X	X	X	0	1	1	1
X	X	X	X	X	X	0	1	1	1	0
X	X	X	X	X	0	1	1	1	0	1
X	X	X	X	0	1	1	1	1	0	0
X	X	X	0	1	1	1	1	0	1	1
X	X	0	1	1	1	1	1	0	1	0
X	0	1	1	1	1	1	1	0	0	1
X	1	1	1	1	1	1	1	0	0	0

用 VHDL 语言描述优先级编码器的程序实例如【例 4-5】所示。

【例 4-5】

```
LIBRARY IEEE;
USE IEEE.STD_LOGIC_1164.ALL;
ENTITY priorityencoder IS
        PORT(input:IN STD_LOGIC_VECTOR(7 DOWNTO 0);
             y:OUT STD_LOGIC_VECTOR(2 DOWNTO 0));
END priorityencoder;
ARCHITECTURE rtl OF priorityencoder IS
BEGIN
        PROCESS(input)
        BEGIN
                IF(input(0) = '0')THEN
                        y<= "111";
                ELSIF(input(1) = '0')THEN
                        y<= "110";
                ELSIF(input(2) = '0')THEN
                        y<= "101";
```

```
           ELSIF(input(3) = '0')THEN
                 y<= "100";
           ELSIF(input(4) = '0')THEN
                 y<= "011";
           ELSIF(input(5) = '0')THEN
                 y<= "010";
           ELSIF(input(6) = '0')THEN
                 y<= "001";
           ELSE
                 y<= "000";
           END IF;
     END PROCESS;
END rtl;
```

由于 VHDL 语言中目前还不能描述任意项,所以不能用前面一贯采用的 CASE 语句来描述,而是采用了 IF 语句。

5. 四选一选择器

选择器常用于信号的切换,四选一选择器可以用于 4 路信号的切换。该四选一选择器有 4 个信号输入端 input(0)~input(3)、两个信号选择端 a 和 b 及一个信号输出端 y。当 a,b 输入不同的选择信号时,就可以使 input(0)~input(3)中某个相应的输入信号与输出端 y 接通。例如,当 a = b ='0'时,input(0)就与 y 接通。其引脚如图 4-3 所示。

四选一电路的真值表如表 4-4 所列。现用 VHDL 语言对它进行描述,就可以得到如【例 4-6】所示的程序。

表 4-4 四选一数据选择器的真值表

选择输入		数 据 输 入				数据输出
b	a	input(0)	input(1)	input(2)	input(3)	y
0	0	0	X	X	X	0
0	0	1	X	X	X	1
0	1	X	0	X	X	0
0	1	X	1	X	X	1
1	0	X	X	0	X	0
1	0	X	X	1	X	1
1	1	X	X	X	0	0
1	1	X	X	X	1	1

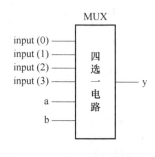

图 4-3 四选一选择器引脚图

【例 4-6】

```
LIBRARY IEEE;
USE IEEE.STD_LOGIC_1164.ALL;
ENTITY mux4 IS
       PORT(input:IN STD_LOGIC_VECTOR(3 DOWNTO 0);
            a,b:IN STD_LOGIC;
            y:OUT STD_LOGIC);
END mux4;
ARCHITECTURE rtl OF mux4 IS
       SIGNAL sel:STD_LOGIC_VECTOR(1 DOWNTO 0);
```

```
BEGIN
    sel <= b & a;
    PROCESS(input,sel)
    BEGIN
        IF(sel = "00")THEN
            y <= input(0);
        ELSIF(sel = "01")THEN
            y <= input(1);
        ELSIF(sel = "10")THEN
            y <= input(2);
        ELSE
            y <= input(3);
        END IF;
    END PROCESS;
END rtl;
```

【例 4-6】的四选一选择器是用 IF 语句描述的,程序中的 ELSE 项作为余下的条件,将选择 input(3)从 y 端输出,这种描述比较安全。当然,不用 ELSE 项也可以,这时必须列出 sel 的所有可能出现的情况,加以一一确认。

4.1.2 加法器、求补器

1. 加法器

加法器有全加器和半加器之分,全加器可以用两个半加器构成,因此下面先以半加器为例加以说明。

半加器有两个二进制一位的输入端 a、b 以及一位的加法和输出端 s 和一位进位位的输出端 co。半加器的真值表如表 4-5 所列,其电路符号如图 4-4 所列。

表 4-5 半加器的真值表

二进制输入		和输出	进位输出
b	a	s	co
0	0	0	0
0	1	1	0
1	0	1	0
1	1	0	1

图 4-4 半加器电路符号图

用 VHDL 语言描述半加器的程序如【例 4-7】所示。

【例 4-7】
```
LIBRARY IEEE;
USE IEEE.STD_LOGIC_1164.ALL;
ENTITY half_adder IS
    PORT(a, b:IN STD_LOGIC;
         s,co:OUT STD_LOGIC);
END half_adder;
ARCHITECTURE half1 OF half_adder IS
```

```
        SIGNAL c,d:STD_LOGIC;
BEGIN
        PROCESS(a,b)
        BEGIN
                c<= a OR b;
                d<= a NAND b;
                co<= NOT d;
                s<= c AND d;
        END PROCESS;
END half1;
```

用两个半加器可以构成一个全加器,全加器的电路如图 4-5 所示。

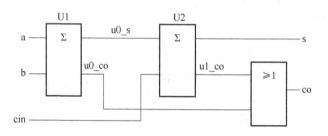

图 4-5　用两个半加器构成的全加器

基于半加器的描述,若采用结构的描述方法即使用 COMPONENT 语句和 PORT MAP 语句,就很容易编写出描述一位全加器的程序,如【例 4-8】所示。

【例 4-8】

```
LIBRARY IEEE;
USE IEEE.STD_LOGIC_1164.ALL;
ENTITY full_adder IS
        PORT(a,b,cin:IN STD_LOGIC;
                s,co:OUT STD_LOGIC);
END full_adder;
ARCHITECTURE full1 OF full_adder IS
        COMPONENT half_adder
            PORT(a,b:IN STD_LOGIC;
                    s,co:OUT STD_LOGIC);
        END COMPONENT;
        SIGNAL u0_co,u0_s,u1_co:STD_LOGIC;
BEGIN
        u0:half_adder PORT MAP(a,b,u0_s,u0_co);
        u1:half_adder PORT MAP(u0_s,cin,s,u1_co);
        co<= u0_co OR u1_co;
END full1;
```

上述全加器是一位的,多位加法器采用结构的描述方法,用此一位全加器即可组成多位串行进位的加法器。一个两个 8 位数加法的电路如图 4-6 所示。【例 4-9】给出了其 VHDL 语言描述。

图 4-6　4 位数加法器电路图

【例 4-9】

```
LIBRARY IEEE;
USE IEEE.STD_LOGIC_1164.ALL;
ENTITY adder8b is
    PORT(cin: in STD_LOGIC;
         A,B: in STD_LOGIC_VECTOR(7 downto 0);
         s: out STD_LOGIC_VECTOR(7 downto 0);
         cout: out STD_LOGIC);
END adder8b;
ARCHITECTURE stru OF adder8b IS
    COMPONENT full_adder
        PORT(a,b,cin:IN STD_LOGIC;
             s,co:OUT STD_LOGIC);
        END COMPONENT;
    SIGNAL z:STD_LOGIC_vector(6 downto 0);
BEGIN
    u0:full_adder PORT MAP(A(0),B(0),cin,s (0),z(0));
    u1:full_adder PORT MAP(A(1),B(1),z(0),s (1),z(1));
    u2:full_adder PORT MAP(A(2),B(2),z(1),s (2),z(2));
    u3:full_adder PORT MAP(A(3),B(3),z(2),s (3),z(3));
    u4:full_adder PORT MAP(A(4),B(4),z(3),s (0),z(4));
    u5:full_adder PORT MAP(A(5),B(5),z(4),s (1),z(5));
    u6:full_adder PORT MAP(A(6),B(6),z(6),s (2),z(6));
    u7:full_adder PORT MAP(A(7),B(7),z(6),s (3),cout);
END stru;
```

2. 求补器

二进制运算经常要用到求补的操作,8 位二进制数的求补电路符号如图 4-7 所示。

求补电路的输入为 a(0)～a(7),补码输出为 b(0)～b(7),其中 a(7) 和 b(7) 为符号位。该电路较复杂,如果像半加器那样,对每个门进行描述和连接是可以做到的,但是那样做就太烦琐了。这里采用 RTL 描述就显得更加简洁、清楚。

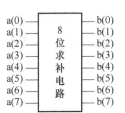

图 4-7　求补电路符号图

【例 4-10】

```
LIBRARY IEEE;
USE IEEE.STD_LOGIC_1164.ALL;
```

```
USE IEEE.STD_LOGIC_Arith.ALL;
ENTITY qiubuqi IS
       PORT(a:IN STD_LOGIC_VECTOR(7 DOWNTO 0);
            b:OUT STD_LOGIC_VECTOR(7 DOWNTO 0));
END qiubuqi;
ARCHITECTURE rtl OFqiubuqi IS
BEGIN
       PROCESS(a)
           VARIABLE c:STD_LOGIC_VECTOR(6 DOWNTO 0);
       BEGIN
           IF(a(7) ='1') THEN
               c: = NOT a(6 downto 0) +'1';
               b<= a (7)&c;
           ELSE
               b<= a;
           END IF;
       END PROCESS;
END rtl;
```

4.1.3 三态门及总线缓冲器

三态门和双向缓冲器是接口电路和总线驱动电路经常用到的器件。

1. 三态门电路

三态门电路符号图如图 4-8 所示。它具有一个数据输入端 din，一个数据输出端 dout 和一个控制端 en。当 en = '1'时，dout = din；当 en = '0'时，dout = 'Z'（高阻），三态门的真值表如表 4-6 所列。

表 4-6 三态门真值表

数据输入 din	控制输入 en	数据输出 dout
X	0	Z
0	1	0
1	1	1

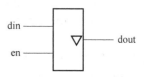

图 4-8 三态门电路符号图

用 VHDL 语言描述的三态门的程序实例如【例 4-11】所示。

【例 4-11】

```
LIBRARY IEEE;
USE IEEE.STD_LOGIC_1164.ALL;
ENTITY tri_gate IS
       PORT(din,en:IN STD_LOGIC;
            dout:OUT STD_LOGIC);
END tri_gate;
ARCHITECTURE zas OF tri_gate IS
BEGIN
       tri_gate1:PROCESS(din,en)
```

```
BEGIN
    IF(en = '1')THEN
        dout<= din;
    ELSE
        dout<= 'Z';
    END IF;
END PROCESS;
END zas;
```

在该例中,当 en = '1'时,使 dout 和 din 的信号保持一致,否则就将"Z"状态赋予 dout,也就是说 dout 不受 din 的影响。

2. 单向总线缓冲器

在微型计算机的总线驱动中经常要用单向总线缓冲器,它通常由多个三态门组成,用来驱动地址总线和控制总线。一个 8 位的单向总线缓冲器如图 4-9 所示。8 位的单向总线缓冲器由 8 个三态门组成,具有 8 位输入和 8 位输出端。所有三态门的控制端连在一起,由一个控制输入端 en 控制。

用 VHDL 语言描述的 8 位单向总线缓冲器的程序实例如【例 4-12】和【例 4-13】所示。

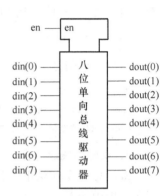

图 4-9 单向总线缓冲器的符号图

【例 4-12】

```
LIBRARY IEEE;
USE IEEE.STD_LOGIC_1164.ALL;
ENTITY tri_buf8 IS
    PORT(din:IN STD_LOGIC_VECTOR(7 DOWNTO 0);
         dout:OUT STD_LOGIC_VECTOR(7 DOWNTO 0);
         en:IN STD_LOGIC);
END tri_buf8;
ARCHITECTURE zas OF tri_buf8 IS
BEGIN
    tri_buff:PROCESS(en,din)
    BEGIN
        IF(en = '1')THEN
            dout<= din;
        ELSE
            dout<= "ZZZZZZZZ";
        END IF;
    END PROCESS;
END zas;
```

【例 4-13】

```
ARCHITECTURE nas OF tri_buf8 IS
BEGIN
tri_buff:PROCESS(en,din)
BEGIN
```

```
        CASE en IS
        WHEN '1' => dout <= din;
        WHEN OTHERS => dout <= "ZZZZZZZZ";
        END CASE;
    END PROCESS;
END nas;
```

在编写上述程序时应注意,高阻态 Z 要大写,不能将"Z"值赋予变量,否则就不能进行逻辑综合。另外,对信号赋值时"Z"和"0"或"1"不能混合使用,如:

```
dout <= "Z001ZZZZ";
```

这样的语句是不允许出现的。但是变换赋值表达式,分开赋值是可以的。例如:

```
dout(7) <= "Z";
dout(6 DOWNTO 4) <= "001";
dout(3 DOWNTO 0) <= "ZZZZ";
```

3. 双向总线缓冲器

双向总线缓冲器用于对数据总线的驱动和缓冲,典型的双向总线缓冲器的电路如图 4-10 所示。图中的双向缓冲器有两个数据输入输出端 a 和 b,一个方向控制端 dir 和一个选通端 en。当 en = 1 时双向总线缓冲器未被选通,a 和 b 都呈现高阻;当 en = 0 时,双向总线缓冲器被选通,如果 dir = 0,那么 a = b;如果 dir = 1,那么 b = a。双向总线缓冲器的真值如表 4-7 所列。

表 4-7 双向总线缓冲器的真值

en	dir	功 能
0	0	a=b
0	1	b=a
1	X	三态

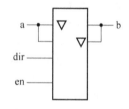

图 4-10 双向总线缓冲器符号图

用 VHDL 语言描述的双向总线缓冲器的实例如【例 4-14】所示。

【例 4-14】

```
LIBRARY IEEE;
USE IEEE.STD_LOGIC_1164.ALL;
ENTITY tri_bigate IS
        PORT(a,b:INOUT STD_LOGIC_VECTOR(7 DOWNTO 0);
            en:IN STD_LOGIC;
            dir:IN STD_LOGIC);
END tri_bigate;
ARCHITECTURE rtl OF tri_bigate IS
        SIGNAL aout,bout:STD_LOGIC_VECTOR(7 DOWNTO 0);
BEGIN
        PROCESS(a,dir,en)
```

```
            BEGIN
                IF((en = '0')AND(dir = '1'))THEN
                    bout<= a;
                ELSE
                    bout<= "ZZZZZZZZ";
                END IF;
                b<= bout;
            END PROCESS;
            PROCESS(b,dir,en)
            BEGIN
                IF((en = '0')AND(dir = '0'))THEN
                    aout<= b;
                ELSE
                    aout<= "ZZZZZZZZ";
                END IF;
                a<= aout;
            END PROCESS;
        END rtl;
```

从【例 4-14】可以看出，双向总线缓冲器由两组三态门组成，利用信号 aout 和 bout 将两组三态门连接起来。

4.2 时序电路设计

在本节的时序电路设计中主要介绍触发器、寄存器和计数器及其应用等。在介绍这些电路以前，先说明一下时钟信号和复位信号的描述。

4.2.1 时钟信号和复位信号

1. 时钟信号描述

众所周知，任何时序电路都以时钟信号为驱动信号，时序电路只是在时钟信号的边沿到来时，其状态才发生改变。因此，时钟信号通常是描述时序电路程序的执行条件。另外，时序电路也总是以时钟控制进程形式描述的，其描述方式一般有以下两种。

（1）进程的敏感信号是时钟信号

在这种情况下，时钟信号应作为敏感信号，显式地出现在 PROCESS 语句后跟的括号中，例如 PROCESS(clock_signal)。时钟信号边沿的到来，将作为时序电路语句执行的条件，如【例 4-15】所示。

【例 4-15】

```
PROCESS(clock_signal)
BEGIN
    IF(clock _ edge_condition)THEN
        signal_out<= signal_in;
            ⋮
```

```
        END IF;
END PROCESS;
```

【例 4-15】程序说明，该程序在时钟信号 clock_signal 发生变化时被启动，而在时钟边沿的条件得到满足后才真正执行时序电路所对应的语句。

(2) 用进程中的 WAIT ON 语句等待时钟

在这种情况下，描述时序电路的进程将没有敏感信号，而是用 WAIT ON 语句来控制进程的执行。也就是说，进程通常停留在 WAIT ON 语句上，只有在时钟信号到来，且满足边沿条件时，其余的语句才能执行，如【例 4-16】所示。

【例 4-16】

```
PROCESS
BEGIN
    WAIT ON(clock_signal)UNTIL(clock_edge_condition);
        signal_out <= signal_in;
            ⋮
END PROCESS;
```

在编写上述两个程序时应注意：

① 无论 IF 语句还是 WAIT ON 语句，在说明时钟边沿时，一定要注明是上升沿还是下降沿（前沿还是后沿），光说明是边沿是不行的。

② 当时钟信号作为进程的敏感信号时，在敏感信号表中不能出现一个以上的时钟信号，除时钟信号以外，像复位信号等是可以和时钟信号一起出现在敏感表中的。

③ WAIT ON 语句只能放在进程的最前面或者最后面。

(3) 时钟边沿的描述

为了描述时钟边沿，一定要指定是上升沿还是下降沿，这一点可以使用时钟信号的属性描述来达到。也就是说，时钟信号的值是从"0"到"1"变化，还是从"1"到"0"变化，由此可以得知是时钟脉冲信号的上升沿还是下降沿。

① 时钟脉冲的上升沿描述：时钟脉冲上升沿波形与时钟信号属性的描述关系如图 4-11 所示。

在图中可以看到，时钟信号起始值为"0"，故其属性值 clk'LAST_VALUE = '0'；上升沿的到来表示发生了一个事件，故用 clk'EVENT 表示；上升沿以后，时钟信号的值为"1"，故其当前值为 clk = '1'。这样，表示上升沿的到来的条件可写为：

```
IF clk = '1' AND clk'LAST_VALUE = '0' AND clk'EVENT
```

② 时钟脉冲的下降沿描述：时钟脉冲下降沿波形与时钟信号属性的描述关系如图 4-12 所示。其关系与图 4-11 类同，此时 clk'LAST_VALUE = '1'；时钟信号当前值为 clk = '0'；下降沿到来的事件为 clk'EVENT。这样表示下降沿到来的条件可写为：

```
IF clk = '0' AND clk'LAST_VALUE = '1' AND clk'EVENT
```

根据上面的上升沿和下降沿的描述，时钟信号边沿检出条件可以统一描述如下：

```
IF clock_signal = current_value AND
clock_signal'LAST_VALUE = next_value AND clock_signal'EVENT
```

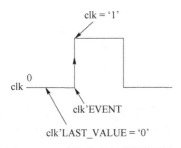 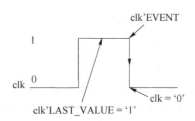

图 4-11 时钟脉冲上升沿波形和时钟信号属性描述关系

图 4-12 时钟脉冲下升沿波形和时钟信号属性描述关系

在某些书刊中边沿检出条件也可简写为:

IF clock_signal'EVENT AND clock_signal = current_value

表示下降沿到来的条件可简写为:

IF clk = '0' AND clk'EVENT

2. 触发器的同步和非同步(异步)复位

触发器的初始状态应由复位信号来设置,复位信号对触发器复位的操作不同,使其可以分为同步复位和非同步复位两种。所谓同步复位,就是当复位信号有效且在给定的时钟边沿到来时,触发器才被复位;而非同步复位则是,一旦复位信号有效,触发器就被复位。

(1) 同步复位

在用 VHDL 语言描述时,同步复位一定在以时钟为敏感信号的进程中定义,且用 IF 语句来描述必要的复位条件。【例 4-17】和【例 4-18】就是同步复位方式的描述实例。

【例 4-17】

```
PROCESS(clock_signal)
    BEGIN
    IF(clock_edge_condition)THEN
    IF(reset_condition)THEN
            signal_out <= reset_value;
    ELSE
            signal_out <= signal_in;
                ⋮
    END IF;
            END IF;
END PROCESS;
```

【例 4-18】

```
PROCESS
BEGIN
    WAIT ON(clock_signal)UNTIL(clock_edge_condition);
        IF(reset_condition)THEN
                signal_out <= reset_value;
        ELSE
```

```
            signal_out <= signal_in;
                  ⋮
        END IF;
END PROCESS;
```

(2) 非同步复位

非同步复位又称异步复位,在描述时与同步方式不同:首先在进程的敏感信号中除时钟信号以外,还应加上复位信号;其次是用 IF 语句描述复位条件;最后在 ELSIF 段描述时钟信号边沿的条件,并加上 EVENT 属性。其描述方式如【例 4-19】所示。

【例 4-19】

```
PROCESS(reset_signal ,clock_signal)
BEGIN
        IF(reset_condition)THEN
                signal_out <= reset_value;
        ELSIF(clock_event AND clock_edge_condition)THEN
                signal_out <= signal_in;
                    ⋮
        END IF;
END PROCESS;
```

从【例 4-19】可以看到,同步时的信号和变量的赋值必须在时钟信号边沿有效的范围内进行,如在【例 4-19】中的 ELSIF 后进行的那样。

另外,添加 clock_event 是为了防止没有时钟事件发生时的误操作。比如,当前时钟事件没有发生而是发生了复位事件,这样该进程就得到了启动。若复位条件没有满足,而时钟条件却是满足的,那么与时钟信号有关的那一段程序(ELSIF 段)就会得到执行,从而造成错误操作。

4.2.2 触发器

触发器根据触发边沿、复位和预置的方式以及输出端多少的不同,可以有多种不同形式的触发器,这里仅举常用的几种加以说明。

1. D 触发器

上升沿触发的 D 触发器的电路符号如图 4-13 所示。它是一个上升沿触发的 D 触发器,有一个数据输入端 d,一个时钟输入端 clk 和一个数据输出端 q。D 触发器的真值表如表 4-8 所列。从表中可以看到,D 触发器的输出端只有在正沿脉冲过后,输入端 d 的数据才传递到输出端 q。用 VHDL 语言描述该 D 触发器的程序实例如【例 4-20】和【例 4-21】所示。

表 4-8 D 触发器的真值

数据输入端	时钟输入端	数据输出端
d	clk	q^{n+1}
X	0	不变
X	1	不变
0	dr	0
1	dr	1

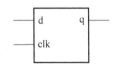

图 4-13 D 触发器

【例 4-20】

```
LIBRARY IEEE;
USE IEEE.STD_LOGIC_1164.ALL;
ENTITY dff1 IS
      PORT(clk,d:IN STD_LOGIC;
           q:OUT STD_LOGIC);
      END dff1;
ARCHITECTURE rtl OF dff1 IS
BEGIN
      PROCESS(clk)
      BEGIN
           IF(clk'EVENT AND clk = '1')THEN
                q<= d;
           END IF;
      END PROCESS;
END rtl;
```

【例 4-21】

```
LIBRARY IEEE;
USE IEEE.STD_LOGIC_1164.ALL;
ENTITY dff1 IS
      PORT(clk,d:IN STD_LOGIC;
           q:OUT STD_LOGIC);
      END dff1;
ARCHITECTURE rtl OF dff1 IS
BEGIN
      PROCESS
      BEGIN
           WAIT UNTIL clk'EVENT AND clk = '1';
                q<= d;
      END PROCESS;
END rtl;
```

【例 4-20】和【例 4-21】是用不同方法描述时钟信号边沿的两个不同的程序。程序中描述的是上升沿触发，如果要改成下降沿触发，只要对条件作如下改动就行了：

IF(clk'EVENT AND clk = '0')

(1) 非同步复位的 D 触发器

非同步复位的 D 触发器的电路符号如图 4-14 所示。它和一般的 D 触发器的区别是多了一个复位输入端 clr。当 clr = '0'时，其 q 端输出被强迫置为'0'。clr 又称清零输入端。

用 VHDL 语言描述的非同步复位的 D 触发器如【例 4-22】所示。

【例 4-22】

```
LIBRARY IEEE;
```

```
USE IEEE.STD_LOGIC_1164.ALL;
NTITY dff2 IS
        PORT(clk,d,clr:IN STD_LOGIC;
              q:OUT STD_LOGIC);
END dff2;
ARCHITECTURE rtl OF dff2 IS
BEGIN
        PROCESS(clk,clr)
        BEGIN
              IF(clr = '0')THEN
                      q<= '0';
              ELSIF(clk'EVENT AND clk = '1')THEN
                      q<= d;
              END IF;
        END PROCESS;
END rtl;
```

(2) 非同步复位/置位 D 触发器

非同步复位/置位 D 触发器的电路符号如图 4-15 所示。除了前述的 d,clk 和 q 端外,还有 clr 和 pset 的复位、置位端。当 clr = '0'时复位,使 q= '0';当 pset= '0'时置位,使 q= '1'。

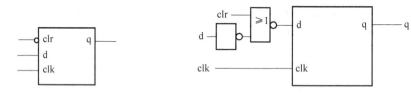

图 4-14　非同步复位的 D 触发器　　　图 4-15　同步复位的 D 触发器

用 VHDL 语言描述的非同步复位/置位 D 触发器的程序实例如【例 4-23】所示。

【例 4-23】

```
LIBRARY IEEE;
USE IEEE.STD_LOGIC_1164.ALL;
ENTITY dff3 IS
        PORT(clk,d,clr,pset:IN STD_LOGIC;
              q:OUT STD_LOGIC);
END dff3;
ARCHITECTURE rtl OF dff3 IS
BEGIN
        PROCESS(clk,pset,clr)
        BEGIN
              IF(pset = '0')THEN
                      q<= '1';
              ELSIF(clr = '0')THEN
                      q<= '0';
```

```
                ELSIF(clk'EVENT AND clk = '1')THEN
                        q<= d;
                END IF;
        END PROCESS;
END rtl;
```

从【例 4-23】可以看到,事件的优先级置位最高,复位次之,而时钟最低。这样,当 pset = '0'时,无论 clr 和 clk 是什么状态,q 一定被置为'1'。

(3) 同步复位的 D 触发器

同步复位的 D 触发器的电路如图 4-15 所示。

与非同步方式不同的是,当复位信号 clr 有效(clr = '1')后,只是在有效时钟边沿到来时才能进行复位操作。图中 clr = '1'后,在 clk 的上升沿到来时,q 输出才变为'0'。另外,从图中还可以看出复位信号的优先级比 d 端的数据输入高。也就是说,当 clr = '1'时,无论 d 端输入什么信号,在 clk 的上升沿到来时,q 输出总是为'0'。

用 VHDL 语言描述的同步复位 D 触发器的程序实例如【例 4-24】所示。

【例 4-24】

```
LIBRARY IEEE;
USE IEEE.STD_LOGIC_1164.ALL;
ENTITY dff4 IS
  PORT(clk,clr,d:IN STD_LOGIC;
       q:OUT STD_LOGIC);
END dff4;
ARCHITECTURE rtl OF dff4 IS
BEGIN
        PROCESS(clk)
        BEGIN
                IF(clk'EVENT AND clk = '1')THEN
                        IF(clr = '1')THEN
                                q<= '0';
                        ELSE
                                q<= d;
                        END IF;
                END IF;
        END PROCESS;
END rtl;
```

2. JK 触发器

带有复位/置位功能的 JK 触发器电路符号如图 4-16 所示。JK 触发器的输入端有置位输入 pset,复位输入 clr,控制输入 j 和 k,时钟信号输入 clk;输出端有正向输出端 q 和反向输出端 qb。JK 触发器的真值如表 4-9 所列。表中 q0 表示原状态不变,翻转表示改变原来状态。如原来为'0'则变为'1';原来为'1'则变为'0'。

用 VHDL 语言描述 JK 触发器的程序如【例 4-25】所示。

表 4-9　JK 触发器的真值

输入端					输出端	
pset	clr	clk	j	k	q	qb
0	1	X	X	X	1	0
1	0	X	X	X	0	1
0	0	X	X	X	X	X
1	1	↑	0	1	0	1
1	1	↑	1	1	翻	转
1	1	↑	0	0	q0	NOT q0
1	1	↑	1	0	1	0
1	1	0	X	X	q0	NOT q0

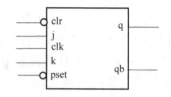

图 4-16　JK 触发器符号图

【例 4-25】

```
LIBRARY IEEE;
USE IEEE.STD_LOGIC_1164.ALL;
ENTITY jkdff IS
  PORT(pset,clr,clk,j,k:IN STD_LOGIC;
       q,qb:OUT STD_LOGIC);
END jkdff;
ARCHITECTURE rtl OF jkdff IS
      SIGNAL q_s,qb_s:STD_LOGIC;
BEGIN
      PROCESS(pset,clr,clk,j,k)
      BEGIN
            IF(pset = '0')THEN
                  q_s<= '1';
                  qb_s<= '0';
            ELSIF(clr = '0')THEN
                  q_s<= '0';
                  qb_s<= '1';
            ELSIF(clk'EVENT AND clk = '1')THEN
                  IF(j = '0')AND(k = '1')THEN
                        q_s<= '0';
                        qb_s<= '1';
                  ELSIF(j = '1')AND(k = '0')THEN
                        q_s<= '1';
                        qb_s<= '0';
                  ELSIF(j = '1')AND(k = '1')THEN
                        q_s<= NOT q_s;
                        qb_s<= NOT qb_s;
                  END IF;
            END IF;
            q<= q_s;
            qb<= qb_s;
      END PROCESS;
END rtl;
```

【例4-25】中的复位和置位显然也是异步的,且 pset 的优先级比 clr 高。也就是说,当 pset = '0'和 clr = '0'时,q 将输出'1';qb 输出为'0',这种结果和表 4-8 的真值是不一致的。为了避免这种情况,程序可以改写成【例4-26】所示。

【例4-26】

```
ARCHITECTURE rtl OF jkdff IS
    SIGNAL q_s,qb_s:STD_LOGIC;
BEGIN
    PROCESS(pset,clr,clk,j,k)
    BEGIN
        IF(pset = '0')AND (clr = '1')THEN
            q_s<= '1';
            qb_s<= '0';
        ELSIF(pset = '1')AND (clr = '0')THEN
            q_s<= '0';
            qb_s<= '1';
        ELSIF(pset = '1')AND(clr = '1')AND clk = '1'THEN
            q_s<= q_s;
            qb_s<= NOT q_s;
        ELSIF(clk'EVENT AND clk = '1')THEN
            IF(j = '0')AND(k = '1')THEN
                q_s<= '0';
                qb_s<= '1';
            ELSIF(j = '1')AND(k = '0')THEN
                q_s<= '1';
                qb_s<= '0';
            ELSIF(j = '1')AND(k = '1')THEN
                q_s<= NOT q_s;
                qb_s<= NOT qb_s;
            END IF;
        END IF;
        q<= q_s;
        qb<= qb_s;
    END PROCESS;
END rtl;
```

在【例4-26】中,pset = '0',clr = '0'这种情况未加考虑,那么在逻辑综合时,其输出是未知的。

4.2.3 寄存器

寄存器一般由多位触发器连接而成,通常有触发寄存器和移位寄存器等。下面主要介绍一些移位寄存器的实例。

1. 串行输入、串行输出移位寄存器

串行输入、串行输出移位寄存器的电路原理如图 4-17 所示。它具有两个输入端:数据输入端 a 和时钟输入端 clk；一个数据输出端 b。图中所示的是 8 位串行移位寄存器，在时钟信号作用下，前级的数据向后级移动。该 8 位移位寄存器由 8 个 D 触发器构成。正如第 3 章所述，利用 GENERATE 语句和调用元件 D 触发器的描述就很容易写出 8 位移位寄存器的 VHDL 语言程序，如【例 4-27】所示。

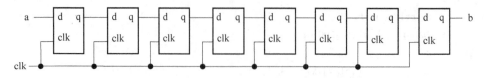

图 4-17 串行输入、串行输出的 8 位移位寄存器

【例 4-27】

```
LIBRARY IEEE;
USE IEEE.STD_LOGIC_1164.ALL;
ENTITY shift8 IS
      PORT(a,clk:IN STD_LOGIC;
              b:OUT STD_LOGIC);
END shift8;
ARCHITECTURE sample OF shift8 IS
      COMPONENT dff IS
              PORT(d,clk:IN STD_LOGIC;
                    q:OUT STD_LOGIC);
      END COMPONENT;
      SIGNAL z:STD_LOGIC_VECTOR(0 TO 8);
BEGIN
      z(0)<= a;
      g1:FOR i IN 0 TO 7 GENERATE
              dffx:dff PORT MAP (z(i),clk,z(i+1));
      END GENERATE;
      b<= z(8);
END sample;
```

在【例 4-27】中，把 dff 看作已经生成的元件，然后利用 GENERATE 来循环生成串行连接的 8 个 D 触发器。

8 位移位寄存器直接利用信号来连接也是可以进行描述的，如【例 4-28】所示。

【例 4-28】

```
LIBRARY IEEE;
USE IEEE.STD_LOGIC_1164.ALL;
ENTITY shift8 IS
      PORT(a,clk:IN STD_LOGIC;
              b:OUT STD_LOGIC);
END shift8;
ARCHITECTURE rtl OF shift8 IS
      SIGNSL dfo_1,dfo_2,dfo_3,dfo_4,dfo_5,dfo_6,dfo_7,dfo_8:STD_LOGIC;
```

```
BEGIN
 PROCESS(clk)
       BEGIN
          IF(clk'EVENT AND clk = '1')THEN
             dfo_1<= a;
             dfo_2<= dfo_1;
             dfo_3<= dfo_2;
             dfo_4<= dfo_3;
             dfo_5<= dfo_4;
             dfo_6<= dfo_5;
             dfo_7<= dfo_6;
             dfo_8<= dfo_7;
          END IF;
             b<= dfo_8;
    END PROCESS;
END rtl;
```

在第 2 章里已经提到了变量赋值和信号赋值的区别,其中特别强调了,即使执行了信号赋值语句,被赋值信号量的值在当时并没有发生变化,直到进程结束,赋值过程才同时发生。因此,【例 4-28】这样描述是正确的。如果将【例 4-28】中的信号量改成变量,赋值符"<="改成赋值符":=",那么该程序所描述的是否仍是一个 8 位移位寄存器? 这一点请读者根据已学知识进行思考。

2. 循环移位寄存器

在计算机的运算操作中经常用到循环移位,它可用硬件电路来实现。一个 8 位循环左移寄存器的电路符号如图 4-18 所示。该电路有 8 个数据输入端 din(0)~din(7),移位和数据输出控制端 enb,时钟信号输入端 clk,移位位数控制输入端 s(0)~s(2),8 位数据输出端 dout(0)~dout(7)。循环左移操作的示意如图 4-19 所示。

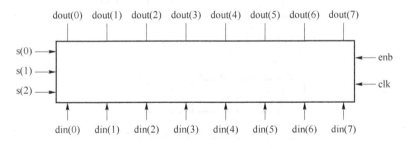

图 4-18 8 位循环移位寄存器

当 enb=1 时,根据 s(0)~s(2)输入的数,确定在时钟脉冲作用下,循环左移的位数。图 4-19 所示是循环左移了 3 位。当 enb=0 时,din 直接输出至 dout。

为了生成 8 位循环左移位寄存器,在对其进行描述时要调用包集合 CPAC 中的循环左移过程。在 CPAC 中该过程的描述如【例 4-29】所示。

【例 4-29】

```
LIBRARY IEEE;
```

```
USE IEEE.STD_LOGIC_1164.ALL;
USE IEEE.STD_LOGIC_ARITH.ALL;
USE IEEE.STD_LOGIC_UNSIGNED.ALL;
PACKAGE CPAC IS
PROCEDURE shift(
        din,s:IN STD_LOGIC_VECTOR;
        SIGNAL dout:OUT STD_LOGIC_VECTOR);
END CPAC;
PACKAGE BODY CPAC IS
    PROCEDURE shift(
            din,s:IN STD_LOGIC_VECTOR;
            SINGAL dout:OUT STD_LOGIC_VECTOR) IS
            VARIABLE sc:INTEGER;
    BEGIN
        sc: = CONV_INTEGER(s);
        FOR i IN din'RANGE LOOP
        IF (sc + i<= din'LEFT)THEN
            dout(sc + i)<= din(i);
        ELSE
            dout(sc + i - din'LEFT - 1)<= din(i);
        END IF;
        END LOOP;
        END shift;
END CPAC;
```

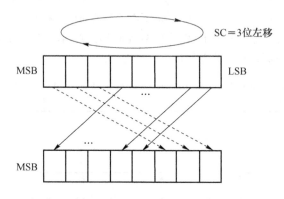

图 4-19 循环左移 3 位操作示意图

利用该移位过程就可以来描述 8 位循环左移的寄存器了,具体如【例 4-30】所示。

【例 4-30】

```
LIBRARY IEEE;
USE IEEE.STD_LOGIC_1164.ALL;
USE WORK.CPAC.ALL;
ENTITY bsr IS
    PORT (din:IN STD_LOGIC_VECTOR (7 DOWNTO 0);
        s:IN STD_LOGIC_VECTOR (2 DOWNTO 0);
```

```
            clk,enb:IN STD_LOGIC;
            dout:OUT STD_LOGIC_VECTOR(7 DOWNTO 0);
EDN bsr;
ARCHITECTURE rtl OF bsr IS
BEGIN
      PROCESS (clk)
      BEGIN
            IF (clk'EVENT AND clk ='1') THEN
                  IF (enb ='0') THEN
                        dout<= din;
                  ELSE
                        Shift (din,s,dout);
                  END IF;
            END IF;
      END PROCESS;
END rtl;
```

3. 带清零端的 8 位并行装载移位寄存器

该移位寄存器就是 TTL 手册中的 74166,其引脚如图 4-20 所示。图中各引脚名称及功能如下:

a,b,c,d,e,f,g,h——8 位并行数据输入端;

se——串行数据输入端;

q——串行数据输出端;

clk——时钟信号输入端;

fe——时钟信号禁止端;

sl——移位装载控制端;

clr——清零端。

其真值如表 4-10 所列。

从表 4-10 可以看到,当清零输入端 clr 为"0"时,8 位寄存器的输出均为"0",从而使 q 输出也为"0"。fe 是时钟禁止端,当它为"1"时禁止时钟,即不管时钟信号如何变化,移位寄存器的状态不发生改变。另外,时钟信号只在上升沿时才有效,即使 fe='0'。如果时钟信号的上升沿未到来,移位寄存器的状态仍不会发生变化。s/l 是移位/装载控制信号,当 s/l=1 时是移位状态,在时钟信号上升沿的控制下,向右移一位,串行输

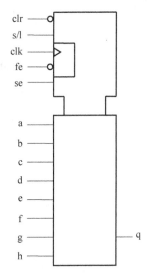

图 4-20 带清零端的
8 位并行装载
移位寄存器符号图

表 4-10 带清零端的 8 位并行转载移位寄存器的真值

输 入						内部输出		输 出
clr	sl	fe	clk	a~h	se	qa	Qb~qh	qh=q
0	X	X	X	X	X	0	0	0
1	X	0	0	X	X	不改变	不改变	
1	X	1	X	X	X	不改变	不改变	
1	0	0	↑		X	a~h 装入 qa~qh		
1	1	0	↑	X		se	右移一位	

入端 se 的信号将移入 qa 位,而 q 的输出将是移位前的内部信号的最高位输出。当 s/l＝0 时是装载状态,在时钟脉冲上升沿的作用下,数据输入端 a～h 的信号就装载到移位寄存器的 qa～qh。根据上述描述的功能,就可以用 VHDL 语言编出描述 74166 功能的程序,如【例 4 - 31】所示。

【例 4 - 31】

```
LIBRARY IEEE;
USE IEEE.STD_LOGIC_1164.ALL;
NTITY sreg8parlwclr IS
       PORT (clr,sl,fe,clk,se,a,b,c,d,e,f,g,h:IN STD_LOGIC;
             q:OUT STD_LOGIC);
END sreg8parlwclr;
ARCHITECTURE behav OF sreg8parlwclr IS
       SIGNAL tmpreg8:STD_LOGIC_VECTOR (7 DOWNTO 0);
BEGIN
       PROCESS (clr,sl,fe,clk)
              IF (clr='0') THEN
                     tmpreg8<= "00000000";
                     q<= tmpreg8(7);
              ELSIF (clk'EVENT) AND (clk='1') AND (fe='0') THEN
                     IF (sl='0') TNEN
                            tmpreg8 (0)<= a;
                            tmpreg8 (1)<= b;
                            tmpreg8 (2)<= c;
                            tmpreg8 (3)<= d;
                            tmpreg8 (4)<= e;
                            tmpreg8 (5)<= f;
                            tmpreg8 (6)<= g;
                            tmpreg8 (7)<= h;
                            q<= tmpreg8 (7);
                     ELSIF (sl='1') THEN
                            FOR i IN tmpreg8'HIGH DOWNTO tmpreg8'LOW + 1 LOOP
                            tmpreg8 (i)<= tmpreg8 (i-1);
                            END LOOP;
                            tmpreg8 (tmpreg8'LOW)<= se;
                            q<= tmpreg8 (7);
                     END IF;
              END IF;
       END PROCESS;
END behave;
```

4.2.4 计数器

计数器分同步计数器和异步计数器两种,如果按工作原理和使用情况来分就更多了。计数器是一个典型的时序电路,分析计数器就能更好地了解时序电路的特性。

1. 同步计数器

所谓同步计数器，就是在时钟脉冲(计数脉冲)的控制下，构成计数器的各触发状态同时发生变化的计数器。

（1）带允许端的十二进制计数器

该计数器由 4 个触发器构成，clr 输入端用于清零，en 端用于控制计数器工作，clk 为时钟脉冲(计数脉冲)输入端，q 为计数器的 4 位二进制数值输出端。该计数器的真值表如表 4-11 所列。

表 4-11 带允许端的十二进制计数器的真值

输 入 端			输 出 端			
clr	en	clk	q(0)	q(1)	q(2)	q(3)
1	X	X	0	0	0	0
0	0	X	不变	不变	不变	不变
0	1	↑	计数值加 1			

该十二进制计数器用 VHDL 语言描述的程序如【例 4-32】所示。

【例 4-32】

```
LIBRARY IEEE;
USE IEEE.STD_LOGIC_1164.ALL;
USE IEEE.STD_LOGIC_UNSIGNED.ALL;

ENTITY count12en IS
        PORT(clk,clr,en:IN STD_LOGIC;
                q:OUT STD_LOGIC_VECTOR(3 DOWNTO 0));
END count12en;
ARCHITECTURE rtl OF count12en IS
        SINGAL count_4:STD_LOGIC_VECTOR(3 DOWNTO 0);
BEGIN
        q<= count_4;
        PROCESS(clk,clr)
        BEGIN
                IF (clr='1')THEN
                        count_4<="0000";
                ELSIF(clk'EVENT AND clk='1') THEN
                        IF(en='1')THEN
                                IF(count_4="1011") THEN
                                        count_4<="0000";
                                ELSE
                                        count_4<= count_4 +'1';
                                END IF;
                        END IF;
                END IF;
        END PROCESS;
END rtl;
```

该程序对应的电路引脚如图 4-21 所示。

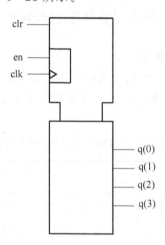

图 4-21 带允许端的十二进制计数器电路符号图

(2) 可逆计数器

所谓可逆计数器,就是根据计数控制信号的不同,在时钟脉冲作用下,计数器可以进行加 1 或者减 1 操作的一种计数器。

可逆计数器有一个特殊的控制端,这就是 updn 端。当 updn='1'时,计数器进行加 1 操作,当 updn='0'时,计数器进行减 1 操作。一种 6 位二进制可逆计数器的真值表如表 4-12 所列。

表 4-12　6 位二进制可逆计数器的真值

输入端			输出端					
clr	updn	clk	qf	qe	qd	qc	qb	qa
1	X	X	0	0	0	0	0	0
0	1	↑	计数器加 1 操作					
0	0	↑	计数器减 1 操作					

根据该真值表,用 VHDL 语言所描述的 6 位二进制可逆计数器程序如【例 4-33】所示。

【例 4-33】

```
LIBRARY IEEE;
USE IEEE.STD_LOGIC_1164.ALL;
USE IEEE.STD_LOGIC_UNSIGNED.ALL;
ENTITY updncount6 IS
    PORT(clk, clr, updn:IN STD_LOGIC;
        qa,qb,qc,qd,qe,qf:OUT STD_LOGIC);
END   updncount6;
ARCHITECTURE rtl OF updncount6 IS
   SIGNAL count_6:STD_LOGIC_VECTOR(5 DOWNTO 0 );
BEGIN
    qa<= count_6 (0);
```

```
        qb <= count_6(1);
        qc <= count_6(2);
        qd <= count_6(3);
        qe <= count_6(4);
        qf <= count_6(5);
   PROCESS (clr,clk) BEGIN
      IF(clr = '1') THEN
           count_6 <= (OTHERS =>'0');
      ELSIF (clk'EVENT AND clk = '1') THEN
           IF(updn = '1')THEN
                count_6 <= count_6 +'1';
           ELSE
                count_6 <= count_6 -'1';
           END IF;
      END IF;
   END PROCESS;
END rtl;
```

根据该程序所构成的电路符号如图 4-22 所示。

(3) 六十进制计数器

众所周知,用一个 4 位二进制计数器可以构成 1 位十进制计数器。也就是说,可以构成 1 位 BCD 计数器,而 2 位十进制计数器连接起来就可以构成一个六十进制的计数器。六十进制计数器常用于时钟计数。

一个六十进制的电路符号如图 4-23 所示。

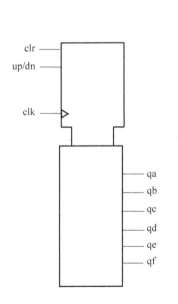

图 4-22 可逆计数器符号图

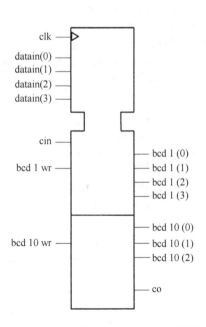

图 4-23 六十位进制计数器电路符号图

六十进制计数器的输入输出端的名称和功能说明如下:

clk—时钟输入端;

bcd1wr—个位写控制端；

bcd10wr—十位写控制端；

cin—进位输入端；

co—进位输出端；

datain—数据输入端,共有 4 条输入线 datain(0)～datain(3)；

bcd1—计数值个位输出,共有 4 条输入线 bcd1(0)～bcd1(3)；

bcd10—计数值十位输出,共有 3 条输入线 bcd10(0)～bcd10(2)。

在该六十进制计数器的 VHDL 描述中,bcd1wr 和 bcd10wr 与 datain 配合,实现对六十进制计数器的个位和十位的装载操作,也就是说可以实现个位和十位的预置操作。应注意,在对个位和十位进行预置操作时,datain 输入端是公用的,个位预置数取 datain 全部 4 位,十位预置数取 datain 的低 3 位。

利用 VHDL 语言描述六十进制计数器的程序如【例 4-34】所示。

【例 4-34】

```
LIBRARY IEEE;
USE IEEE.STD_LOGIC_1164.ALL;
USE IEEE.STD_LOGIC_UNSIGNED.ALL;
ENTITY bcd60count IS
    PORT(clk, bcd1wr, bcd10wr, cin:IN STD_LOGIC;
        co:OUT STD_LOGIC
        datain:IN STD_LOGIC_VECTOR(3 DOWNTO 0);
        bcd1:OUT STD_LOGIC_VECTOR(3 DOWNTO 0);
        bcd10:OUT STD_LOGIC_VECTOR(2 DOWNTO 0));
END bcd60count;
 ARCHITECTURE rtl OF bcd60count IS
    SIGNAL bcd1n:STD_LOGIC_VECTOR (3 DOWNTO 0 );
    SIGNAL bcd10n:STD_LOGIC_VECTOR (2 DOWNTO 0 );
BEGIN
    bcd1<= bcd1n;
    bcd10<= bcd10n;
    PROCESS(clr,bcd1wr)
    BEGIN
        IF (bcd1wr ='1') THEN
            bcd1n<= datain;
        ELSIF (clk'EVENT AND clk ='1')THEN
            IF (cin ='1') THEN
                IF (bcd1n = "1001") THEN
                    bcd1n<="0000";
                ELSE
                  bcd1n<= bcd1n +'1';
                END IF;
            END IF;
        END IF;
    END PROCESS;
```

```
      PROCESS (clk,bcd10wr)
      BEGIN
          IF (bcd10wr = '1') THEN
                  bcd10n <= datain (2 DOWNTO 0);
              ELSIF (clk'EVENT AND clk = '1') THEN
                      IF (cin = '1' AND bcd1n = "1001") THEN
                          IF (bcd10n = "101") THEN
                              bcd10n <= "000";
                          ELSE
                              bcd10n <= bcd10n + '1';
                          END IF;
                      END IF;
              END IF;
      END PROCESS;
    PROCESS (bcd10n,bcd1n,cin)
    BEGIN
        IF (cin = '1' AND bcd1n = "1001" AND bcd10n = "101") THEN
              co <= '1';
          ELSE
              co <= '0';
          END IF;
      END PROCESS;
  END rtl;
```

在【例 4-34】中第一个进程处理个位计数；第二个进程处理十位计数；第三个进程处理进位输出 co 的输出值。应注意，个位和十位的计数条件是不一样的。

(4) 带有异步复位、使能控制、进位位输出、加1计数的通用计数器

该计数器，clr 输入端用于清零，en 端用于控制计数器工作，clk 为时钟脉冲（计数脉冲）输入端，count 为计数器的二进制数值输出端，co 为进位位输出。该计数器的真值如表 4-13 所列。

表 4-13 带允许端的通用计数器的真值

输入端			输出端				
clr	en	clk	count(0)	count(1)	count(2)	count(3)	CO
1	X	X	0	0	0	0	0
0	0	X	不变	不变	不变	不变	0
0	1	⌐	计数值加1				计数满为1

通用计时器的通用性就在于当它作为一个元件被调用时，该计数器的最大计数值可以被外部修改，若要实现该功能，就要把计数最大值定义为类属参数。该通用计数器的 VHDL 语言描述如【例 4-35】所示。

【例 4 - 35】

```vhdl
LIBRARY IEEE;
USE IEEE.STD_LOGIC_1164.ALL;
USE IEEE.STD_LOGIC_UNSIGNED.ALL;
ENTITY counter IS
    GENERIC( count_value: INTEGER: = 9);
    PORT (clk,clr,en: IN STD_LOGIC;
          co: OUT STD_LOGIC;
          count: OUT INTEGER RANGE 0 TO count_value);
END counter;
ARCHITECTURE a OF counter IS
    SIGNAL cnt: INTEGER RANGE 0 TO count_value;
BEGIN
    PROCESS (clk,clr)
    BEGIN
        IF clr = '1' THEN
              cnt <= 0;
        ELSIF (clk'EVENT AND clk = '1') THEN
            IF en = '1' THEN
                IF cnt = count_value THEN
                       cnt <= 0;
                       co<='1';
                ELSE
                       cnt <= cnt + 1;
                       co<='0';
                END IF;
            END IF;
        END IF;
    END PROCESS;
    count <= cnt;
END a;
```

2. 异步计数器

异步计数器又称行波计数器，它的下一位计数器的输出作为上一位计数器的时钟信号，这一级一级串行连接起来就构成了一个异步计数器。

异步计数器与同步计数器不同之处就在于时钟脉冲的提供方式，除此之外就没有什么不同，它同样可以构成各种各样的计数器。但是，由于异步计数器采用行波计数，从而使计数延迟增加，在要求延迟小的领域受到了很大限制。尽管如此，由于其电路简单，仍有广泛的应用。

用 VHDL 语言描述异步计数器，与上述同步计数器不同之处主要表现在对各级时钟脉冲的描述上，这一点请读者在阅读例程时多加注意。

一个由 8 个触发器构成的行波计数器如【例 4 - 36】所示，【例 4 - 37】为组成计数器的触发器的 VHDL 描述；其综合以后的电原理如图 4 - 24 所示。

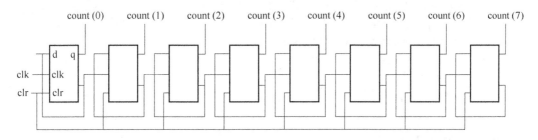

图 4-24 8 位行波计数器电原理图

【例 4-36】

```
LIBRARY IEEE;
USE IEEE.STD_LOGIC_1164.ALL;
ENTITY rplcont IS
 PORT (clk,clr:IN STD_LOGIC;
       Count:OUT STD_LOGIC_VECTOR (7 DOWNTO 0));
    END rplcont;
ARCHITECTURE rtl OF rplcont IS
    SIGNAL count_clk:STD_LOGIC_VECTOR (8 DOWNTO 0);
    COMPONENT dffr
       PORT (clk,clr:IN STD_LOGIC;
             q,qb:OUT STD_LOGIC);
    END COMPONENT;
BEGIN
    count_clk(0)<= clk;
    gen1:FOR i IN 0 TO 7 GENERATE
         Ux:dffr PORT MAP (clk =>count_clk (i),clr =>clr,d =>count_clk (i+1), q =>count
         (i),qb =>count_clk (i+1));
    END GENERATE;
END rtl;
```

【例 4-37】

```
LIBRARY IEEE;
USE IEEE.STD_LOGIC_1164.ALL;
ENTITY dffr IS
 PORT (clk,clr:IN STD_LOGIC;
       q,qb:OUT STD_LOGIC);
END dffr;
ARCHITECTURE rtl OF dffr IS
    SIGNAL q_in:STD_LOGIC;
BEGIN
    qb<= NOT q_in;
    q<= q_in;
    PROCESS (clk,clr)
    BEGIN
```

```
            IF (clr = '1') THEN
                  q_in<= '0';
            ELSIF (clk'EVENT AND clk = '1') THEN
                  q_in<= d;
            END IF;
      END PROCESS;
END rtl;
```

3. 计数器的应用

在一些数字系统中使用最多的时序电路就是计数器。计数器不仅能用于对时钟脉冲计数，还可以用于分频、定时、产生节拍脉冲和脉冲序列等。本节重点讲述计数器在分频器、产生节拍脉冲和脉冲序列中的应用。

(1) 分频器

在一些数字系统中经常需要多种频率的时钟信号，系统的时钟输入信号只有一个，通常通过对其分频产生系统所需的时钟信号。

【例 4 - 38】、【例 4 - 39】给出了一个 8 分频的 VHDL 描述的两种方式。【例 4 - 38】描述的是正负脉宽比为 1∶7 的 8 分频器，【例 3 - 39】描述的是正负脉宽相等的 8 分频器。

【例 4 - 38】

```
LIBRARY IEEE;
USE IEEE.STD_LOGIC_1164.ALL;
USE IEEE.STD_LOGIC_UNSIGNED.ALL;
ENTITY div1 IS
      PORT(clk:in STD_LOGIC;
            co:out STD_LOGIC);END div1;
ARCHITECTURE rtl of div1 IS
BEGIN
      PROCESS(clk)
            VARIABLE cnt:STD_LOGIC_VECTOR(2 downto 0);
      BEGIN
            IF(clk'event and clk = '1')THEN
                  IF(cnt = "111")THEN
                        cnt: = "000";
                        co<= '1';
                  ELSE
                        cnt: = cnt + '1';
                        co<= '0';
                  END IF;
            END IF;
      END PROCESS;
END rtl;
```

【例 4 - 39】

```
LIBRARY IEEE;
USE IEEE.STD_LOGIC_1164.ALL;
```

```
USE IEEE.STD_LOGIC_UNSIGNED.ALL;
ENTITY div2 IS
PORT(clk:in STD_LOGIC;
     co:out STD_LOGIC);
END div2;
ARCHITECTURE rtl of div2 IS
BEGIN
    PROCESS(clk)
        VARIABLE cnt:STD_LOGIC_VECTOR(2 downto 0);
    BEGIN
        IF(clk'event and clk ='1')THEN
            IF(cnt = "111")THEN
                cnt: = "000";
            ELSE
                cnt: = cnt +'1';
            END IF;
        END IF;
        co<= cnt(2);
END PROCESS;END rtl;
```

(2) 对于输入时钟信号进行任意置数 d 的分频器

【例 4 - 40】

```
LIBRARY IEEE;
USE IEEE.STD_LOGIC_1164.ALL;
USE IEEE.STD_LOGIC_UNSIGNED.ALL;
ENTITY div3 IS
    PORT(clk: IN STD_LOGIC;
         d: IN STD_LOGIC_VECTOR(3 downto 0);
         fout :OUT STD_LOGIC);
END div3;
ARCHITECTURE a OF div3 IS
BEGIN
    PROCESS (clk)
     VARIABLE cnt : STD_LOGIC_VECTOR(3 downto 0);
    BEGIN
        IF (clk'EVENT AND clk = '1') THEN
            IF cnt = "1111" THEN
                cnt : = d;
                fout<='1';
            ELSE
                cnt: = cnt +'1';
                fout<='0';
            END IF;
        END IF;
    END PROCESS;
END a;
```

【例 4-40】分频输出信号 fout 对输入时钟信号 clk 的分频系数为(16-d)。

(3) 序列信号发生器

在数字信号的传输和数字系统的测试中,有时需要用到一组特定的串行数字信号。通常把这种串行的数字信号称为序列信号。产生序列信号的电路称为序列信号发生器。

序列信号发生器的构成方法有多种,【例 4-41】采用 8 进制计数器和译码器产生一个 8 位的序列信号 00010111(时间顺序为自左而右)。

【例 4-41】

```
LIBRARY IEEE;
USE IEEE.STD_LOGIC_1164.ALL;
USE IEEE.STD_LOGIC_UNSIGNED.ALL;
ENTITY seq IS
     PORT(clk: IN STD_LOGIC;
           fout :OUT STD_LOGIC);
END seq;
ARCHITECTURE a OF seq IS
   SIGNAL cnt : STD_LOGIC_VECTOR(2 downto 0);
BEGIN
  PROCESS (clk)
  BEGIN
       IF (clk'EVENT AND clk = '1') THEN
           IF cnt = "111" THEN
                cnt<= "000";
           ELSE
                cnt<= cnt +'1';
           END IF;
       END IF;
END PROCESS;
  WITH cnt SELECT
     fout<='0' WHEN "000V,
           '0' WHEN "001",
           '0' WHEN "010",
           '1' WHEN "011",
           '0' WHEN "100",
           '1' WHEN "101",
           '1' WHEN "110",
           '1' WHEN OTHERS;
END a;
```

对于数字系统中需要按照事先规定好的顺序进行一系列控制操作的系统,亦可采用【例 4-41】的方式实现。

4.3 存储器

存储器按其类型可分为只读存储器和随机存储器,它们的功能有较大的区别,因此在描述上也有诸多不同。尽管如此，它们仍有许多相同之处，在分别详述它们的各自特性以前，先就共性的一些问题作一些说明。

4.3.1 存储器描述中的一些共性问题

1. 存储器的数据类型

存储器是众多存储单元的一个集合，按单元号顺序排列。每个单元由若干个二进制位构成，以表示单元中存放的数据值。这种结构和数组的结构是非常相似的。不妨认为某一个存储器可以用一个数组来代表，每个单元代表数组中的一个元素，数组中的元素序号和存储器中的单元序号一致。这样，用一个数组就能很好地描述存储器存放数据的结构了。

每个存储单元所存放的数可以用不同的、由 VHDL 语句所定义的数的类型来描述，例如用整数或位矢量来描述：

TYPE memory IS ARRAY (INTEGER RANEG<>) OF INTEGER;

这是一个元素用整数表示的数组，用它来描述存储器存储数据的结构。

SUBTYTE word IS STD_LOGIC_VECTOR (k－1 DOWNTO 0);
TYPE memory IS ARRAY (0 TO 2＊＊w－1) OF word;

这是一个元素用位矢量表示的数组，用它来描述存储器存储数据的结构。这里 k 表示存储单元二进制位数，w 表示数组的元素个数。

2. 存储的初始化

在用 VHDL 语言描述 ROM 时，ROM 的内容应该在仿真时事先读到 ROM 中，这就是所谓存储器的初始化。存储器的初始化要依赖于外部文件的读取，也就是说依赖于 TEXTIO。下面是对 ROM 进行初始化的实例。

变量说明：

VARIABLE startup:BOOLEAN: = TRUE;
VARIABLE l:LINE;
VARIABLE J:INTEGER;
VARIABLE　rom:memory;
FILE romin:TEXT IS IN "rom24s10.in";

初始化程序：

IF startup THEN
　　FOR j IN rom'RANGE LOOP
　　　　READLINE (romin,l);
　　　　READ (l,rom (j));
　　END LOOP;
END IF;

一般地说，ROM 初始化在系统加电之后只执行一次。如果在仿真时，RAM 也要事先赋值的情况下，也可以采用上述的方法。

4.3.2 ROM(只读存储器)

一种容量为 256×4 的 ROM 存储器的引脚如图 4－25 所示。该 ROM 有 8 位地址线，即

adr(0)~adr(7)、4 位数据输出线 dout(0)~dout(3)及 2 位选择控制输入 g1 和 g2。当 g1＝1,g2＝1 时,由 adr(0)~adr(7)选中某一 ROM 单元,该单元的 4 位数据就从 dout(0)~dout(3)输出;否则 dout(0)~dout(3)将呈现高阻状态。据此就可以用 VHDL 语言写出对 ROM 的描述程序,如【例 4－42】所示。

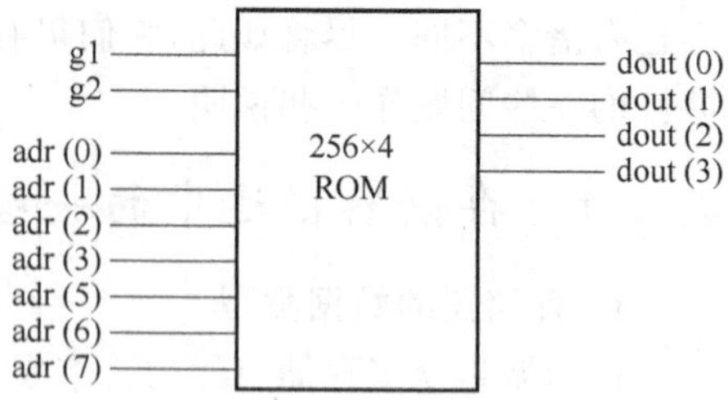

图 4－25　ROM 存储器引脚图

【例 4－42】

```
LIBRARY IEEE;
LIBRARY STD;
USE IEEE.STD_LOGIC_1164.ALL;
USE IEEE.STD_LOGIC_UNSIGNED.ALL;
USE IEEE.STD.TEXTIO.ALL;
ENTITY rom2564 IS
       PORT (g1,g2:IN STD_LOGIC;
             adr:IN STD_LOGIC_VECTOR(7 DOWNTO 0);
             dout:OUT STD_LOGIC_VECTOR (3 DOWNTO 0) );
END rom2564;
ARCHITECTURE behav OF rom2564 IS
     SUBTYPE word IS STD_LOGIC_VECTOR (3 DOWNTO 0);
     TYPE memory IS ARRAY (0 TO 255) OF word;
     SIGNAL adr_in:INTEGER RANGE 0 TO 255;
     VERIBLE rom:memory;
     VERIBLE startup:BOOLEAN:= TRUE;
     VERIBLE l:LINE;
     VERIBLE j:INTEGER;
     FILE romin:text is in"rom2564.in";
BEGIN
    PROCESS (g1,g2,adr)
      IF startup THEN
              FOR j IN rom'RANGE LOOP
                     READLINE (romin,l);
                     READ (l,rom (j) );
              END LOOP;
              startup:= FALSE;
      END IF;
      adr_in<= CON_INTEGER (adr);
      IF (g1 ='1' AND g2 ='1') THEN
              dout<= rom (adr_in);
      ELSE
              Dout<= "ZZZZ";
      END IF
    END PROCESS
END behave;
```

【例4-43】中的 CONV_INTEGER( ) 是一个将标准逻辑矢量转换成整数的函数,在 IEEE 的标准包集合 STD_LOGIC_UNSIGNED 中可以找到,在这里直接引用了该函数。

4.3.3 RAM(随机存储器)

RAM 和 ROM 的主要区别,在于其描述上有读和写两种操作,而且在读、写上对时间有较严格的要求。一种容量为 256×8 位的 SRAM 的引脚框图如图 4-26 所示。

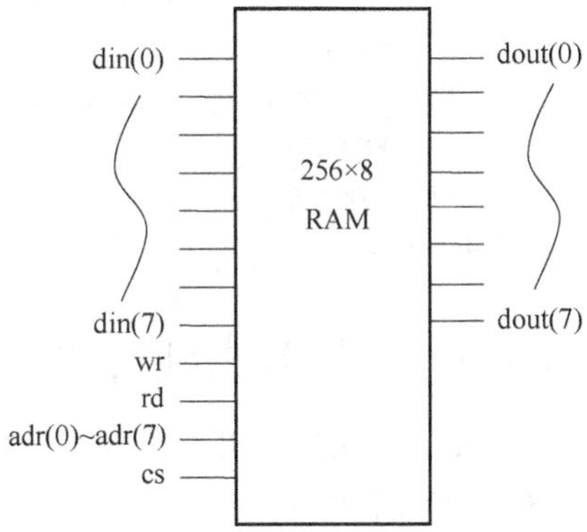

它有 8 条地址线 adr(0)~adr(7)、8 条数据输入线 din(0)~din(7)、8 条数据输出线 dout(0)~dout(7)。另外,wr 为写控制线,rd 为读控制线以及 cs 为片选控制线。当 cs=1、wr 信号由低变高(上升沿)时,din 上的数据将写入由 adr 所指定的单元;当 cs=1、rd=0 时,由 adr 所指定单元的内容将从 dout 的数据线上输出。

由 VHDL 语言描述的 SRAM 的程序实例如【例4-43】所示。

图 4-26 SRAM 引脚图

【例4-43】

```
LIBRARY IEEE;
USE IEEE.STD_LOGIC_1164.ALL;
USE IEEE.STD_LOGIC_UNSIGNED.ALL;
ENTITY sram64 IS
     GENERIC (k :INTEGER: = 8;
              w:INTEGER: = 8);
     PORT (wr,rd,cs:IN STD_LOGIC;
         adr:IN STD_LOGIC_VECTOR(w - 1 DOWNTO 0);
         din:IN STD_LOGIC_VECTOR(k - 1 DOWNTO 0);
         dout:OUT STD_LOGIC_VECTOR (k - 1 DOWNTO 0) );
 END sram64;
ARCHITECTURE behav OF sram64 IS
    SUBTYPE word IS STD_LOGIC_VECTOR (k - 1 DOWNTO 0);
    TYPE memory IS ARRAY (0 TO 2 * * w - 1) OF word;
    SIGNAL adr_in:INTEGER RANGE 0 TO 2 * * w - 1;
    SIGNAL sram:memory;

BEGIN
    adr_in<= CONV_INTEGER (adr);    -- 标准逻辑矢量变换为整数
    PROCESS (wr)
    BEGIN
        IF (wr'EVENT AND wr = '1') THEN
            IF(cs = '1'AND wr = '1') THEN
                sram (adr_in)<= din;
            END IF;
        END IF;
```

```
    END PROCESS;
    PROCESS (rd,cs)
    BEGIN
        IF (rd='0' AND cs='1') THEN
            dout<= sram (adr_in);
        ELSE
            dout<= "ZZZZZZZZ";
        END IF;
    END PROCESS;
END behav;
```

4.3.4　FIFO(先进先出堆栈)

FIFO 是先进先出堆栈,作为数据缓冲器,通常其数据存放结构是完全和 RAM 一致的,只是存放方式有所不同。图 4-27 是容量为 8×4 位的 FIFO 的引脚框图和原理框图。

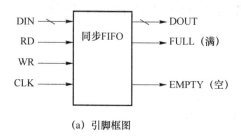

(a) 引脚框图

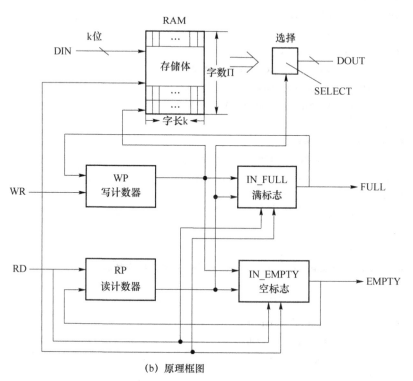

(b) 原理框图

图 4-27　FIFO 引脚框图和原理框图

图 4-27 中的 FIFO 有 4 条数据输入线 DIN,4 条数据输出线 DOUT,一条读控制线 RD,一条写控制线 WR,一条时钟输入线 CLK 及两条状态信号线,即满信号和空信号线(FULL,EMPTY)。

FIFO 由 6 个功能块组成,分别是存储体、写指示器(WP)、读指示器(RP)、满逻辑 IN_FULL、空逻辑 IN_EMPTY 和选择逻辑 SELECT,这是一个同步的 FIFO。在时钟脉冲的上升沿作用下,当 WR=0 且 FULL=0 时,DIN 的数据将压入 FIFO 堆栈。在通常情况下,RP 指示器所指出的单元内容总是放于 DOUT 的输出数据线上,只是在 RD=0 且 EMPTY=0 时,RP 指示器内容才改变而指向 FIFO 的下一个单元,下一个单元的内容替换当前内容并从 DOUT 输出。应注意,在任何时候 DOUT 上有一个数据输出,而不像 RAM 那样,只有在读有效时才有数据输出,平时为三态输出。

FIFO 的存储器实际上是一个环形数据结构,由 WP 和 RP 分别指示写和读的对应单元。在这里 WP 指示的是新数据待写入的单元地址,发一个 WR 有效信号(WR=0),就可将 DIN 上的数据写入该单元;而 RP 指示的是已读出数据的单元地址,要想读下一数据就要发一个 RD 有效信号(RD='0')使 RP=RP+1,这时就可以读出下一个新的数据了。RP 和 WP 之间的信号关系如图 4-28 所示。

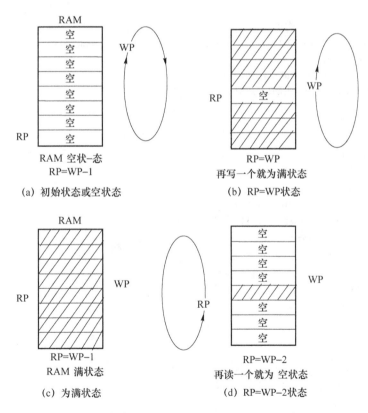

图 4-28 RP 和 WP 的关系

FIFO 在复位之后就处于初始状态,WP=0,RP=7,此时 FIFO 处于空状态,数据第一次写入的单元应是 0 号单元。RP 和 WP 之间应满足 RP=WP-1。RP=WP 状态是 FIFO 只要进行一次写操作就会变成满的状态。如图 4-28(a)连续写 7 个数据以后就会变成 RP=

WP=7,此时若再写一个数据就会使FIFO变为满状态。RP=WP-2状态时只要再读一次就会使FIFO变为空状态,如图4-28(d)所示。由图4-28(a)和图4-28(c)可以看出,满状态和空状态的RP和WP的关系是一致的,均为RP=WP-1。但是,稍加分析即可知道,满或空状态出现之前的一个状态是各不相同的。在RP=WP时,由于写一个数据而使其进入满状态(RP=WP-1),而在RP=WP-2时,由于读一个数据而使其进入空状态(RP=WP-1)。据此,即可得到满或空信号产生的条件。

FIFO的VHDL描述如【例4-44】所示。

【例4-44】

```vhdl
LIBRARY IEEE;
USE IEEE.STD_LOGIC_1164.ALL;
ENTITY fifo IS
    GENERIC (w:INTEGER:=8;
             K:INTEGER:=4);
    PORT (clk,reset,wr,rd:IN STD_LOGIC;
          din:IN STD_LOGIC_VECTOR(k-1 DOWNTO 0);
          dout:IN STD_LOGIC_VECTOR(k-1 DOWNTO 0);
          full,empty:OUT STD_LOGIC );
END fifo;
ARCHITECTURE behav OF fifo IS
    TYPE memory IS ARRAY (0 TO w-1) OF STD_LOGIC_VECTOR (k-1 DOWNTO 0);
    SIGNAL ram:MEMORY;
    SIGNAL wp,rp:INTEGER RANGE 0 TO w-1;
    SIGNAL in_full,in_empty:STD_LOGIC;
BEGIN
    full<= in_full;
    empty<= in_empty;
    dout<= ram(rp);
    PROCESS (clk)
    BEGIN
        IF (clk'EVENT AND clk='1') THEN
            IF(wr='0' AND in_full='0') THEN     ⎫
                ram (wp)<= din;                  ⎬ 数据写堆栈
            END IF;                              ⎭
        END IF;
    END PROCESS;
PROCESS (clk,reset)
BEGIN
    IF (reset='1') THEN
        wp<= 0;
    ELSIF(clk'EVENT AND clk='1') THEN            ⎫
        IF(wp='0' AND in_full='0') THEN          ⎪
            IF (wp = w-1) THEN                   ⎪
                wp<= 0;                          ⎬ wp修改描述
            ELSE                                 ⎪
                wp<= wp+1;                       ⎪
            END IF;                              ⎪
        END IF;                                  ⎭
```

```
      END IF;
    END PROCESS;
PROCESS (clk,reset)
BEGIN
    IF (reset = '1') THEN
        rp <= w - 1;
    ELSIF(clk'EVENT AND clk = '1') THEN
        IF(rd = '0' AND in_empty = '0') THEN
            IF (rp = w - 1) THEN
                rp <= 0;
            ELSE
                rp <= rp + 1;
            END IF;
        END IF;
    END IF;
END PROCESS;
PROCESS (clk,reset)
BEGIN
    IF (reset = '1') THEN
        in_empty <= '1';
    ELSIF(clk'EVENT AND clk = '1') THEN
        IF( (rp = wp - 2 OR (rp = w - 1 AND wp = 1)
            OR (rp = w - 2 AND wp = 0))
            AND (rd = '0' AND wr = '1')) THEN
                in_empty <= '1';
        ELSIF (in_empty = '1' AND wr = '0') THEN
                in_empty <= '0';
        END IF;
    END IF;
END PROCESS;
PROCESS (clk,reset)
BEGIN
    IF (reset = '1') THEN
        In_full <= '0';
    ELSIF(clk'EVENT AND clk = '1') THEN
        IF (rp = wp AND wr = '0' AND rd = '1') THEN
            In_full <= '1';
        ELSIF (in_full = '1' AND rd = '0') THEN
            In_full <= '0';
        END IF;
    END IF;
END PROCESS;
END behav;
```

右侧注释：
- rp 修改描述
- empty 标志产生描述
- full 标志产生描述

【例 4-44】由 3 条信号赋值语句和 5 个进程语句描述了 FIFO 的工作原理。3 条信号赋值语句反映了当前满或空的状态及当前 FIFO 所输出的数据。第一个进程描述 FIFO 的数据压入操作;第二个进程描述写数据地址指示器的数值修改描述;第三个进程描述读数据地址指示器的数值修改描述;第四、第五进程描述 FIFO 的"空"、"满"标志的产生。

4.4 有限状态机(FSM)设计

利用 VHDL 设计的许多实用逻辑系统中,有许多是可以利用有限状态机(FSM)的设计方法来描述和实现的。无论与基于 VHDL 的其他设计方案相比,还是与可完成相似功能的 CPU 相比,状态机都有其无可比拟的优越性,它主要表现在以下几个方面:

① 由于状态机的结构模式相对简单,设计方案相对固定,特别是可以定义符号化枚举类型的状态,这一切都为 VHDL 综合器发挥其强大的优化功能提供了有利条件。而且,性能良好的综合器都具备许多可控或不可控的专门用于优化状态机的功能。

② 状态机容易构成性能良好的同步时序逻辑模块,这对于克服大规模逻辑电路设计中的竞争冒险现象是一个上佳的选择,加之综合器对状态机的特有的优化功能,使得状态机解决方法的优越性更为突出。

③ 状态机的 VHDL 设计程序层次分明,结构清晰,易读易懂,初学者特别容易掌握。

④ 在高速运算和控制方面,状态机更有其巨大的优势。由于在 VHDL 中,一个状态机可以有多个进程构成,一个结构体中可以包含多个状态机,而一个单独的状态机(或多个并行运行的状态机)以顺序方式完成的运算和控制方面的工作与一个 CPU 类似。由此不难理解,一个设计实体的功能类似于一个含有并行运行的多 CPU 的高性能微处理器的功能。事实上这种多 CPU 的微处理器早已在通信、控制和军事等领域有了十分广泛的应用。

⑤ 就运行速度而言,尽管 CPU 和状态机都是按照时钟节拍以顺序时序方式工作的,但 CPU 是按照指令周期,以逐条执行指令的方式运行的;每执行一条指令,通常只能完成一项操作,而一个指令周期须由多个 CPU 机器周期构成,一个机器周期又有多个时钟周期构成;一个含有运算和控制的完整设计程序往往需要成百上千条指令。相比之下,状态机状态变换周期只有一个时钟周期,而且,由于在每一状态中,状态机可以完成许多并行的运算和控制操作,所以,一个完整的控制程序,即使有多个并行的状态机构成,其状态数也是十分有限的。因此,由状态机构成的硬件系统比 CPU 所能完成同样功能的软件系统的工作速度要高出两个数量级。

⑥ 就可靠性而言,状态机的优势也是十分明显的。CPU 本身的结构特点与执行软件指令的工作方式决定了任何 CPU 都不可能获得圆满的容错故障,这已是不争的事实了。因此,用于要求高可靠性的特殊环境中的电子系统中,如果以 CPU 作为主控部件,应是一项错误的决策。然而,状态机系统就不同了,首先是由于状态机的设计中能使用各种无懈可击的容错技术;其次是当状态机进入非法状态并从中跳出所耗的时间十分短暂,通常只有两个时钟周期,约数 10 ns,尚不足以对系统的运行构成伤害;而 CPU 通过复位方式从非法运行方式中恢复过来,耗时达数 10 ms。这对于高速高可靠系统显然是无法容忍的;再其次是状态机本身是以并行运行为主的纯硬件结构。

4.4.1 一般状态机的设计

状态机设计与分类的传统理论是根据状态机的输出输入关系,将其分为所谓 Mealy 型和

Moore 型两类。然而,面对多种多样的实际应用需求,可以有更多种类、结构类型和功能特点的状态机。因此在实际设计中,只要能够满足实际电路的需要,完全不必要拘泥于弄清自己究竟设计的是什么类型的状态机,而且,状态机的设计模式本身就是灵活多样的。本节着重介绍状态机的结构特点、功能特点和一些应用实例。

Mealy 型和 Moore 型两类状态机区别就在于 Mealy 型系统的输出不仅受系统当前状态的控制,而且受输入控制信号状态的控制;Moore 型系统的输出仅受当前系统状态的控制。图 4-29 为 Mealy 型状态机的结构框图,图 4-30 为 Moore 型状态机的结构框图。

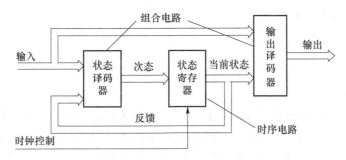

图 4-29　Mealy 型状态机的基本结构框图

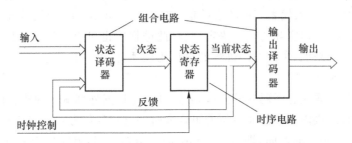

图 4-30　Moore 型状态机的基本结构框图

状态机一般由三部分组成:状态译码器、状态寄存器、输出译码器。采用 VHDL 进行描述时亦有多种方法,如表 4-14 所列。

表 4-14　状态机 VHDL 描述的几种方法

描述风格	功能划分	进程数目
风格 A	1. 次态译码　2. 状态寄存器　3. 输出译码	3
风格 B	次态译码、状态寄存器、输出译码	1
风格 C	1. 次态译码、状态寄存器 2. 输出译码	2
风格 D	1. 次态译码 2. 状态寄存器、输出译码	2
风格 E	1. 次态译码、输出译码 2. 状态寄存器	2

用 VHDL 设计的状态机的结构最常用的方法是表 4-14 中的风格 E,有些系统除了表 4-14 中的主要进程外,还有一些辅助进程,一般由以下几部分组成。

(1) 说明部分

说明部分中有新数据类型的定义及其包含的状态类型(状态名),以及在此新数据下定义的状态变量。状态类型一般用枚举类型,其中每一个状态名可任意选取。但为了便于辨认和含义明确,状态名最好有明显的解释性意义。状态变量定义为信号,便于信息传递;说明部分放在结构体的定义语句区即 ARCHITECTURE 和 BEGIN 之间。例如:

```
ARCHITECTURE …IS
 TYPE states IS (st0,st1,st2,st3);        -- 定义新的数据类型和状态名
 SIGNAL current_state,next_state:states;   -- 定义状态变量
 …
BEGIN
…;
```

(2) 主控时序进程

主控时序进程完成状态寄存器的功能。状态机是随外部时钟信号,以同步时序方式工作的,因此,状态机中必须包含一个对工作时钟信号敏感的进程,作为状态机的"驱动泵"。当状态机发生有效跳变时,状态机的状态才发生变化。状态机的下一个状态(包括再次进入本状态)仅仅取决于时钟信号的到来。一般地,主控时序进程只是机械地将代表下一状态的信号(next_state)中的内容送入代表当前状态的信号(current_state)中,而信号(next_state)中的内容完全由其他的进程根据实际情况来决定,当然此进程中也可以放置一些同步清零或置位方面的控制信号。总的来说,主控时序进程的设计比较固定、单一和简单。

(3) 主控组合进程

主控组合进程完成次态译码和输出译码的功能,是根据外部输入的控制信号(包括来自状态机外部和来自状态机内部其他非主控的组合或时序进程的信号),或当前状态机的状态值确定下一状态(next_state)的取向,即 next_state 的取值内容,以及确定对外输出或对内部其他组合或时序进程输出控制信号的内容。

(4) 辅助组合进程

用于配合状态机工作的其他组合进程,如为了完成某种算法的进程。

(5) 辅助时序进程

用于配合状态机工作的其他时序进程,如为了稳定输出设置的数据锁存器等。一个状态机的最简单结构应至少由两个进程构成(也有单进程状态机,但并不常用),一个进程完成状态寄存器的工作状态的输出;另一个进程描述组合逻辑,包括进程间状态值的传递逻辑以及状态转换值的输出。当然,必要时还可以引进第 3 个和第 4 个进程,以完成其他的逻辑功能。

【例 4 - 45】是一个 Mealy 状态机 VHDL 描述模板,它由 3 个进程构成,一个主控时序进程 REG,主控组合进程分为两个进程:次态译码进程 FUNC1,输出译码进程 FUNC2。

【例 4 - 45】

```
LIBRARY IEEE;
USE IEEE.STD_LOGIC_1164.ALL;
ENTITY AD system IS
    PORT (clock :IN STD_LOGIC;
         A:IN STD_LOGIC;
```

```
                D:OUT STD_LOGIC );
END system ;
ARCHITECTURE mealy OF system IS
    TYPE state is (S1,S2,S3,……,Sn);        --定义枚举类型包含系统的所有控制状态
    SIGNAL   B,C:state;                    --B是次态,C是当前状态
BEGIN
    FUNC1:PROCESS(A,C)                     --第1组合逻辑进程,次态译码器
    BEGIN
        B<= FUNC1(A,C);                    --C是当前状态
    END PROGRESS;
    FUNC2:PROCESS(A,C)                     --第二组合逻辑进程,为状态机输出提供数据
    BEGIN
        D<= FUNC2(A,C);                    --输出信号D对应的FUNC2,是仅为当前状态的函数
    END PROCESS;
    REG:PROCESS(clock)                     --主控时序逻辑进程,负责状态的转换
    BEGIN
        IF clock ='1' AND clock'EVENT THEN
            C<= B                          --B是次态,C是当前态
        EDN IF;
    END PROCESS;
END mealy;
```

图 4-31 为【例 4-45】的示意图。

图 4-31 【例 4-45】描述的状态机示意图

【例 4-46】描述的是带有异步复位、由两个进程（主控时序进程(REG)和主控组合进程(COM)）实现的 Moore 型状态机,此程序可作为一般 Moore 状态机设计的 VHDL 描述模板来加以套用。

【例 4-46】

```
LIBRARY IEEE;
USE IEEE.STD_LOGIC_1164.ALL;
ENTITY s_machine IS
    PORT (clk,reset :IN STD_LOGIC;
         State_inputs:IN STD_LOGIC_VECTOR(0 TO 1);
         Comb_outputs:OUT STD_LOGIC_VECTOR(0 TO 1);
END s_machine;
ARCHITECTURE behav OF s_machine IS
    TYPE state IS (st0,st1,st2,st3) ;      --定义state为枚举型数据类型,包含4个元素
    SIGNAL current_state,next_state:state;
```

```vhdl
BEGIN
    REG:PROCESS(reset,clk)                          -- 时序逻辑进程
    BEGIN
        IF reset = '1' THEN
            current_state <= st0;                   -- 异步复位
        ELSIF clk = '1' AND clk'EVENT THEN
            current_state <= next_state;            -- 当测到时钟上升沿时转换至下一状态
        END IF;
    END PROCESS;                                    -- 由信号 current_state 将当前状态值带出此进程进
                                                    --   入进程 COM

    COM:PROCESS (current_state,state_inputs)        -- 组合逻辑进程
    BEGIN
        CASE current_state IS                       -- 确定当前状态的状态值
            WHEN st0 =>
                comb_outputs <= "00";               -- 初始态译码输出"00"
                IF state_inputs = "00" THEN         -- 根据外部的状态控制输入"00"
                    next_state <= st0;              -- 在下一时钟后,进程 REG 的状态将维持为 st0
                ELSE
                    next_state <= st1;              -- 否则,在下一时钟后,进程 REG 的状态将为 st1
                END IF;
            WHEN st1 =>
                comb_outputs <= "01";               -- 对应状态 st1 的译码输出"01"
                IF state_inputs = "00" THEN         -- 根据外部的状态控制输入"00"
                    next_state <= st1;              -- 在下一时钟后,进程 REG 的状态将维持为 st1
                ELSE
                    next_state <= st2;              -- 否则,在下一时钟后,进程 REG 的状态将为 st2
                END IF;
            WHEN st2 =>
                comb_outputs <= "10";               -- 以下依次类推
                IF state_inputs = "11" THEN
                    next_state <= st2;
                ELSE
                    next_state <= st3;
                END IF;
            WHEN st3 =>
                comb_outputs <= "11";
                IF state_inputs = "11" THEN
                    next_state <= st3;
                ELSE
                    next_state <= st0;              -- 否则,在下一时钟后,进程 REG 的状态返回 st0
                END IF;
            END case;
    END PROCESS;                                    -- 由信号 next_state 将下一状态值带出此进程,进
                                                    --   入进程 REG
END behav;
```

从一般意义上说,进程间是并行运行的,但由于敏感信号的设置不同以及电路的延迟,在时序上进程间的动作是有先后的。本例中,就状态转换这一行为来说,进程"REG"在时钟上升沿到来时,将首先运行,完成状态转换的赋值操作。进程 REG 只负责将当前状态转换为下一状态,而不管所转换的状态究竟处于哪一状态(st0、st1、st2、st3)。如果外部控制信号 state_inputs 不变,只有当来自进程 REG 的信号 current_state 改变时,进程 COM 才开始动作。在此进程中,将根据 current_state 的值和外部的控制码 state_inputs 来决定下一时钟边沿到来后,进程 REG 的状态转换方向。这个状态机的两位组合逻辑输出 comb_outputs 是对当前状态的译码,读者可以通过这个输出值了解状态机内部的运行情况;同时可以利用外部控制信号 state_inputs 任意改变状态机的状态变化模式。请注意,在此状态机中,有两个信号起到了互反馈的作用,完成了两个进程间的信息传递功能,这两个信号(见图 4-32)就是 current_state(进程 REG→进程 COM)和 next_state(进程 COM→进程 REG)。

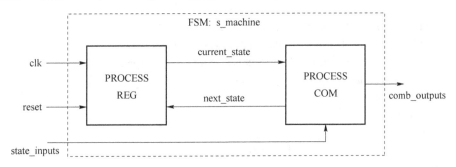

图 4-32 s_machine 工作示意图

在设计中,如果希望输出的信号具有寄存器锁存功能,则需要为此输出写第 3 个进程,并把 clk 和 reset 信号放到敏感信号表中。

在【例 4-46】中,用于进程间信息传递的信号是 current_state 和 next_state,在状态机设计中 next_state 成为反馈信号。状态机运行中,信号传递的反馈机制的作用是实现当前状态的存储和下一个状态的译码设定等功能。在 VHDL 中可以有两种方式来创建反馈机制:使用信号的方式和使用变量的方式。通常倾向于使用信号的方式(如【例 4-46】)。一般而言,在进程内部使用变量传递数据,然后使用信号将数据带出进程。【例 4-46】即是一种使用信号的反馈机制。

【例 4-47】是一个利用 Moore 状态机工作方式设计的空调机控制器。有两个温度控制输入信号,两个温度调节控制输出信号,一个时钟输入信号,其状态转移图如图 4-33 所示。

【例 4-47】

```
LIBRARY IEEE;
USE IEEE.STD_LOGIC_1164.ALL;
ENTITY air_conditioner IS
    PORT(clk ,tmp_high,tmp_low:IN STD_LOGIC;
         heat, cool : OUT STD_LOGIC);
END air_conditioner;
ARCHITECTURE style OF air_conditioner IS
    TYPE state IS (just_right, too_cold, too_hot);
    SIGNAL now_state,next_state : state;
```

```
BEGIN
   PROCESS(now_state, tmp_high, tmp_low)           --输出译码器
   BEGIN
        CASE now_state  IS
        WHEN just_right => heat<='0'; cool<='0';
             IF (tmp_low = '1') THEN next_state <= too_cold;
             ELSIF (tmp_high ='1') THEN next_state <= too_hot;
             ELSE next_state <= just_right;
             END IF;
        WHEN too_cold => heat<='1'; cool<='0';
             IF (tmp_low = '1') THEN next_state <= too_cold;
             ELSIF (tmp_high ='1') THEN next_state <= too_hot;
             ELSE next_state <= just_right;
             END IF;
        WHEN too_hot => heat<='0'; cool<='1';
             IF (tmp_low = '1') THEN next_state <= too_cold;
             ELSIF (tmp_high ='1') THEN next_state <= too_hot;
             ELSE next_state <= just_right;
             END IF;
        END CASE;
   END PROCESS;
   PROCESS(clk)                --状态寄存器
   BEGIN
        IF (clk'event and clk ='1')THEN
              now_state<= next_state;
        END IF;
   END PROCESS;
END style;
```

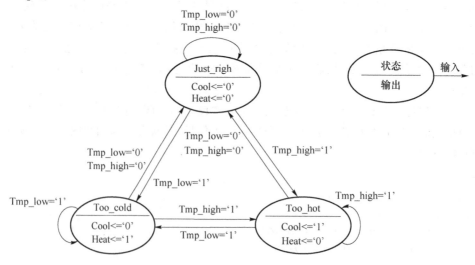

图 4-33　空调控制器状态转移图

tmp_hign—温度太高输入信号　　　cool—降温控制输出信号
tmp_low—温度太低输入信号　　clk—时钟输入信号　　heat—加热控制输出信号

【例 4-48】是用 Mealy 状态机设计方法设计一个自动售饮料的逻辑电路。它的投币口每次只能投入一枚五角或一元的硬币;投入一元五角的硬币后机器自动给出一杯饮料;投入两元的硬币后,在给出饮料的同时找回一枚五角的硬币。其状态转移图如图 4-34 所示。

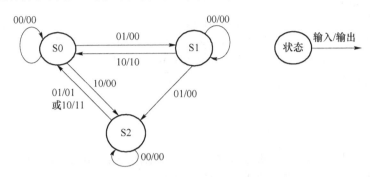

图 4-34 自动售货机状态移图

其中输入为两位二进制数,bit0 位为'1'是投入一枚 5 角硬币,bit1 位为'1'表示投入一枚 1 元硬币。输出也是两位二进制数,bit1 位为'1'表示找回 4 一枚 5 角硬币,bit0 位为'1'表示出饮料。

控制状态 有 3 个,即 S0、S1 和 S2。S0 表示初始态,S1 表示共投入一枚 5 角硬币,S2 表示已投入了 2 枚 5 角硬币或一枚 1 元硬币。

【例 4-48】

```
ENTITY sell_machine IS
    PORT(clk: IN BIT;
         x: IN BIT_VECTOR(0 to 1);
         y: OUT BIT_VECTOR(0 to 1));
END sell_machine;
ARCHITECTURE rtl OF sell_machine IS
    TYPE state IS (s0, s1, s2);
    SIGNAL current_state, next_state: state;
BEGIN
PROCESS(clk)
BEGIN
        IF clk'event AND clk = '1' THEN
        current_state <= next_state;
        END IF;
END PROCESS;
PROCESS(x, current_state)
BEGIN
    CASE current_state IS
        WHEN s0 =>
            IF   x = "00" THEN next_state <= s0; y <= "00";
            ELSIF x = "01" THEN next_state <= s1; y <= "00";
            ELSIF x = "10" THEN next_state <= s2; y <= "00";
            END IF;
        WHEN s1 =>
            IF   x = "00" THEN next_state <= s1; y <= "00";
```

```
                    ELSIF  x = "01" THEN next_state <= s2; y <= "01";
                    ELSIF x = "10" THEN next_state <= s0; y <= "10";
                    END IF;
                WHEN s2 =>
                    IF  x = "00" THEN next_state <= s2; y <= "00";
                    ELSIF x = "01" THEN next_state <= s0; y <= "01";
                    ELSIF  x = "10" THEN next_state <= s0; y <= "11";
                END IF;
            END CASE;
    END PROCESS;
END rtl;
```

【例 4-47】采用的是 Moore 状态机,【例 4-48】采用的是 Mealy 状态机,它们的区别就在于输出译码器功能的描述是否与输入控制信号有关。

【例 4-49】是用 Moore 型状态机设计一个十字路口交通灯控制器。十字路口东西、南北各有红、黄、绿指示灯,其中绿灯、黄灯和红灯的持续时间分别为 40 s、5 s 和 45 s。

状态机所包含的四个状态(S0,S1,S2,S3)如下:

S0:东西绿灯亮,红灯和黄灯灭;南北绿灯和黄灯灭,红灯亮。

S1:东西绿灯和红灯灭,黄灯亮;南北绿灯和黄灯灭,红灯亮。

S2:东西绿灯和黄灯灭,红灯亮;南北绿灯亮,红灯和黄灯灭。

S3:东西绿灯和黄灯灭,红灯亮;南北绿灯和红灯灭,黄灯亮。

其中 S0、S2 状态应该持续 40 s,S1、S3 状态应该持续 5 s。该功能采用计数器计时实现,由一个辅助进程来完成,包含一个最大计数值为 39 的计数器和一个最大计数值为 4 的计数器。计数器的使能控制根据当前状态决定,计数器的进位位输出作为状态机的控制输入。东西、南北红、绿、黄灯点亮由状态机的输出控制。

其状态转移图如图 4-35 所示。

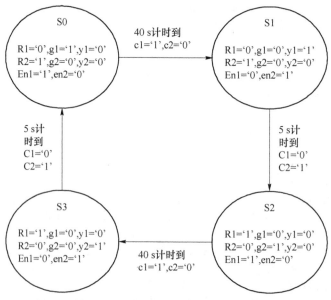

图 4-35 交通灯控制器状态转移图

其中：

R1,g1,y1 为东西向指示灯控制信号,R2,g2,y2 为南北向指示灯控制信号,点亮指示灯为'1',否则为'0';

C1 为 40 s 计时到标志,计数到最大为'1',否则为'0';

C2 为 5 s 计时到标志,计数到最大为'1',否则为'0';

en1 为 40 s 计时使能,当前状态为绿灯,若亮时为'1',否则为'0';

en2 为 5 s 计时使能,当前状态为黄灯,若亮时为'1',否则为'0'。

【例 4 – 49】

```
LIBRARY IEEE;
USE IEEE.STD_LOGIC_1164.ALL;
USE IEEE.STD_LOGIC_UNSIGNED.ALL;
USE IEEE.STD_LOGIC_ARITH.ALL;
ENTITY traffic IS
    PORT(clk,reset:IN STD_LOGIC;
        r1,r2,y1,y2,g1,g2:OUT STD_LOGIC);
END traffic;
ARCHITECTURE a OF traffic IS
    TYPE state IS(s0,s1,s2,s3);
    SIGNAL nowstate,nextstate:state;
    SIGNAL c1,c2:STD_LOGIC;
    SIGNAL en1,en2:STD_LOGIC;
    CONSTANT greentime:STD_LOGIC_VECTOR(5 DOWNTO 0): = "100111";
    CONSTANT yellowtime:STD_LOGIC_VECTOR(2 DOWNTO 0): = "100";
    SIGNAL cnt1:STD_LOGIC_VECTOR(5 DOWNTO 0);
    SIGNAL cnt2:STD_LOGIC_VECTOR(2 DOWNTO 0);
BEGIN
    PROCESS(en1,en2,clk)
    BEGIN
        IF(clk'EVENT AND clk = '1')THEN
            IF (en1 = '1')THEN c2<='0';
                IF cnt1 = "000000" THEN c1<='1';
                ELSE cnt1<= cnt1 - '1';c1<='0';
                END IF;
                cnt2<= yellowtime;
            ELSIF (en2 = '1') THEN c1<='0';
                IF cnt2 = "000" THEN c2<='1';
                ELSE cnt2<= cnt2 - '1';c2<='0';
                END IF;
                cnt1<= greentime;
            END IF;
        END IF;
    END PROCESS;
    PROCESS(nowstate,c1,c2)
    BEGIN
```

```
            CASE nowstate IS
                WHEN s0 =>g1<='1';y1<='0';r1<='0';g2<='0';y2<='0';r2<='1';en1<='1';en2<='0';
                    IF c1 ='1' THEN nextstate<= s1;
                    ELSE nextstate<= s0;
                    END IF;
                WHEN s1 =>g1<='0';y1<='1';r1<='0';g2<='0';y2<='0';r2<='1';en1<='0';en2<='1';
                    IF c2 ='1' THEN nextstate<= s2;
                    ELSE nextstate<= s1;
                    END IF;
                WHEN s2 =>g1<='0';y1<='0';r1<='1';g2<='1';y2<='0';r2<='0';en1<='1';en2<='0';
                    IF c1 ='1' THEN nextstate<= s3;
                    ELSE nextstate<= s2;
                    END IF;
                WHEN s3 =>g1<='0';y1<='0';r1<='1';g2<='0';y2<='1';r2<='0';en1<='0';en2<='1';
                    IF c2 ='1' THEN nextstate<= s0;
                    ELSE nextstate<= s3;
                    END IF;
            END CASE;
        END PROCESS;

        PROCESS(reset,clk)
        BEGIN
            IF(clk'event AND clk ='1') THEN
                IF reset ='1' THEN nowstate<= s0;
                ELSE nowstate<= nextstate;
                END IF;
            END IF;
        END PROCESS;
END a;
```

4.4.2 状态值编码方式

通常在设计状态机时,状态编码方式的选择是非常重要的,选得不好,可能会导致速度太慢或占用太多逻辑资源。实际设计中,必须考虑多方面因素选择最为合适的编码方式。常用的编码形式有三种:顺序编码、格雷码编码和"ONE-HOT"编码。

(1) 顺序编码方式

设计中状态机的状态值定义为枚举类型,综合时一般转化为二进制的序列,因此与二进制编码方式本质上是相同的。

实际需要触发器的数目为实际状态的以 2 为底的对数。这种编码方式最为简单,综合后寄存器用量较少,剩余状态最少,其综合效率和电路速度在一定程度上将会得到提高。但在状态转换过程中,状态寄存器的高位翻转和低位翻转时间是不一致的,这样就会出现过渡状态,若状态机的状态值更多的话,产生过渡状态的概率更大,因此适合复杂度较低的设计。

(2) 格雷码编码方式

格雷码编码,即相邻两个状态的编码只有一位不同,这使得采用格雷码表示状态值的状态机,可在较大程度上消除由传输延时引起的过渡状态。

该方式使得在相邻状态之间跳转时,只有一位变化,降低了产生过渡状态的概率,但当状态转换有多种路径时,就无法保证状态跳转时只有一位变化。所以在一定程度上,格雷码编码是二进制的一种变形,总体思想是一致的。

(3)"ONE-HOT"状态值编码方式

One-hot 编码方式是使用 N 个触发器来实现 N 个状态的状态机,每个状态都由一个触发器表示,在任意时刻,其中只有 1 位有效,该位也称为"hot",触发器为'1',其余的触发器置'0'。

这种结构的状态机其稳定性优于一般结构的状态机,但是它占用的资源更多。其简单的编码方式简化了状态译码逻辑,提高了状态转换速度,适合于在 FPGA 中应用。

4.4.3 剩余状态与容错技术

在状态机设计中,不可避免地会出现大量剩余状态。若不对剩余状态进行合理的处理,状态机可能进入不可预测的状态,后果是对外界出现短暂失控或者始终无法摆脱剩余状态而失去正常功能。因此,对剩余状态的处理,即容错技术的应用是必须慎重考虑的问题。但是,剩余状态的处理要不同程度地耗用逻辑资源,因此设计者在选用状态机结构、状态编码方式、容错技术及系统的工作速度与资源利用率方面需要做权衡比较,以适应自己的设计要求。

剩余状态的转移去向大致有如下几种:

① 转入空闲状态,等待下一个工作任务的到来;

② 转入指定的状态,去执行特定任务;

③ 转入预定义的专门处理错误的状态,如预警状态。

对于前两种编码方式可以将多余状态做出定义,在以后的语句中加以处理。处理的方法有 2 种:

① 在语句中对每一个非法状态都做出明确的状态转换指示;

② 一个完备的状态机(健壮性强)应该具备初始化(reset)状态和默认(default)状态。初始化(reset)状态一般简单方便的方法是采用异步复位信号,当然也可以使用同步复位,但是要注意同步复位的逻辑设计。默认(default)状态是保证当转移条件不满足,或者状态发生了突变时,逻辑不会陷入"死循环"。这是对状态机健壮性的一个重要要求,也就是常说的要具备"自恢复"功能。对应于编码就是对使用 case、if 语句完成状态转移要特别注意,要写完备的条件判断语句。VHDL 中,当使用 CASE 语句的时候,要使用"When Others"建立默认状态。使用 IF 语句的时候,要在"ELSE"指定默认状态。

4.5 常用接口电路设计

4.5.1 常用显示接口电路设计

1. 数码管动态显示接口电路设计

数码管的显示方式有动态显示和静态显示两种。为了节约 I/O 口,位数较多时,常用动态显示方式,即每个数码管对应的引脚都接在一起(如每个数码管的 a 引脚都接到一起,然后再接到 FPGA/CPLD 上的一个引脚上),通过公共端控制相应数码管的亮、灭(共阴极数码管的公共端为高电平时,LED不亮;共阳极的公共端为低电平时,LED不亮)。当输出字形码时,所有数码管都接收到相同的字形码,但究竟是那个数码管会显示出字形,取决于位选码对公共端电路的控制,所以只要使需要显示的数码管的选通控制有效,该位就显示出字形,没有选通的数码管就不会亮。通过分时轮流控制各个数码管的公共端,就使各个数码管轮流受控显示。在轮流显示过程中,每位数码管的点亮时间为 1~2 ms,由于人的视觉暂留现象及发光二极管的余辉效应,尽管实际上各位数码管并非同时点亮,但只要扫描的速度足够快,给人的印象就是一组稳定的显示数据,不会有闪烁感,因此,动态显示和静态显示的效果是一样的,且能够节省大量的 I/O 端口,而且功耗更低。

下面举例说明数码管动态显示接口电路的设计。

(1) 设计要求

输入一个八位二进制,结果以十六进制数的形式由两位共阴极数码管显示。

数码管动态显示接口电路原理框图如图 4-36 所示,其中,LEDOUT 输出字形码,SCANOUT 输出位选码,对公共端进行扫描控制。

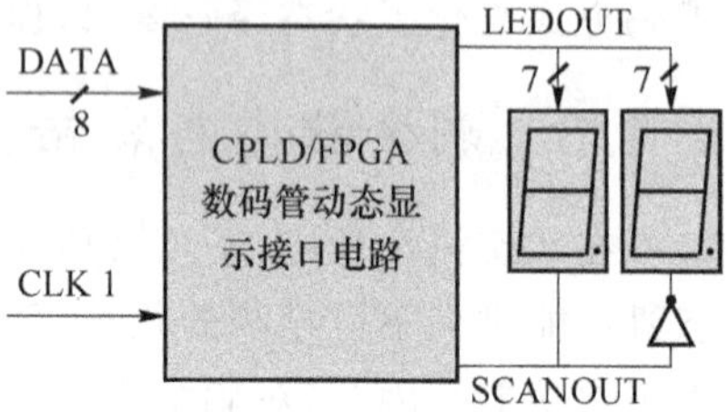

图 4-36 数码管动态显示接口电路原理框图

(2) VHDL 源程序及其说明如【例 4-50】所示。

【例 4-50】

```
LIBRARY IEEE;
USE IEEE.STD_LOGIC_1164.ALL;
ENTITY DISPLAY2 IS
    PORT(CLK1:IN STD_LOGIC;
         DATA:IN STD_LOGIC_VECTOR(7 DOWNTO 0);      --输入的8位二进制数
         LEDOUT:OUT STD_LOGIC_VECTOR(6 DOWNTO 0);   --字形码
         SCANOUT:OUT STD_LOGIC);                    --位选码
END DISPLAY2;
ARCHITECTURE A OF DISPLAY2  IS
    SIGNAL HEX:STD_LOGIC_VECTOR(3 DOWNTO 0);
    SIGNAL LED:STD_LOGIC_VECTOR(6 DOWNTO 0);
    SIGNAL SCAN:STD_LOGIC;
BEGIN
    PROCESS(CLK1)                                   --产生位选码
    BEGIN
      IF(CLK1'EVENT AND CLK1 = '1') THEN
            SCAN<= NOT SCAN;
      END IF;
    END PROCESS;
    SCANOUT<= SCAN;                                 --输出位选码
    HEX<= DATA(7 DOWNTO 4) WHEN SCAN = '1' ELSE
         DATA(3 DOWNTO 0);                          --分别取8位二进制数的高四位和低四位
    LEDOUT<= LED;                                   --输出字形码
    WITH HEX SELECT                                 --产生字形码
    LED<= "1111001" WHEN "0001",                    --1
```

```
                "0100100" WHEN "0010",          --2
                "0110000" WHEN "0011",          --3
                "0011001" WHEN "0100",          --4
                "0010010" WHEN "0101",          --5
                "0000010" WHEN "0110",          --6
                "1111000" WHEN "0111",          --7
                "0000000" WHEN "1000",          --8
                "0010000" WHEN "1001",          --9
                "0001000" WHEN "1010",          --A
                "0000011" WHEN "1011",          --B
                "1000110" WHEN "1100",          --C
                "0100001" WHEN "1101",          --D
                "0000110" WHEN "1110",          --E
                "0001110" WHEN "1111",          --F
                "1000000" WHEN OTHERS;          --0
END A;
```

2. LED 点阵屏显示接口电路设计

(1) 设计要求

设计要求：在 8×8 LED 点阵屏上依次显示单个汉字、字母或数字。

分析：8×8 LED 点阵屏上有 64 个发光二极管，在某一时刻 LED 点阵屏中只有一行中指定的发光二极管发光。假设 LED 点阵屏采用共阳极发光二极管，LED 点阵屏有行信号和列信号。FPGA/CPLD 提供 3 个行控制信号为 LED 点阵屏的某一行提供电源电压；FPGA/CPLD 直接驱动 LED 点阵屏的列信号，如果要某一列的发光二极管亮，则该列驱动信号为低电平。例如要显示电子技术的"电"字的点阵字形，第一行的数据为 11101111b，第二行的数据为 00000001b，依次类推，如图 4-37 所示。

假设系统有 2 048 Hz 和 8 Hz 时钟源信号，其中利用 2 048 Hz 时钟，提供行扫描信号，根据行扫描信号确定该行所需要的列信号；利用 8 Hz 时钟信号用于控制每一个汉字的显示时间，其原理框图如图 4-38 所示。

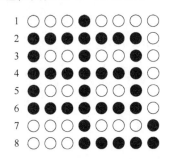
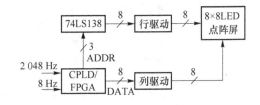

图 4-37　汉字"电"字的点阵字型　　　图 4-38　汉字显示电路原理框图

(2) VHDL 源程序及其说明

程序功能：在 8×8 LED 点阵屏上依次显示汉字"电子"两个字。

程序结构分析：程序由三个进程组成。其中：P1 进程是一个二进制计数分频器，确定一个汉字显示的时间，输入信号为 8 Hz 时钟信号 CLKA；P2 进程为 74LS138 提供行扫描地址输出信号 ADDR(0)～ADDR(2)，进程的输入信号为 2 048 Hz 时钟信号 CLK；P3 进程输出每一行的列数据信号 DATA(0)～DATA(7)，该输出信号决定一行中的哪一个或几个发光二极管发光，该进程的输入信号是 P2 进程提供的行扫描地址输出信号。

具体程序和说明如【例 4-51】所示。

【例 4-51】

```
LIBRARY IEEE;
USE IEEE.STD_LOGIC_1164.ALL;
USE IEEE.STD_LOGIC_UNSIGNED.ALL;
ENTITY DISP IS
    PORT(CLK: IN STD_LOGIC;
         CLKA: IN STD_LOGIC;
         ADDR: INOUT STD_LOGIC_VECTOR (2 DOWNTO 0);
         DATA: OUT STD_LOGIC_VECTOR(7 DOWNTO 0));
END DISP;
ARCHITECTURE ONE OF DISP IS
    SIGNAL Q: STD_LOGIC_VECTOR (3 DOWNTO 0);
BEGIN
    P1: PROCESS(CLKA)                      --二进制计数分频器
    BEGIN
        IF RISING_EDGE(CLKA) THEN
            Q<= Q+'1';
        END IF;
    END PROCESS P1;
    P2: PROCESS(CLK)                       --行扫描控制信号
    BEGIN
        IF RISING_EDGE(CLK) THEN
            ADDR<= ADDR +'1';
        END IF;
    END PROCESS P2;
    P3: PROCESS(ADDR)                      --输出每一行的列数据信号
    BEGIN
        IF Q(3) = '1' THEN
            CASE ADDR IS                   --显示汉字"电"
            WHEN "000" =>DATA<= "11101111";
            WHEN "001" =>DATA<= "00000001";
            WHEN "010" =>DATA<= "01101101";
            WHEN "011" =>DATA<= "00000001";
            WHEN "100" =>DATA<= "01101101";
            WHEN "101" =>DATA<= "00000001";
            WHEN "110" =>DATA<= "11101110";
            WHEN "111" =>DATA<= "11100000";
            WHEN  OTHERS => DATA<= "11111111";
            END CASE;
        ELSE
            CASE ADDR IS                   --显示汉字"子"
            WHEN "000" =>DATA<= "10000000";
```

```
                WHEN "001" =>DATA<= "11111101";
                WHEN "010" =>DATA<= "11111011";
                WHEN "011" =>DATA<= "00000000";
                WHEN "100" =>DATA<= "11110111";
                WHEN "101" =>DATA<= "11110111";
                WHEN "110" =>DATA<= "11110111";
                WHEN "111" =>DATA<= "11100111";
                WHEN  OTHERS => DATA<= "11111111";
                END CASE;
            END IF;
        END PROCESS P3;
    END ONE;
```

4.5.2 常用键盘接口电路设计

数字系统中,常用的按键有直接式和矩阵式两种。

直接式按键十分简单,一端接 Vcc,一端接 FPGA/CPLD 的 I/O 口(设为输入)。当按键按下时,此接口为高电平,通过对 I/O 口电平的检测就可知按键是否按下。其优点是简单、易行,连接方便,但每个按键要占用一个 I/O 口,如果系统中需要很多按键,那么用这种方法会占用大量的 I/O 口。而矩阵式键盘控制比直接式按键要麻烦得多,但其优点也是很明显的,即节省 I/O 口。设矩阵式键盘有 m 行 n 列,则键盘上有(m×n)个按键,而它只需要占用(m+n)个 I/O 口。当需要很多按键时,用矩阵式键盘显然比直接式按键要合理得多。

下面以一个 4×4 矩阵式键盘为例,介绍键盘接口电路的设计方法。

1. 4×4 矩阵键盘的工作原理

矩阵键盘又称为行列式键盘,如 4×4 矩阵式键盘是用 4 条 I/O 线作为行线,4 条 I/O 线作为列线,由此组成键盘。在行和列的每一个交叉点上,设置一个按键。这样键盘中按键的个数是 4×4 个。图 4-39 是一个 4×4 矩阵式键盘原理图,其中 PC3~PC0 由 FPGA/CPLD 输

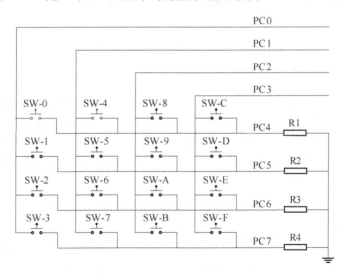

图 4-39 汉字显示电路原理框图

出信号;PC7~PC4 由 FPGA/CPLD 读入。当 PC3~PC0 为 1111 时,若无键按下,PC7~PC4 均为低电平;当 PC3~PC0 为 1000 时,若 0 键按下,PC7~PC4 为 0001,若 1 键按下,PC7~PC4 为 0010,以此类推,行列电平值与按键的对应关系如表 4-15 所列。

表 4-15 行列电平值与按键的对应关系

列/ PC3~PC0(输出)	行/ PC7~PC4(输入)	按　键
1000	0001	0
1000	0010	1
1000	0100	2
1000	1000	3
0100	0001	4
0100	0010	5
0100	0100	6
0100	1000	7
0010	0001	8
0010	0010	9
0010	0100	A
0010	1000	B
0001	0001	C
0001	0010	D
0001	0100	E
0001	1000	F

2. 4×4 矩阵键盘接口电路的源程序及其说明

如【例 4-52】所示为 4×4 矩阵键盘接口电路的源程序及其说明。

【例 4-52】

```
LIBRARY IEEE;
USE IEEE.STD_LOGIC_1164.ALL;
ENTITY KEYBOARD IS
    PORT (CLK:IN STD_LOGIC;                          --扫描时钟频率不宜过高,一般在 1 kHz 以下
          KIN:IN STD_LOGIC_VECTOR(0 TO 3);           --读入行码,连接 PC4~PC7
          SCANSIGNAL:OUT STD_LOGIC_VECTOR(0 TO 3);   --输出列码(扫描信号),连接 PC0-PC3
          NUM:OUT INTEGER RANGE 0 TO 15);            --输出键值,15 表示无键按下
END KEYBOARD;
ARCHITECTURE SCAN OF  KEYBOARD IS
    SIGNAL SCANS:STD_LOGIC_VECTOR(0 TO 7);
    SIGNAL SCN:STD_LOGIC_VECTOR(0 TO 3);
    SIGNAL COUNTER: INTEGER RANGE 0 TO 3;            --用以计算产生扫描信号
    SIGNAL COUNTERB: INTEGER RANGE 0 TO 3;           --用以计算
BEGIN
    PROCESS(CLK)
```

第 4 章　VHDL 语言描述的典型电路设计

```
        BEGIN
            IF CLK'EVENT AND CLK = '1' THEN
                IF COUNTER = 3 THEN COUNTER <= 0;
                ELSE COUNTER <= COUNTER + 1;
                END IF;
                CASE COUNTER IS                           -- 产生扫描信号
                WHEN 0 => SCN <= "1000";
                WHEN 1 => SCN <= "0100";
                WHEN 2 => SCN <= "0010";
                WHEN 3 => SCN <= "0001";
                END CASE;
            END IF;
        END PROCESS;
    PROCESS(CLK)                                          -- 上升沿产生扫描信号,下降沿读入行码
    BEGIN
        IF CLK'EVENT AND CLK = '0' THEN
            IF KIN = "0000" THEN                          -- PC7～PC4 均为低电平,说明无键按下
                IF COUNTERB = 3   THEN
                    NUM <= 15;                            -- 15 表示无键按下
                    COUNTERB <= 0;
                ELSE
                    COUNTERB <= COUNTERB + 1;
                END IF;
            ELSE
                COUNTERB <= 0;
                CASE SCANS IS                             -- 由行列值译码
                WHEN "10000001" => NUM <= 0;
                WHEN "10000010" => NUM <= 1;
                WHEN "10000100" => NUM <= 2;
                WHEN "10001000" => NUM <= 3;
                WHEN "01000001" => NUM <= 4;
                WHEN "01000010" => NUM <= 5;
                WHEN "01000100" => NUM <= 6;
                WHEN "01001000" => NUM <= 7;
                WHEN "00100001" => NUM <= 8;
                WHEN "00100010" => NUM <= 9;
                WHEN "00100100" => NUM <= 10;
                WHEN "00101000" => NUM <= 11;
                WHEN "00010001" => NUM <= 12;
                WHEN "00010010" => NUM <= 13;
                WHEN "00010100" => NUM <= 14;
                WHEN    OTHERS  => NUM <= 15;
                END CASE;
            END IF;
```

```
        END IF;
      END PROCESS;
      SCANS<= SCN&KIN;                    --得到行列值
      SCANSIGNAL<= SCN;                   --输出扫描信号
    END SCAN;
```

4.5.3 常用 AD 转换接口电路设计

1. ADC0809 转换接口电路设计

ADC0809 是 CMOS 的 8 位 A/D 转换器,片内有 8 路模拟开关,可控制 8 个模拟量中的一个进入转换器中。ADC0809 的分辨率为 8 位,转换时间约 100 μs,含锁存控制的 8 路多路开关,输出由三态缓冲器控制,单 5 V 电源供电。图 4-40 是 ADC0809 的引脚及主要控制信号时序图。

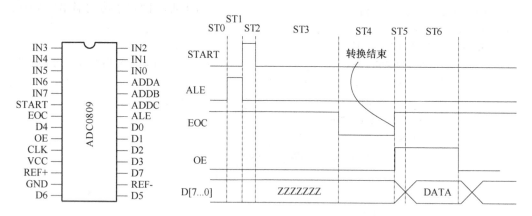

图 4-40 ADC0809 的引脚及主要控制信号时序图

根据 ADC0809 的 A/D 转换控制要求,ADC0809 与 FPGA/CPLD 的连接原理框图如图 4-41 所示。

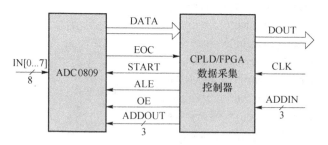

图 4-41 ADC0809 与 FPGA/CPLD 的连接原理框图

2. ADC0809 转换接口电路的源程序及其说明

根据 ADC0809 的 A/D 转换控制要求,对于 ADC0809 模数转换控制部分,可用一个状态机来实现。按照时序要求,将其划分为 7 个状态,即 ST0、ST1、ST2、ST3、ST4、ST5、ST6,如图 4-42 所示。其状态转换如图 4-40 所示。

ADC0809 转换接口电路的源程序和说明如【例 4-53】所示。

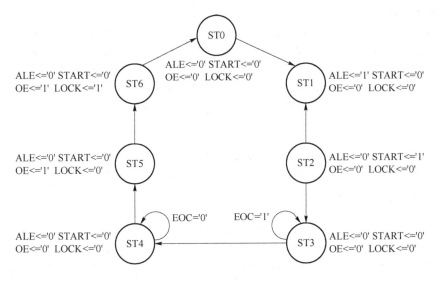

图 4-42 ADC0809 工作时的状态转换图

【例 4-53】

```
LIBRARY IEEE;
USE IEEE.STD_LOGIC_1164.ALL;
USE IEEE.STD_LOGIC_UNSIGNED.ALL;
ENTITY AD IS
PORT(DATA:IN STD_LOGIC_VECTOR(7 DOWNTO 0);     --由 ADC0809 读入的数据转换结果
     RST: IN STD_LOGIC;                         --复位信号
     CLK: IN STD_LOGIC ;                        --转换工作时钟信号
     EOC: IN STD_LOGIC;                         --ADC0809 的转换结束控制信号
     START: OUT STD_LOGIC;                      --ADC0809 的转换启动控制信号
     OE: OUT STD_LOGIC;                         --ADC0809 的输出使能控制信号
     ALE: OUT STD_LOGIC;                        --ADC0809 的通道选择地址锁存信号
     ADDIN: IN STD_LOGIC_VECTOR(2 DOWNTO 0);    --ADC0809 的通道号选择输入
     ADDOUT:OUT STD_LOGIC_VECTOR(2 DOWNTO 0);   --输出 ADC0809 的通道号
     DOUT:OUT STD_LOGIC_VECTOR(7 DOWNTO 0));    --输出 ADC0809 的 8 位数据转换结果
END;
ARCHITECTURE ONE OF AD IS
 TYPE STATES IS (ST0,ST1,ST2,ST3,ST4,ST5,ST6);
 SIGNAL CURRENT_STATE,NEXT_STATE:STATES;
 SIGNAL REGL:STD_LOGIC_VECTOR(7 DOWNTO 0);      --锁存转换后的结果
 SIGNAL LOCK0,LOCK1:STD_LOGIC;                  --转换后数据输出锁存时钟信号
 SIGNAL ALE0:STD_LOGIC;
 SIGNAL START0:STD_LOGIC;
 SIGNAL OE0:STD_LOGIC;
BEGIN
   ADDOUT<= ADDIN;                              --选择转换通道号
 PRO: PROCESS(CURRENT_STATE,EOC)                --状态转换控制
   BEGIN
```

```vhdl
    CASE CURRENT_STATE IS
      WHEN ST0 =>ALE0<='0'; START0<='0'; OE0<='0'; LOCK0<='0'; NEXT_STATE<= ST1;
      WHEN ST1 =>ALE0<='1'; START0<='0'; OE0<='0'; LOCK0<='0'; NEXT_STATE<= ST2;
      WHEN ST2 =>ALE0<='0'; START0<='1'; OE0<='0'; LOCK0<='0'; NEXT_STATE<= ST3;
      WHEN ST3 =>ALE0<='0'; START0<='0'; OE0<='0'; LOCK0<='0';
            IF EOC ='1' THEN NEXT_STATE<= ST3;       --测试 EOC 的下降沿
            ELSE NEXT_STATE<= ST4;
            END IF;
      WHEN ST4 =>ALE0<='0'; START0<='0'; OE0<='0'; LOCK0<='0';
            IF EOC ='0' THEN NEXT_STATE<= ST4;       --测试 EOC 的上升沿,=1 表明转换结束
            ELSE   NEXT_STATE<= ST5;
            END IF;
      WHEN ST5 =>ALE0<='0'; START0<='0'; OE0<='1'; LOCK0<='0'; NEXT_STATE<= ST6;
      WHEN ST6 =>ALE0<='0'; START0<='0'; OE0<='1'; LOCK0<='1'; NEXT_STATE<= ST0;
      WHEN OTHERS =>ALE0<='0'; START0<='0'; OE0<='0'; LOCK0<='0'; NEXT_STATE<= ST0;
    END CASE;
END PROCESS;
PROCESS(RST,CLK)
   BEGIN
    IF RST ='1' THEN
       CURRENT_STATE<= ST0;
    ELSIF RISING_EDGE(CLK) THEN
      CURRENT_STATE<= NEXT_STATE;              --在时钟上升沿,转换至下一状态
    END IF;
END PROCESS;
PROCESS(CLK)                                   --用于给输出信号去毛刺
   BEGIN
    IF RISING_EDGE(CLK) THEN
     ALE<= ALE0; START<= START0; OE<= OE0; LOCK1<= LOCK0;
    END IF;
END PROCESS;
PROCESS(LOCK1)                                 --数据锁存进程
   BEGIN
     IF RISING_EDGE(LOCK1) THEN
     REGL<= DATA;                              --在 LOCK1 的上升沿,将转换好的数据锁入
     END IF;
END PROCESS;
 DOUT<= REGL;                                  --输出转换结果
END   ONE;
```

4.5.4　MCS-51 单片机与 FPGA/CPLD 总线接口逻辑设计

单片机具有性能价格比高、功能灵活、易于人机对话和良好的数据处理能力等特点;FPGA/CPLD 则具有高速、高可靠以及开发便捷规范等方面的优点。以此两类器件相结合的电路结构在许多高性能仪器仪表和电子产品中将被广泛应用。单片机与 FPGA/CPLD 的接口

方式一般有两种,即总线方式与独立方式。

单片机以总线方式与 FPGA/CPLD 进行数据与控制信息通信有许多优点:

① 速度快。其通信工作时序是纯硬件行为,对于 MCS-51 单片机,只需一条单字节指令就能完成所需的读/写时序,如:MOV @DPTR,A;MOV A,@DPTR。

② 节省 PLD 芯片的 I/O 口线。如图 4-43 所示,如果将图中的译码 DECODER 设置足够的译码输出,以及安排足够的锁存器,就能仅通过 19 根 I/O 口线在 FPGA/CPLD 与单片机之间进行各种类型的数据与控制信息交换。

③ 相对于非总线方式,单片机的编程简捷,控制可靠。

④ 在 FPGA/CPLD 中通过逻辑切换,单片机易于与 SRAM 或 ROM 接口。这种方式有许多实用之处,如利用类似于微处理器 DMA 的工作方法,首先由 FPGA/CPLD 与接口的高速 A/D 等器件进行高速数据采样,并将数据暂存于 SRAM 中,采样结束后,通过切换,使单片机与 SRAM 以总线方式进行数据通信,以便发挥单片机强大的数据处理能力。

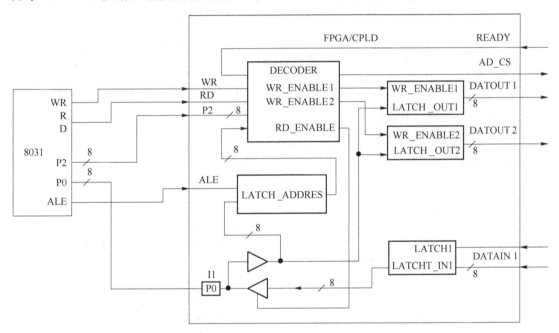

图 4-43 FPGA/CPLD 与 MCS-51 单片机的总线接口通信逻辑图

1. 设计思路

在对单片机与 FPGA/CPLD 以总线方式通信的逻辑电路设计时,应详细了解单片机的总线读写时序,根据时序图来设计逻辑结构。

图 4-44 是 MCS-51 系列单片机的时序图,其时序电平变化速度与单片机工作时钟频率有关。图中,ALE 为地址锁存使能信号,可利用其下降沿将低 8 位地址锁存于 FPGA/CPLD 中的地址锁存器(LATCH_ADDRES)中。当 ALE 将低 8 位地址通过 P0 锁存的同时,高 8 位地址已稳定建立于 P2 口,单片机利用读写指令允许信号 PSEN 的低电平,从外部 ROM 中将指令从 P0 口读入。由时序图可见,其指令读入的时机是在 PSEN 的上跳沿之前。接下来,由 P2 口和 P0 口分别输出高 8 位和低 8 位数据地址,并由 ALE 的下沿将 P0 口的低 8 位地址锁存于地址锁存器。

若需从"FPGA/CPLD"中读出数据,单片机则通过指令"MOV A,@DPTR"使 RD 信号为低电平,由 P0 口将图 4-43 中锁存器 LATCH_IN1 中的数据读入累加器 A。但若欲将累加器 A 的数据写进 FPGA/CPLD,需通过指令"MOV @DPRT,A"和写允许信号 WR。这时,DPTR 中的高 8 位和低 8 位数据作为高低 8 位地址分别向 P2 和 P0 口输出,然后由 WR 的低电平,并结合译码,将 A 的数据写入图中相关的锁存器。

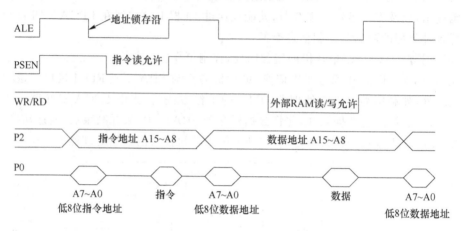

图 4-44 MCS-51 单片机总线接口方式工作时序

2. VHDL 源程序及其说明

如【例 4-54】所示为 VHDL 源程序及其说明。

【例 4-54】

```
LIBRARY IEEE;
USE IEEE.STD_LOGIC_1164.ALL;
ENTITY MCS51 IS                                    --MCS-51 单片机读写电路
    PORT(                                          --与 8031 接口电路的各端口定义
        P0:INOUT STD_LOGIC_VECTOR(7 DOWNTO 0);     --双向地址/数据口
        P2:IN   STD_LOGIC_VECTOR(7 DOWNTO 0);     --高 8 位地址线
        RD,WR:IN STD_LOGIC;                        --读、写允许
        ALE:IN STD_LOGIC;                          --地址锁存
        READY:IN STD_LOGIC;                        --待读入数据准备就绪标志位
        AD_CS:OUT STD_LOGIC;                       --A/D 器件片选信号
        DATAIN1:IN   STD_LOGIC_VECTOR(7 DOWNTO 0); --单片机待读回信号
        LATCH1:IN STD_LOGIC;                       --读回信号锁存
        DATOUT1:OUT STD_LOGIC_VECTOR(7 DOWNTO 0);  --锁存输出数据 1
        DATOUT2:OUT STD_LOGIC_VECTOR(7 DOWNTO 0)); --锁存输出数据 2
END MCS51;
ARCHITECTURE ART OF MCS51 IS
    SIGNAL LATCH_ADDRES:STD_LOGIC_VECTOR(7 DOWNTO 0);
    SIGNAL LATCH_OUT1:STD_LOGIC_VECTOR(7 DOWNTO 0);
    SIGNAL LATCH_OUT2:STD_LOGIC_VECTOR(7 DOWNTO 0);
    SIGNAL LATCH_IN1:STD_LOGIC_VECTOR(7 DOWNTO 0);
    SIGNAL WR_ENABLE1:STD_LOGIC;
```

```vhdl
        SIGNAL WR_ENABLE2:STD_LOGIC;
    BEGIN
     PROCESS ( ALE )                              --低8位地址锁存进程
     BEGIN
        IF ALE'EVENT AND ALE = '0' THEN
            LATCH_ADDRES <= P0;                   -- ALE 的下降沿将 P0 口的低 8 位地址锁入锁存
                                                      器 LATCH_ADDRES 中
        END IF;
    END PROCESS;
    PROCESS(P2,LATCH_ADDRES)                      --WR 写信号译码进程 1
    BEGIN
        IF ( LATCH_ADDRES = "11110101") AND ( P2 = "01101111" ) THEN
            WR_ENABLE1 <= WR;                     --写允许
        ELSE WR_ENABLE1 <= '1';                   --写禁止
         END IF ;
     END PROCESS;
    PROCESS ( WR_ENABLE1 )                        --数据写入寄存器 1
    BEGIN
        IF WR_ENABLE1'EVENT AND WR_ENABLE1 = '1' THEN
            LATCH_OUT1 <= P0;
        END IF;
    END PROCESS;
    PROCESS (P2,LATCH_ADDRES )                    --WR 写信号译码进程 2
    BEGIN
        IF ( LATCH_ADDRES = "11110011")AND(P2 = "00011111" ) THEN
            WR_ENABLE2 <= WR;                     --写允许
        ELSE WR_ENABLE2 <= '1';                   --写禁止
           END IF;
    END PROCESS;
    PROCESS (WR_ENABLE2 )                         --数据写入寄存器 2
    BEGIN
        IF WR_ENABLE2'EVENT AND WR_ENABLE2 = '1' THEN
            LATCH_OUT2 <= P0;
        END IF;
    END PROCESS;
    PROCESS(P2,LATCH_ADDRES,READY,RD)             --ADC8031 对 PLD 中数据读入进程
    BEGIN
        IF  ( LATCH_ADDRES = "01111110" ) AND ( P2 = "10011111" )AND ( READY = '1') AND ( RD = '0'
) THEN
            P0 <= LATCH_IN1;                      --寄存器中的数据读入 P0 口
        ELSE P0 <= "ZZZZZZZZ";                    --禁止读数,P0 口呈高阻态
           END IF;
    END PROCESS;
    PROCESS(LATCH1 )                              --外部数据进入 FPGA/CPLD 进程
    BEGIN
```

```
    IF LATCH1'EVENT AND LATCH1 = '1'      THEN
          LATCH_IN1 <= DATAIN1;
      END IF;
  END PROCESS;
  PROCESS(LATCH_ADDRES)                   -- A/D 工作控制片选信号输出进程
  BEGIN
    IF ( LATCH_ADDRES = "00011110") THEN
        AD_CS <= '0';                     -- 允许 A/D 工作
      ELSE AD_CS <= '1';                  -- 禁止 A/D 工作
      END IF;
  END PROCESS;
  DATOUT1 <= LATCH_OUT1;
  DATOUT2 <= LATCH_OUT2;
  END ART;
```

这是一个 FPGA/CPLD 与 8031 单片机接口的 VHDL 电路设计。8031 以总线方式工作，例如，由 8031 将数据 5AH 写入目标器件中的第一个寄存器 LATCH_OUT1 的指令是：

```
MOV   A,♯5AH
MOV DPTR,♯6FF5H
MOVX @DPTR,A
```

当 READY 为高电平时，8031 从目标器件中的寄存器 LATCH_IN1 将数据读入的指令是：

```
MOV DPTR,♯9F7EH
MOVX A,@DPTR
```

这样，即可方便地完成 51 单片机与 FPGA/CPLD 的数据传输。

习　题

4-1 在使用 VHDL 描述时序逻辑电路中，复位有几种方式？试举例说明。哪种复位形式必须把复位信号放到 PROCESS 语句的敏感信号表中？

4-2 如何实现时钟信号上升沿和下降沿的 VHDL 描述？哪种不能够被逻辑综合？

4-3 设计一个具有异步清零、同步装载、使能控制的可逆 4 位二进制计数器。若将结果由共阴极七段数码管显示（16 进制数显示），如何修改程序。若将结果显示为十进制数，如何修改程序。

4-4 试设计一个三位的 BCD 计数器。

4-5 设计 4 位串行左移、右移寄存器。

4-6 设计一个带有异步复位、使能控制的同步 3 位二进制减法计数器。

4-7 设计两位十进制数到 BCD 码（8421 码）的转换器。

4-8 设计 5 位可变模数计数器。设计要求：令输入信号 M1 和 M0 控制计数模，即令 (M1,M0)=(0,0)时为模 19 加法计数器，(M1,M0)=(0,1)时为模 4 计数器，(M1,M0)=(1,0)时，为模 10 计数器，(M1,M0)=(1,1)时为模 6 计数器。

第 4 章　VHDL 语言描述的典型电路设计

4-9　设计彩灯信号控制器。共有 10 个彩灯,要求循环顺序点亮这 10 个彩灯,每次只有一个彩灯点亮,其他彩灯不亮。

4-10　图 4-45 有 3 张由 D 触发器构成的电路图,其中条件是 if s='0' then z=a,if s='1',then z=b。试分别给出它们的 VHDL 描述。

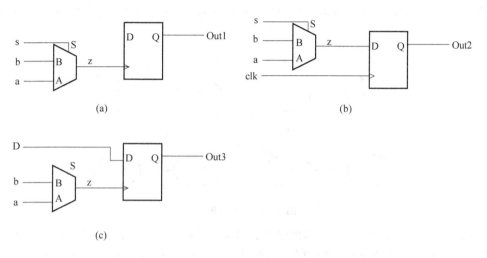

图 4-45　D 触发器构成的电路图

4-11　给出一位全减器的 VHDL 描述。要求:

(1) 首先设计 1 个半减器,然后用例化语句将它们连接起来。图 4-46 中 h_sub 是一位半减器;diff 是输出差;sub_out 是借位输出,sub_in 是借位输入。

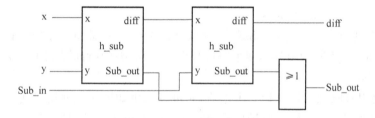

图 4-46　一位全减器连接图

一位全减器真值表

输 入			输 出	
X	Y	sub_in	diff	Sub_out
0	0	0	0	0
0	0	1	1	1
0	1	0	1	1
0	1	1	0	1
1	0	0	1	0
1	0	1	0	0
1	1	0	0	0
1	1	1	1	1

(2) 直接根据全减器的真值表进行设计。

(3) 以一位全减器为基本硬件,构成串行借位的 8 位减法器,要求用例化语句和生成语句来完成此项设计(减法运算是 x－y－sub_in=diff)。

4－12 用状态机的设计方法,设计一个序列信号检测器。序列信号为"1110010",当检测到连续输入的信号序列为"1110010"时检测器输出为 1,否则为 0。状态转移图如图 4－47 所示。

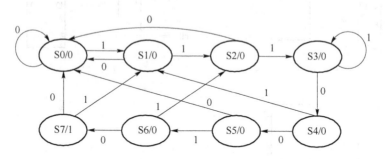

图 4－47 状态转移图

4－13 某一输入输出接口电路的引脚如图 4－48 所示。当 $\overline{WR}$='0', $\overline{CS}$='0'时,将 D0~D7 的 8 位数据写入输出锁存器锁存,P0~P7 输出 D0~D7 的数据。当 $\overline{RD}$='0', $\overline{CS}$='0'时,将 P0~P7 的 8 位数据经缓冲器从 D0~D7 输入,输入的数据不被锁存。试用 VHDL 语言描述该接口电路。

4－14 设计一个正负脉宽相等和不等的 16 分频的分频器。

4－15 用状态机设计方法设计两个路口的交通灯控制器。

约定:南北红　东西绿亮 30 s

南北红　东西黄亮 5 s　　　南北绿　东西红亮 40 s　　　南北黄　东西红亮 5 s

stby:检修信号,当其为'1'时,两个路口都为黄灯亮,亮的时间受控于 stby 信号的有效时间,再做 3 s 的延时。

4－16 使用有限状态机设计一个电路,它可以产生如图 4－49 所描述的两个信号(out1 和 out2)。该电路只有一个输入时钟信号 clk。out1 和 out2 都是周期信号,且周期长度相同。在两个信号中,一个在靠近 clk 的上升沿触发,另一个在 clk 的两个边沿上都会发生变化。

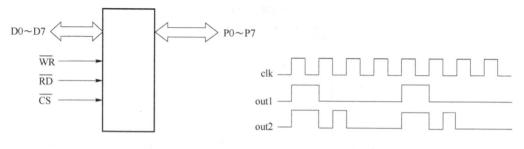

图 4－48 输入输出接口图　　　　图 4－49 输入输出波形图

第 5 章 系统设计

5.1 系统层次化设计

层次化设计方法在数字系统设计中被广泛地应用,它的优点主要体现在以下两个方面:

① 层次化设计方法使整个系统设计更结构化,程序也具有更高的可读性,顶层文件只将一些小模块整合在一起,这使整个系统的设计思想比较容易被理解。

② 一些常用的模块可以被单独创建并存储,在以后的设计中可以直接调用该模块,而无须重新设计,实现资源共享,从而大大缩短了设计周期,降低了设计成本。

本节先介绍系统层次化设计的一般思路,然后分别介绍利用 VHDL 语言文本法和利用图形法与文本法相结合的混合输入方法如何实现系统的层次化设计,最后给出一些系统层次化设计的应用举例。

5.1.1 系统层次化设计思路简介

系统层次化设计示意图如图 5-1 所示。

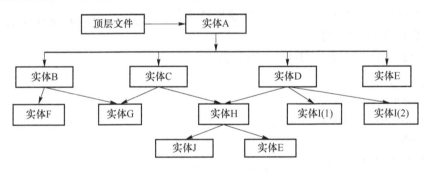

图 5-1 系统层次化设计示意图

从图中可以看出,层次化设计的核心有两个:一是系统模块化,二是元件重用。

系统模块化就是将一个大系统划分为几个子模块,而这些子模块又分别由更小的模块组成,如此往下,直至不可再分。这也正是自顶向下(Top-down)的设计方法思路。如图 5-1 中,顶层文件所描述的实体 A 由 B、C、D、E 四个实体组成,而实体 B、实体 C、实体 D 又分别由实体 F、G 和实体 G、H 以及实体 H、I 构成,而实体 H 又由实体 J、E 构成。每个实体都可以看成上一层实体中的一个模块或元件(Component),就像搭积木一样一层一层地构建。

元件重用就是同一个元件可以被不同的设计实体调用,也可以被同一个设计实体多次调用。如图 5-1 中,实体 G 分别被实体 B 和实体 C 调用,实体 H 分别被实体 C 和实体 D 调用,实体 E 分别被顶层模块 A 和第三层模块 H 调用,而实体 I 被实体 D 调用了 2 次。

由以上分析可知:系统层次化设计包括两个方面:一是系统模块化,即进行系统总体方案的设计,确定系统总体结构;二是元件重用,这是具体实现时的手段,包括两个方面:一是元件的定义生成,二是元件的调用连接。下面分别介绍利用 VHDL 语言文本法和图形输入法如何实现元件重用与系统的层次化设计。

5.1.2 利用 VHDL 语言实现系统层次化设计

利用 VHDL 语言实现系统的层次化设计要使用元件例化语句来完成,元件例化语句的格式参见 3.2.7 节。

下面分别来说明如何利用元件例化语句来实现系统的层次化设计、在层次化设计中如何使用程序包简化程序结构、以及元件例化语句中类属参数的使用技巧。

1. 利用元件例化语句来实现系统的层次化设计

这里先看一个简单的问题:假设系统中有一个 160 kHz 的源时钟,要求将其分为 40 kHz、20 kHz、16 kHz 和 10 kHz,并在这 4 个频率的时钟中选择一个作为输出,那么如何从源时钟生成其他频率的时钟信号呢?

很容易想到利用分频器实现:设计一个 4 分频电路、一个 8 分频电路、一个 10 分频电路和一个 16 分频电路,直接从 160 kHz 时钟信号分频得到所需的几个频率的时钟信号,其原理框图如图 5-2 所示。

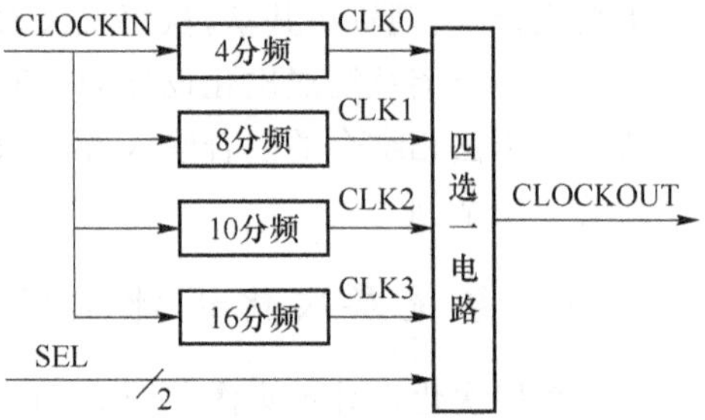

按照层次化设计思路,这个多用分频器的具体设计过程是首先完成 5 个底层模块的 VHDL 描述,如【例 5-1】~【例 5-5】所示,然后再设计顶层模块的 VHDL 描述,如【例 5-6】所示。

图 5-2 多用分频器原理框图

【例 5-1】 4 分频器的 VHDL 语言描述。

```
LIBRARY IEEE;
USE IEEE.STD_LOGIC_1164.ALL;
USE IEEE.STD_LOGIC_UNSIGNED.ALL;
ENTITY FOUR IS
    PORT(CLKIN:IN STD_LOGIC;
         CLKOUT:OUT STD_LOGIC);
END FOUR;
ARCHITECTURE RTL OF FOUR IS
     SIGNAL TEMP1:STD_LOGIC;
     SIGNAL COUNTER:INTEGER RANGE 0 TO 15;
BEGIN
     PROCESS(CLKIN)
     BEGIN
         IF RISING_EDGE(CLKIN) THEN
             IF COUNTER = 2 THEN              --改变 COUNTER 的值为 2,实现 4 分频
                 COUNTER<= 0;
                 TEMP1<= NOT TEMP1;
             ELSE
                 COUNTER<= COUNTER + 1;
```

```
            END IF;
        END IF;
    END PROCESS;
    CLKOUT<= TEMP1;
END RTL;
```

【例 5-2】 8 分频器的 VHDL 语言描述。

```
LIBRARY IEEE;
USE IEEE.STD_LOGIC_1164.ALL;
USE IEEE.STD_LOGIC_UNSIGNED.ALL;
ENTITY EIGHT IS
    PORT(CLKIN:IN STD_LOGIC;
         CLKOUT:OUT STD_LOGIC);
END EIGHT;
ARCHITECTURE RTL OF EIGHT IS
    SIGNAL TEMP1:STD_LOGIC;
    SIGNAL COUNTER:INTEGER RANGE 0 TO 15;
BEGIN
    PROCESS(CLKIN)
    BEGIN
      IF RISING_EDGE(CLKIN) THEN
            IF COUNTER = 4 THEN              --改变 COUNTER 的值为 4,实现 8 分频
                COUNTER<= 0;
                TEMP1<= NOT TEMP1;
            ELSE
                COUNTER<= COUNTER + 1;
            END IF;
       END IF;
    END PROCESS;
    CLKOUT<= TEMP1;
END RTL;
```

【例 5-3】 10 分频器的 VHDL 语言描述。

```
LIBRARY IEEE;
USE IEEE.STD_LOGIC_1164.ALL;
USE IEEE.STD_LOGIC_UNSIGNED.ALL;
ENTITY TEN IS
    PORT(CLKIN:IN STD_LOGIC;
         CLKOUT:OUT STD_LOGIC);
END TEN;
ARCHITECTURE RTL OF TEN IS
    SIGNAL TEMP1:STD_LOGIC;
    SIGNAL COUNTER:INTEGER RANGE 0 TO 15;
BEGIN
    PROCESS(CLKIN)
```

```
            BEGIN
                  IF RISING_EDGE(CLKIN) THEN
                        IF COUNTER = 5 THEN              -- 改变 COUNTER 的值为 5,实现 10 分频
                              COUNTER <= 0;
                              TEMP1 <= NOT TEMP1;
                        ELSE
                              COUNTER <= COUNTER + 1;
                        END IF;
                  END IF;
            END PROCESS;
            CLKOUT <= TEMP1;
END RTL;
```

【例 5-4】 16 分频器的 VHDL 语言描述。

```
LIBRARY IEEE;
USE IEEE.STD_LOGIC_1164.ALL;
USE IEEE.STD_LOGIC_UNSIGNED.ALL;
ENTITY SIXTEEN IS
      PORT(CLKIN:IN STD_LOGIC;
            CLKOUT:OUT STD_LOGIC);
END SIXTEEN;
ARCHITECTURE RTL OF SIXTEEN IS
      SIGNAL TEMP1:STD_LOGIC;
      SIGNAL COUNTER:INTEGER RANGE 0 TO 15;
BEGIN
      PROCESS(CLKIN)
      BEGIN
            IF RISING_EDGE(CLKIN) THEN
                  IF COUNTER = 8 THEN              -- 改变 COUNTER 的值为 8,实现 16 分频
                        COUNTER <= 0;
                        TEMP1 <= NOT TEMP1;
                  ELSE
                        COUNTER <= COUNTER + 1;
                  END IF;
            END IF;
      END PROCESS;
      CLKOUT <= TEMP1;
END RTL;
```

【例 5-5】 四选一电路的 VHDL 语言描述。

```
LIBRARY IEEE;
USE IEEE.STD_LOGIC_1164.ALL;
ENTITY SELECTIO IS
      PORT(A,B,C,D,E,F:IN STD_LOGIC;
            Y:OUT STD_LOGIC);
```

```
END SELECTIO;
ARCHITECTURE RTL OF SELECTIO IS
    SIGNAL SEL:STD_LOGIC_VECTOR(1 DOWNTO 0);
BEGIN
    SEL<= E&F;
    WITH SEL SELECT
    Y<= A WHEN "00",
        B WHEN "01",
        C WHEN "10",
        D WHEN "11",
        '0' WHEN OTHERS;
END RTL;
```

【例 5-6】 多用分频器顶层模块的 VHDL 语言描述。

```
LIBRARY IEEE;
USE IEEE.STD_LOGIC_1164.ALL;
ENTITY FENPINQI IS
    PORT(CLOCKIN: IN STD_LOGIC;
         SEL: IN STD_LOGIC_VECTOR(1 DOWNTO 0);
         CLOCKOUT: OUT STD_LOGIC);
END FENPINQI;
ARCHITECTURE STRU OF FENPINQI IS
    COMPONENT FOUR IS
        PORT(CLKIN:IN STD_LOGIC;
             CLKOUT:OUT STD_LOGIC);
    END COMPONENT FOUR;
    COMPONENT EIGHT IS
        PORT(CLKIN:IN STD_LOGIC;
             CLKOUT:OUT STD_LOGIC);
    END COMPONENT EIGHT;
    COMPONENT TEN IS
        PORT(CLKIN:IN STD_LOGIC;
             CLKOUT:OUT STD_LOGIC);           ⎫
    END COMPONENT TEN;                         ⎬ 元件定义
    COMPONENT SIXTEEN IS                       ⎭
        PORT(CLKIN:IN STD_LOGIC;
             CLKOUT:OUT STD_LOGIC);
    END COMPONENT SIXTEEN;
    COMPONENT SELECTIO IS
        PORT(A,B,C,D,E,F:IN STD_LOGIC;
             Y:OUT STD_LOGIC);
    END COMPONENT SELECTIO;
    SIGNAL CLK:STD_LOGIC_VECTOR(3 DOWNTO 0);
BEGIN
```

```
        U0:FOUR PORT MAP(CLOCKIN,CLK(0));
        U1: EIGHT PORT MAP(CLOCKIN,CLK(1));
        U2:TEN PORT MAP(CLOCKIN,CLK(2));
        U3:SIXTEEN PORT MAP(CLOCKIN,CLK(3));
        U4:SELECTIO PORT MAP(CLK(0),CLK(1),CLK(2),CLK(3),SEL(0),SEL(1),CLOCKOUT);
    END STRU;
```
⎬ 元件连接说明

2. 在层次化设计中使用程序包简化程序

元件例化语句实现了系统的层次化和结构化设计,但有一个缺点,那就是:如果有 N 个上层实体用到了同一个下层实体,那么在这 N 个上层实体的程序中,都必须对该下层实体进行元件定义。

另外,如果一个程序中用到了很多元件,那么元件定义语句要占很大篇幅,使程序显得臃肿,降低程序的可读性,如上述多用分频器的设计。

解决上述两个问题的办法就是使用程序包 Package。

在 VHDL 中,在某一设计实体中定义的数据类型、子程序、数据对象和元件定义对于其他设计实体来说是不可见的。为了使已定义的数据类型、元件定义等能被更多的设计实体共享,避免重复劳动,可将这些定义收集到一个 VHDL 程序包中。这样,只要在设计实体中用 USE 语句调用该程序包,就可以使用这些预定义的数据类型和元件定义等元素了。

使用程序包的多用分频器的顶层模块的 VHDL 语言描述过程如下所述。

① 首先,在程序包中进行元件定义,其 VHDL 语言描述如下:

【例 5 - 7】

```
LIBRARY IEEE;
USE IEEE.STD_LOGIC_1164.ALL;
PACKAGE UPAC IS
    COMPONENT FOUR IS
        PORT(CLKIN:IN STD_LOGIC;
            CLKOUT:OUT STD_LOGIC);
    END COMPONENT FOUR;
    COMPONENT EIGHT IS
        PORT(CLKIN:IN STD_LOGIC;
            CLKOUT:OUT STD_LOGIC);
    END COMPONENT EIGHT;
    COMPONENT TEN IS
        PORT(CLKIN:IN STD_LOGIC;
            CLKOUT:OUT STD_LOGIC);
    END COMPONENT TEN;
    COMPONENT SIXTEEN IS
        PORT(CLKIN:IN STD_LOGIC;
            CLKOUT:OUT STD_LOGIC);
    END COMPONENT SIXTEEN;
    COMPONENT SELECTIO IS
        PORT(A,B,C,D,E,F:IN STD_LOGIC;
            Y:OUT STD_LOGIC);
    END COMPONENT SELECTIO;
```
⎬ 在程序包中定义元件

END UPAC;

将本程序包存为 UPAC.VHD,并编译。只有编译通过的程序包才能被其他设计实体调用。由于它是用户自己定义的,因此在编译以后就会自动地加到 WORK 库中,如要使用该包集合,则可用如下格式调用:

USE WORK.UPAC.ALL;

② 调用 UPAC.VHD 程序包完成这个多用分频器的顶层模块的 VHDL 语言描述如下:

【例 5 - 8】

```
LIBRARY IEEE;
USE IEEE.STD_LOGIC_1164.ALL;
USE WORK.UPAC.ALL;                              -- 调用 UPAC 程序包
ENTITY FENPINQI IS
    PORT(CLOCKIN: IN STD_LOGIC;
         SEL: IN STD_LOGIC_VECTOR(1 DOWNTO 0);
         CLOCKOUT: OUT STD_LOGIC);
END FENPINQI;
ARCHITECTURE STRU OF FENPINQI IS
    SIGNAL CLK:STD_LOGIC_VECTOR(3 DOWNTO 0);    --UPAC 程序包中定义的元件,这里不须再说明
BEGIN
    U0:FOUR PORT MAP(CLOCKIN,CLK(0));
    U1:EIGHT PORT MAP(CLOCKIN,CLK(1));
    U2:TEN PORT MAP(CLOCKIN,CLK(2));
    U3:SIXTEEN PORT MAP(CLOCKIN,CLK(3));
    U4:SELECTIO PORT MAP(CLK(0),CLK(1),CLK(2),CLK(3),SEL(0),SEL(1),CLOCKOUT);
END STRU;
```

由上述程序可见,顶层模块的程序篇幅大大减少,程序结构更加清晰,可读性大大提高。

3. 元件例化语句中类属参数的使用

从分频器的工作原理来说,4 分频电路、8 分频电路、10 分频电路与 16 分频电路的程序基本相同,只是计数器的上限不同。

在前述多用分频器中,分别设计了一个 4 分频电路、8 分频电路、10 分频电路与 16 分频电路,如果还需要 20 分频、24 分频之类的偶数倍分频电路,难道还要把每个电路都做成一个实体吗? 显然,需要一个更好的办法,那就是设计一个参数化的通用元件。

所谓"参数化的通用元件",顾名思义,就是该元件有某些参数是可调的。通过调整这些参数,可利用一个实体实现结构相似但功能不同的电路。

类属参数映射可用于设计从外部端口改变元件内部参数或结构规模的元件,或称类属元件,这些元件在例化中特别方便,在改变电路结构或元件升级方面显得尤为便捷。

使用类属参数设计参数化通用元件的步骤包括以下三个方面:
- 在实体说明中使用类属映射语句 GENERIC;
- 在进行元件定义时,使用 GENERIC 定义;
- 在使用元件时,进行类属映射。

下面通过利用类属参数实现上述多用分频器来介绍在系统层次化设计中类属参数的使用

技巧。

利用类属参数实现上述多用分频器的具体设计过程如下：

① 首先，在实体说明中使用类属映射语句定义一个带有类属参数的偶分频器。

【例 5 - 9】

```
LIBRARY IEEE;
USE IEEE.STD_LOGIC_1164.ALL;
USE IEEE.STD_LOGIC_UNSIGNED.ALL;
ENTITY FREDIV IS
     GENERIC(N:INTEGER:=4);          -- 此处定义了一个默认值 N=4,即电路为 8 分频电路
                                      -- 但当此实体作为上层实体的一个元件化参数时,
                                      -- N 可由上层实体指定,此默认值失效
     PORT(CLKIN:IN STD_LOGIC;
          CLKOUT:OUT STD_LOGIC);
END FREDIV;
ARCHITECTURE RTL OF FREDIV IS
     SIGNAL TEMP1:STD_LOGIC;
     SIGNAL COUNTER:INTEGER RANGE 0 TO N;
BEGIN
     PROCESS(CLKIN)
     BEGIN
     IF RISING_EDGE(CLKIN) THEN
          IF COUNTER = N THEN
               COUNTER<= 0;
               TEMP1<= NOT TEMP1;
          ELSE
               COUNTER<= COUNTER + 1;
          END IF;
     END IF;
     END PROCESS;
     CLKOUT<= TEMP1;
END RTL;
```

② 然后，在程序包中进行元件定义时，使用 GENERIC，将其定义为一个带有类属参数的偶分频器。

【例 5 - 10】

```
LIBRARY IEEE;
USE IEEE.STD_LOGIC_1164.ALL;
PACKAGE UPAC IS
     COMPONENT FREDIV IS
          GENERIC(N:INTEGER);         -- 注意 GENERIC 的位置,此处不加默认值
          PORT(CLKIN:IN STD_LOGIC;
               CLKOUT:OUT STD_LOGIC);
     END COMPONENT FREDIV;
     COMPONENT SELECTIO IS
```

```
            PORT(A,B,C,D,E,F:IN STD_LOGIC;
                 Y:OUT STD_LOGIC);
      END COMPONENT SELECTIO;
END UPAC;
```

③ 最后,在使用元件时,进行类属映射。

【例 5-11】

```
LIBRARY IEEE;
USE IEEE.STD_LOGIC_1164.ALL;
USE WORK.UPAC.ALL;                              -- 调用 UPAC 程序包
ENTITY FENPINQI IS
     PORT(CLOCKIN: IN STD_LOGIC;
          SEL: IN STD_LOGIC_VECTOR(1 DOWNTO 0);
          CLOCKOUT: OUT STD_LOGIC);
END FENPINQI;
ARCHITECTURE STRU OF FENPINQI IS
     SIGNAL CLK:STD_LOGIC_VECTOR(3 DOWNTO 0);
BEGIN
     U0:FREDIV GENERIC MAP(N=>2)PORT MAP(CLOCKIN,CLK(0));  -- 元件调用时,进行类属参数映射
     U1:FREDIV GENERIC MAP(N=>4)PORT MAP(CLOCKIN,CLK(1));
     U2:FREDIV GENERIC MAP(N=>5)PORT MAP(CLOCKIN,CLK(2));
     U3:FREDIV GENERIC MAP(N=>8)PORT MAP(CLOCKIN,CLK(3));
     U4:SELECTIO PORT MAP(CLK(0),CLK(1),CLK(2),CLK(3),SEL(0),SEL(1),CLOCKOUT);
END STRU;
```

由此可见,通过参数化元件的设计,可利用一个实体实现结构相似但功能不同的电路,大大简化了程序结构。

5.1.3 利用图形输入法和 VHDL 语言混合输入实现系统层次化设计

1. 图形输入法简介

一般来说,在第三方 EDA 工具中,都会支持图形输入法。下面介绍在 ISE 集成开发环境中,如何利用图形输入法实现系统层次化设计。

系统层次化设计的核心任务是实现元件重用,在 ISE 集成开发环境中实现元件重用的步骤主要包括以下两个方面:

① 生成元件符号:如果想把描述好的实体电路作为上一层设计实体中的元件,就必须先生成元件符号(Symbol)。

生成元件符号很简单,只要编译这个程序就可以了(如双击 Create Schematic Symbol),ISE 软件会在编译时为此实体自动生成一个元件符号文件,这样就可以在图形编辑器中调用此元件符号了。

② 调用元件符号,进行元件连接:在 ISE9.1 软件中调用元件符号,进行元件连接,完成原理图输入的步骤如下:

(1) 第一步,给用原理图输入法实现的新实体添加 I/O 符号

I/O 符号用来确定新实体的输入/输出端口,通过下面的步骤可以创建 I/O 符号:

① 在原理图编辑器界面内，选择 Tools>Create I/O markers，显示创建 I/O marker 对话框；

② 在 Inputs 下输入输入脚的名称，在 Output 下输入输出脚名称，单击 OK，如图 5-3 所示。

(2) 第二步，添加原理图元件

通过符号浏览器（见图 5-4 中左端 SymbolS 菜单）可以看到对于当前设计所用芯片可以使用的元件名字和符号（这些符号按字母顺序排列）。这些元件符号可以用鼠标直接拖到原理图编辑器中。

(3) 第三步，添加连线

在元件编辑器界面内，选择 Add>Wire 或者在

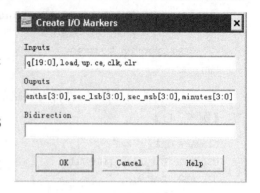

图 5-3 创建 I/O 符号对话框

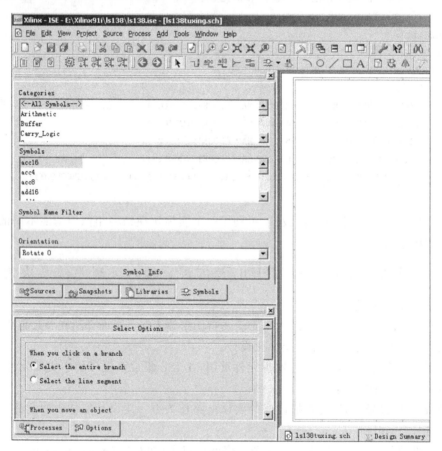

图 5-4 符号浏览器

工具栏中单击 Add wire 图标，进行连线，即可完成原理图的输入，如图 5-5 所示。

具体步骤参照本书实验讲解部分。

2. 利用图形输入法和 VHDL 语言混合输入实现系统层次化设计

利用图形输入法和 VHDL 语言输入法实现系统层次化设计各有利弊。在实际设计中，常常采用图形输入法和 VHDL 语言混合输入实现系统层次化设计。其中，图形输入法一般用于

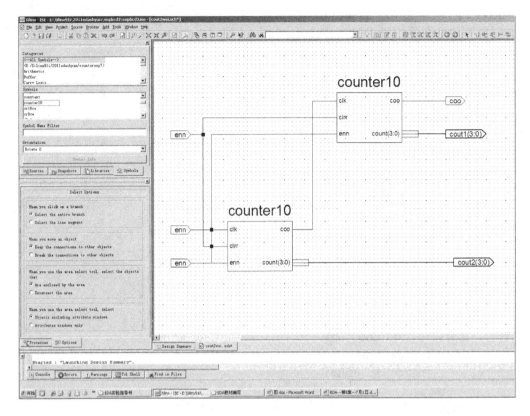

图 5-5 原理图的输入界面

顶层文件的设计。这样,可使整个系统的结构更加清晰,一目了然,程序也具有更高的可读性。下面举例说明利用图形输入法和 VHDL 语言混合输入实现系统层次化设计的过程。

假设系统中有一个 240 kHz 的源时钟,要求将其分为 48 kHz、30 kHz、16 kHz 和 15 kHz,并在这 4 个频率的时钟中选择一个作为输出。那么根据需要设计一个多用分频器,控制实现四种分频形式:5 分频,8 分频,15 分频,16 分频。

该多用分频器由奇数分频器和偶数分频器构成,将系统进行模块划分,其模块如图 5-6 所示。

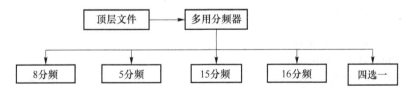

图 5-6 多用分频器模块划分图

其中,8 分频、16 分频、四选一电路可以使用 5.1.2 节【例 5-2】、【例 5-4】、【例 5-5】中设计好的实体,进行资源共享。因此,这里只要完成 5 分频和 15 分频电路的设计。

【例 5-12】 5 分频器的 VHDL 语言描述程序。

```
LIBRARY IEEE;
USE IEEE.STD_LOGIC_1164.ALL;
```

```
ENTITY FIVE IS
    PORT(CLOCK:IN STD_LOGIC;
         CLK:OUT STD_LOGIC);
END FIVE;
ARCHITECTURE RTL OF FIVE IS
    SIGNAL TEMP1,TEMP2:STD_LOGIC;
    SIGNAL COUNTER:INTEGER RANGE 0 TO 15;
BEGIN
    PROCESS(CLOCK)
    BEGIN
      IF RISING_EDGE(CLOCK) THEN
          IF COUNTER = 4 THEN
              COUNTER<= 0;
              TEMP1<= NOT TEMP1;
          ELSE
              COUNTER<= COUNTER + 1;
          END IF;
      END IF;
      IF FALLING_EDGE(CLOCK) THEN
          IF COUNTER = 2 THEN
              TEMP2<= NOT TEMP2;
          END IF;
      END IF;
    END PROCESS;
    CLK<= TEMP1 XOR TEMP2;
END RTL;
```

【例 5 – 13】 15 分频器的 VHDL 语言描述程序。

```
LIBRARY IEEE;
USE IEEE.STD_LOGIC_1164.ALL;
ENTITY FIFTEEN IS
    PORT(CLOCK:IN STD_LOGIC;
         CLK:OUT STD_LOGIC);
END FIFTEEN;
ARCHITECTURE RTL OF FIFTEEN IS
    SIGNAL TEMP1,TEMP2:STD_LOGIC;
    SIGNAL COUNTER:INTEGER RANGE 0 TO 15;
BEGIN
    PROCESS(CLOCK)
    BEGIN
      IF RISING_EDGE(CLOCK) THEN
          IF COUNTER = 14 THEN
              COUNTER<= 0;
              TEMP1<= NOT TEMP1;
          ELSE
```

```
           COUNTER<= COUNTER + 1;
        END IF;
      END IF;
      IF FALLING_EDGE(CLOCK) THEN
         IF COUNTER = 7 THEN
             TEMP2<= NOT TEMP2;
         END IF;
      END IF;
   END PROCESS;
   CLK<= TEMP1 XOR TEMP2;
END RTL;
```

③ 顶层文件利用图形输入法完成,如图 5-7 所示。

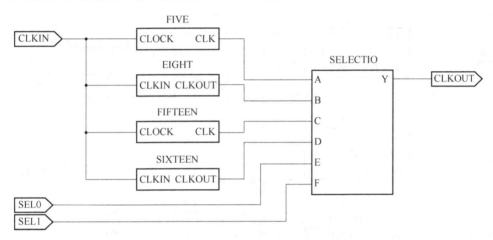

图 5-7 多用分频器顶层文件原理图

5.1.4 系统层次化设计应用举例

1. 用结构的描述方法设计一个 8×8 位乘法器

(1) 设计方案分析

一个 8×8 位乘法器可由 8 位加法器完成。其乘法原理是:根据逐项位移相加原理,从乘数的最低位开始,若为 1,则被乘数左移后与上一次和相加;若为 0,左移后以全零相加,直到被乘数的最高位。10110101×10001001 过程示意图如图 5-8 所示。

按照此思路,将此乘法器的结构进行模块划分,得到系统模块图如图 5-9 所示。

8×8 位乘法器电路原理图如图 5-10 所示。

图中,ARICTL 是乘法运算控制电路,START 信号的上跳沿与高电平控制 16 位寄存器的清零和被乘数 A[7..0]向移位寄存器 SREG8B 的加载;它的低电平作为乘法使能信号。

乘法时钟信号由 ARICTL 的 CLK 输入。当被乘数加载于 8 位

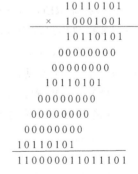

图 5-8 8×8 位乘法过程示意图

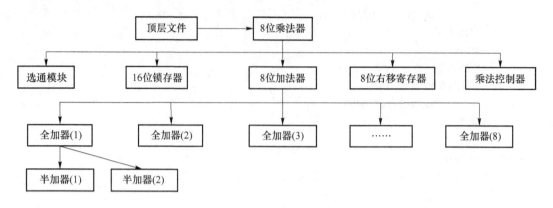

图 5-9 8×8 位乘法器总体模块图

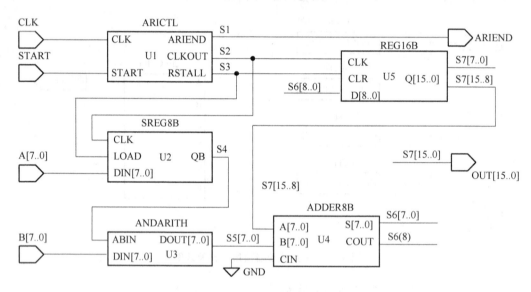

图 5-10 8×8 位乘法器电路原理图

右移寄存器 SREG8B 后,随着每一时钟节拍,最低位在前,由低位至高位逐位移出。当为 1 时,与门 ANDARITH 打开,8 位乘数 B[7..0]在同一节拍进入 8 位加法器,与上一次锁存在 16 位锁存器 REG16B 中的高 8 位进行相加,其和在下一时钟节拍的上升沿被锁进此锁存器。而当被乘数移出位为 0 时,与门全零输出。

如此往复,直至 8 个时钟脉冲后,由 ARICTL 控制,乘法运算过程自动中止,ARIEND 输出高电平,由此可点亮一发光管,以示乘法结束。此时 REG16B 的输出值即为最后乘积。

(2) VHDL 源程序

【例 5-14】 选通与门模块的源程序。

```
LIBRARY IEEE;
USE IEEE.STD_LOGIC_1164.ALL;
ENTITY ANDARITH IS                                       --选通与门模块
    PORT (ABIN:IN STD_LOGIC;                             --与门开关
          DIN:IN STD_LOGIC_VECTOR (7 DOWNTO 0);          --8 位输入
          DOUT:OUT STD_LOGIC_VECTOR (7 DOWNTO 0));       --8 位输出
```

END ANDARITH;
ARCHITECTURE ART OF ANDARITH IS
BEGIN
    PROCESS (ABIN,DIN)
    BEGIN
        FOR I IN 0 TO 7 LOOP   --循环完成 8 位数据与一位控制位
                                                          的与操作
            DOUT(I)<= DIN(I)AND ABIN;
        END LOOP;
    END PROCESS;
END ART;

【例 5 - 15】 16 位锁存器的源程序。

```
LIBRARY IEEE;
USE IEEE.STD_LOGIC_1164.ALL;
ENTITY REG16B IS                                        --16 位锁存器
    PORT (CLK:IN STD_LOGIC;                             --锁存信号
          CLR:IN STD_LOGIC;                             --清零信号
          D:IN STD_LOGIC_VECTOR (8 DOWNTO 0);           --8 位数据输入
          Q:OUT STD_LOGIC_VECTOR(15 DOWNTO 0));         --16 位数据输出
END REG16B;
ARCHITECTURE ART OF REG16B IS
    SIGNAL R16S:STD_LOGIC_VECTOR(15 DOWNTO 0);          --16 位寄存器设置
BEGIN
    PROCESS (CLK,CLR)
    BEGIN
        IF CLR = '1' THEN R16S<= "0000000000000000";    --异步复位信号
        ELSIF CLK'EVENT AND CLK = '1' THEN              --时钟到来时,锁存输入值
            R16S(6 DOWNTO 0)<= R16S(7 DOWNTO 1);        --右移低 8 位
            R16S(15 DOWNTO 7)<= D;                      --将输入锁到高 8 位
        END IF;
    END PROCESS;
    Q<= R16S;
END ART;
```

【例 5 - 16】 8 位右移寄存器的源程序。

```
LIBRARY IEEE;
USE IEEE.STD_LOGIC_1164.ALL;
ENTITY SREG8B IS                                        --8 位右移寄存器
    PORT (CLK:IN STD_LOGIC;
          LOAD:IN STD_LOGIC;
          BIN:IN STD_LOGIC_VECTOR(7 DOWNTO 0);
          QB:OUT STD_LOGIC);
END SREG8B;
```

```
ARCHITECTURE ART OF SREG8B IS
    SIGNAL REG8:STD_LOGIC_VECTOR(7 DOWNTO 0);
BEGIN
    PROCESS (CLK,LOAD)
    BEGIN
        IF CLK'EVENT AND CLK = '1' THEN
            IF LOAD = '1' THEN REG8<= BIN;              --装载新数据
            ELSE REG8(6 DOWNTO 0)<= REG8(7 DOWNTO 1);   --数据右移
            END IF;
        END IF;
    END PROCESS;
    QB<= REG8(0);                                       --输出最低位
END ART;
```

【例 5 – 17】 乘法运算控制器的源程序。

```
LIBRARY IEEE;
USE IEEE.STD_LOGIC_1164.ALL;
USE IEEE.STD_LOGIC_UNSIGNED.ALL;
ENTITY ARICTL IS                                        --乘法运算控制器
    PORT (CLK:IN STD_LOGIC;
          START:IN  STD_LOGIC;
          CLKOUT:OUT STD_LOGIC;
          RSTALL:OUT STD_LOGIC;
          ARIEND:OUT STD_LOGIC );
END ARICTL;
ARCHITECTURE ART OF ARICTL IS
    SIGNAL CNT4B:STD_LOGIC_VECTOR(3 DOWNTO 0);
BEGIN
    RSTALL<= START;
    PROCESS (CLK,START)
    BEGIN
        IF START = '1' THEN CNT4B<= "0000";             --高电平清零计数器
        ELSIF CLK'EVENT AND CLK = '1' THEN
            IF CNT4B<8 THEN                             --小于则计数,等于 8 表明乘法运
                                                            算已经结束
                CNT4B<= CNT4B + 1;
            END IF;
        END IF;
    END PROCESS;
    PROCESS (CLK,CNT4B,START)
    BEGIN
        IF START = '0' THEN
            IF CNT4B<8 THEN                             --乘法运算正在进行
```

```
                            CLKOUT <= CLK;
                            ARIEND <= '0';
                ELSE        CLKOUT <= '0';
                            ARIEND <= '1';              -- 运算已经结束
                END IF;
        ELSE CLKOUT <= CLK;
                ARIEND <= '0';
        END IF;
    END PROCESS;
END ART;
```

【例 5 - 18】 8 位乘法器顶层模块的源程序。

```
LIBRARY IEEE;
USE IEEE.STD_LOGIC_1164.ALL;
ENTITY MULTI8X8 IS                              -- 8 位乘法器顶层设计
    PORT(CLK:IN STD_LOGIC;
            TART:IN STD_LOGIC;                  -- 乘法启动信号,高电平复位与加载,低电
                                                   平运算
            A:IN STD_LOGIC_VECTOR(7 DOWNTO 0);  -- 8 位被乘数
            B:IN STD_LOGIC_VECTOR(7 DOWNTO 0);  -- 8 位乘数
            ARIEND:OUT STD_LOGIC;               -- 乘法运算结束标志位
            DOUT:OUT STD_LOGIC_VECTOR(15 DOWNTO 0));  -- 16 位乘积输出
END MULTI8X8;
ARCHITECTURE ART OF MULTI8X8 IS
    COMPONENT ARICTL    IS                      -- 待调用的乘法控制器端口定义
        PORT(CLK:IN STD_LOGIC;
                START:IN STD_LOGIC;
                CLKOUT:OUT STD_LOGIC;
                RSTALL:OUT STD_LOGIC;
                ARIEND:OUT STD_LOGIC);
END COMPONENT;
COMPONENT ANDARITH    IS                        -- 待调用的控制与门端口定义
    PORT(ABIN:IN STD_LOGIC;
        DIN:IN STD_LOGIC_VECTOR(7 DOWNTO 0);
        DOUT:OUT STD_LOGIC_VECTOR(7 DOWNTO 0));
END COMPONENT;
COMPONENT ADDER8B    IS                         -- 待调用的 8 位加法器端口定义(采用第 4
                                                   章【例 4 - 9】中设计好的实体)
    PORT(CIN: IN STD_LOGIC;
            A,B: IN STD_LOGIC_VECTOR(7 DOWNTO 0);
            S:OUT STD_LOGIC_VECTOR(7 DOWNTO 0);
            COUT: OUT STD_LOGIC);
    END COMPONENT;
```

```vhdl
    COMPONENT SREG8B   IS                          -- 待调用的 8 位右移寄存器端口定义
      PORT(CLK:IN STD_LOGIC;
           LOAD:IN STD_LOGIC;
           BIN:IN STD_LOGIC_VECTOR(7 DOWNTO 0);
           QB:OUT STD_LOGIC);
    END COMPONENT;
    COMPONENT REG16B   IS                          -- 待调用的 16 位右移寄存器端口定义
      PORT(CLK:IN STD_LOGIC;
           CLR:IN STD_LOGIC;
           D:IN STD_LOGIC_VECTOR (8 DOWNTO 0);
           Q:OUT STD_LOGIC_VECTOR(15 DOWNTO 0));
    END COMPONENT;
    SIGNAL GNDINT:STD_LOGIC;
    SIGNAL INTCLK:STD_LOGIC;
    SIGNAL RSTALL:STD_LOGIC;
    SIGNAL QB:STD_LOGIC;
    SIGNAL ANDSD:STD_LOGIC_VECTOR(7 DOWNTO 0);
    SIGNAL DTBIN:STD_LOGIC_VECTOR(8 DOWNTO 0);
    SIGNAL DTBOUT:STD_LOGIC_VECTOR(15 DOWNTO 0);
BEGIN
    DOUT<= DTBOUT;
    GNDINT<= '0';
    U1:ARICTL PORT MAP(CLK =>CLK,START =>START,CLKOUT =>INTCLK,RSTALL =>RSTALL,
       ARIEND =>ARIEND);
    U2:SREG8B PORT MAP(CLK =>INTCLK, LOAD =>RSTALL,BIN =>A, QB =>QB);
    U3:ANDARITH PORT MAP(ABIN =>QB,DIN =>B,DOUT =>ANDSD);
    U4:ADDER8B PORT MAP(CIN =>GNDINT,A =>DTBOUT(15 DOWNTO 8),B =>ANDSD,
       S =>DTBIN(7 DOWNTO 0),COUT =>DTBIN(8));
    U5:REG16B PORT MAP(CLK  =>INTCLK,CLR =>RSTALL,   D =>DTBIN, Q =>DTBOUT);
END ART;
```

2. 用结构的描述方法设计一个秒表

设计一个计时范围为 0.01 s~1 h 的秒表,有计时开始和停止计时控制。

(1) 设计方案分析

首先需要获得一个比较精确的计时基准信号,即周期为 1/100 s(100 Hz,由 3 MHz 信号分频得来)的计时脉冲。其次,除了对每一计数器需设置清零信号输入外,还需在 6 个计数器设置时钟使能信号,即计时允许信号,以便作为秒表的计时启停控制开关。秒表由 1 个分频器、4 个十进制计数器 (1/100 s、1/10 s、1 s、1 min)以及 2 个六进制计数器(10 s、10 min)组成,如图 5-11 所示。其中,十进制计数器和六进制计数器可以由具有类属参数的计数器实现。6 个计数器中的每一个计数器的 4 位输出,通过外设输出显示。

(2) VHDL 源程序

① 3 MHz→100 Hz 分频器的源程序。

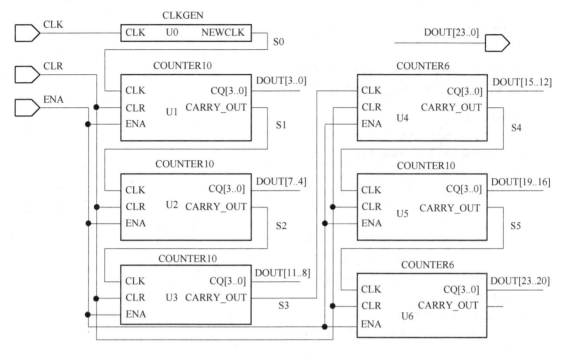

图 5-11 秒表电路原理图

【例 5-19】 3 MHz→100 Hz 分频器的源程序。

```
LIBRARY IEEE;
USE IEEE.STD_LOGIC_1164.ALL;
ENTITY CLKGEN IS
    PORT (CLK:IN STD_LOGIC;                    --3 MHz 信号输入
          NEWCLK:OUT STD_LOGIC );              --100 Hz 计时时钟信号输出
END CLKGEN;
ARCHITECTURE ART OF CLKGEN IS
    SIGNAL CNTER:INTEGER RANGE 0 TO 10#29999#; --十进制计数预置数
BEGIN
    PROCESS(CLK)                               --分频计数器,由 3 MHz 时钟产生 100 Hz 信
                                               --  号
    BEGIN
      IF CLK´EVENT AND CLK = ´1´ THEN
          IF CNTER = 10#29999# THEN CNTER<= 0; --3 MHz 信号变为 100 Hz,计数常数为 30 000
          ELSE CNTER<= CNTER + 1;
          END IF;
      END IF;
    END PROCESS;
    PROCESS(CNTER)                             --计数溢出信号控制
    BEGIN
      F CNTER = 10#29999# THEN NEWCLK<= ´1´;
      ELSE NEWCLK<= ´0´;
```

```
        END IF;
    END PROCESS;
END ART;
```

② 具有类属参数的通用计数器的源程序。

【例5-21】 类属参数的通用计数器的源程序。

```
LIBRARY IEEE;
USE IEEE.STD_LOGIC_1164.ALL;
USE IEEE.STD_LOGIC_UNSIGNED.ALL;
ENTITY COUNTER IS
GENERIC(COUNT_VALUE:STD_LOGIC_VECTOR(3 DOWNTO 0):= "1001");
                                    -- 此处定义了一个默认值为9,即电路为
                                       十进制计数器
    PORT (CLK,CLR,ENA:IN STD_LOGIC;
          CARRY_OUT: OUT STD_LOGIC;
          CQ:OUT STD_LOGIC_VECTOR(3 DOWNTO 0));
END COUNTER;
ARCHITECTURE A OF COUNTER IS
    SIGNAL CNT:STD_LOGIC_VECTOR(3 DOWNTO 0);
BEGIN
    PROCESS(CLK)
    BEGIN
        IF CLR = '1' THEN
            CNT<= "0000";
        ELSIF(CLK'EVENT AND CLK = '1') THEN
            IF ENA = '1' THEN
                IF CNT = COUNT_VALUE THEN
                    CNT<= "0000";
                ELSE
                    CNT<= CNT + '1';
                END IF;
            END IF;
        END IF;
    END PROCESS;
    CQ<= CNT;
    CARRY_OUT <= '1' WHEN CNT = COUNT_VALUE ELSE '0';
END A;
```

③ 秒表顶层文件源程序。

【例5-21】 秒表顶层文件的源程序。

```
LIBRARY IEEE;
USE IEEE.STD_LOGIC_1164.ALL;
ENTITY TIMES IS
    PORT(CLR:IN STD_LOGIC;
         CLK:IN STD_LOGIC;
```

```
        ENA:IN STD_LOGIC;
        DOUT:OUT STD_LOGIC_VECTOR(23 DOWNTO 0));
END TIMES;
ARCHITECTURE ART OF TIMES IS
    COMPONENT CLKGEN IS
      PORT(CLK:IN STD_LOGIC;
            NEWCLK:OUT STD_LOGIC);
    END COMPONENT;
    COMPONENT COUNTER IS
       GENERIC(COUNT_VALUE:INTEGER);                    -- 注意 GENERIC 的位置,此处不加默认值
       PORT (CLK,CLR,ENA:IN STD_LOGIC;
             CARRY_OUT:OUT STD_LOGIC;
             CQ:OUT STD_LOGIC_VECTOR(3 DOWNTO 0));
    END COMPONENT;
    SIGNAL NEWCLK:STD_LOGIC;
    SIGNAL CARRY1:STD_LOGIC;
    SIGNAL CARRY2:STD_LOGIC;
    SIGNAL CARRY3:STD_LOGIC;
    SIGNAL CARRY4:STD_LOGIC;
    SIGNAL CARRY5:STD_LOGIC;
BEGIN
    U0:CLKGEN PORT MAP(CLK =>CLK,NEWCLK =>NEWCLK);
    U1:COUNTER GENERIC MAP(COUNT_VALUE =>9)PORT MAP(CLK =>NEWCLK,CLR =>CLR,
        ENA =>ENA,CQ =>DOUT(3 DOWNTO 0),CARRY_OUT =>CARRY1);
                                                    -- 元件调用时进行类属参数映射
    U2:COUNTER GENERIC MAP(COUNT_VALUE =>9)PORT MAP(CLK =>CARRY1,CLR =>CLR,
        ENA =>ENA,CQ =>DOUT(7 DOWNTO 4),CARRY_OUT =>CARRY2);
    U3:COUNTER GENERIC MAP(COUNT_VALUE =>9)PORT MAP(CLK =>CARRY2,CLR =>CLR,
        ENA =>ENA,CQ =>DOUT(11 DOWNTO 8),CARRY_OUT =>CARRY3);
    U4:COUNTER GENERIC MAP(COUNT_VALUE =>5)PORT MAP(CLK =>CARRY3,CLR =>CLR,
        ENA =>ENA,CQ =>DOUT(15 DOWNTO 12),CARRY_OUT =>CARRY4);
    U5:COUNTER GENERIC MAP(COUNT_VALUE =>9)PORT MAP(CLK =>CARRY4,CLR =>CLR,
        ENA =>ENA,CQ =>DOUT(19 DOWNTO 16),CARRY_OUT =>CARRY5);
    U6:COUNTER GENERIC MAP(COUNT_VALUE =>5)PORT MAP(CLK =>CARRY5,CLR =>CLR,
        ENA =>ENA,CQ =>DOUT(23 DOWNTO 20));
END ART;
```

5.2 应用系统设计举例

5.2.1 多功能数字钟设计

1. 设计要求

① 正常模式时,采用 24 h 制,显示时、分、秒。

② 手动校准电路:按动时校准键,将系统置于校时状态,则计时模块可用手动方式校准,

每按一下校时键,时钟计数器加1;按动分校准键,将电路置于校分状态,以同样方式手动校分。

③ 整点报时:仿中央人民广播电台整点报时功能,从59 min 50 s起每隔2 s钟发出一次低音(512 Hz)"嘟"信号(信号鸣叫持续时间0.5 s,间隙1 s,连续5次,到达整点(00 min 00 s时),发一次高音(1 024 Hz)"哒"信号(信号持续时间0.5 s)。

④ 闹钟功能:按下设置闹钟方式键,使系统工作于预置状态,此时显示器与时钟脱开,而与预置计数器相连,利用前面手动校时、校分方式进行预置,预置后回到正常计时模式。当计时计到预置的时间时,蜂鸣器发出闹钟信号,时间为1 min,闹铃信号可以用开关键close"止闹",正常情况下此开关键释放。

⑤ 系统复位功能:复位控制只对秒计数复位,对分计数与小时计数无效。

2. 多功能数字钟的实现

该多功能数字钟的实现采用结构化的设计方法分层设计,顶层和底层模块的设计均采用VHDL描述方式实现,具体设计将逐一介绍。

(1) 多功能数字钟顶层设计

数字钟顶层系统由五个功能模块组成,分别是时钟信号生成模块(clock_gen)、闹钟设置模块(naozhong)、正常计时模块(jishu)、报时模块(sound)和显示模块(xianshi),其组成框图如图5-12所示。

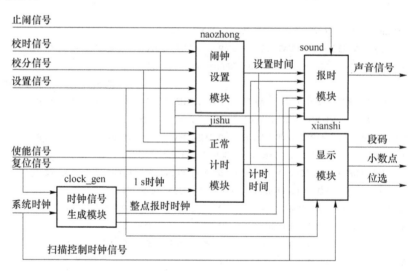

图5-12 数字钟顶层系统组成框图

数字钟顶层VHDL描述如【例5-22】所示。其中,close为止闹信号,adj_m为分校准信号,adj_h为小时校准信号,enable为计时使能信号,set为设置信号,reset为复位信号,clk为系统时钟信号,soundout为声音信号,pointout为点亮小数点信号,ledout为七段数码管显示段码信号以及scanout为七段数码管的位选信号。

【例5-22】

```
LIBRARY IEEE;
USE IEEE.STD_LOGIC_1164.ALL;
ENTITY shuzizhong IS
```

```vhdl
        PORT(clk:IN STD_LOGIC;
            reset :IN STD_LOGIC;
            close :IN STD_LOGIC;
            adi_m :IN STD_LOGIC;
            adj_h :IN STD_LOGIC;
            enable:IN STD_LOGIC;
            ledout :OUT STD_LOGIC_VECTOR(0 TO 6) ;
            scanout :OUT STD_LOGIC_VECTOR(0 TO 5);
            soundout :OUT STD_LOGIC;
            pointout:OUT STD_LOGIC) ;
END shuzizhong ;
ARCHITECTURE a OF shuzizhong IS
        SIGNAL clk1s,clk512hz,clk2s:STD_LOGIC;
        SIGNAL c_sl,c_ml,s_ml:INTEGER RANGE 0 TO 9;
        SIGNAL c_sh,c_mh,s_mh:INTEGER RANGE 0 TO 5;
        SIGNAL c_h, s_h:INTEGER RANGE 0 TO 23;
        COMPONENT clock_gen IS
         PORT(clk:IN STD_LOGIC;
                reset :IN STD_LOGIC;
                clk1s :OUT STD_LOGIC ;
                clk512Hz :OUT STD_LOGIC;
                clk2s :OUT STD_LOGIC) ;
        END COMPONENT;
        COMPONENT jishu IS
         PORT(clk1s:IN STD_LOGIC;
                reset :IN STD_LOGIC ;
                enable:IN STD_LOGIC;
                set :IN STD_LOGIC ;
                adj_m :IN STD_LOGIC ;
                adj_h :IN STD_LOGIC ;
                sl,c_ml:OUT INTEGER RANGE 0 TO 9;
                sh,c_mh:OUT INTEGER RANGE 0 TO 5;
                c_h:OUT INTEGER RANGE 0 TO 23);
        END COMPONENT;
        COMPONENT naozhong IS
         PORT(clk1s:IN STD_LOGIC;
                set :IN STD_LOGIC ;
                adj_m :IN STD_LOGIC ;
                adj_h :IN STD_LOGIC ;
                s_ml:OUT INTEGER RANGE 0 TO 9;
                s_mh:OUT INTEGER RANGE 0 TO 5;
                s_h:OUT INTEGER RANGE 0 TO 23);
        END COMPONENT;
        COMPONENT xianshi IS
         PORT(clk:IN STD_LOGIC;
```

```
                set :IN STD_LOGIC ;
                sl: IN INTEGER RANGE 0 TO 9;
                sh: IN INTEGER RANGE 0 TO 5;
                c_ml,s_ml:IN INTEGER RANGE 0 TO 9;
                c_mh,s_mh:IN INTEGER RANGE 0 TO 5;
                c_h,s_h:IN INTEGER RANGE 0 TO 23,
                scanout:OUT  STD_LOGIC_VECTOR(0 TO 5);
                ledout:OUT STD_LOGIC_VECTOR(0 TO 6);
                pointout:OUT STD_LOGIC);
        END COMPONENT;
        COMPONENT sound IS
         PORT(clk,clk512hz,clk1s,clk2s,close:IN STD_LOGIC;
                c_ml,s_ml :IN INTEGER RANGE 0 TO 9 ;
                c_mh,s_mh:IN INTEGER RANGE 0 TO 5;
                c_h,s_h:IN INTEGER RANGE 0 TO 23;
                soundout:OUT STD_LOGIC);
        END COMPONENT;
Begin
    U1:clock_gen
            PORT MAP(clk,reset,clk1s,clk512hz ,clk2s) ;
    U2:jishu
            PORT MAP(clk1s,reset,enable,set,adj_m ,adj_h ,sl,c_ml,sh,c_mh,c_h) ;
    U3:naozhong
            PORT MAP(clk1s, set,adj_m ,adj_h , s_ml,s_mh,s_h) ;
    U4:xianshi
            PORT MAP(clk,set ,sl,sh,c_ml,s_ml,c_mh,s_mh,c_h,s_h,scanout,ledout,pointout);
    U5:sound
            PORT MAP(clk,clk512hz,clk1s,clk2s,close,c_ml,s_ml ,c_mh,s_mh,c_h,s_h,soundout) ;
END a;
```

(2) 时钟信号生成模块

数字钟的功能实际上是对秒信号计数。需要有一个 1 s 时钟信号,显示模块需要产生六个数码管的位选信号。为了使视觉上感觉六个数码管的同时显示则要求位选信号频率应大于 24 Hz。报时模块需要产生模仿中央广播电台的报时声,因此需要 1 024 Hz、512 Hz 和 0.5 Hz 频率的时钟信号。可见整个系统需要时钟信号频率不唯一,而系统输入时钟只有一个,所以选择系统需要最大频率时钟信号作为系统外部输入时钟,然后对其分频得到系统所需其他时钟信号。系统外部输入时钟频率为 1 024 Hz,对其 2 分频得到 512 Hz 频率信号,对输入时钟经 1 024 分频得到 1 s 时钟,对周期 1 s 时钟经 2 分频得到周期 2 s 的时钟信号。该功能模块的 VHDL 描述如【例 5 - 23】所示。

【例 5 - 23】

```
LIBRARY IEEE;
USE IEEE.STD_LOGIC_1164.ALL;
ENTITY clock_gen IS
     PORT(clk:IN STD_LOGIC;
```

```
                reset:IN STD_LOGIC
                clk1s:OUT STD_LOGIC ;
                clk512Hz:OUT STD_LOGIC;
                clk2s:OUT STD_LOGIC) ;
    END clock_gen;
    ARCHITECTURE a OF clock_gen IS
        SIGNAL cnt:STD_LOGIC_VECTOR(9 DOWNTO 0);
    BEGIN
        PROCESS (clk)
        BEGIN
            IF (scanclk´EVENT AND scanclk = ´1´) THEN
                cnt <= cnt + 1;
            END IF;
            clk1s <= cnt(9);
            clk512hz<= cnt(0);
        END PROCESS;

        PROCESS (clk1s,reset)
        BEGIN
            IF reset = ´1´ THEN
                clk2s<= ´0´;
            ELSIF (clk1s´EVENT AND clk1s = ´1´) THEN
                clk2s <= not clk2s;
            END IF;
        END PROCESS;
    END a;
```

(3) 数字钟正常计时模块

正常计时模块分为秒计数、分计数和小时计数。秒计数和分计数分成个位和十位分别计数器，个位采用十进制计数器，十位采用六进制计数器，小时计数采用二十四进制计数器。显然正常计数模块需要五个计数器，具体功能划分框图如图 5-13 所示。

该部分功能采用结构化描述方法，通过调用通用计数器来完成，具体电路如图 5-14 所示。

图中，enable 为秒的个位计数使能信号；reset 为秒复位信号；disable 为分和小时计数器复位信号，因为系统只对分复位，故 disable 应始终为'0'，在顶层 VHDL 描述中不作为端口使用，而是将其定义为信号；clk1s 为计时时钟；set 为闹钟和校准设置信号；adj_m 为分校准信号；adj_h 为小时校准信号。元件 U1、U2 为秒的个位和十位计数器，U3、U4 为分的个位和十位计数器，U5 为小时计数器。对于 U1～U5 五个元件调用同一个计数器，所以首先要设计一个最大计数值可变的通用计数器，通用计数器的 VHDL 描述如【例 5-24】所示。

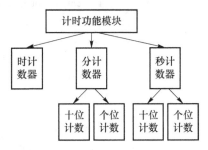

图 5-13　正常计时模块功能划分框图

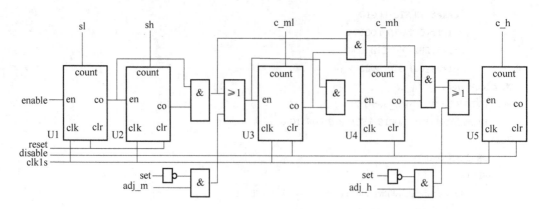

图 5-14 计数模块组成电路图

【例 5-24】

```
LIBRARY IEEE;
USE IEEE.STD_LOGIC_1164.ALL;
USE IEEE.STD_LOGIC_UNSIGNED.ALL;
ENTITY counter IS
    GENERIC( count_value: INTEGER: = 9);
    PORT (clk,clr,en: IN STD_LOGIC;
        co: OUT STD_LOGIC;
        count: OUT INTEGER RANGE 0 TO count_value);
END counter;
ARCHITECTURE a OF counter IS
    SIGNAL cnt : INTEGER RANGE 0 TO count_value;
BEGIN
    PROCESS (clk)
    BEGIN
      IF clr = '1' THEN
          cnt <= 0;
      ELSIF (clk'EVENT AND clk = '1') THEN
         IF en = '1' THEN
             IF cnt = count_value THEN
                 cnt <= 0;
             ELSE
                 cnt <= cnt + 1;
             END IF;
         END IF;
      END IF;
    END PROCESS;
    co<= '1' WHEN cnt = "1001" AND en = '1' ELSE '0';
    count <= cnt;
END a;
```

【例 5-25】为正常计时模块顶层 VHDL 描述。

【例 5-25】

```
LIBRARY IEEE;
USE IEEE.STD_LOGIC_1164.ALL;
ENTITY jishi IS
    PORT(clk1s:IN STD_LOGIC;
         reset:IN STD_LOGIC;
         enable:IN STD_LOGIC;
         set:IN STD_LOGIC;
         adj_m:IN STD_LOGIC;
         adj_h:IN STD_LOGIC;
         sl,c_ml:OUT INTEGER RANGE 0 TO 9;
         sh,c_mh:OUT INTEGER RANGE 0 TO 5;
         c_h:OUT INTEGER RANGE 0 TO 23);
END jishu;
ARCHITECTURE a OF jishu
    SIGNAL c_sh_en, c_ml_en, c_mh_en, c_h_en : STD_LOGIC;
    SIGNAL c_h_en1, c_ml_en1 , c_mh_en1 : STD_LOGIC;
    SIGNAL disable: STD_LOGIC;
    COMPONENT counter IS
        GENERIC( count_value: INTEGER);
        PORT(clk,clr,en: IN STD_LOGIC;
             co:OUT STD_LOGIC;
             count:OUT INTEGER RANGE 0 TO count_value);
    END COMPONENT;
BEGIN
    disable<='0';                              --用于不需要复位元件的
                                                 clr端
    c_ml_en <= (NOT set AND adj_m) or (c_ml_en1 AND c_sh_en);  --分个位计时使能
    c_mh_en <= (c_mh_en1 AND c_ml_en);                         --分十位计时使能
    c_h_en  <= (NOT set AND adj_h) or (c_sh_en AND c_ml_en1 AND c_mh_en1 AND c_h_en1);
                                                               --小时计时使能
    CNT1S: counter
            GENERIC MAP( count_value => 9)
            PORT MAP(clk =>clk1s,clr =>reset,en =>enable,co =>c_sh_en,count =>sl);
    CNT10S: counter
            GENERIC MAP( count_value => 5)
            PORT MAP(clk =>clk1s,clr =>reset,en =>c_sh_en,co =>c_ml_en1,count =>sh);
    CNT1M: counter
            GENERIC MAP( count_value => 9)
            PORT MAP(clk =>clk1s,clr =>disable,en =>c_ml_en,co =>c_mh_en1,count =>c_ml);
    CNT10M: counter
            GENERIC MAP( count_value => 5)
            PORT MAP(clk =>clk1s,clr =>disable,en =>c_mh_en,co =>c_h_en1,count =>c_mh);
    CNT_H: counter
```

```
            GENERIC MAP( count_value => 23)
            PORT MAP(clk =>clk1s,clr =>disable,en =>c_h_en,count =>c_h);
END a;
```

(4) 闹钟设置模块

闹钟设置模块只设置分和小时,因此只有分计数器和小时计数器,分计数分成个位和十位分别计数,个位采用十进制计数器,十位采用六进制计数器,小时计数采用二十四进制计数器。显然闹钟设置模块需要 3 个计数器,具体功能划分框图如图 5-15 所示。

该部分功能采用结构化描述方法,通过调用例【5-24】描述的通用计数器来完成,具体电路如图 5-16 所示。

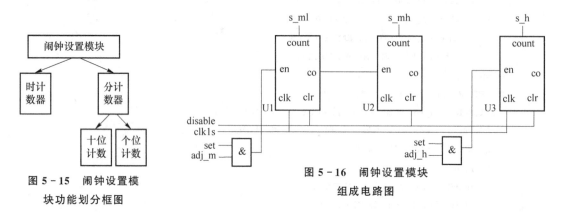

图 5-15 闹钟设置模块功能划分框图

图 5-16 闹钟设置模块组成电路图

图中 disable 为分和小时计数器复位信号,因为系统对闹钟设置不复位,故 disable 应始终为'0',在顶层 VHDL 描述中不作为端口使用,而是将其定义为信号,clk1s 为计时时钟,set 为闹钟和校准设置信号,adj_m 为分校准信号,adj_h 为小时校准信号,s_ml 和 s_mh 为分钟设置的个位和十位,s_h 为小时设置时间。元件 U1、U2 为分的个位和十位设置计数器,U3 为小时设置计数器。对于 U1~U3 三个元件调用【例 5-15】所示通用计数器。

【例 5-26】为闹钟设置模块顶层 VHDL 描述。

【例 5-26】
```
LIBRARY IEEE;
USE IEEE.STD_LOGIC_1164.ALL;
ENTITY naozhong IS
     PORT(clk1s:IN STD_LOGIC;
           set:IN STD_LOGIC ;
           adj_m:IN STD_LOGIC ;
           adj_h:IN STD_LOGIC ;
           s_ml:OUT INTEGER RANGE 0 TO 9;
           s_mh:OUT INTEGER RANGE 0 TO 5;
           s_h:OUT INTEGER RANGE 0 TO 23);
END jishu;
ARCHITECTURE a OF jishu
     SIGNAL s_ml_en , s_mh_en, s_h_en : STD_LOGIC;
     SIGNAL disable:STD_LOGIC;
```

```
        COMPONENT counter IS
        GENERIC( count_value: INTEGER);
        PORT(clk,clr,en: IN STD_LOGIC;
                co:OUT STD_LOGIC;
        count:OUT INTEGER RANGE 0 TO count_value);
        END COMPONENT;
BEGIN
        s_ml_en <= set and adj_m;
        s_h_en  <= set and adj_h;
        SET1M: counter
                GENERIC MAP( count_value => 9)
                PORT MAP(clk =>clk1s,clr =>disable,en =>s_ml_en,co =>s_mh_en,count =>s_ml);
        SET10M: counter
                GENERIC MAP( count_value => 5)
                PORT MAP(clk =>clk1s,clr =>disable,en =>s_mh_en,count =>s_mh);
        SET_H: counter
                GENERIC MAP( count_value => 23)
                PORT MAP(clk =>clk1s,clr =>disable,en =>s_h_en,count =>s_h);
END a;
```

(5) 显示模块设计

多功能数字钟用六个共阴极数码管对正常计时时间和闹钟设置时间进行显示,具体功能包含:

① 扫描信号产生:通过对系统输入时钟 clk 的六分频得到,用于控制六个数码管的选通控制信号的产生、时、分、秒去参加译码的选择和数码管上小数点点亮控制。

② 选通控制信号的产生:用于产生六个共阴极数码管的选通信号。

③ 多路选择器:数码管对闹钟定时显示与计时显示的选择与时、分、秒去参加译码的选择。

④ 七段显示译码:对要显示的十进制数进行七段译码。

⑤ 小数点点亮控制:扫描到第三、第五个数码管时将小数点点亮,小数点可一直亮或闪亮。

显示模块的 VHDL 描述如【例 5 - 27】所示。其中 clk 为系统时钟,set 为闹钟设置与校准控制信号;正常计时的秒的个位 sl 和十位 sh,分的个位 c_ml 和十位 c_mh,小时的计时 c_h;数码管位选信号 scanout,数码管段码 ledout 及小数点点亮信号 pointout。

【例 5 - 27】

```
LIBRARY IEEE;
USE IEEE.STD_LOGIC_1164.ALL;
ENTITY xianshi IS
        PORT(clk:IN STD_LOGIC;
                set:IN STD_LOGIC ;
                sl: IN INTEGER RANGE 0 TO 9;
                sh:IN INTEGER RANGE 0 TO 5;
                c_ml,s_ml:IN INTEGER RANGE 0 TO 9;
```

```vhdl
        c_mh,s_mh:IN INTEGER RANGE 0 TO 5;
        c_h,s_h:IN INTEGER RANGE 0 TO 23;
        scanout:OUT STD_LOGIC_VECTOR(0 TO 5);
        ledout:OUT STD_LOGIC_VECTOR(0 TO 6);
        pointout:OUT STD_LOGIC);
END xianshi;
ARCHITECTURE a OF xianshi
    SIGNAL scan:INTEGER RANGE 0 TO 5;
    SIGNAL hh:NTEGER RANGE 0 TO 2;           --参与七段译码的小时十位
    SIGNAL hl: INTEGER RANGE 0 TO 9;         --参与七段译码的小时个位
    SIGNAL ml: INTEGER RANGE 0 TO 9;         --参与七段译码的分钟个位
    SIGNAL mh: INTEGER RANG 0 TO 5;          --参与七段译码的分钟十位
    SIGNAL h: INTEGER RANGE 0 TO 23;         --用于显示的小时计时值
    SIGNAL hex:INTEGER RANGE 0 TO 9;
BEGIN
    PROCESS (scanclk)    --产生位选和数据选择器的控制信号
    BEGIN
        IF clk'EVENT AND clk = '1' THEN
            IF scan = 5 then
                scan<= 0;
            ELSE
                scan <= scan + 1;
            END IF;
        END IF;
    END PROCESS;
    WITH scan SELECT  --位选信号产生
    scanout<= "11111110" WHEN 0,
              "11111101" WHEN 1,
              "11111011" WHEN 2,
              "11110111" WHEN 3,
              "11101111" WHEN 4,
              "11011111" WHEN 5;

    h<= c_h WHEN set = '0' ELSE s_h;         --正常计时与闹钟设置显示选择
    mh<= c_mh WHEN set = '0' ELSE s_mh;
    ml<= c_ml WHEN set = '0' ELSE s_ml;

    hh<= 1 WHEN h>= 10 AND h<20 ELSE         --将小时计时值拆分成个位和十位
         2 WHEN h>= 20 ELSE
         0;
    hl<= (h-0) WHEN h<10 ELSE
         (h-10) WHEN h>= 10 AND h<20 ELSE
         (h-20);
    WITH scan SELECT--选择参与七段译码的计时内容
    hex<= hh WHEN 5,
```

第 5 章 系统设计

```
            hl WHEN 4,
            mh WHEN 3,
            ml WHEN 2,
            sh WHEN 1,
            sl WHEN others;
    WITH hex SELECT                            --七段译码
    ledout<="000110" WHEN 1,                   --1
           "1011011" WHEN 2,                   --2
           "1001111" WHEN 3,                   --3
           "1100110" WHEN 4,                   --4
           "1101101" WHEN 5,                   --5
           "1111101" WHEN 6,                   --6
           "0000111" WHEN 7,                   --7
           "11111111" WHEN 8,                  --8
           "1101111"  WHEN 9,                  --9
           "0111111"  WHEN 0,                  --0
           "0000000" when others;
    WITH scan SELECT--点亮小数点控制
    pointout <= '0'    WHEN 5,
               clk1s   WHEN 4,
               '0'     WHEN 3,
               clk1s   WHEN 2,
               '0'     WHEN 1,
               '0'     WHEN others;
END a;
```

(6) 报时模块

报时模块包含闹钟设置时间到报时和整点报时,声音输出共用一个信号输出。具体 VHDL 描述如【例 5-28】所示。其中输入端口有闹钟设置时间(s_ml,s_mh,s_h)、正常计时时间(c_ml,c_mh,c_h)、系统时钟信号 clk、512 Hz 时钟信号 clk512 Hz、计时时钟 clk1s,2 s 时钟信号 clk2s 和止闹信号 close;输出端口为声音控制信号 soundout。

【例 5-28】

```
LIBRARY IEEE;
USE IEEE.STD_LOGIC_1164.ALL;
ENTITY sound IS
    PORT(clk,clk512hz,clk1s,clk2hz,close:IN STD_LOGIC;
         c_ml,s_ml :IN INTEGER RANGE 0 TO 9 ;
         c_mh,s_mh:IN INTEGER RANGE 0 TO 5;
         c_h,s_h:IN INTEGER RANGE 0 TO 23;
         Soundout:OUT STD_LOGIC);
END sound;
ARCHITECTURE a OF sound
    SIGNAL sound1,sound2,sound3: STD_LOGIC;
BEGIN
```

```
sound1 <= clk512 Hz WHEN s_ml = c_ml AND s_mh = c_mh AND s_h = c_h AND close = ´0´ ELSE ´0´;
                                    --闹铃,(频率 512 Hz 响 1 s)
sound2 <= clk WHEN c_ml = 0 AND c_mh = 0 AND sh = 0 AND sl = 0 AND clk1s = ´1´ ELSE ´0´;
                                    --整点报时(频率 scanclk,持续时间 0.5 s)
sound3 <= clk512Hz WHEN c_ml = 9 AND c_mh = 5 AND sh = 5 AND clk2s = ´0´ and clk1s = ´1´ ELSE ´0´;
                                    --59´50″开始报时(频率 512 Hz,持续 0.5 s)
soundout <= sound1 OR sound2 OR sound3;
END a;
```

由以上描述可见,该多功能数字钟采用的是三层的结构化设计,最顶层调用了 clock_gen、jishu、naozhong、xianshi 和 sound 五个模块,第二层是在 jishu 和 naozhong 两个模块中调用了通用计数器 counter,第三层也就是最底层为通用计数器 counter。

5.2.2 数据采集系统设计

该系统利用 FPGA 直接控制 AD 转换器(AD574)并对模拟信号进行采集,然后将 AD 转换后的 12 位二进制数据迅速存储到存储器中。采样存储器可以由多种方式实现:

① 采用外部随机存储器 RAM。其优点是存储容量大,缺点是需要外接芯片,存储数据时需要对地址进行加 1 操作。

② 由 FPGA 内嵌的功能块构成所需的 RAM 型或 FIFO 型存储器,目前 FPGA 器件内部基本都包含类似的内嵌功能模块。其优点是存取数据速度快,因其内嵌在 FPGA 器件内部,提高了系统的可靠性。

基于以上讨论,本节设计的数据采集系统采用 FPGA 器件并由内嵌功能模块构成数据存储器。该存储器存储数据 12 位,容量为 1 024 个单元。

该系统由 3 个模块组成,包含 AD574 采样控制模块、地址发生模块、RAM 存储模块,组成框图如图 5-17 所示。

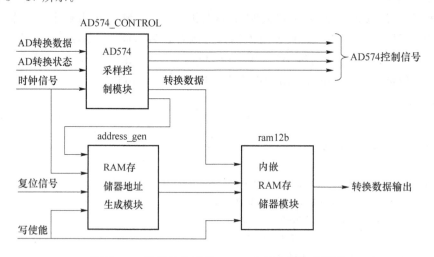

图 5-17 数据采集系统 FPGA 内部功能组成框图

其中三个功能模块的功能如下:

① AD574 采样控制模块(元件名 AD574_CONTROL):该模块用来产生 AD 转换器

(AD574)工作所需的控制信号并对 AD574 转换后的数据进行锁存。

② 地址发生模块(元件名 address_gen):该模块用来产生将 AD574 控制模块锁存的数据写入 RAM 存储器的地址及锁存地址时钟,生成地址为 10 位地址线。

③ RAM 存储模块(元件名 ram12b):该模块是利用 FPGA 内嵌功能块定制的一个有 12 位数据线、10 位地址线的 RAM 型存储器。

系统设计采用层次化设计,分为两层:顶层模块和三个底层模块。顶层采用原理图设计方式,底层模块采用 VHDL 描述方式。

1. 顶层模块设计

顶层模块采用原理图输入方式设计,调用 3 个底层模块生成的元件,具体原理如图 5 – 18 所示。

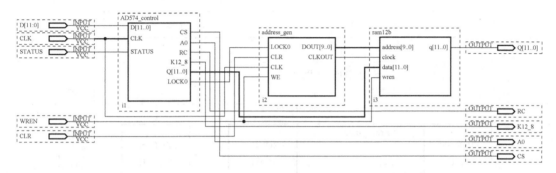

图 5 – 18 顶层模块原理图

其中 CLK 为系统时钟,STATUS 是 AD574 转换结束状态位,D[11..0]是 AD574 转换的 12 位数据,WREN 是 RAM 写使能,CLR 是地址复位,Q[11..0]为系统数据输出,RC、K12_8、CS、A0 为 AD574 的控制信号。

2. AD574 采样控制模块设计

该模块用来产生 AD 转换器 AD574 工作所需的控制信号及对 AD574 转换后的数据进行锁存。【例 5 – 29】是一个利用状态机工作方式设计的对 AD574 进行采样控制的 VHDL 描述。AD574 的引脚、工作时序、状态机控制 AD574 的原理框图及状态转移图如表 5 – 1、图 5 – 19、图 5 – 20 和图 5 – 21 所示。【例 5 – 29】的程序模型与一般的 moore 型状态机模型是基本一致的,只是多了一个用于数据锁存的普通时序进程"LATCH",目的是将转换好的数据锁入 12 位锁存器 REGL 中,以便得到正确和稳定的输出。在组合逻辑进程"COM"中,根据 AD574 的工作时序,对 5 种状态的转换方式和控制数据的输出作了设定,其设定方式在程序中作了详细注释。

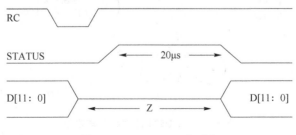

图 5 – 19 AD574 工作时序

表 5-1 AD574 逻辑控制真值表（X 表示任意）

CE	CS	RC	K12/8	A0	工作状态
0	X	X	X	X	禁 止
X	1	X	X	X	禁 止
1	0	0	X	0	启动 12 位转换
1	0	0	X	1	启动 8 位转换
1	0	1	1	X	12 位并行输出有效
1	0	1	0	0	高 8 位并行输出有效
1	0	1	0	1	低 4 位加上尾随 4 个 0 有效

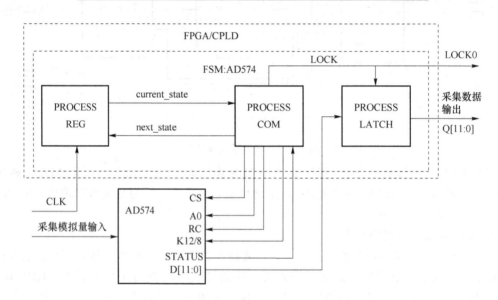

图 5-20 状态机控制 AD574 的原理框图

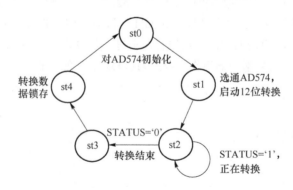

图 5-21 AD574 控制状态转移图

图 5-21 中各状态对应的功能及对应输出译码结果如表 5-2 所列。

表 5-2 状态机各状态的功能及对应输出译码结果

状态	输出译码结果					功能说明
	CS	A0	RC	LOCK0	K12_8	
st0	1	1	1	0	0	初 态
st1	0	0	0	0	1	启动转换
st2	0	0	0	0	0	若测得 STATUS='0',转下一状态,否则维持原态
st3	0	0	1	0	0	输出转换后的数据
st4	0	0	1	1	0	产生 LOCK0 边沿,将转换数据锁存

【例 5-29】AD 转换器 AD574 采样控制模块的 VHDL 描述。

【例 5-29】

```
LIBRARY IEEE;
USE IEEE.STD_LOGIC_1164.ALL;
ENTITY AD574_control IS
  PORT (D:IN STD_LOGIC_VECTOR(11 DOWNTO 0);    -- AD574 变换数据读入端口
        CLK,STATUS:IN STD_LOGIC;                -- CLK:工作时钟;STATUS:转换结束状态位
        CS,A0,RC,K12_8:OUT STD_LOGIC;
                                                -- CS:片选信号;A0:12 位 A/D 转换启动和 12 位
                                                   输出控制信号
                                                -- RC:A/D 转换和数据输出控制信号;K12_8:12
                                                   位或 8 位输出有效控制信号
        LOCK0:OUT STD_LOGIC;                    -- 数据锁存时钟
        Q:OUT STD_LOGIC_VECTOR(11 DOWNTO 0) );  -- A/D 转换数据输出显示
END AD574_control;
ARCHITECTURE behave OF AD574_control IS
    TYPE states IS (st0,st1,st2,st3,st4);       -- 定义状态枚举类型
    SIGNAL current_states ,next_states:states: = st0;
    SIGNAL REGL:STD_LOGIC_VECTOR(11 DOWNTO 0);  -- A/D 转换数据锁存器
    SIGNAL LOCK:STD_LOGIC;                      -- 转换后数据输出锁存时钟信号
BEGIN
    K12_8<= '1';                                -- 设定 12 位并行输出有效
    LOCK0<= LOCK;                               -- 数据转换完成锁存信号
    COM:PROCESS (current_state,STATUS)
BEGIN
    CASE current_state IS
        WHEN st0 =>CS<= '1';A0<= '1';RC<= '1';LOCK<= '0';
                   next_state <= st1;           -- AD574 采样控制信号初始化,初始状态 st0 向
                                                   下一状态 -- st1 转换
        WHEN st1 =>CS<= '0';A0<= '0';RC<= '0';LOCK<= '0';
```

```
                    next_state <= st2;           --打开片选器,启动12位转换
        WHEN st2 => CS<='0';A0<='0';RC<='0';LOCK<='0';
                    IF (STATUS = '1') THEN
                        next_states<= st2;       --转换未结束继续等待
                    ELSE
                        next_state <= st3;       --转换结束进入下一状态
                    END IF;
        WHEN st3 => CS<='0';A0<='0';RC<='1';LOCK<='0';
                    next_state <= st4;           --令RC为高电平,12位并行输出有效并进入下
                                                 一状态
        WHEN st4 => CS<='0';A0<='0';RC<='1';LOCK<='1';
                    next_state <= st0            --开启数据锁存信号-
        WHEN others => CS<='1';A0<='1';RC<='1';LOCK<='0';
                    next_state <= st0 ;          --关闭AD574,回到初始状态
    END CASE;
 END PROCESS COM;
REG:PROGESS (CLK);
BEGIN
        IF (CLK'EVENT AND CLK = '1')THEN
            current_state<= next_state;;         --在时钟CLK的上升沿,转换至下一状态
        END IF;
END PROCESS REG;                                 --由 current_state --将当前状态值带出此程
                                                 序,进入程序COM
LATCH:PROCESS(LOCK)
 --此进程中,在LOCK的上升沿,将转换好的数据锁入12位锁存器中,以便得到稳定显示
BEGIN
        IF (LOCK = '1'AND LOCK'EVENT) THEN
            REGL<= D;
        END IF;
END PROGRESS ;
Q<= REGL;                                        --RGEL的输出端口与目标器件的输出端口Q
                                                 相接
END behave;
```

该描述生成的元件符号如图 5-22 所示。

3. 地址发生模块设计

该模块用于产生访问 RAM 存储器的 10 位地址,由一个 10 位二进制计数器完成。此计数器的工作时钟 CLK0 由写使能 WE 控制,当 WE='1'时,CLK0=LOCK0;LOCK0 来自于 AD574 采样控制模块的 LOCK0(每一采样周期产生一个锁存脉冲,这时处于采样允许阶段,RAM 存储器的地址锁存时钟也为 LOCK0;每一个 LOCK0 脉冲通过 AD574 采到一个数据,同时将此数据锁存到 RAM 存储器中。

当 WE='0'时,处于采样禁止阶段,此时允许读 RAM 中的

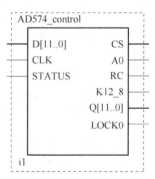

图 5-22 AD574 控制模块元件符号图

数据。

具体 VHDL 描述如【例 5-30】所示。其中 CLKOUT 为地址锁存时钟,DOUT 为输出 RAM 地址。

【例 5-30】

```
LIBRARY IEEE;
USE IEEE.STD_LOGIC_1164.ALL;
ENTITY Address_gen IS
    PORT(CLK:IN STD_LOGIC;
        CLR :IN STD_LOGIC ;
        WE:IN STD_LOGIC
        LOCK0 :IN STD_LOGIC ;
        DOUT :OUT STD_LOGIC_VECTOR(9 DOWNTO 0) ;
        Clkout:OUT STD_LOGIC);
END Address_gen;
ARCHITECTURE a OF Address_gen
    SIGNAL CNT:STD_LOGIC_VECTOR(9 DOWNTO 0);
    SIGNAL CLK0:STD_LOGIC;
BEGIN
    CLK0<= LOCK0 WHEN WE = '1' ELSE
        CLK;
    PROCESS(CLK0,CLR,CNT)
    BEGIN
            IF CLR = '1' THEN CNT<= "000000000";
            ELSIF CLK0'EVENT AND CLK0 = '1' THEN
                CNT<= CNT + '1';
            ENE IF;
    END PROCESS;
    DOUT<= CNT;
    CLKOUT<= CLK0;
END a;
```

该描述生成的元件符号如图 5-23 所示。

4. RAM 存储模块设计

该模块使用 FPGA 内嵌的功能模块来实现,具体生成方法参考 7.2 节 IP 核使用流程。它具有 10 位地址线、12 位数据线,wren 是写使能,高电平有效,生成的元件符号如图 5-24 所示。

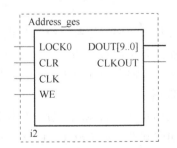
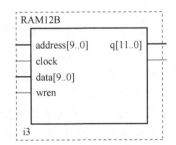

图 5-23 地址生成模块元件符号图　　图 5-24 RAM 存储器模块元件符号图

5.3 SOPC 技术简介

5.3.1 SOPC 简介

日益紧凑的系统要求设计人员将尽可能多的功能集成在一片硅片上，这种概念称为 SOC(System On a Chip,单芯片系统)，可称系统级芯片，又称片上系统。

SOC 技术是一种高度集成化、固件化的系统集成技术。SOC 技术设计系统的核心思想，就是要把整个应用电子系统全部集成在一个芯片中。

SOC 是电子技术和集成电路技术不断发展的产物，随着单芯片的集成度越来越高，功能越来越强，现有技术已能将一个复杂的系统集成在一个硅片上。现在，SOC 技术已成为当今微电子工业界的热门话题，它代表了 ASIC 设计的发展趋势，将极大地改变电子产品和系统的设计思想、开发手段和实现方法，同时也将极大地影响电子产业的格局。

SOC 具有以下几个方面的优势，因而创造其巨大的产品价值与市场需求：

① 降低耗电量；
② 减少体积；
③ 增加系统功能；
④ 提高速度；
⑤ 节省成本。

随着亚微米技术的发展，FPGA 芯片密度已达到百万门级，它的设计越来越接近于 ASIC 的设计。目前，DSP、MCU、PCI 总线控制等复杂的功能可由一片 FPGA 芯片完成。由于 FPGA 芯片密度的不断增加和第四代 EDA 开发工具的使用，利用 FPGA 器件实现 SOC 已成为可能，人们将这项技术称为 SOPC(System On a Programmable Chip,可编程单芯片系统)。

SOPC 的设计是以 IP 为基础，以硬件描述语言为主要设计手段，借助以计算机为平台的 EDA 工具进行的。SOPC 技术是指主要面向单片系统级专用集成电路设计的计算机技术，其设计优点有：

① 设计全程(包括电路系统描述、硬件设计、仿真测试、综合、调试、系统软件设计，直至整个系统完成)都由计算机进行。

② 设计技术直接面向用户，专用集成电路的被动使用者也可能成为专用集成电路的主动设计者。

③ 系统级专用集成电路的实现除了传统的 ASIC 器件外，还能通过大规模 FPGA 等可编程器件来实现。

SOPC 技术既具有基于模板级设计的特征，又具有基于 ASIC 的系统级芯片设计的特征，它要求一种着重于快速投放市场，具有可重构性、高效自动化的设计方法。为了实现 SOPC，国际上著名的现场可编程逻辑器件厂商如 Altera、Xilinx 等都在为此努力，开发出适于系统集成的新器件和开发工具，这又进一步促进了 SOPC 的发展。

要使 SOPC 设计成功，就要更多地采用 IP(Intellectual Property,知识产权)模块，因为只有这样才能快速的完成复杂设计，得到价格低廉的 SOPC 硬件，所以 SOPC 的核心技术是 IP。Xilinx 公司 Virtex-Ⅱ的关键技术就是把 IP 模块放入 FPGA 的 IP Immersion TM 和 Active

Interconnect TM。前者可把 IP 放入芯片上的任何位置,与周围电路良好连接,而后者则可精确计算出信号的延迟时间。

在很多对速度的要求不是很高的低端应用,Altera 将一个 Nios 软核放入 PLD,它只占芯片内部很少的一部分逻辑单元,成本很低。同 ASIC 相比较,如果将处理器放到 ASIC 中,生产的每片芯片都要付给处理器厂商专利费。况且 ASIC 的 NRE(一次性投资)大,风险也大,Nios 则没有这个问题。Nios 的开发工具包价格很低,在速度要求高的高端应用,如通信领域,软核的处理速度不够,Altera 就将硬核(ARM9)集成到 APEX 器件中,还集成入 RAM 和 RAM 控制器。同时 Altera 本身在 PLD 的结构方面也不断发展和创新,近期推出的 Hard-Copy Stratix 器件系列,是一个针对大容量设计的、从原型设计到生产的完整解决方案,试图成为 ASIC 的全面替代方案。

Altera 公司的 SOPC 开发板为系统设计人员提供了一种比较经济的硬件校验解决方案,通过与存储器、调试工具和接口资源相结合,它能够支持基于各种微处理器的设计。开发板主要的设计目的是在 APEX 系列器件上完成微处理器功能和其他标准 IP 功能。图 5 - 25 是 Altera 公司一种 SOPC 开发板的结构框图,它采用一片 APEX 系列的 EP20K400E 芯片,支持基于微处理器和 IP 的设计,具有以下主要特点:

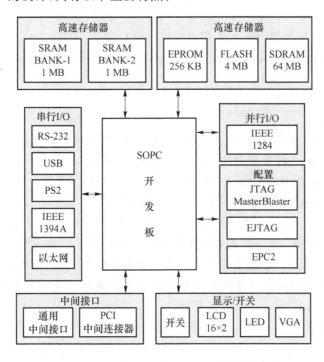

图 5 - 25 Altera 公司的 SOPC 开发板结构框图

① 符合工业标准的互联(需要相应的 AMPP SM 和 MegaCore TM 功能模块的支持)。
② 存储器子系统:
- 两级容量为 1 MB 的同步 SRAM 缓冲存储器;
- 在 DIMM 插槽中有 64 MB 的 SDRAM;
- 4 MB 的 FLASH 存储器;
- 256 kB 的 EPROM。

③ 为通信系统的设计提供多级时钟，以及多种串行、并行 I/O 口。
④ 多种调试接口：
- SignalTap 嵌入式逻辑分析器；
- 符合 IEEE 标准的 JTAG 接口；
- 扩展 JTAG 接口(EJTAG)。
⑤ 通用连接器可以为用户子板(Daughter Cards)提供多达 50 根 I/O 线。
⑥ 附加特点：
- VGA 显示器接口；
- 四个由用户定义的开关和六个 LED；
- 液晶显示；
- 应用 LED。
⑦ 应用与功能：
- 嵌入式系统的快速原型建立；
- 为高速调试和测试提供实时硬件执行；
- PCI 中间卡(PCI Mezzanine Card)为 DSP 和通信等各种开发提供到 ADC 和 DAC 的接入；
- 通过可编程下载电缆对客户逻辑进行再配置；
- 在真实环境中为音频、视频和数据通信系统提供实时快速检验。

5.3.2 IP 模 块

1. IP 模块的定义

一个较复杂的数字系统往往由许多功能模块构成，而设计者的新思想往往只体现于部分单元之中，其他单元的功能则是通用的，如 FFT、FIR、IIR、Viterbi 译码、PCI 总线接口、调制解调、信道均衡等。这些通用单元具有可重用性，适用于不同的系统。FPGA 厂家及其第三方预先设计好这些通用单元并根据各种 FPGA 芯片的结构对布局和布线进行优化，从而构成具有自主知识产权的功能模块，称为 IP 模块，也可称为 IP 核(IP Core)。IP 核即是指用于产品应用专用集成电路(ASIC)或者可编辑逻辑器件(FPGA)的逻辑块或数据块。将一些在数字电路中常用但比较复杂的功能模块设计成可修改参数的模块，让其他用户可以直接调用这些模块，避免重复劳动，这样可以大大减轻工程师的负担。随着 CPLD/FPGA 的规模越来越大，设计越来越复杂，使用 IP 核是一个发展趋势。

2. IP 模块的分类

IP 模块可分为硬件 IP 模块(Hard IP，简称 硬核)、软件 IP 模块(Soft IP，简称软核)和固件 IP 模块(Firm IP，简称固核)三种。

硬件 IP 模块的电路布局及其与特定工艺相联系的物理版图是固定的，包括全部的晶体管和互连掩膜信息，完成了全部的前端和后端设计并已被投片验证正确。特点是提供可预测的性能和快速的设计，可以被其他设计作为特定的功能模块直接调用。硬件 IP 模块给用户提供的是封装好的行为模型，用户只能从外部测试硬件的特性，无法得到真正的电路设计。

软件 IP 模块通常在抽象的、较高层次的功能描述，用硬件描述语言 HDL 或 C 语言写成，是对设计进行的算法级或功能级描述，包括逻辑描述、网表和用于功能仿真的行为模拟以及用于测试的文档。软件 IP 模块需要综合、进行布局布线等。它的特点是灵活性大、可移植性好，用户能方便地把 RTL 和门级 HDL 表达的软件 IP 模块修改为应用所需要的设计，综合到选定的加工工艺上。

虽然硬件 IP 模块的可靠性高，但是它的可重用性和灵活性较差，往往不能直接转换到采用新工艺的芯片中。软件 IP 模块通常是可综合的寄存器级硬件描述语言模型，它包括仿真模型、测试方法和说明文档。但是以 HDL 代码的形式将软件 IP 模块提供给用户不是最有效的方法，原因是用户将 IP 模块嵌入到自己的系统中后，新的布局布线往往会降低 IP 模块的性能，甚至使整个系统都无法工作。

因此，一种有效的方法就是将带有布局布线信息的网表提供给用户，这样就避免了用户重新布线所带来的问题。这种含有布局布线信息的软件 IP 模块又称为固件 IP 模块。固件 IP 模块是在软件 IP 模块基础上开发，是介于硬 IP 和软 IP 之间的 IP，是一种可综合的、并带时序信息以及布局布线规划的设计，以 RTL 代码和对应具体工艺网表的混合形式提供。固件 IP 模块可以根据用户的需要进行修改，使其适合于某种可实现的工艺过程，允许用户重新确定关键的性能参数。

Xilinx 和 Altera 公司便可采用固件 IP 模块的方式向用户提供 IP 模块。而 Actel 和 Lucent 公司虽是以 HDL 语言的方式提供 IP 模块，但他们事先也针对芯片的结构作了优化。

为了便于设计者使用不同公司的 IP 模块，IP 模块最好遵循统一的标准接口。目前大约已有 170 多家公司，包括芯片厂商、EDA 公司、IP 设计公司等，成立了虚拟插座接口协会（Virtual Socket Interface Association），制定关于 IP 产品的重复使用和验证的统一标准。VSI 标准包括关于 IP 模块的公共描述、接口技术和流通保护技术等。

3. Altera 公司的 IP 模块及其使用流程

为了更好的满足设计人员的需要，扩大市场，各大 FPGA 厂商都在不断扩充其 IP 模块库。这些库都是预定义的、经过测试和验证的、优化的、可保证正确的功能。设计人员可以利用这些现成的 IP 库资源，高效准确地完成 SOPC 设计。典型的 IP 模块库有 Xilinx 公司提供的 LogiCore 和 AllianceCore，以及 Altera 公司的 MegaCore 等。

表 5-3 列举了 Altera 公司和其第三方合作伙伴（AMPP，Altera Megafunction Partners Program）所提供的 IP 模块功能类型，该公司及其 AMPP 提供的 100 多个 IP 模块已涉及数字信号处理、通信、总线接口和微处理器及其外围设备等领域。

Altera 及其 AMPP 的 IP 模块为例，介绍其使用流程。有关 Altera 及其 AMPP 的 IP 模块具体资料可以登录这些公司的网站查询。

Altera 公司向用户提供集成化的系统级设计工具 Quartus Ⅱ 采用了自上而下的设计流程。图 5-26 给出了 FPGA 软件开发环境自上而下的设计流程。

Altera 公司将其 IP 模块称为 MegaCore，同时将 AMPP 的 IP 模块称为 AMPP Megafunction，二者可统称为 Megafunction。图 5-27 显示了 Megafunction 的开发过程。在设计中直接调用 IP 模块是使用 IP 模块的主要方法。例如在原理图输入方式中，IP 模块与其他通用宏功能一样，是以 Symbol 的形式出现的，与通用宏功能的区别在于用户无法打开 Symbol 查看 IP 模块的设计细节，其目的是保护 IP 模块开发者的知识产权。也就是说在使用中，IP 模块相当于一个黑箱，用户只能设置其基本参数，并与其 I/O 接口打交道。

表 5-3 Altera 及其 AMPP 的 IP 模块功能类型

IP 模块功能类型		功　能　描　述
数字信号处理	DSP 基本模块	FFT/IFFT、FIR 滤波、IIR 滤波、浮点运算库
	图像处理宏功能	JPEG 编译码、DCT、图像处理库
	差错控制宏功能	CRC 校验、交织编译码、Reed-Solomon 编译码、卷积编码、Viterbi 译码
	无线及宽带通信宏功能	自适应均衡、自适应滤波、合路/分路器、QPSK 均衡器、数字控制振荡器 NCO、数字中频接收等
通信		高速以太网接入控制器、ATM 控制器、ATM POS FIFO、ATM(IMA)反向多路复用控制器、ADPCM 解码器、HDLC、IDR 帧合成/分解等
PCI 及其他总线接口	PCI 宏功能	64 位 66 MHz PCI Master/Target 接口、32 位 66 MHz PCI Master/Target 接口
	其他总线接口宏功能	1394A 链路层控制器内核、PowerPC 总线仲裁器、SDRAM 控制器、VUSB 设备控制器、USB 控制器等
微处理器及其外围设备	微处理器宏功能	C29116A 16 位微处理器、CISC 处理器、LX4080P 32 位微处理器、RISC 处理器、V6502 微处理器、V8-μRISC 微处理器、VZ80 微处理器、Xtensa 32 位可配置微处理器
	微处理器外围设备宏功能	8259 可编程中断控制器、a16450UART、a6402UART、a6850ACIA、a8237DMA 控制器、a8255 可编程外围适配器等

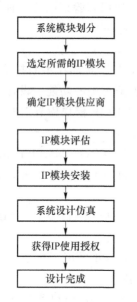

图 5-26　自上而下的设计流程

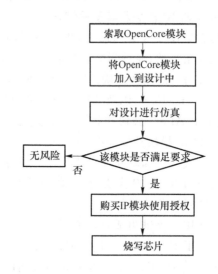

图 5-27　Megafunction 开发过程

为了保护用户的投资,Altera 公司向用户提供免费的 OpenCore 模块,用于对 Megafunction 的测试。OpenCore 模块可以帮助设计者完成对设计的功能验证,但不能生成硬件配置文件。设计者在设计之初可以用 OpenCore 模块代替 IP 模块完成系统设计,编译后,通过仿真对系统功能进行验证,最后决定是否购买该 IP 模块。所以,利用 OpenCore 模块可以实现无风险设计。

例如，图 5-28 是一个典型的调制器框图。利用 Altera 及其 AMPP 提供的 IP 模块，可将整个调制器放入高密度 FPGA 芯片中，实现 SOPC。

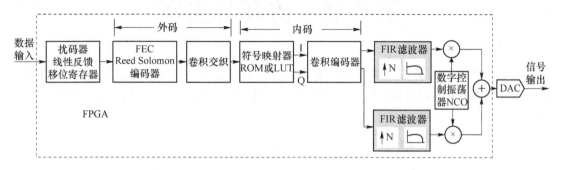

图 5-28 一个典型的调制器结构

习　题

5-1　采用层次化设计方法设计一个多用分频器：可以控制实现四种分频形式：第一种：8 分频，第二种：10 分频，第三种：15 分频，第四种：16 分频，输出信号均为等脉宽信号。分频系数由共阴极数码管显示。

5-2　采用层次化设计方法设计一个跑表，计时范围为 59.99 s，有计时开始和停止计时控制，复位控制可以对所有计时进行异步复位。计时结果由共阴极数码管显示。

5-3　采用层次化设计方法设计一个 8×8 位乘法器，结果由共阴极数码管显示。

5-4　采用层次化设计方法设计一个交通灯控制系统。在十字路口的两个方向上各设一组红、绿、黄灯，显示顺序为其中一方向（东西方向）是绿灯、黄灯、红灯；另一方向（南北方向）是红灯、绿灯、黄灯。设置一组数码管，以倒计时的方式显示允许通行或禁止通行的时间，其中绿灯、黄灯、红灯的持续时间分别是 20 s、5 s 和 25 s。

第6章 仿真与实现

本章对利用 VHDL 语言设计数字系统的两个重要步骤——仿真和实现，进行了详细介绍。讨论了面向 FPGA 的设计实现问题，并从不同设计层次给出了相应的几种优化设计方案。

6.1 仿　真

在 VHDL 设计流程中，设计的验证是一个重要但费时的环节。传统的设计方法中，在图纸阶段是无法对系统进行功能仿真的，只有模块搭建完成后(实现过程)才能进行检验。随着系统级芯片时代的来临，单一芯片上的逻辑门数量超过百万门，进行如此复杂的大规模设计，必须利用先进的仿真工具才能快速、有效的完成所必须的测试工作，功能验证和仿真显得越来越重要。有经验的设计师认为，一个设计项目的成功与否，关键是仿真，其中设计工作的 90% 时间花在仿真验证上。仿真有功能仿真和时序仿真之分。在逻辑综合和布线之前对 VHDL 模型的逻辑功能进行仿真，可以有效提高效率。

在现代电子设计方法(EDA 工程)中，由于 EDA 工具软件效率很高，VHDL 综合与布线工具可以在数分钟到数小时内完成设计的实现处理。硬件设计的目的是为了设计一种完成特定任务的设备，比如 DVD 播放器、路由器或者雷达信号处理器，仿真的目的就是为了确保该设备能够成功的完成任务，而"寻找漏洞"，因为"有些人相信，我们缺乏能够描述这个完美世界的编程语言……"(引自《黑客帝国》,1999)。仿真结束后，若结果不能满足设定的功能、速度或资源要求而需要进一步的修改原始设计，再综合布线，再仿真，直到满足设计目标为止。因此，仿真是利用 VHDL 语言进行硬件设计的一个必不可少的步骤，它贯穿设计的整个过程。

目前，各国的相关公司和厂商已为设计者提供了众多的仿真和验证工具，如：Synopsys 公司的 VHDL System Simulator,Mentor Graphics 公司的 Modelsim,Cadence 公司的 Affirma NC Verilog/VHDL 和 Affirma NC Sim 混合语言仿真器(Verilog 和 VHDL)等，另外，随着 IC 设计业开始进入 SoC 时代，高效率的软硬件联合设计需要对整个 SoC 进行更高层次的抽象以提供更快的仿真验证速度以及更高效的 SoC 设计验证方法，两种面向 SoC 设计语言 systemC、System Verilog 应运而生，System Verilog 结合了来自 Verilog、VHDL、C++的概念，还有验证平台语言和断言语言，把设计和验证能力统一起来，2005 年 12 月 IEEE 批准了 SystemVerilog P1800 标准，对当今高度复杂的设计验证工作具有相当大的吸引力。通过这些仿真验证工具，设计者可对各设计层次的设计模块进行仿真，以确定这些设计模块的功能，逻辑关系及定时关系是否满足设计要求。

在数字系统设计过程中一般要进行 3 次仿真：行为级仿真、RTL 级仿真和门级仿真。各级仿真要达到的目的是不一样的，同时对 VHDL 语言的描述要求也有所不同。下面就仿真中的几个主要问题作一介绍。

6.1.1 仿真方法

仿真分为功能仿真和时序仿真,前者验证设计模块的逻辑功能,后者用于验证设计模块的时序关系。无论是功能仿真,还是时序仿真,其仿真方法有以下两种。

1. 交互式仿真方法

在众多的 EDA 工具中,大多数的 VHDL 仿真器允许进行实时交互式的操作,允许在仿真运行期间对输入信号赋值,指定仿真执行时间,并观察输出波形,最终经过多次反复的仿真过程后,在系统的逻辑功能、时序关系满足要求后,仿真过程结束。这对用户检查、调试和修改源程序提供了很大的便利,但输入输出不便记录归档,当输入量较多时不便于观察和比较。

2. 测试平台法

利用测试平台,可以实现自动对被测试单元输入测试矢量信号,并且通过波形输出,文件记录输出,或与测试平台中的设定输出矢量来进行比较,可以验证仿真结果。

与交互式仿真方法相比,测试平台具有以下优点:

① 可以简便的对输入和输出矢量进行记录归档和比较。

② 相对于手工方式需要逐个处理输入和输出矢量而言,它提供了一种更为系统的仿真途径。

③ 一旦建立了测试平台并确定了测试矢量后,在设计经过多次修改后,仍然可以很容易地重新进行仿真。

④ 针对原 VHDL 模型的测试平台,同样可以应用在实现后设计的时序仿真中。

大多数 EDA 工具可以生成设计实现后的 VHDL 模型,它表达了设计在目标器件结构下的详细信息。包括目标器件使用的单元结构及其相连的信号组成,还包括了必要的时序信息,以便让模拟软件检测信号建立时间冲突,并计算传输延时。

测试平台与原代码具有相同的输入、输出端口,因此,利用测试平台可以对一个设计进行功能仿真和时序仿真。

6.1.2 测试(平台)程序的设计方法

为了进行正确的仿真,对测试程序的书写也有一定要求。一般而言,测试(平台)程序应包括:

① 被测实体引入部分;

② 被测实体仿真信号输入部分;

③ 被测实体工作状态激活部分;

④ 被测实体信号输出部分;

⑤ 被测实体功能仿真的数据比较以及判断结果输出部分(错误警告,成功通过信息);

⑥ 被测实体的仿真波形比较处理部分。

为了进行正确的仿真,对仿真程序的书写也有一定的要求。例如,程序应包含仿真输入信号的处理部分。【例 6-1】是对【例 4-8】中一位全加器构造的测试程序,下面可根据此例就几个问题作一说明。

【例 6-1】

```
LIBRARY IEEE;
```

```vhdl
USE IEEE.STD_LOGIC_1164.ALL;
ENTITY adder_tb IS
END adder_tb;
ARCHITECTURE tb_architecutre OF adder_tb IS
    COMPONENT adder                                          -- 被测元件声明
      PORT(  a, b, cin: IN STD_LOGIC;
             sum, cout : OUT STD_LOGIC);
    END COMPONENT;
    SIGNAL a, b, cin: STD_LOGIC;                             -- 输入的激励信号
    SIGNAL sum, cout : STD_LOGIC;                            -- 输出的仿真信号
    TYPE test_rec IS RECORD
      a : STD_LOGIC;
      b : STD_LOGIC;
      cin : STD_LOGIC;
      sum : STD_LOGIC;
      cout : STD_LOGIC;
    END RECORD;
    TYPE test_array IS ARRAY(POSITIVE RANGE <>) OF test_rec;
    CONSTANT pattern : test_array: = (
      (a =>'0', b =>'0', cin =>'0', sum =>'0', cout =>'0'),  -- 测试向量表
      (a =>'0', b =>'0', cin =>'1', sum =>'1', cout =>'0'),
      (a =>'0', b =>'1', cin =>'0', sum =>'1', cout =>'0'),
      (a =>'0', b =>'1', cin =>'1', sum =>'0', cout =>'1'),
      (a =>'1', b =>'0', cin =>'0', sum =>'1', cout =>'0'),
      (a =>'1', b =>'0', cin =>'1', sum =>'0', cout =>'1'),
      (a =>'1', b =>'1', cin =>'0', sum =>'0', cout =>'1'),
      (a =>'1', b =>'1', cin =>'1', sum =>'1', cout =>'1')
    );
BEGIN
UUT : adder
    PORT MAP (a => a, b => b, cin => cin, sum => sum, cout => cout );
STIM: PROCESS
  VARIABLE vector: test_rec;
  VARIABLE errors : BOOLEAN : = FALSE;
  BEGIN
    FOR i IN pattern'RANGE LOOP
      vector : = pattern(i);
      a <= vector.a;                                         -- 由测试向量表施加激励
      b <= vector.b;
      cin <= vector.cin;
      WAIT FOR 100 ns;
      IF (sum /= vector.sum) THEN errors: = TRUE;   END IF;  -- 仿真结果与预期结果的比较
      IF (cout /= vector.cout) THEN errors: = TRUE;  END IF;
    END LOOP;
    ASSERT NOT errors                                        -- 输出出错信息
```

```
            REPORT "ERRORS!!!"
          SEVERITY NOTE;
        ASSERT errors
          REPORT "NO ERRORS!!!"
          SEVERITY NOTE;
          WAIT;
      END PROCESS;
    END tb_architecutre;

    CONFIGURATION testbench_for_adder OF adder_tb IS        -- 配置声明
      FOR tb_architecutre
          FOR UUT : adder
              USE ENTITY WORK.adder(full1);
          END FOR;
      END FOR;
    END testbench_for_adder;
```

由于测试平台 adder_tb 是一个完全独立的程序,而且无需任何输入输出单元,因此在实体说明部分没有端口说明。选用与被测实体内部信号名称相同的信号来定义连接到各个端口的信号,另外还定义了 a,b,cin,sum 和 cout 信号组成的记录类型 test_rec,并由它构成数组类型 test_array,然后由它进一步定义了数组常量 pattern,其中包含了加到被测单元上的信号值和预期输出值。

在测试平台上,一般都首先引用被测实体,使其成为平台上的被测单元。在接下来的验证(STIM)进程中,可通过一个循环语句来逐个读出 pattern 中的测试矢量,并将其中的 a,b 和 cin 三个信号作为激励信号输出到被测元件(adder)上。由于这是给信号赋值,它不会立即生效,要到下一个仿真周期才会生效,因此测试平台上将继续保持"uuu"不变。

由语句 wait for 100 ns 模拟进入下一个周期,使得 a,b 和 cin 信号赋值有效。它们是一位全加器中进程的敏感信号,必然使被测元件工作,一位全加器被激活。经过 100 ns 后 sum 和 cout 的值就会与其预期值相比较,如果二者不同,将变量 errors 值为真(True),然后程序循环将处理剩下的各个测试矢量,当循环结束之后,根据变量 errors 的结果显示以下信息:

如果 errors 为假,显示:No Errors!!!;否则,显示:Errors!!!。

为了避免元件端口位置与测试后生成的实际元件不一致,这里采用名称关联的端口配置方式。

由【例 6-1】可见,测试程序有以下几个特点:

1. 可简化实体描述

【例 6-1】所示是一个一位全加器的仿真模块,在仿真过程中要输出的是仿真信号。这些仿真信号通常在仿真模块中定义,如例中的 a,b,cin,sum 和 cout。因此,在仿真模块的实体中可以省略有关端口的描述。如例中的实体描述为:

```
entity adder_tb is
end adder_tb;
```

2. 程序中应包含输出错误信息的语句

在仿真中往往要对波形、定时关系进行检查,如不满足要求,应输出仿真错误信息,以引起

设计人员的注意。在 VHDL 语言中,ASSERT 语句就专门用于错误验证及错误信息的输出。该语句的书写格式如下:

  ASSERT 条件 [REPORT 输出错误信息]
  [SEVERITY 出错级别]

  ASSERT 后跟的是条件,也就是检查的内容,如果条件不满足,则输出错误信息和出错级别。出错信息将指明具体出错内容或原因。出错级别表示错误的程度。在 VHDL 语言中出错级别分为:NOTE,WARNING,ERROR 和 FAILURE 共 4 个级别,这些都将由编程人员在程序中指定。

  在【例 6-1】的程序中用 ASSERT 语句对仿真结果进行检查的实例如下所示:

```
assert not errors                                -- 输出出错信息
 report "Errors!!!"
severity note;
```

3. 用配置语句选择不同仿真构造体

  在编写仿真程序模块时,为了方便,经常要使用 CONFIGURATION 这一配置语句。设计者为了获得较佳的系统性能,总要采用不同方法,设计不同结构的系统进行对比仿真,以寻求最佳的系统结构。在这种情况下,系统的实体只有一个,而对应构造体可以有多个。仿真时可以用 CONFIGURATION 语句进行选配。例如,用该语句可以选配【例 4-8】的 full1 构造体:

```
CONFIGURATION testbench_for_adder OF adder_tb IS        -- 配置声明
 FOR tb_architecture
   FOR UUT:adder
       USE ENTITY WORK.adder(full1);
   END FOR;
 END FOR;
END testbench_for_adder;
```

  同样,仿真时也可以选配其他构造体。由此可知,在仿真程序模块中使用配置语句会给仿真带来极大的便利。

4. 不同级别或层次的仿真有不同要求

  正如前面所述,系统仿真通常由 3 个阶段组成:行为级仿真、RTL 级仿真和门级仿真。它们的仿真目的和仿真程序模块的书写要求都各不相同。对此,设计者必须充分注意。

  (1) 行为级仿真

  行为级仿真的目的是验证系统的数学模型和行为是否正确,因而对系统的抽象程度较高。由于有这个前提,对行为级仿真程序模块的书写没有太多限制,凡是 VHDL 语言中的语句和数据类型都可在程序中使用。在书写时应尽可能使用抽象程度高的描述语句,以使程序更简洁明了。

  另外,除了某些系统规定的定时关系以外,一般的电路延时及传输延时在行为级仿真中都不予以考虑。

  (2) RTL 级仿真

  通过行为级仿真以后,下一步就是要将行为级描述的程序模块改写为 RTL 描述的程序模块。RTL 级仿真是为了使被仿真模块符合逻辑综合工具的要求,使其能生成门级逻辑电路。

如前所述,根据目前逻辑综合工具的情况,有些 VHDL 语言中所规定的语句是不能使用的,例如,ATTRIBUTE,带有卫式(GUARDED)的语句等。另外,在程序中绝对不能使用浮点数,尽可能少用整数,最好使用 STD_LOGIC 和 STD_LOGIC_VECTOR 这两种类型来表示数据(不同逻辑工具有不同要求)。在 RTL 仿真中尽管可以不考虑门电路的延时,但是像传输延时等那样一些附加延时还应该加以考虑,并用 TRANSPORT 和 AFTER 语句在程序中体现出来。

(3) 门级电路仿真

RTL 程序模块经逻辑综合以后就生成了门级电路。既然 RTL 程序模块已经过仿真,为何还要对门级电路进行仿真呢? 这主要有以下几个原因。

第一,在 RTL 仿真中一般不考虑门的延时,也就是说进行零延时仿真。在这种情况下系统的工作速度不能得到正确的验证。不仅如此,由于门延时的存在还会对系统内部工作过程及输入输出带来意想不到的影响。

第二,在 RTL 描述中像"Z"和"X"这样的状态,在描述中是可以将其屏蔽的,但是利用逻辑综合工具,根据不同的约束条件,对电路进行相应变动时,这种状态就有可能发生传播。在门级电路仿真中不允许出现这种状态。

RTL 描述经逻辑综合生成门电路的过程中,需对数据类型进行转换。一般情况下,输入输出端口只限定使用 STD_LOGIC 和 STD_LOGIC_VECTOR 数据类型。

6.1.3 仿真输入信息的产生

如果我们想仿真电路,来检验它是否按照设想的那样工作,那么就需要仿真输入信息作为测试激励,仿真输入信息的产生通常有两种方法:程序直接产生方法和读 TEXIO 的方法。

1. 程序直接产生法

所谓程序直接产生法就是由设计者设计一段 VHDL 语言程序,由该程序中的进程语句直接产生仿真的输入信息可以采用以下三种方法。

(1)在程序中定义测试向量表

例如【例 6-1】中的一位全加器有 3 个输入端,仿真时要产生 a、b 和 cin 3 个输入信号,这些信号的值由数组常量 pattern 定义,并用进程 STIM 来产生相应波形。

(2) 采用并发描述语句

例如,对具有以下端口带预置端的可逆计数器进行仿真。

```
LIBRARY IEEE;
USE IEEE.STD_LOGIC_1164.ALL;
ENTITY counter IS
    PORT(   clk: IN STD_LOGIC;                          -- 时钟信号
            data: IN STD_LOGIC_VECTOR (3 downto 0);     -- 并行数据输入
            reset: IN STD_LOGIC;                        -- 复位信号
            load: IN STD_LOGIC;                         -- 并行信号装载允许
            up_dn: IN STD_LOGIC;                        -- 计数方向输入
            q: OUT STD_LOGIC_VECTOR (3 downto 0)        -- 计数器输出
         );
```

END counter;

在测试程序中结构体的定义部分定义如下语句:

constant CLK_PERIOD: TIME := 30 ns;
signal CLK : STD_LOGIC := '1';

则计数器的输入信号 clk,reset,up_dn,data 和 load 可用以下语句产生。

【例 6 - 2】

clk <= NOT clk AFTER CLK_PERIOD/2;
reset <= '0', '1' AFTER 10 ns, '0' AFTER 50 ns;
up_dn <= '0', '1' AFTER 500 ns, '0' AFTER 1100 ns;
data <= "1001", "0110" AFTER 700 ns;
load <= '0', '1' AFTER 350 ns, '0' AFTER 400 ns, '1' AFTER 900 ns, '0' AFTER 950 ns;

(3) 采用顺序描述语句

对以上计数器的仿真信息也可以用顺序描述语句来产生,如【例 6 - 3】所示。

【例 6 - 3】

```
CLK_GEN: PROCESS                                      -- 产生时钟信号
BEGIN
  clk <= NOT clk AFTER CLK_PERIOD/2;
END PROCESS;
STIM: PROCESS                                         -- 产生其他输入信号
BEGIN
  up_dn <= '0'; data <= "1001"; load <= '0'; reset <= '0'; WAIT FOR 10 ns;
  reset <= '1';  WAIT FOR 40 ns;
  reset <= '0';  WAIT FOR 350 ns;
  load <= '1';   WAIT FOR 50 ns;
  load <= '0';   WAIT FOR 100 ns;
  up_dn <= '1';  WAIT FOR 200 ns;
  data <= "0110";  WAIT FOR 200 ns;
  load <= '1';   WAIT FOR 50 ns;
  load <= '0';   WAIT FOR 150 ns;
  up_dn <= '0';  WAIT FOR 100 ns;
  WAIT;
END PROCESS;
```

【例 6 - 3】中的第一个进程产生周期为 CLK_PERIOD 的时钟脉冲 clk。信号定义中指定 clk 的初值为'1',所以,开始时 clk ='1',等待 CLK_PERIOD/2 后 clk 信号取反。该进程没有指定敏感量,因此当进程执行到最后一条语句以后又返回到最前面,开始执行进程的第一条语句。如此循环往复,每隔 CLK_PERIOD/2 clk 信号取反一次,就能产生出一串周期为 CLK_PERIOD 的时钟脉冲。

例中的第二个进程用来产生初始的复位(清除)信号和计数允许信号等。该进程可产生宽 40 ns 的复位信号,复位以后 350 ns 再使 load 有效(置为"1"),从而使计数器装入初值 data,进入正常的计数状态,并由 up_dn 信号控制计数的方向。该进程的最后一条语句是 WAIT 语句,它表明该进程只执行一次,进程在 WAIT 语句上处于无限制的等待状态。

根据【例 6-3】的仿真程序可以得到仿真波形如图 6-1 所示。

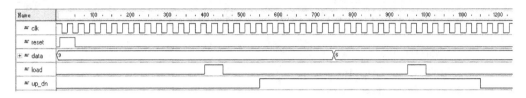

图 6-1 四位可逆计数器的仿真激励波形

2. 读 TEXTIO 文件产生法

由程序直接产生输入信号的方法中,仿真模块的编程人员必须了解输入信号的详细状态和它们与时间的关系,这对编程人员似乎提出了太高的要求。为此,人们设计了一种用数据文件输入仿真的办法。也就是说,仿真输入数据按定时要求按行存于一个文件中(即 TEXTIO 文件)。在仿真时,根据定时要求按行读出,并赋予相应的输入信号。这种方式允许利用相同的测试平台,通过不同的测试矢量文件进行不同的仿真。

例如根据对一位全加器的仿真输入信号要求,所设计的 TEXTIO 文件 input.txt 的内容与格式如下:

0 0 0
0 0 1
0 1 0
0 1 1
1 0 0
1 0 1
1 1 0
1 1 1

在 input.txt 文件中每行包含 3 位数据,分别为 a,b 和 cin。每行数据之间的定时间隔为 100 ns。如果在程序中每隔 100 ns 读入一行数据,并将读入值赋予对应的 a,b 和 cin,那么就可以产生一位全加器的仿真输入信号。这一点利用 TEXTIO 中的 READLINE 和 READ 语句很容易实现,如【例 6-4】所示。

【例 6-4】

```
USE STD.TEXTIO.ALL;
ENTITY adder_tb IS
END adder_tb;
ARCHITECTURE tb_architecutre OF adder_tb IS
    COMPONENT adder
        PORT (a, b, cin: IN BIT; sum, cout : OUT BIT);
    END COMPONENT;
    SIGNAL a, b, cin: BIT;
    SIGNAL sum, cout : BIT;
    FILE infile : TEXT OPEN READ_MODE IS "input.txt";
BEGIN
```

```
            UUT : adder PORT MAP (a => a, b => b, cin => cin, sum => sum, cout => cout);
            STIM : PROCESS
                VARIABLE in_line : LINE;
                VARIABLE a_from_file, b_from_file, cin_from_file : BIT;
        BEGIN
                WHILE NOT(ENDFILE(infile)) LOOP
                READLINE (infile, in_line);
                READ (in_line, a_from_file);
                READ (in_line, b_from_file);
                READ (in_line, cin_from_file);
                a <= a_from_file;
                b <= b_from_file;
                cin <= cin_from_file;
                WAIT FOR 100 ns;
            END LOOP;
            WAIT;
        END PROCESS;
    END tb_architecture;
```

在该例中，STIM 进程就描述了每隔 100 ns 从 input.txt 文件中读入一行数据，并将其对应值赋予 a,b 和 cin 的情况。该进程除非碰到了 input.txt 文件的末尾标志，否则该进程中的语句将循环执行。这样也就产生了一位全加器的仿真输入信号。

对于时序电路而言，输入仿真信号产生时还应该注意，输入控制信号和时钟信号最好不要在同一仿真时刻发生变化。一般输入控制信号变化时间与时钟变化沿错开四分之一的时钟周期。这样做的好处是，防止仿真中因判别二者变化的先后不同而出现相反的结果，使仿真结果具有唯一性。

6.1.4 仿真结果的处理

对于简单的模块进行测试，可以直接通过仿真输出波形来观察设计的功能是否正确，因此在测试程序中可以只包括仿真输入信息的产生部分。但在另外一些情况中，或许有必要记录输出矢量，并将实现前、后的仿真结果进行比较。正如前所述，测试平台程序中一般应包括被测实体功能仿真的数据比较以及结果判别输出部分（错误警告，成功通过信息）。因此，对于仿真结果的处理一般可以分为四种情况：

① 不进行处理，通过仿真输出波形来观察设计的功能是否正确，如【例 6-4】对一位全加器的测试。

② 将仿真结果与预期的结果进行比较，输出仿真错误信息，如【例 6-1】所示。

③ 比较功能仿真和时序仿真的结果，以验证布局布线后的模块功能，如【例 6-5】对 D 触发器的测试。

【例 6-5】

```
LIBRARY IEEE;
USE IEEE.STD_LOGIC_1164.ALL;
ENTITY d_ff_tb IS
```

```vhdl
END d_ff_tb;
ARCHITECTURE tb_architecure OF d_ff_tb IS
    COMPONENT d_ff_struct
        PORT (clk, d, reset : IN STD_LOGIC;   q, nq : OUT STD_LOGIC);
    END COMPONENT;
    COMPONENT d_ff_beh
        PORT (clk, d, reset : IN STD_LOGIC;   q, nq : OUT STD_LOGIC);
    END COMPONENT;
    SIGNAL clk, d, reset: STD_LOGIC;                    -- 激励信号
    SIGNAL q, nq : STD_LOGIC;                           -- q,nq 为时序仿真输出
    SIGNAL q1, nq1: STD_LOGIC;                          -- q1,nq1 为功能仿真输出
    SIGNAL check: boolean : = false;
    SHARED VARIABLE ENDSIM : boolean : = false;
    CONSTANT PERIOD : time : = 1000 ns;
BEGIN
    UUT : d_ff_struct                                   -- 行为级电路模块
        PORT MAP (clk => clk, d => d, reset => reset, nq => nq, q => q );
    UUT1 : d_ff_beh                                     -- 门级电路模块
        PORT MAP (clk => clk, d => d, reset => reset, nq => nq1, q => q1 );
    IDENTITY_CHECK: PROCESS (check)                     -- 比较行为级和门级仿真结果
    BEGIN
      IF check = TRUE THEN                              -- 当 CHECK 信号为真时进行比较
        IF q1 /= q THEN REPORT "q(structural)<>q(behavioral)"; END IF;     -- 出错报告
        IF nq1 /= nq THEN REPORT "nq(structural)<>nq(behavioral)"; END IF; -- 出错报告
      END IF;
    END PROCESS;
    CLK_GEN: PROCESS                                    -- 产生时钟信号和比较允许信号
                                                        --   (CHECK)
    BEGIN
      IF ENDSIM = FALSE THEN
            clk <= '0'; WAIT FOR PERIOD/2;              -- 时钟周期为 1 000 ns,
            clk <= '1'; WAIT FOR PERIOD/4;              -- 时钟上升沿到达 PERIOD/4 后,开
                                                        --   始比较
            check <= TRUE; WAIT FOR PERIOD/4;
            check <= FALSE;
      ELSE
        WAIT;
            END IF;
    END PROCESS;
    STIM: PROCESS                                       -- 产生 D 触发器的输入激励信号
    BEGIN
      reset <= '1';  d <= '0';   WAIT FOR 50 ns;
      reset <= '0';   WAIT FOR 1790 ns;
      d <= '1';   WAIT FOR 1900 ns;
      d <= '0';   WAIT FOR 1900 ns;
```

```
        d <= '1';   WAIT FOR 1900 ns;
        ENDSIM: = TRUE;
        WAIT;
    END PROCESS;
END tb_architecure;
CONFIGURATION testbench_for_d_ff of d_ff_tb IS              -- 分别选配行为级和门级电路模块
 FOR TB_ARCHITECTURE
    FOR UUT: d_ff_struct USE ENTITY work.d_ff_struct(\EPM5032LC-15\); END FOR;
    FOR UUT1: d_ff_beh USE ENTITY work.d_ff_beh(D_ARCH); END FOR;
 END FOR;
END testbench_for_d_ff;
```

(4) 将仿真结果输出到文件,以待进一步处理。比如在【例 6-5】中,可将对 D 触发器门级电路的仿真测试结果写入文件,所用进程如【例 6-6】所示。

【例 6-6】

```
PROCESS(clk, reset, a, q, nq )
    FILE results: TEXT open WRITE_MODE is "results.txt";    -- 输出文件声明
    VARIABLE l_out : LINE;                                  -- 行指针
    BEGIN
      WRITE(l_out, NOW, right, 8, ns);                      -- 添加当前仿真时间
      WRITE(l_out, clk, right, 2);                          -- 添加仿真结果
      WRITE(l_out, reset, right, 6);
      WRITE(l_out, d, right, 4);
      WRITE(l_out, q, right, 4);
      WRITE(l_out, nq, right, 4);
      WRITELINE(result, l_out);                             -- 把一行写入文件
END PROCESS;
```

6.2 逻辑综合

所谓逻辑综合就是将较高抽象层次的描述自动地转换到较低抽象层次描述的一种方法。对现有的逻辑综合工具而言,所谓逻辑综合就是在标准单元库和特定的设计约束的基础上将 RTL 级的描述转换成门级网表的过程。这个过程一方面是在保证系统逻辑功能的情况下进行高级设计语言到逻辑网表的转换,另一方面是根据约束条件对逻辑网表进行时序和面积的优化。

当前适用于 VHDL 语言的逻辑综合工具主要有:Cadence Design Systems 公司的 Synergy,Synopsys 公司的 Design Compiler Family,Synplicity 公司的 Synplify Pro,Mentor Graphics 公司的 Autologic II 等 10 几种。Synopsys 公司提供的 Design Compiler(DC)是业界流行的、功能强大的针对 ASIC 设计的逻辑综合工具。用户只需要输入设计的 HDL 描述和时间约束,就可能得到较为优化的门级综合网表。设计人员只要正确地使用这些工具,并不需要详细地了解逻辑综合的细节。因此,本节仅简单介绍逻辑综合的一般慨念和有关的基本知识。

首先,采用可综合 VHDL 代码,VHDL 语言对硬件系统的描述可以分为不同层次,如系

统级、算法级、RTL级、门级等,只有RTL或更低层次的描述才能保证是可综合的。现有的综合软件不能综合算法级或者更加抽象的硬件行为描述。编写的RTL级代码必须能够被综合工具很好地综合成逻辑电路,并且保证满足时序和资源要求,良好的RTL级代码编写风格能够使代码在综合时较快地满足时序的要求,同时避免综合过程中出现的问题,保证综合出来的网表电路同RTL级代码功能的一致性。例如if-else语句,这类语句暗指了一个多路选择的电路,输出值的选择基于一定条件的。如果if语句缺少else分支则可能会出现锁存器。关于设计技巧我们还会在设计优化中介绍。

一般逻辑综合的过程如图6-2所示。逻辑综合过程要求的输入为:RTL描述的程序模块;约束条件,如面积、速度、功耗、可测性;支持工艺库,如TTL工艺库、MOS工艺库、CMOS工艺库等。输出的是门级网表。RTL

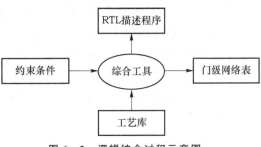

图6-2 逻辑综合过程示意图

描述的程序模块在前面已详细介绍,下面就约束条件、工艺库、门级网表的基本知识作一介绍。

6.2.1 约束条件

约束条件用来设定电路综合的目标,针对ASIC的设计和FPGA的设计有所不同,下面针对两种情况分别作简单介绍。

1. 掩膜ASIC设计中约束条件

针对掩膜ASIC设计中约束条件,它主要包括设计环境约束、时间约束和面积约束。

(1)设计环境约束

设计环境约束用来描述设计工作时的温度、电压、驱动、负载等外部条件的一系列属性。这些属性约束在电路综合时是必须的。

① 负载:每个输出引脚都要规定一个驱动能力,由它确定在一个特定的时间范围内驱动多少负载,每个输入也要有一个指定的负载值。通过负载的计算就可以推算出,因负载的轻重而使输出波形的变坏程度。

负载属性将指明某一信号的输出负载能力,在工艺库中按库单位计算。例如:

set load 6 xbus

该属性规定输出信号xbus可带动6个库单位负载信号。

② 驱动:驱动属性规定驱动器电阻的大小,也即控制驱动电流的大小。它同样也按工艺库的单位来指定。例如:

set drive 2 ybus

该属性规定输出信号ybus有2个库单位的驱动能力。

(2)时间约束

时间约束内容包括定义时钟、定义时钟网络的时间约束和时序路径时间约束设定,以及非同步设计的时间约束等。了解延迟的计算是定义恰如其分的时间约束的关键。如:Synopsys公司的综合器(DC)支持几种延迟模型:一是CMOS通用的延迟模型,二是CMOS分段的线性延迟模型,三是非线性的查表延迟模型。

到达时间:逻辑综合工具通常用静态时间分析器来检查正在综合的逻辑是否满足用户规定的延时限制条件。在特定的节点设置到达时间,以便进行指定的定时分析,这一点有时是非常重要的。例如,某逻辑电路的所有输入信号中有一路信号比其他信号要迟到达,而逻辑电路的输出又要满足所给定的延时限制的要求,这就给逻辑综合提出了严格的要求。也就是说,该路信号的迟到时间加上在该电路中的延时时间不应该超过用户对该电路的延时限制。这种要求表明,逻辑综合结果要求该路迟到信号在本逻辑模块中的延迟要比其他路信号更小,也即要尽可能减少该信号从输入到输出通路上的门的级数。

时间延时约束条件最常用的描述方法是指定输入输出的最大延时时间。用延时约束条件来引导优化和映射,对设计电路来说是一个相当困难的任务。在某些条件下,无论逻辑综合工具采用什么样的优化手段,最终达不到预期目标的情况时有发生。一种典型的时间延时约束条件的描述如下:

```
max_delay 1.7 data out
```

这种描述规定信号 data out 的最大延时应小于或等于 1.7 个库单位时间。

有时为了对所设计的每个节点进行延时计算,还应进行静态分析。也就是说,根据网表中每个连接元件的延时模型,对节点进行定时分析,给出最好和最坏的延时情况。然后检查电路,看所有的延时限制条件是否满足。如果满足则进行优化和工艺映射,否则就要更换优化方案。

(3) 面积约束

面积约束和时间约束之间是一对矛盾且需要折中的关系。一般,综合默认为时间约束比面积约束拥有更高的优先级,优化时默认不进行面积优化,如果关注于芯片的面积,可以使用 set_max_area 命令设定面积的约束,使得综合工具完成时序约束之后继续进行面积优化。

在逻辑综合过程中为了优化输出和工艺映射的需要,一定要有相应的约束条件,以实现对所设计结构的控制。也就是说,采用不同的约束条件如面积、延时、功耗和可测性等,对于同样的一个系统,其实现的系统结构是不一样的。

2. 针对 FPGA 设计中约束条件

此时,借助于 FPGA 厂商自带的综合软件或第三方综合软件,根据 FPGA 厂商提供的 Library,针对特定的目标器件,综合器将 VHDL 的源程序转换成各种单元的组合,并依据设计者的约束条件,在各个单元中做适当的布线,这些门级的布线可以存成布局布线工具能接受的格式,以便放入指定的目标器件中。我们只需对时序、面积和引脚等约束条件进行设置,其中时序的约束和掩膜 ASIC 中约束条件类似,这些将在第 7 章中做具体介绍。

6.2.2 工艺库

针对 FPGA 逻辑综合的目标是完成设计针对特定的目标器件,转换成门级网表的表示过程,不涉及工艺库的选择问题,下面针对掩膜 ASIC 中的工艺库进行介绍。

根据约束条件进行逻辑综合时,工艺库将持有综合工具所必要的全部信息,即工艺库不仅仅含有 ASIC 单元的逻辑功能,而且还有该单元的面积、输入到输出的定时关系、输出的扇出限制和对单元所需的定时检查。例如,一个 2 输入与门的工艺库描述如下所示:

```
LIBRARY(xyz){
```

```
CELL(and2){
    area: 5
    pin(a1, a2){
        direction: input;
        capacitance: 1;
        }
    pin(o1){
        direction: output;
        functon: "a1 * a2";
        timing(){
        intrinsic_rise: 0.37;
        intrinsic_fall: 0.56;
        rise_resistance: 0.1234;
        fall_resistance: 0.4567;
        related_pin: "a1, a2";
        }
      }
   }
}
```

该例描述了一个名称为 xyz 的工艺库中的一个单元,库单元名为 and2,它有 2 个输入 a1 和 a2,一个输出 o1。该 and2 单元的面积为 5 个库单位,要用一个库单位的负载电容能力的信号才能驱动它的一个输入引脚。输出引脚 o1 的固有上升和下降延时规定为不带负载时的输出延时。器件输出 o1 是输入 a1 和 a2 的函数,在计算延时时应从 a1、a2 输入到 o1 输出这样一个通道的延时。

多数逻辑综合工具都有一个完整而复杂的模型,该模型能计算通过一个 ASIC 单元的延时。这类模型不仅包括固有的上升和下降时间,而且还包括输出负载、输入级波形的斜度延时和估计的引线延时。这样,某一电路的总延时就可写为:

总延时＝固有延时＋负载延时＋引线延时＋输入级波形斜度延时

在这里,

固有延时(惯性延时)——不带任何负载的门延时;

负载延时——驱动输出时因负载电容所产生的附加延时;

引线延时——信号在引线上传送的延时,它和单元的物理特征有关;

输入级波形斜度延时——由于输入波形不够陡所引起的延时。

工艺库还包括如何用有关的工艺参数和工作条件换算延时信息的数据,其中工作条件是器件工作温度和加在器件上的供电电压。

6.2.3 逻辑综合的基本步骤

应用逻辑综合工具将 RTL 描述转换至门级描述一般应有 3 步。

第一步,将 RTL 描述转换成未优化的门级布尔描述(如与门、或门、触发器、锁存器等);

第二步,执行优化算法,产生优化的布尔描述;

第三步,按照目的工艺要求,采用相应工艺库把优化的布尔描述映射成实际的逻辑门。

1. RTL 描述至未优化的布尔描述的转换

从 RTL 描述转换到布尔描述由逻辑综合工具实现,该过程不受用户控制。其最终的转换结果是一种中间结果,格式随不同逻辑综合工具而异,且对用户是不透明的。

按照转换的规则和算法,将 RTL 描述中的 IF,CASE,LOOP 语句以及条件信号代入和选择信号代入等语句转换成中间的布尔表达式,要么装配组成,要么由推论形成触发器和锁存器。

2. 布尔优化描述

布尔优化过程是将一个非优化的布尔描述转化成一个优化的布尔描述的过程。这个工作是逻辑综合过程中的一个重要的工作,它采用了大量的算法和规则。一种优化方法是,先将非优化的布尔描述转换到最低级描述(pla 格式),然后再优化这种描述(用 pla 优化技术),最后再用共享公共项(包括引入中间变量)去简化逻辑,减少门的个数。

将非优化的布尔描述转换成一种 pla 格式的过程称为展平设计,它将所有的逻辑关系都转换成简单的 AND(与)和 OR(或)的表达式。这种转换的目的是使非优化的布尔描述格式转换成能执行优化算法的布尔描述格式。例如非优化的布尔描述如下:

```
a = b AND c;
b = x OR(y AND z);
c = q OR w;
```

输出 a 用 3 个功能方程式描述,其中 b 和 c 为中间变量。展平的功能是将中间变量 b 和 c 置换掉,完全用不带中间变量的布尔式来表示。展平过程实际上是一个消元过程:

```
a = (x OR(y AND z))AND(q OR w) =
    x AND(q OR w)OR(y AND z)AND(q OR w) =
    (x AND q)OR(x AND w)OR(y AND z AND q)OR(w AND y AND z)
```

这样 a 的布尔描述就消去了中间节点或中间变量,其结构是一种二级逻辑门。

这种逻辑设计方法是非常快,也是非常容易的。貌似这种逻辑结构的速度一定比较高,因为它含的级数较少。但是,实际上这种逻辑结构可能比有更多级的逻辑结构的速度更慢。其原因是,某个输入信号要与多个逻辑门的输入端相连接,这样就大大增加了该信号的扇出负载,从而使延时增加。而且其面积也非常大,因为它没有共享项,每项必须对应独立的门电路。另外,也存在大量很难展平的电路,这是因为产生的项数非常之多,一个只含 AND 函数的方程只产生一个积项,而一个含有大型异或功能的函数能产生成百上千个积项。2 输入异或门就有(a AND $\bar{\text{b}}$)OR($\bar{\text{a}}$ AND b),一个 N 输入异或将包含 2N 个积项。例如,16 个输入的异或含有 32 768 项,而 32 位输入的异或会超过 20 亿个项。很显然,对这类功能的布尔描述是很难展平的。

尽管如此,展平毕竟可以使设计去除隐含结构。设计者如想减少工作量,最好用一小块随机控制逻辑去做展平工作,以便与提取公因数部分连接,并去产生一种小型的逻辑描述。

提取公因数是把附加的中间项加到结构描述中去的一种过程,它与展平过程恰好是一个相反的运算过程。如前所述,展平设计通常会使设计变得非常之大,并且展平过程可能比提公因数过程在速度上慢得多。

提公因数的设计将使输入到输出之间的逻辑级数增加,从而使延时增加,但净结果的设计面积会更小,是一个速度较慢的设计。

通常,设计者想得到一个接近展平设计那样速度快的设计只需要用驱动能力大的驱动器,但面积却不能像提公因子的设计那样小。理想的情况将是,就速度而言,在设计中对延时小的通道应采用展平设计;而对延时要求不那么高的地方应采用提公因数设计以减小设计面积。

3. 门级映射

对 FPGA 综合而言,门级映射功能就是布尔描述与给定的硬件结构(如:门、或门、非门、RAM、触发器等)用某种网表文件的方式对应起来,成为相互的映射关系。

对于 ASIC 综合来讲,该映射过程是取出经优化后的布尔描述,并利用从工艺库中得到的逻辑和定时上的信息去做网表,网表是对用户所提出的面积和速度目标的一种体现。工艺库中存有大量的网表,它们在功能上相同,但在速度和面积上却有一个很宽的选择范围。某些网表速度快,但实现起来要花费更多的库单元;而另一些花费库的单元少,但速度则要慢一些。映射过程根据优化的布尔描述、工艺库和用户提出的约束条件,将输出一个优化的网表,该网表的结构是以工艺库单元为基础而建成的。

6.3 设计实现

VHDL 程序设计目的,是转化为硬件电路,这个过程称为设计实现。常用的设计实现的硬件平台有两种:一是采用可编程逻辑器件实现系统功能,主要针对专用系统,需求量不是很大的系统;二是交给 IC 厂商投片生产,生成专用集成芯片 ASIC,这种实现形式主要适用于具有专用功能的标准集成块,生产规模较大。本节主要针对硬件实现的载体进行简单介绍,并阐述基于 FPGA 的设计实现。

6.3.1 设计实现载体

1. ASIC 简介

ASIC 是 Application Specific Integrated Circuit 的英文缩写,在集成电路界被认为是一种为专门目的而设计的集成电路,是指应特定用户要求和特定电子系统的需要而设计、制造的集成电路。ASIC 分为全定制和半定制。全定制设计需要设计者完成所有电路的设计,因此需要大量人力物力,灵活性好但开发效率低下。如果设计较为理想,全定制能够比半定制的 ASIC 芯片运行速度更快。半定制使用库里的标准逻辑单元(Standard Cell),设计时可以从标准逻辑单元库中选择 SSI(门电路)、MSI(如加法器、比较器等)、数据通路(如 ALU、存储器、总线等)、存储器甚至系统级模块(如乘法器、微控制器等)和 IP 核,这些逻辑单元已经布局完毕,而且设计得较为可靠,设计者可以较方便地完成系统设计。现代 ASIC 常包含整个 32 bit 处理器,类似 ROM、RAM、EEPROM、Flash 的存储单元和其他模块。这样的 ASIC 常被称为 SoC(片上系统)。

全定制 ASIC 是利用集成电路的最基本设计方法(不使用现有库单元),对集成电路中所有的元器件进行精工细作的设计方法。全定制设计可以实现最小面积、最佳布线布局、最优功耗速度积,得到最好的电特性。该方法尤其适宜于模拟电路、数模混合电路以及对速度、功耗、管芯面积、其他器件特性(如线性度、对称性、电流容量、耐压等)有特殊要求的场合;或者在没有现成元件库的场合。

全定制的特点:精工细作,设计要求高、周期长,设计成本昂贵。由于单元库和功能模块电路越加成熟,全定制设计的方法渐渐被半定制方法所取代。在现在的 IC 设计中,整个电路均采用全定制设计的现象越来越少。全定制设计要求:全定制设计要考虑工艺条件,根据电路的复杂和难度决定器件工艺类型、布线层数、材料参数、工艺方法、极限参数、成品率等因素。需要经验和技巧,掌握各种设计规则和方法,一般由专业微电子 IC 设计人员完成;常规设计可以借鉴以往的设计,部分器件需要根据电特性单独设计;布局、布线、排版组合等均需要反覆斟酌调整,按最佳尺寸、最合理布局、最短连线、最便捷引脚等设计原则设计版图。版图设计与工艺相关,要充分了解工艺规范,根据工艺参数和工艺要求合理设计版图和工艺。

ASIC 的设计要求是在尽可能短的设计周期内,以最低的设计成本获得成功的 ASIC 产品。但是,由于 ASIC 的设计方法不同,其设计成本也不同。全定制设计周期最长,设计成本贵,设计费用最高,适合于批量很大或者对产品成本不计较的场合。半定制的设计成本低于全定制,但高于可编程 ASIC,适合于有较大批量的 ASIC 设计。用 FPGA 设计 ASIC 的设计成本最低,但芯片价格最高,适合于小批量 ASIC 产品。

2. FPGA/CPLD 的基本概念

系统设计师们更愿意自己设计专用集成电路(ASIC)芯片,而且希望 ASIC 的设计周期尽可能短,最好是在实验室里就能设计出合适的 ASIC 芯片,并且立即投入到实际应用之中,因而出现了现场可编程逻辑器件(FPLD),其中应用最广泛的当属现场可编程门阵列(FPGA)和复杂可编程逻辑器件(CPLD)。

FPGA 和 CPLD 都是可编程的 ASIC 器件。两者结构不同,因而具有各自的特点。

(1) 可编程逻辑器件分类

广义上讲,可编程逻辑器件是指一切通过软件手段更改、配置器件内部连接结构和逻辑单元,完成既定设计功能的数字集成电路。目前常用的可编程逻辑器件主要有简单的逻辑阵列(PAL/GAL)、复杂可编程逻辑器件(CPLD)和现场可编程逻辑阵列(FPGA)等 3 大类。

① PAL/GAL:PAL 是 Programmable Array Logic 的缩写,即可编程阵列逻辑;GAL 是 Generic Array Logic 的缩写,即通用可编程阵列逻辑。PAL/GAL 是早期可编程逻辑器件的发展形式,其特点是大多基于 E^2CMOS 工艺,结构较为简单,可编程逻辑单元多为与、或阵列,可编程单元密度较低,仅能适用于某些简单的数字逻辑电路。虽然 PAL/GAL 密度较低,但是它们一出现即以其低功耗、低成本、高可靠性、软件可编程、可重复更改等特点引发了数字电路领域的巨大震动。虽然目前较复杂的逻辑电路一般使用 CPLD 甚至 FPGA 完成,但是对应很多简单的数字逻辑,GAL 等简单的可编程逻辑器件仍然被大量使用。目前,国内外很多对成本十分敏感的设计都在使用 GAL 等低成本可编程逻辑器件,越来越多的 74 系列逻辑电路被 GAL 取代。GAL 等器件发展至今已经近 20 年了,新一代的 GAL 以功能灵活、小封装、低成本、重复可编程、应用灵活等优点仍然在数字电路领域扮演着重要的角色。目前比较大的 GAL 器件供应商主要是 Lattice 半导体公司。

② CPLD:CPLD 是在 PAL、GAL 的基础上发展起来的,一般也采用 E^2CMOS 工艺,也有少数厂商采用 Flash 工艺,其基本结构由可编程 I/O 单元、基本逻辑单元、布线池和其他辅助功能模块构成。CPLD 可实现的逻辑功能比 PAL、GAL 有了大幅度的提升,一般可以完成设计中较复杂、较高速度的逻辑功能,如接口转换、总线控制等。CPLD 的主要器件供应商有 Altera、Lattice 和 Xilinx 等。Altera 为了突出特性,曾将自己的 CPLD 器件称为 EPLD(Enhanced Programmable Logic Device),即增强型可编程逻辑器件。其实 EPLD 和 CPLD 属于同等性质的逻辑器件,目前 Altera 为了遵循称呼习惯,已经将其 EPLD 统称为 CPLD。

③ FPGA:FPGA 是在 CPLD 的基础上发展起来的新型高性能可编程逻辑器件,它一般采用 SRAM 工艺,也有一些专用器件采用 Flash 工艺或反熔丝(Anti-Fuse)工艺等。FPGA 的集成度很高,其器件密度从数万系统门到数千万系统门不等,可以完成极其复杂的时序与组合逻辑电路功能,适用于高速、高密度的高端数字逻辑电路设计领域。FPGA 的基本组成部分有可编程输入/输出单元、基本可编程逻辑单元、嵌入式块 RAM、丰富的布线资源、底层嵌入功能单元、内嵌专用硬核等。FPGA 的主要器件供应商有 Xilinx、Altera、Lattice、Actel 和 Atmel 等。

(2) FPGA/CPLD 的基本逻辑单元

① 与或阵列:简单的 PLD 是由"与"阵列及"或"阵列组成,能有效地以"积之和"的形式实现布尔逻辑函数。众所周知,任何组合逻辑函数均可化为与或式,从而用"与门—或门"二级电路实现,而任何时序电路又都是由组合电路加上存储元件(触发器)构成的,因而与或阵列这种结构对实现数字电路具有普遍的意义。

与或阵列的结构可以通过改变与或阵列的连接实现不同的逻辑功能。无论改变与阵列的连接,还是改变或阵列的连接都可以使所实现的逻辑函数发生变化。根据这种区别,可以将与或阵列划分为三种形式:

- 与阵列固定,或阵列可编程的与或阵列。PROM 器件采用这种形式。
- 与阵列可编程,或阵列固定的与或阵列。PAL、GAL、EPLD 和 CPLD 器件采用这种形式。
- 与阵列和或阵列均可编程的与或阵列。PLA 器件采用这种形式。

随着 PLD 器件研究的深入,第一种和第三种形式的与或阵列暴露出一定的缺陷。第一种结构的器件在输入数目增加时,与阵列的输出信号线数目以 2 的级数增加;第三种结构的器件制造工艺复杂,器件工作速度慢。基于这两类的与或阵列结构的器件处于被淘汰的边缘,目前只有很少的制造商在继续生产。相对地,第二种形式具备一定的技术优势,是 PLD 目前发展的主流。

与阵列可编程/或阵列固定的结构如图 6-3 所示。在图中,左边部分为与阵列,右边部分为或阵列,与门采用"线与"门形式,在交叉点上的"×"表示可编程连接,实点"·"表示固定连接。为了适应各种输入情况,"与"阵列的每个输入端(包括内部反馈信号输入端)都有输入缓冲电路,从而使输入信号具有足够的驱动能力,并产生原变量和反变量两个互补的信号。从技术实现上,输入到 PLD 的信号必须首先通过一个"与"门阵列在这里形成输入信号的组合,每组相"与"的组合被称为布尔表达值的子项或 PLD 术语中的乘积项。与阵列可以产生多个乘积项,乘积项输出通过固定连接加到或阵列的输入线上,在第二个"或"门阵列中被相加,从而完成函数的或运算。

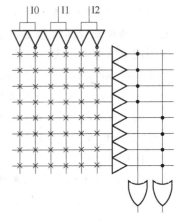

图 6-3 与阵列可编程/或阵列固定的结构

② 查找表(LUT):某些 FPGA 的可编程逻辑单元是查找表,由查找表构成函数发生器,通过查找表来实现逻辑函数。

查找表的物理结构是静态存储器(SRAM)，M 个输入项的逻辑函数可以由一个 2^M 位容量的 SRAM 实现，函数值存放在 SRAM 中，SRAM 的地址线起输入线的作用，地址即输入变量值，SRAM 的输出为逻辑函数值，由连线开关实现与其他功能块的连接。

查找表结构的函数功能非常强。M 个输入的查找表可以实现任意一个 M 个输入项的组合逻辑函数，这样的函数有 2^M 个。用查找表实现逻辑函数时，把对应函数的真值表预先存放在 SRAM 中，即可实现相应的函数运算。

理论上讲，只要能够增加输入信号线和扩大存储器容量，查找表就可以实现任意多输入逻辑函数。但事实上，查找表的规模受到技术和经济因素的限制。每增加一个输入项，查找表 SRAM 的容量就需要扩大一倍，SRAM 的容量是输入项数目 N 的 2^N 倍，当输入项超过 5 个时，SRAM 的容量的增加变得不可忍受。16 个输入项的查找表需要 64 K 位容量的 SRAM，相当于一片中等容量的存储器。

目前 FPGA 中多使用 4 输入的查找表，所以每一个查找表可以看成一个有 4 位地址线的 16×1 的 RAM。当用户通过原理图或 HDL 语言描述了一个逻辑电路以后，EDA 开发软件会自动计算逻辑电路的所有可能的结果，并把结果事先写入 RAM，这样，每输入一个信号进行逻辑运算就等于输入一个地址进行查表，找出地址对应的内容，然后输出即可。

③ 多路开关：在多路开关型 FPGA 中，可编程逻辑单元是可配置的多路开关。利用多路开关的特性，对多路开关的输入和选择信号进行配置，接到固定电平或输入信号上，实现不同的逻辑功能。例如，2 选 1 多路开关的选择输入信号为 s，两个输入信号为 a 和 b，则输出函数为 $f=sa+\bar{s}b$。它可以实现下述函数：

当 $s=1$ 时，$f=sa$；

当 $a=1$ 时，$f=s+b$；

当 $\bar{a}=b$ 时，$f=s\oplus b$。

如果把多个的多路开关和逻辑门连接起来，就可以实现数目巨大的逻辑函数。

④ 多级与非门：采用多级与非门结构的器件是 Altera 的 FPGA。Altera 的与非门结构基于一个"与—或—异或"逻辑块，如图 6-4 所示。这个基本电路可以用一个触发器和一个多路开关来扩充。多路开关选择组合逻辑输出、寄存器输出或锁存器输出。异或门用于增强逻辑块的功能，当异或门输入端分离时，它的作用相当于或门，可以形成更大的或函数，用来实现其他算术功能。

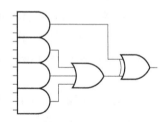

图 6-4 与-或-异或逻辑块

Altera 的 FPGA 的多级与非门结构同 PLD 的与或阵列很类似，它是以线与形式实现与逻辑的。在多级与非门结构中，线与门可编程，同时起逻辑连接和布线作用，而其他 FPGA 结构中，逻辑和布线是分开的。

同样，可以用多级与非门结构实现全加器，电路如图 6-5 所示。

3. FPGA/CPLD 的基本结构

(1) FPGA 的基本结构

简化的 FPGA 基本由 6 部分组成，分别为可编程输入/输出单元、基本可编程逻辑单元、嵌入式块 RAM、丰富的布线资源、底层嵌入功能单元和内嵌专用硬核等，如图 6-6 所示。

① 可编程输入/输出单元：输入/输出单元简称 I/O 单元，它们是芯片与外界电路的接口

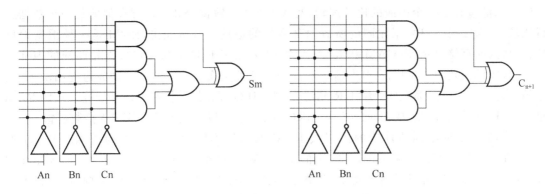

图 6-5 与-或-异或逻辑块实现全加器

部分,完成不同电气特性下对输入/输出信号的驱动与匹配需求。为了使 FPGA 有更灵活的应用,目前大多数 FPGA 的 I/O 单元被设计为可编程模式,即通过软件的灵活配置,可以适配不同的电气标准与 I/O 物理特性;可以调整匹配阻抗特性,上下拉电阻;可以调整输出驱动电流的大小等。

可编程 I/O 单元支持的电气标准因工艺而异,不同器件商不同器件族的 FPGA 支持的 I/O 标准也不同,一般说来,常见的电气标准有 LVTTL、LVCMOS、SSTL、HSTL、LVDS、LVPECL 和 PCI 等。值得一提的是,随着 ASIC 工艺的迅速发展,目前可编程 I/O 支持的最高频

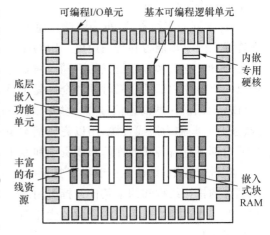

图 6-6 FPGA 的结构原理

率越来越高,一些高端 FPGA 通过 DDR 寄存器技术,甚至可以支持高达 2G bit/s 的数据传输速率。

② 基本可编程逻辑单元:基本可编程逻辑单元是可编程逻辑的主体,可以根据设计灵活地改变其内部连接与配置,完成不同的逻辑功能。FPGA 一般是基于 SRAM 工艺的,其基本可编程逻辑单元几乎都是由查找表和寄存器组成的。FPGA 内部查找表一般为 4 输入,查找表一般完成纯组合逻辑功能。FPGA 内部寄存器结构相当灵活,可以配置为带同步/异步复位或置位、时钟使能的触发器,也可以配置成为锁存器。FPGA 一般依赖寄存器完成同步时序逻辑设计。一般来说,比较经典的基本可编程单元的配置是一个寄存器加一个查找表,但是不同厂商的寄存器和查找表的内部结构有一定的差异,而且寄存器和查找表的组合模式也不同。

③ 嵌入式块 RAM:目前大多数 FPGA 都有内嵌的块 RAM(Block RAM)。FPGA 内部嵌入可编程 RAM 模块,大大地拓展了 FPGA 的应用范围和使用灵活性。FPGA 内嵌的块 RAM 一般可以灵活配置为单端口 RAM(SPRAM,Single Port RAM)、双端口 RAM(DPRAM,Double Ports RAM)、伪双端口 RAM(Pseudo DPRAM)、CAM(Content Addressable Memory)、FIFO(First In First Out)等常用存储结构。RAM 的概念和功能读者应该非常熟悉,在此不再冗述。FPGA 中其实并没有专用的 ROM 硬件资源,实现 ROM 的思路是对 RAM 赋予初值,并保持该初值。所谓 CAM,即内容地址储存器。CAM 这种存储器在其每个

存储单元都包含了一个内嵌的比较逻辑,写入 CAM 的数据会和其内部存储的每一个数据进行比较,并返回与端口数据相同的所有内部数据的地址。概括地讲,RAM 是一种根据地址读、写数据的存储单元;而 CAM 和 RAM 恰恰相反,它返回的是与端口数据相匹配的内部地址。CAM 的应用也非常广泛,比如在路由器中的地址交换表等。FIFO 是"先进先出队列"式存储结构。FPGA 内部实现 RAM、ROM、CAM、FIFO 等存储结构都可以基于嵌入式块 RAM 单元,并根据需求自动生成相应的粘合逻辑(Glue Logic)以完成地址和片选等控制逻辑。

不同器件商或不同器件族的内嵌块 RAM 的结构不同,Xilinx 常见的块 RAM 大小是 4 kbit 和 18 kbit 两种结构,Lattice 常用的块 RAM 大小是 9 kbit。除了块 RAM,Xilinx 和 Lattice 的 FPGA 还可以灵活地将 LUT 配置成 RAM、ROM、FIFO 等存储结构,这种技术被称为分布式 RAM(Distributed RAM)。根据设计需求,块 RAM 的数量和配置方式也是器件选型的一个重要标准。

④ 丰富的布线资源:布线资源连通 FPGA 内部所有单元,连线的长度和工艺决定着信号在连线上的驱动能力和传输速度。FPGA 内部有着非常丰富的布线资源,这些布线资源根据工艺、长度、宽度和分布位置的不同而被划分为不同的等级,有一些是全局性的专用布线资源,用以完成器件内部的全局时钟和全局复位/置位的布线;一些称为长线资源,用以完成器件分区(Bank)间的一些高速信号和一些第二全局时钟信号(有时也被称为 Low Skew 信号)的布线;还有一些称为短线资源,用以完成基本逻辑单元之间的逻辑互联与布线;另外,在基本逻辑单元内部还有着各式各样的布线资源和专用时钟、复位等控制信号线。

实现过程中,设计者一般不需要直接选择布线资源,而是由布局布线器自动根据输入的逻辑网表的拓扑结构和约束条件选择可用的布线资源连通所用的底层单元模块,所以设计者常常忽略布线资源。其实布线资源的优化与使用和设计的实现结果(包含速度和面积两个方面)有直接关系。

⑤ 底层嵌入功能单元:底层嵌入功能单元的概念比较笼统,这里我们指的是那些通用程度较高的嵌入式功能模块,比如 PLL(Phase Locked Loop)、DLL(Delay Locked Loop)、DSP、CPU 等。随着 FPGA 的发展,这些模块被越来越多地嵌入到 FPGA 的内部,以满足不同场合的需求。

目前大多数 FPGA 厂商都在 FPGA 内部集成了 DLL 或者 PLL 硬件电路,用以完成时钟的高精度、低抖动的倍频、分频、占空比调整、移相等功能。目前,高端 FPGA 产品集成的 DLL 和 PLL 资源越来越丰富,功能越来越复杂,精度越来越高(一般在皮秒(PS)的数量级)。

⑥ 内嵌专用硬核:这里的内嵌专用硬核与前面的"底层嵌入单元"是有区分的,这里讲的内嵌专用硬核主要指那些通用性相对较弱,不是所有 FPGA 器件都包含硬核(Hard Core)。称为 FPGA 和 CPLD 的通用逻辑器件,是区分于专用集成电路而言的。其实 FPGA 内部也有两个阵营:一方面是通用性较强,目标市场范围很广,价格适中的 FPGA;另一方面是针对性较强,目标市场明确,价格较高的 FPGA。前者主要指低成本 FPGA,后者主要指某些高端通信市场的可编程逻辑器件。

(2) CPLD 的基本结构

CPLD 的结构相对比较简单,主要由可编程 I/O 单元、基本逻辑单元、布线池和其他辅助功能模块构成,如图 6-7 所示。

① 可编程 I/O 单元:CPLD 的可编程 I/O 单元和 FPGA 的可编程 I/O 单元的功能一致,

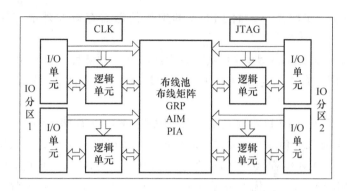

图 6-7 CPLD 的结构原理

完成不同电气特性下对输入/输出信号的驱动与匹配。由于 CPLD 的应用范围局限性较大，所以其可编程 I/O 的性能和复杂度与 FPGA 相比有一定的差距。CPLD 的可编程 I/O 支持的 I/O 标准较少，频率也较低。

② 基本逻辑单元：与 FPGA 相似，基本逻辑单元是 CPLD 的主体，通过不同的配置，CPLD 的基本逻辑单元可以完成不同类型的逻辑功能。需要强调的是，CPLD 的基本逻辑单元的结构与 FPGA 相差较大。前面介绍过，FPGA 的基本逻辑单元通常是由查找表和寄存器按照 1∶1 的比例组成的，而 CPLD 中没有 LUT 这种概念，其基本逻辑单元是一种被称为宏单元（Macro Cell，简称 MC）的结构。所谓宏单元，其本质是由一些与、或阵列加上触发器构成的，其中"与或"阵列完成组合逻辑功能，触发器用以完成时序逻辑。器件规模一般用 MC 的数目表示，器件标称中的数字一般都包含该器件的 MC 数量。

③ 布线池、布线矩阵：CPLD 的布线及连通方式与 FPGA 差异较大。前面讲过，FPGA 内部有不同速度、不同驱动能力的丰富布线资源，用以完成 FPGA 内部所有单元之间的互联互通。而 CPLD 的结构比较简单，其布线资源也相对有限，一般采用集中式布线池结构。所谓布线池其本质就是一个开关矩阵，通过打节点可以完成不同 MC 的输入与输出项之间的连接。由于 CPLD 的布线池结构固定，所以 CPLD 的输入引脚到输出引脚的标准延时固定，被称为 Pin to Pin 延时，用 Tpd 表示，Pin to Pin 延时反映了 CPLD 器件可以实现的最高频率，也就清晰地标明了 CPLD 器件的速度等级。

④ 其他辅助功能模块：CPLD 中还有一些其他的辅助功能模块，如 JTAG（IEEE 1532、IEEE 1149.1）编程模块，一些全局时钟、全局使能、全局复位/置位单元等。

4. FPGA 和 CPLD 性能特点的差异

FPGA 和 CPLD 在性能特点上的差异如下：

① FPGA 更适合于触发器丰富的结构，CPLD 更适合于触发器有限而乘积项丰富的结构。

② FPGA 的分段式布线结构决定了其时序延迟的不可预测性，而 CPLD 的连续式布线结构决定了它的时序延迟是均匀的和可预测的。

③ 在编程上 FPGA 比 CPLD 具有更大的灵活性。FPGA 主要通过改变内部边线的布线来编程，而 CPLD 通过修改具有固定内连电路的逻辑功能来编程。

④ FPGA 的集成度比 CPLD 高，具有更复杂的布线结构和逻辑实现。

⑤ CPLD 比 FPGA 使用起来更方便。CPLD 的编程采用 E^2PROM 或 Fast Flash 技术，

无需外部存储器芯片,使用简单。而 FPGA 的编程信息需存放在外部存储器上,使用方法复杂。

⑥ CPLD 的速度比 FPGA 快,并且具有较大的时间可预测性。这是由于 FPGA 是门级编程,并 CLB 之间采用分布式互连,而 CPLD 是逻辑块级编程,并且其逻辑块之间的互连是集总式的。

⑦ 编程方式上来看,CPLD 主要是基于 E^2PROM 或 Fast 存储器编程,编程次数可达 1 万次,优点是系统断电时编程信息也不丢失,又可分为在编程器上编程和在系统编程两类。FPGA 大部分是基于 SRAM 编程,编程信息在系统断电时丢失,每次上电时,需从器件外部将编程数据重新写入 SRAM 中。其优点是可以编程任意次,可在工作中快速编程,从而实现板级和系统级的动态配置。

⑧ CPLD 保密性好,FPGA 的保密性差。

⑨ 一般情况下,CPLD 的功耗要比 FPGA 大,且集成度越高越明显。

6.3.2 设计实现过程

上节中介绍了可编程器件及其结构原理,本节主要叙述、探讨逻辑综合和装配过程,以便了解设计是怎样实现到具体器件中去的。通过结合目标器件的特定结构信息,对电路进行优化和实现,逻辑综合和装配工具可以产生在资源占用、系统速度、以及其他设计目标等方面的最理想的结果。通过设计实现使我们了解到:

① 设计描述语句是怎样实现到目标器件中的;
② 通过修改程序或指定综合参数来利用器件特定结构资源;
③ 针对具体应用,确定选择最佳目标器件,是 CPLD 还是 FPGA。

通常,设计人员在面向可编程逻辑器件编写 VHDL 语言程序时,常常忽视了以下问题:
① PLD,CPLD 和 FPGA 器件的逻辑资源是有限的;
② 可编程器件具有特定结构;
③ 不是所有的设计都能实现到任意选择的结构中去。

VHDL 语言的各种描述语句使我们可以迅速和方便的进行大规模设计,即便是一小段程序描述的设计实体,也需要大量的逻辑资源来实现。针对不同的设计,必须选择具有相应容量和具有特定电路结构的器件。由于 VHDL 语言的可移植性,EDA 工具的迅速发展,简化了选择恰当目标器件的工作。可以将同一段设计程序实现到多种器件和结构中,比较实现结果,以便选择最适合的目标器件。

可以用一个需要特定资源的设计实体作为设计实现举例。借此可以认识到,即便是最简单的设计也必须选择合适的目标器件。

【例 6-7】 四位计数器。

```
LIBRARY IEEE;
USE IEEE.STD_LOGIC_1164.ALL;
USE IEEE.STD_LOGIC_UNSIGNED.ALL;
USE WORK.STD_ARITH.ALL;
ENTITY counter IS
    PORT(clk, reset: IN STD_LOGIC;
```

```
                count: BUFFER STD_LOGIC_VECTOR(3 DOWNTO 0));
END counter;
ARCHITECTURE archcounter OF counter IS
BEGIN
     upcount: PROCESS (clk, reset)
     BEGIN
         IF reset = ´1´ THEN
         count <= "1010";
         ELSIF (clk´event and clk = ´1´) THEN
         count <= count + ´1´;
         END IF;
     END PROCESS upcount;
END ARCHCOUNTER;
```

这是一个需要特定逻辑资源的设计。当 reset 信号有效时，复位为"1010"。这个计数器需要 4 个触发器；每个触发器的复位置位端在可编程器件中的连接是不一样的。但是有一点是可以肯定的，由于引脚数量的限制，不可能每个触发的置位复位端都引到封装之外，使其分别处理。在这个实例中，有两位复位时为'1'，有两位复位时为'0'，这种不同的复位要求，对可编程目标器件选择增加了困难。在可编程器件中，由一定数量的逻辑单元组成阵列块，这个块中所有触发器都是统一置位、复位，统一时钟驱动的。上述四位计数器由于复位的不一致（"1010"），需要选择两个逻辑阵列块（LAB）实现，以区别两种不同的复位要求。同时，这种方法使用了逻辑阵列块中很少一部分资源，其余部分也不好再利用，因为置位/复位信号被利用，影响了其他余下的资源对公共时钟、公共置位/复位信号的使用。

通过上述讨论说明，实际的器件资源将影响设计的最终实现结果，而且不是所有设计都能在所有器件上实现。

6.3.3 设计实现与逻辑综合的关系

设计实现除了结合器件结构之外，逻辑综合和实现工具之间也应互相配合。从软件的观点看，它们执行的是各自独立的工作，但实际上它们之间是一种继承关系。在理想状态下，实现工具应该通过一个反馈回路联系到综合工具，以便自动地对电路中重要部分重新进行综合，并得出最佳的实现结果。在 6.2 节中谈到，逻辑综合是将 VHDL 程序代码编译为逻辑式，或网表的过程。在 6.3.2 小节中表明：设计实现是利用特定的可编程器件来实现这些逻辑式或网表的过程。针对具体的目标器件，两者可以合二为一，综合<=>实现相互配合，反复进行，直到达到目标优化。

EDA 工程中"装配"、"布局布线"都是代表的实现过程。通常装配是指将综合后的设计分配到 CPLD 器件的逻辑块中，并通过中央布线区连接到相关的逻辑单元和 I/O 引脚的过程。布局布线则是相对于 FPGA 器件，将综合后的设计分配到逻辑单元阵列中，并通过布线资源连接有关逻辑单元和 I/O 引脚的过程。在实现过程中，综合工具可以在传递到装配工具的输出文件中详细地指出所需的各种逻辑资源，装配工具和综合工具要有良好的配合、协作，保证由综合工具传递到装配工具的信息，可以用来产生最佳的实现结果。

6.4 优化设计

在 VHDL 语言电路优化设计当中,优化问题主要包括面积优化和速度优化。面积优化是指 CPLD/FPGA 的资源利用率优化,即用尽可能少的片内资源实现更多电路功能;速度优化是指设计系统满足一定的速度要求,即用更多的片内资源换取更快的处理速度。在大多数的情况下这两种选择是矛盾的。当一个设计在实现过程中,由于其中一种或多种资源数量上的限制而不能实现到目标器件中,或者设计的速度达不到要求时,这时必须进行优化。优化与 VHDL 描述语句、EDA 工具以及可编程器件的选用都有着直接的关系,优化贯穿了设计的整个过程。本节我们主要从算法角度、代码角度和综合角度来对优化设计进行阐述。

6.4.1 算法优化

算法优化是系统级的优化,在 VHDL 设计中的地位至关重要,一种新型的设计思想的优化效果是通过简单的修改代码、去除逻辑冗余所不能及的。如数字信号处理技术通常采用 Booth 算法、CSD 算法和分布式算法等技术对 FIR 设计进行优化等,很多学者致力于优化算法的研究。常用的技术有:寄存器配平、流水线设计、资源共享、乒乓操作、预进位处理等,并且一些优化算法可以通过 EDA 综合工具自动完成,针对该问题下面介绍几种可行性方案。

1. 预进位加法器

预进位方式可以用来减少加法器中进位信号的传输延迟。图 6-8 展示了一个 Xn 位进位加法器的框图,其实现结果的性能和面积主要取决于信号分组中的每组位数 n。例如,对于 16 位的加法器,如果与每组 4 位的划分相比较,由于每组 2 位的划分需要较多的进位项,而且占用资源(可能还包括传输延时)较多。最优的分组方案应由加法器的位数和目标器件的结构决定。下面就分别选择每组 2 位,面向 FPGA 器件实现一个 8 位加法器电路。

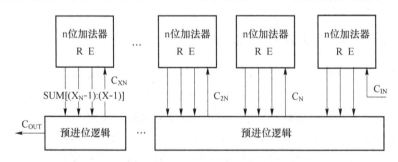

图 6-8 预进位加法器的结构

每组 n 位的加法器具有 3 个输出:和(sum)、进位生成(carry generate)、进位传输(carry propagate)。进位生成信号表示无论该组的进位输入如何,都会对下一组输出进位;进位传输信号则表示只有组的进位输入为 1 时才能对下一组输出进位。对于宽度为 1 的一个加法器组,进位 G 和进位传输 P 信号的逻辑为:

$G = A \cdot B$
$P = A + B$

而其进位输出则为:

$$C_{out} = G + C_{in} \cdot P$$

为了与上述信号的名称相区别,可对 n 位宽度加法器组的进位生成、传输信号分别命名为 E 和 R。【例 6-8】是每组 2 位的 8 位加法程序,其中首先定义了一个 2 位加法器实体,然后再利用它来组成 8 位的预进位加法器。在 fcadd8_2 的构造体说明部分说明了 fcadd2 元件,以便使之可见。另外还使用了 synthesis_off 属性以避免将进位生成和进位传输信号展开。

【例 6-8】 8 位的预进位加法器。

```
ENTITY fcadd2 IS
  PORT (ci : IN BIT;
    a1, a0, b1, b0 : IN BIT;
    sum1, sum0 : OUT BIT;
    e, r : OUT BIT);
END fcadd2;
ARCHITECTURE archfcadd2 OF fcadd2 IS
BEGIN
  sum0 <= a0 XOR b0 XOR ci;
  sum1 <= a1 XOR b1 XOR ((a0 AND b0) OR (a0 AND ci) OR (b0 AND ci));
  e <= (a1 AND b1) XOR ((a1 OR b1) AND (a0 AND b0));
  r <= (a1 OR b1) AND (a0 OR b0);
END archfcadd2;
ENTITY fcadd8_2 IS
  PORT (ci : IN BIT;
    a7, a6, a5, a4, a3, a2, a1, a0 : IN BIT;
    b7, b6, b5, b4, b3, b2, b1, b0 : IN BIT;
    sum7, sum6, sum5, sum4, sum3, sum2, sum1, sum0 : OUT BIT;
    co : OUT BIT);
END fcadd8_2;
ARCHITECTURE archfcadd8_2 OF fcadd8_2 IS
  COMPONENT fcadd2
    PORT (ci : IN BIT;
      a1, a0, b1, b0 : IN BIT;
      sum1, sum0 : OUT BIT;
      e, r : OUT BIT);
  END COMPONENT;
  SIGNAL c2, c4, c6 : BIT;
  ATTRIBUTE synthesis_off OF c2, c4, c6 : SIGNAL IS TRUE;
  SIGNAL e0, e1, e2, e3 : BIT;
  ATTRIBUTE synthesis_off OF e1, e2, e3 : SIGNAL IS TRUE;
  SIGNAL r0, r1, r2, r3 : BIT;
  ATTRIBUTE synthesis_off OF r1, r2, r3 : SIGNAL IS TRUE;
BEGIN
  u1 : fcadd2 PORT MAP (ci, a1, a0, b1, b0, sum1, sum0, e0, r0);
  u2 : fcadd2 PORT MAP (c2, a3, a2, b3, b2, sum3, sum2, e1, r1);
  u3 : fcadd2 PORT MAP (c4, a5, a4, b5, b4, sum5, sum4, e2, r2);
  u4 : fcadd2 PORT MAP (c6, a7, a6, b7, b6, sum7, sum6, e3, r3);
```

```
c2 <= e0 OR (r0 AND ci);
c4 <= e1 OR (r1 AND e0) OR (r1 AND r0 AND ci);
c6 <= e2 OR (r2 AND e1) OR (r2 AND r1 AND e0) OR (r2 AND r1 AND r0 AND ci);
co <= e3 OR (r3 AND e2) OR (r3 AND r2 AND e1) OR (r3 AND r2 AND r1 AND e0)
      OR (r3 AND r2 AND r1 AND r0 AND ci);
END archfcadd8_2;
```

2. 流水线设计

流水线设计的概念是把一个周期内执行的逻辑操作分成几步较小的操作,并在多个高速的时钟内完成。流水线技术在速度优化中相当流行,它能显著提高系统设计的运行速度上限,在现代数字信号处理器、MCU、高速数字系统设计中都离不开流水线技术。

在图6-9中,图(a)的数据通路中的逻辑被分为三个部分。如果它的 T_{pd} 为 x,则电路的最高时钟频率为 $1/x$。而在图(b)中,假设在理想情况下每部分的 T_{pd} 为 $x/3$,则时钟频率将可提高到原来的3倍。当然,我们在计算中并没有包括电路中寄存器的时钟—输出时延和信号建立时间,因此实际的延迟应比 $x/3$ 稍大。在忽略它们的情况下,可以看到流水线技术可以用来提高系统的数据流量,也就是在单位时间内所处理的数据量。但是,使用这种方法的代价是输出信号将相对于输入滞后3个时钟周期,因此必须根据这种情况对设计进行修改。

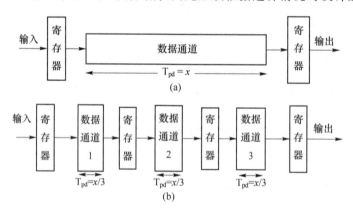

图6-9 流水线技术的概念

总之,流水线技术在提高系统处理速度的同时也造成了输出滞后,并且还需要额外的寄存器资源。但是,由于大多数FPGA器件的每个逻辑单元中都有寄存器,因此,便于采用流水线设计。而相比之下,在CPLD中每个寄存器所对应的组合逻辑资源较多,因此其一级逻辑的规模要比FPGA大得多,而这意味着在相同的时钟周期内,相对FPGA的逻辑单元,它可以实现更复杂的逻辑。所以实际上没有必要在CPLD中应用流水线技术。

3. 资源共享

资源共享的主要思想是通过数据缓冲或多路选择的方法来共享数据通路中的工作单元,减少该共享单元的使用个数,达到减少资源使用、优化面积的目的。例如,针对以下代码:

```
f <= (a + b) when s = '1' else (c + d);
```

它可以按图6-10或6-11的方式实现。如果从a,b,c或d到f为重要路径,则图6-10方式较理想;如果重要路径为s到f,那么就应选择图6-11方式。在一些综合工具中允许通过综合参数来选择类似以上的各种实现方式。在综合工具 Warp4.0 中,综合过程将产生图 6-11 方式的两个加法器。如果不希望使用这种方式,则应按以下方法编程:

x <= a when s = ´1´ else c;
y <= b when s = ´1´ else d;
f <= x + y;

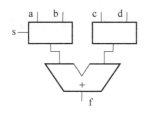

图 6-10 资源共享

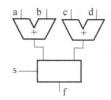

图 6-11 非共享方式

4. 乒乓操作

"乒乓操作"是一个常常应用于数据流控制的处理技巧,典型的乒乓操作如图 6-12 所示。乒乓操作的处理流程为:输入数据通过"输入数据选择单元"将数据等时分配到两个数据缓冲模块中,数据缓冲模块可以为任何存储模块。在第一个缓冲周期,将输入的数据流缓存到"数据缓冲模块 1"中,在第二个缓冲周期,通过"输入数据选择单元"切换,将输入的数据缓存到"数据缓冲模块 2",同时将"数据缓冲模块 1"缓存的第一个周期数据通过输出"数据选择单元"的选择,送到"数据流运算处理模块"进行处理,在第三个缓冲周期通过"输入数据选择单元"的再次切换,将输入的数据流缓存到"数据缓冲模块 1"中,同时将"数据缓冲模块 2"缓存的第二个周期的数据通过"输出数据选择单元"的切换,送到"数据流运算处理模块"进行运算处理,如此循环。

乒乓操作的最大特点是通过"输入数据选择单元"和"输出数据选择单元"按节拍的切换,将经过缓冲的数据流没有停顿地送到"数据流运算处理模块"进行运算处理。把乒乓操作当作一个整体,站在这个模块的两端看数据,输入数据和输出数据都是连续不断的,因此非常适合对数据流进行流水线式处理,完成数据的无缝缓冲与处理。

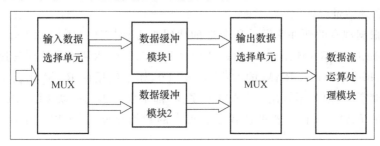

图 6-12 乒乓操作原理

6.4.2 代码优化

VHDL 作为一种硬件描述和仿真语言,目的要实现的是实际硬件电路,最终综合出的电路的复杂程度,除取决与设计要求实现的功能难度外,还受设计者对电路的描述方法和设计的规划水平的影响。采用 VHDL 语言编程时要注意以下问题：

(1) 寄存器代替锁存器，避免不必要的锁存器产生

因为锁存器由大量的触发器组成，电路不仅复杂，而且时序配合的原因会导致不可预料的结果，尽可能用寄存器来替代它。正确使用 when_else 语句、if_else 语句和 case 语句，避免设计中存在许多本不必要的类似锁存器的结构。写 if-else 的技巧：多路选择电路的位置取决于 if-else 结构的位置，if-else 语句是具有优先级的，一个电路的优先级是必要时，才使用它；否则优先控制逻辑被综合的结果会存在更多的内部电路和可能更慢的逻辑。

(2) 注意算术功能的设计优化

例如下面两条语句：

Out<= A + B + C + D;
Out<= (A + B) + (C + D);

第一条语句综合后可能会连续叠放 3 个加法器(((A+B)+C)+D)；第二条语句(A+B)和(C+D)使用两个并行的加法器，同时进行加法运算，再将运算结果通过第三个加法器进行组合。虽然使用资源数量相同，但第二条语句速度更快。

(3) 使用具有范围限制的整数

在 VHDL 中无约束整数的范围是 $-2\ 147\ 483\ 647 \sim +2\ 147\ 483\ 647$。这意味着至少需要 32 bit 来表示，但通常这会造成资源的浪费，最好指定范围。例如：signal small_int:integer range 255 downto 0;small_int 在本例中只需要 8 bit，而不是 32 bit，有效地节约了器件面积。

(4) 合理使用嵌入式 IP 核和可参数化模块 LPM

例如，在 DSP、图像处理等领域，乘法器是应用最广泛、最基本的模块，其速度往往制约着整个系统性能，而硬件乘法器是 PLD 器件中非常有效的高速资源，利用硬件乘法器，可以设计出高速电路。

(5) 合理使用状态机

由于状态机的结构模式简单，有相对固定的设计模板，特别是 VHDL 支持定义符号化枚举类型状态，这就为 VHDL 综合器充分发挥其强大的优化功能提供了有利条件。因此采用合适的状态机比较容易地设计出高性能的时序逻辑模块。

(6) 代码和硬件资源匹配

设计者要根据现有的硬件资源采用合适的代码来进行描述。例如：Xilinx 系列的 FPGA 给用户提供了 BLOCK RAM 给用户，直接使用这些资源可以达到很高的读写速度，同时不会占用逻辑资源，每个 BLOCK RAM 的大小为 18 kbit，如果使用的 RAM 比较小时，使用它会浪费片内的存储空间，因为不管用户 RAM 有多少，都至少会占用一块 BLOCK RAM，此时可以考虑分布式的 RAM。同时，若设计者需要很大的数据存储时，可以采用片外的存储器来实现。

6.4.3 综合过程中的优化

一般 EDA 软件尤其是综合器，均会提供一些针对具体器件和设计的优化选项。设计者在使用软件时应注意根据优化目标的要求，适当修改软件设置。通过使用约束条件，可以达到性能优化的目的。例如 Xilinx 工具软件可以通过设置优化目标、优化难度、设置约束文件

(UCF)对元件分组、时序、驱动、延时、区域等参数进行约束,综合器根据这些约束条件,选用不同的算法进行优化。

另外,代码和软件优化也是相辅相成的,关键路径法是一个代码和综合工具联合进行优化的一个例子。关键路径是指设计中从输入到输出经过的延时最长的逻辑路径,优化关键路径是提高设计工作速度的有效方法。图 6-13 中 $T_{d1}>T_{d2}$,$T_{d1}>T_{d3}$,关键路径为延时 T_{d1} 的模块,由于从输入到输出的延时取决于延时最长路径,而与其他延时较小的路径无关,因此减少 T_{d1} 则能改善输入到输出的总延时。在优化设计过程中关键路径法可反复使用,直到不可能减少关键路径延时为止。许多 EDA 开发工具都提供时序分析器可以帮助找到延时最长的关键路径,以便设计者改进设计。对于结构固定的设计,关键路径法是进行速度优化的首选方法,可与其他方法,诸如资源共享、逻辑优化、串行化等配合使用,以达到系统速度、资源利用率、可靠性等方面的性能指标。

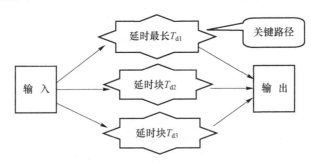

图 6-13 关键路径示意图

面积和速度是一对立的矛盾体,要求一个设计同时具备设计面积最小,运行频率最高是不现实的,相比之下,满足时序、工作频率要求更重要一些,当两者冲突时,采用速度优先的原则。一个设计如果时序余量较大,能到达的工作频率远高于设计要求,那么设计者可以通过功能模块复用减少整个设计消耗的芯片面积,用速度的优势换面积的节约;反之,如果一个设计的时序要求很高,一般的方法达不到设计频率,那么设计者可以通过将数据流串并变换,并行复制多个操作模块,对整个设计采用"乒乓操作"和"串并转换"的思想运作,在芯片输出模块再对数据进行"并串转换",从整体上满足了系统处理速度的要求,也就是用面积复制来提高速度。

6.4.4 其他设计技巧

在采用 FPGA 可编程逻辑阵列和可编程连线的有限资源,去实现不同功能的时序逻辑电路系统时,把握随机的布局、布线带来的时延对系统逻辑的影响,避免局部逻辑资源时延特征和不同的时序电路形式的制约,有效利用 FPGA 的特征逻辑结构去优化电路设计,都是设计者在设计中必须考虑的问题。为了成功地操作,可靠的时钟是非常关键的。设计不良的时钟在极限的温度、电压下将导致错误的行为。在 FPGA 设计时通常采用全局时钟、门控时钟、多级逻辑时钟和波动式时钟,设计中常遇到的主要问题有以下几种。

1. 信号毛刺的产生及消除

(1)信号毛刺的产生

信号在可编程逻辑器件内部通过连线和逻辑单元时,会有不同的延时,延时的长短与信号通道上的连线长短和逻辑单元的数目有关,同时还受器件的制造工艺、工作电压、温度等条件的影响。信号的高低电平转换也需要一定的过渡时间。由于这两方面的因素,因此多路信号的电平发生变化时,在信号变化的瞬间,组合逻辑的输出状态不确定,往往会出现一些不正确的尖峰信号,这些尖峰信号称为"毛刺"。如果一个组合逻辑电路中有"毛刺"出现,就说明该电路存在着"冒险"现象,时钟端、清零端和置位端口对毛刺信号十分敏感,这些端口出现的任何毛刺都可能会使系统出错。

如图 6-14 所示电路就是一个会出现冒险的电路,根据电路结构原理,三位计数器对时钟信号 clk 进行计数,计数值通过一个两级的与门逻辑,控制一个 D 触发器的强制置位端 PRN,当信号 q0、q1、q2 均为'1'时,输出端 out 输出为'1'。在 q[2..0]从"011"过渡到"100"或"101"过渡到"110"的过程中,由于器件的延时不同,q[2..0]可能会出现"111"的情况,致使 probe1 端信号出现毛刺,而该信号会对 D 触发器作出误动作。

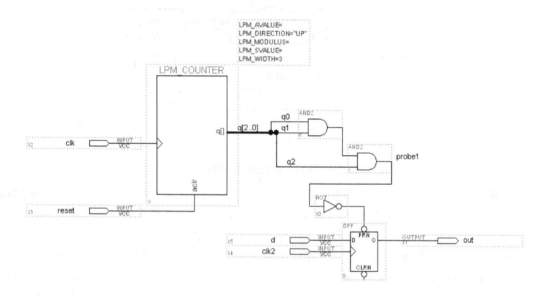

图 6-14 存在"冒险"的组合逻辑

(2) 信号的毛刺解决方法

常用的消除信号毛刺影响的方法有两种:通过对后续电路进行改进,避免毛刺对后续电路的影响;另一种方法是在计数过程中和组合逻辑中就避免毛刺的产生。如图 6-15 采用第一种方法,使用了同步电路设计,在 probe1 节点与触发器之间添加了一个新的触发器,由 clk 的下降沿控制触发,保证在触发时刻组合逻辑输出的信号已经稳定,同时该触发器输出信号 Q 通过一个延时门与 PRN 端组成正反馈回路保证足够的脉宽,通过这种方法毛刺没有消除,只是通过 D 触发器,将毛刺对后续的电路的影响消除了。该方法也存在不足,它增加了输出信号与时钟信号之间的延时,另外当时钟信号频率很高时,毛刺在时钟的下降沿时刻还没有消失,仍然会影响后续的电路;第二种方法可以采用格雷码计数器,使每次计数状态变化过程中只有一位信号发生变化,这样就避免了毛刺的产生。

2. 信号的建立和保持时间

在设计时钟前,设计者需要考虑的第一件事就是信号的建立和保持时间。所谓信号的"建

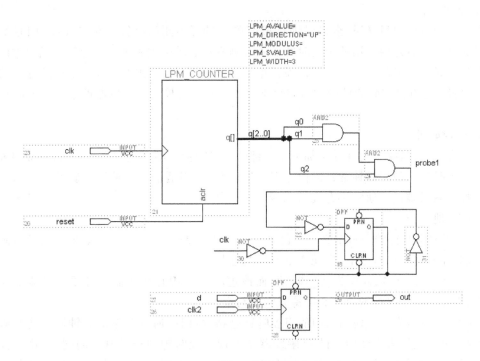

图 6-15 添加 D 触发器的电路

立时间"是指在时钟的上升沿或者下降沿之前数据必须保持稳定(无跳变)的时间;"保持时间"是指在时钟跳变后数据必须保持稳定的时间。为了保证在时钟信号翻转时采集数据的正确性,一般在数据信号发生时间的中间段进行采集,这就要求有足够的信号建立和保持时间。如图 6-16 所示,触发器输入信号 D 的变化距离时钟信号边缘太近,触发器输出将会出现如下 3 种情况:

① 维护输入 D 的原值;
② 改变成输入 D 的新值;
③ 输出是不确定的。

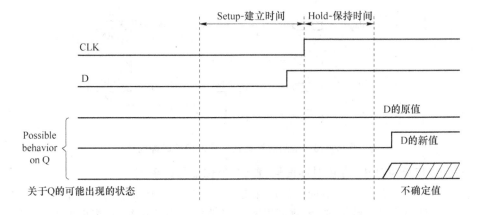

图 6-16 时钟信号建立与保持时间的影响

3. 全局时钟

对于一个设计项目来说，全局时钟是最简单和最可预测的时钟。在 CPLD/FPGA 设计中最好的时钟方案是由专用的全局时钟输入引脚驱动的单个主时钟去钟控设计项目中的每一个触发器。只要可能就应尽量在设计项目中采用全局时钟。CPLD/FPGA 都具有专门的全局时钟引脚，它直接连到器件中的每一个寄存器。这种全局时钟提供器件中最短的时钟到输出的延时。

4. 门控时钟

在许多应用中，整个设计项目都采用外部的全局时钟是不可能或不实际的，通常用阵列时钟构成门控时钟。门控时钟常常同微处理器接口有关，用地址线去控制写脉冲。每当用组合逻辑来控制触发器时，通常都存在着门控时钟。如果符合下述条件，门控时钟可以像全局时钟一样可靠地工作。

① 直接驱动时钟的逻辑中必须只包含一个"与"门或一个"或"门。如果采用任何附加逻辑值，就会在某些工作状态下，出现竞争产生的毛刺。

② 逻辑门的一个输入作为实际时钟，而该逻辑门的所有其他输入必须当成地址或控制线，它们遵守相对于时钟的建立和保持时间的约束。

图 6-17 所示为一个使用与门的门控时钟电路，将门控时钟与全局时钟同步能改善设计的可靠性，可以使用带有使能端的 D 触发器来实现门控时钟和全局时钟的同步，将门控时钟接 D 触发器的使能端，全局时钟接 D 触发器的时钟输入端，这样就能保持门控时钟与全局时钟同步，如图 6-18 所示。

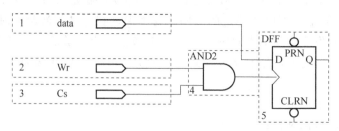

图 6-17 使用"与门"的门控时钟电路

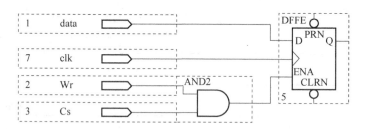

图 6-18 增加时钟使能信号的门控时钟电路

5. 在同步电路设计中，避免时钟信号、置位/复位信号的毛刺

目前的 FPGA 中的触发器响应速度越来越快，可以响应非常窄的时钟脉冲。因此，往往触发器会响应时钟信号中的毛刺，导致逻辑发生误动作。不要用组合逻辑电路的输出做时钟源、置位/复位信号，如图 6-14 所示，"门控时钟"在与门输出端可能会产生毛刺。复位和置位信号的引入方法最好是从器件的输入引脚直接引入，即给数字逻辑电路设置一个主复位

"Reset"的引脚,对电路中每个功能单元馈送复位或者清零信号,与全局时钟引脚类似,如果必须从器件内部产生清零或者置位信号,不要用组合逻辑电路来产生,要按照门控时钟的设计原则去建立这些信号,确保在输入信号中不会出现毛刺。同时,尽量避免使用异步复位/置位信号,因为异步复位信号再从复位状态撤离时,不能保证撤离的时刻离时钟有效沿有多远,可能会产生毛刺,尽可能将异步复位和置位信号转化为同步复位和置位信号。

6. 多个时钟源的情况

设计中应该尽量减少时钟的数目,最好整个系统使用一个时钟。然而在设计中也会遇到多个时钟系统,即在一个系统中存在多个时钟信号,如异步通信接口或者两个不同时钟信号驱动的微处理器之间的接口,由于两个时钟之间要求一定的建立和保持时间,所以上述应用引进了附加的定时约束条件,要求接口系统将某些异步信号同步化。对于如图 6-19 所示电路,前后两个触发器之间为某一逻辑功能,CLK1 和 CLK2 分别是前后两个触发器的时钟信号。这时需要分两种情况考虑:

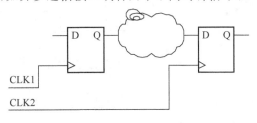

图 6-19 双 CLK 的电路

① CLK1 慢于 CLK2(CLK1 的脉宽大于 CLK2),同步电路如图 6-20 所示,FF1 用于同步,FF2 用于防止不定态,电路图及波形图如图所示。

② CLK1 快于 CLK2(CLK1 的脉宽小于 CLK2),同步电路如图 6-21 所示,FF1 用于对短脉冲进行采样,FF2 用于同步,FF3 用于防止不定态,电路图及波形图如图所示。

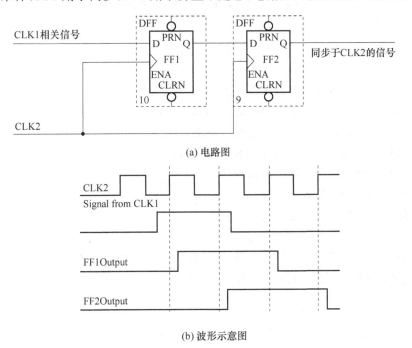

图 6-20 CLK1 慢于 CLK2 的同步电路

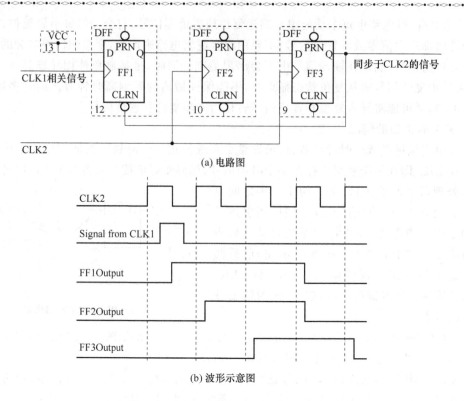

(a) 电路图

(b) 波形示意图

图 6-21　CLK1 快于 CLK2 的同步电路

习　题

6-1　仿真与测试概念上有什么不同？

6-2　测试程序(平台)怎么样将被测实体引入平台？

6-3　测试矢量的含义是什么？怎样生成测试矢量？

6-4　文件 I/O 方式写测试程序的步骤是怎样的？

6-5　设计一个八位计数器的测试程序。

6-6　什么是综合？什么是实现？

6-7　优化的内容和目标是什么？

6-8　什么是流水线设计？

6-9　试对一个设计实体进行优化设计，并比较优化结果。

6-10　试述 FPGA 与 CPLD 结构有什么不同？

第二篇

实践篇

第7章　Xilinx软件基本操作

7.1　Xilinx软件操作流程

7.1.1　Xilinx软件介绍

　　Xilinx(赛灵思)是全球领先的可编程逻辑完整解决方案的供应商,研发、制造并销售应用范围广泛的高级集成电路、软件设计工具以及定义系统功能的IP(Intellectual Property)核,长期以来一直推动着FPGA的发展。该软件由早期的Foundation系列现已逐步发展到目前的ISE Design Suite 14.1系列。Xilinx公司新推出的ISE Design Suite 14.1,使得赛灵思解决了采用高级FPGA进行设计的设计师所面对的最严峻挑战,并且第一次提供了一个统一的逻辑、嵌入式和DSP应用设计人员需要解决的方案。ISE Design Suite 14.1版极大加快了设计实现速度,运行速度平均快两倍。因此设计人员可以在一天时间内完成多次设计。这一增强设计环境现在还提供了SmartXplorer技术,支持在多台Linux主机上进行分布式处理,可在一天时间里完成更多次实施过程。通过利用分布式处理和多种实施策略,性能可以提升多达38%。SmartXplorer技术同时还提供了一些工具,允许用户利用独立的时序报告监控每个运行实例。

　　Xilinx公司的Vivado设计套件包括了高度集成的设计环境和新一代系统到IC级别的工具,这些均建立在共享的可扩展数据模型和通用调试环境基础上。Vivado设计套件采用了用于快速综合和验证C语言算法IP的ESL设计,实现重用的标准算法和RTL IP封装技术,标准IP封装和各类系统构建模块的系统集成以提高系统仿真速度。Vivado工具也可将各类可编程技术结合在一起,扩展实现多达1亿个等效ASIC门的设计。

　　ISE可结合第三方软件进行仿真,常用的工具如Model Tech公司的仿真工具ModelSim、测试激励生成器HDL Bencher和Synopsys公司的VCS等。通过仿真能及时发现设计中的错误,加快设计进度,提高设计的可靠性。ModelSim是一个独立的仿真工具,它在工作时不需要其他软件的支持和协助。在ISE集成开发环境中给ModelSim仿真软件预留了接口,通过这个接口可以直接从ISE集成开发环境中启动ModelSim工具进行仿真。

　　综合是将行为和功能层次表达的电子系统转化为低层次模块的组合。一般来说,综合是针对VHDL来说的,即将VHDL描述的模型、算法、行为和功能描述转换为FPGA/CPLD基本结构相对应的网表文件,即构成对应的映射关系。在Xilinx ISE中,综合工具主要有Synplicity公司的Synplify/Synplify Pro,Synopsys公司的FPGA Compiler II/ Express,Exemplar Logic公司的LeonardoSpectrum和Xilinx ISE中的XST等,它们将HDL语言、原理图等设计输入翻译成由与、或、非门、RAM、寄存器等基本逻辑单元组成的逻辑连接(网表),并根据目标与要求优化所形成的逻辑连接,输出edf和edn等文件,供CPLD/FPGA厂家的布局布线器进行实现。

7.1.2 软件流程

运行 Xilinx ISE 14.1 版本软件之后,打开的主界面如图 7-1 所示。

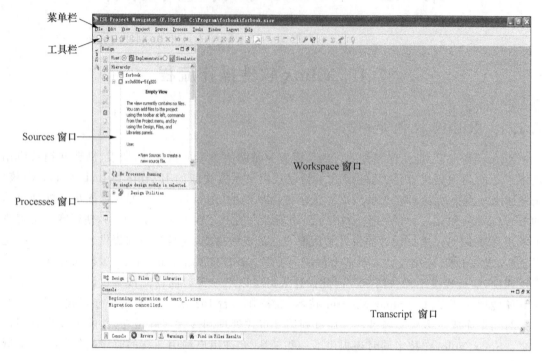

图 7-1 ISE 软件主界面

菜单栏主要包括文件、编辑、视图、工程、资源、操作、工具窗口、帮助等菜单。

工具栏主要包括创建新文件、打开文件、保存文件、放大、缩小等基本操作。

Sources 窗口显示了用户所创建的和加载到工程中的源文件。

Processes 窗口列出了对源文件的一系列操作,包括设计工具、用户约束、综合、设计实现、产生可编程文件等。

Transcript 窗口中显示的是操作进行中或进行完成之后的相关信息。

Workspace 窗口中出现的是已打开的文件或视图等。

Xilinx ISE 软件操作流程如下所述。

1. 新建工程

执行菜单命令"File"→"New Project"之后,出现如图 7-2 所示对话框。

命名之后,单击"Next"按钮,系统弹出如图 7-3 所示对话框,用于选择器件和设计流程。

其中,"Synthesis Tool"是综合工具选择项,设置为 XST。"Simulator"是仿真工具的选择项,选择 ISE 自带的 ISim(VHDL/Verilog)作为仿真工具。"Preferred Language"为输入语言设置项,选择 VHDL,如图 7-3 所示。选择"Next"进入下一对话框。在接下来出现的"Project Summary"窗口中列出了刚才创建的工程的相关信息,如图 7-4 所示。

此时认真检查一下各项是否都符合自己的要求,如果有误及时改正。单击"Finish"就完成了新工程项目文件的创建。

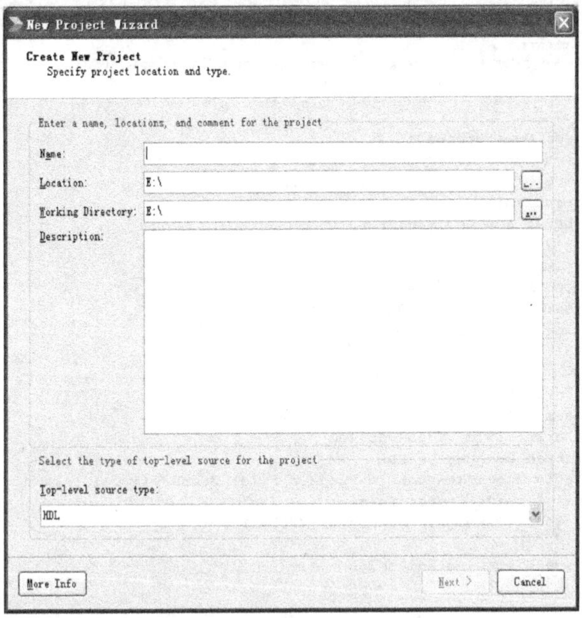

图 7-2 新建工程对话框

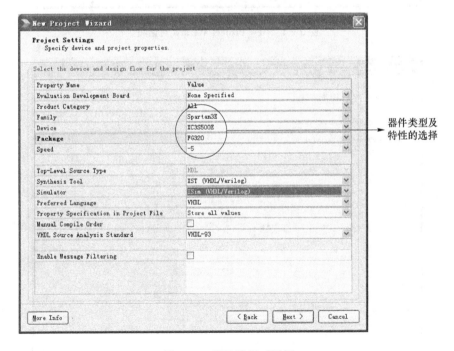

器件类型及特性的选择

图 7-3 器件选择对话框

2. 新建源文件

在 Sources 窗口右击"New Source"→"VHDL Module",出现如图 7-5 所示的对话框。

在该对话框中可以设置源文件中所用到的端口名称、方向、是否为总线及总线的最高位和最低位值等项。也可以忽略这一步,在后面的程序代码输入阶段直接输入。这里选择忽略,直

图 7-4　New Project Wizard 对话框

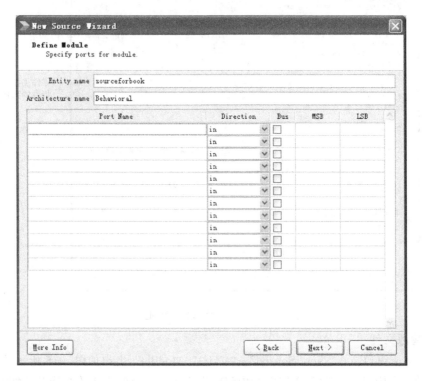

图 7-5　端口设置对话框

接进入下一步。进入"New Source Wizard-Summary"窗口，列出了建立源文件的基本信息。新建源文件的创建过程完成之后在 Sources 窗口会出现新建的扩展名为.vhd 的文件，如图 7-6 所示。

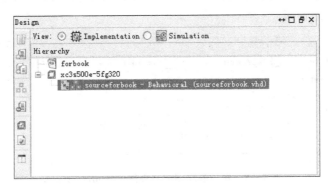

图 7-6　源文件建立之后的 Sources 窗口

接下来，在 Workspace 窗口完成 VHDL 源代码的输入。

3. 语法检查

完成代码输入之后，需要进行语法检查。在 Processes 窗口中展开"Synthesize-XST"，双击其下的"Check Syntax"就开始进行语法检查，如果语法正确无误，就会在旁边显示一个绿色的对号，如图 7-7 所示。

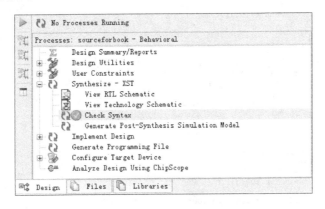

图 7-7　Processes 窗口

4. 建立测试基准波形文件

仿真包含功能仿真（Behavioral Simulation）和综合后仿真（Post—Fit Simulation）等。功能仿真就是对设计电路的逻辑功能进行模拟测试，看其是否满足设计要求，通常是通过波形图直观地显示输入信号与输出信号之间的关系。综合后仿真在针对目标器件进行适配之后进行，综合后仿真接近真实器件的特性进行，能精确给出输入与输出之间的信号延时数据。综合后仿真使用的仿真器和功能仿真使用的仿真器是相同的，所需的流程和激励也是相同的；唯一的差别是时序仿真加载到仿真器的设计包括了基于实际布局布线的设计，并且在仿真结果波形图中，时序仿真后的信号加载了延时，而功能仿真没有。

这里使用 Xilinx ISE 自带的仿真工具 ISim 进行仿真。在 Sources 窗口中右击"New Source"项，在接下来出现的对话框中选择"VHDL Test Bench"项。命名之后，系统会弹出

"New Source Wizard – Associate Source"窗口,该窗口用来选择将创建的测试基准波形文件关联到相关的 VHDL 源文件。选中需要关联的源文件,单击"Next"按钮,系统会弹出一个"Summary"窗口,信息如果没有错误的话,单击"Finish"完成仿真波形的创建,这时系统会弹出如图 7-8 所示的对话框。

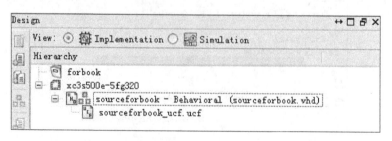

图 7-8 建立基准测试文件后的 Sources 窗口

在图 7-8 中新创建的测试基准波形文件后缀为.vhd,是一种 HDL 代码,它提供的是一种类似文档的、可反复修改的激励模式,可在不同的仿真器上运行。它可以简单到只有时钟输入数据,也可以复杂到包含错误检查、文件的输入和输出以及条件测试。测试基准波形文件的模版已经建立完成了,如图 7-9 所示。我们可以通过补充数据来完成波形文件。

```
64      -- Instantiate the Unit Under Test (UUT)
65      uut: sourceforbook PORT MAP (
66              din => din,
67              en => en,
68              dout => dout
69           );
70
71      -- Clock process definitions
72      <clock>_process :process
73      begin
74           <clock> <= '0';
75           wait for <clock>_period/2;
76           <clock> <= '1';
77           wait for <clock>_period/2;
78      end process;
79
80
81      -- Stimulus process
82      stim_proc: process
83      begin
84           -- hold reset state for 100 ns.
85           wait for 100 ns;
86
87           wait for <clock>_period*10;
88
89           -- insert stimulus here
90
91           wait;
92      end process;
93
94      END;
95
```

图 7-9 建立基准测试文件后的 Sources 窗口

在 Sources 窗口选中"Simulation"项,再选中要仿真的 vhd 文件,在 Processes 窗口双击"ISim Simulator"下的"Simulate Behavioral Model"项,即可完成功能仿真。

5. 创建 UCF 约束文件

使用 FPGA/CPLD 进行高速数字电路设计时,需要对设计或全部电路进行约束控制以达到设计要求。通常的做法是生成一个约束文件,在逻辑实现时指导逻辑的映射、布线和配置文件的生成。FPGA 设计中常用的约束主要包括时序约束、区域和位置约束以及其他约束。其中区域和位置约束用来指定 I/O 引脚位置,指导实现工具在芯片特定的物理区域进行布局布线。

在 Sources 窗口中右击"New Source"项,在接下来出现的对话框中选择"Implementation Constraints File"项逐步完成约束文件的建立,此过程与创建源文件类似。创建完成之后在 Sources 窗口出现一后缀名为 .ucf 的文件,如图 7-10 所示。

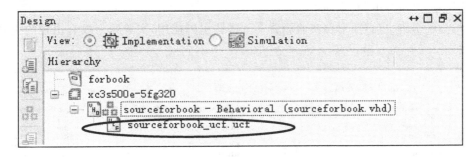

图 7-10 创建约束文件后的 Sources 窗口

6. 引脚分配

Xilinx ISE 中内嵌了图形化的引脚和区域约束编辑器,可以将设计引脚映射到器件中,并对逻辑区块进行平面布置,方便地完成引脚约束和区域约束。

在分配引脚之前,需要先确定芯片的选择是否正确。在 Sources 窗口的目录树中可以看到已选择的芯片型号。如果不正确,直接在芯片型号上右击,选择"Properties"项进入即可对芯片类型进行修改。在确保 Sources 窗口中存在 UCF 文件的前提下,在 Processes 窗口中找到"User Constraints"项,双击其下的"Floorplan Area / IO / Logic (PlanAhead)"项打开窗口,如图 7-11 所示,可以进行引脚分配。

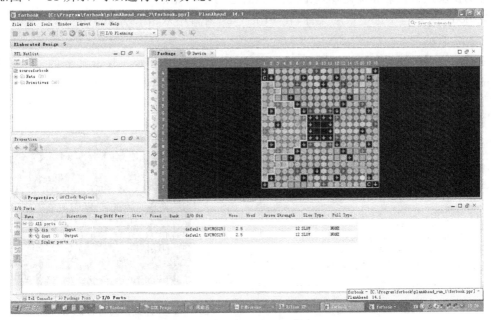

图 7-11 PlanAhead 窗口

引脚分配的方法有两种:一种是直接将 I/O ports 窗口中的信号直接拖到右边的引脚封装视图(Package View)区;另外一种方法是直接在 I/O Ports 窗口的"Site"列单击,在下拉框中选择所分配的引脚号。比如,在图 7-12 中,din[1]信号所分配的引脚号为 D2。每个 I/O 脚都有一个可配上拉电阻功能。在 I/O 引脚的属性中,"Pull Type"可以设定电阻的拉动类型。"Name"为引脚名称,"Direction"为引脚方向。

采用同样的方法对每个信号进行引脚分配,分配完成后,保存该文件。之后出现的对话框采用默认设置,单击"OK"完成即可。

注意:分配引脚之前,要对照实验箱看一下哪些引脚能用,实验箱上没有出现的引脚不能进行分配。

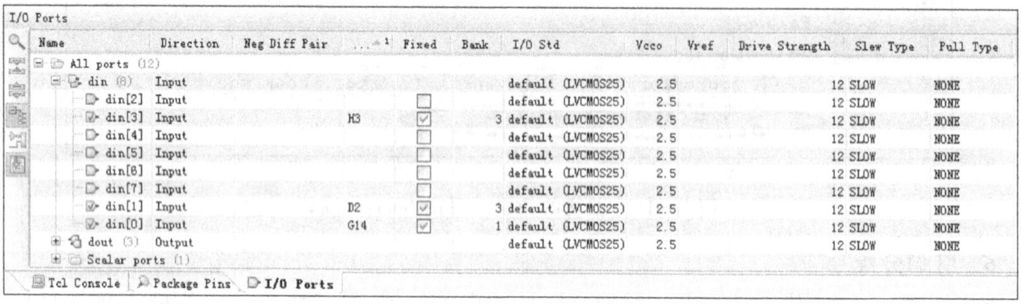

图 7-12 I/O Ports 窗口

7. 综　合

综合是对代码进行分析,并在约束条件下进行优化的过程,是在代码编写完成并通过功能仿真后进行的。综合是 FPGA/CPLD 设计流程中的重要环节,综合结果的优劣直接影响布局布线结果的最终效能。XST(Xilinx Synthesis Technology)是 Xilinx 集成的综合工具。首先对设计的模块进行映射和优化,然后对整个设计进行全局优化。

在 Sources 窗口中选中顶层文件,在 Processes 窗口中双击"Synthesize-XST"进行综合,如图 7-13 所示。

完成综合后,"Synthesize-XST"前面会出现一个绿色的对号。双击其下的"View RTL Schematic"项,可以观察寄存器 RTL 级示意图,如图 7-14 所示。

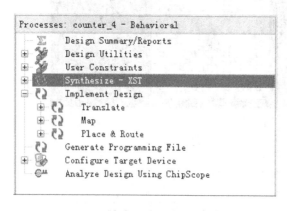

图 7-13 Processes 窗口

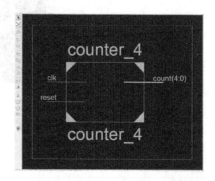

图 7-14 计数器的寄存器 RTL 级示意图

双击模块符号,可以观察到模块内部逻辑图,如图 7-15 所示,可查看综合结果是否按照设计意图来实现电路。

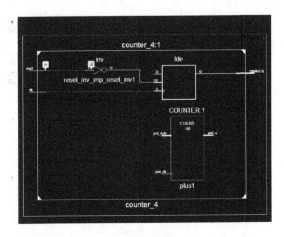

图 7-15 模块内部逻辑图

在"Synthesis-XST"项上右击,选择"Process Properties"项,会弹出综合属性对话框,可以对 XST 的属性进行设置。如图 7-16 所示。

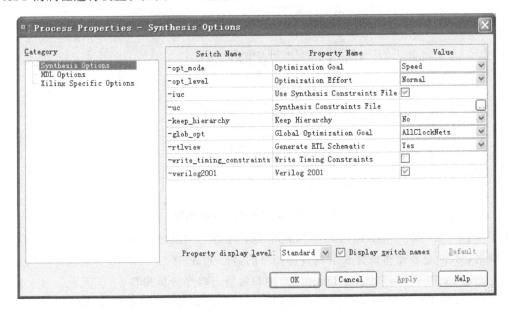

图 7-16 综合属性对话框

该对话框包括三类选项:综合选项(Synthesis Options)用于设置综合的全局目标和整体策略;HDL 语言选项用于设置 HDL 硬件语法规则;特殊选项(Xilinx Specific Options)用于设置 Xilinx 特有的结构属性。其中 HDL 语言选项中的"FSM Encoding Algorithm"为有限状态机编码算法的描述项,该参数用于指定有限状态机的编码方式,如图 7-17 所示。

8. 设计实现

FPGA 的实现过程分为三个方面:翻译、映射和布局布线,如图 7-18 所示。

翻译(Translate)过程是将综合输出的逻辑网表翻译为 Xilinx 特定器件的底层结构,包括

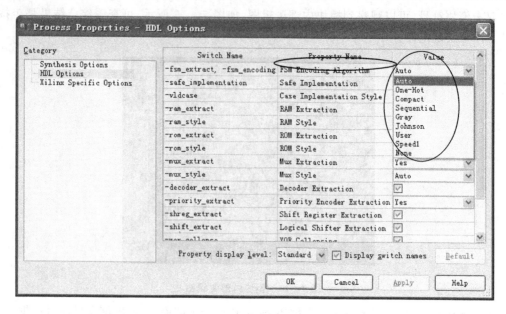

图 7-17　HDL 语言选项对话框

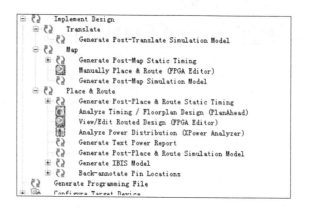

图 7-18　Implement Design 选项

一个子项目"Generate Post-Translate Simulation Model"用以产生翻译步骤后仿真模型。

映射(Map)过程是将设计映射到具体型号的器件上,包括三个项目。

"Generate Post-Map Static Timing"产生映射静态时序分析报告;

"Manually Place & Route"用以启动 FPGA 底层编辑器进行手动布局布线;

"Generate Post-Map Simulation Model"用以产生映射步骤后仿真模型。

布局布线(Place & Route)过程调用布局布线器对设计模块进行实际的布局,并对布局后的模块进行布线产生 FPGA 或 CPLD 的配置文件。包括八个项目,其中,"Generate Post-Place & Route Simulation Model"用以产生布局布线后的仿真模型。

9. 程序下载

把程序下载到芯片中是 FPGA 设计的最后一步,需要生成二进制编程文件并下载到芯片中。在 Processes 窗口中双击"Cenerate Programming File"项可生成一个后缀名为.bit 的位流文件。展开"Configure Target Device"下的 "Manage Configuration Project(iMPACT)"

项,出现如图 7-19 所示的界面。

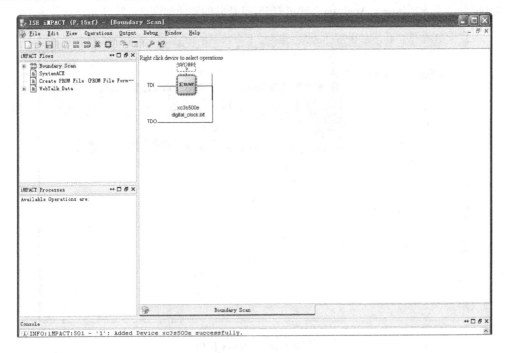

图 7-19 Boundary Scan 窗口

之后出现的"Assign New Configuration File"对话框中选择相应的位流文件(后缀为.bit),可完成下载过程。当界面上出现"Program Succeeded"时,表示下载成功。

10. 功耗分析

在系统设计中,功耗分析占有重要的地位。ISE 集成开发环境中提供了功耗分析器 XPower,用于估算 FPGA 或 CPLD 的功耗。可以通过两种方式打开功耗分析器:一种是在 Processes 窗口中展开"Implement Design"项→"Place & Route"→"Analyze Power Distribution (XPower Analyzer)",打开功耗分析器,如图 7-20 所示。

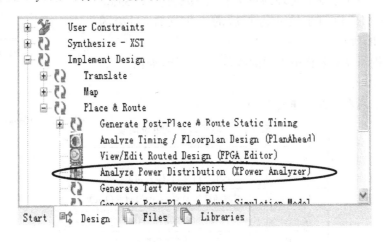

图 7-20 Processes 窗口

或者从"开始"→"程序"→"Xilinx Design Tools"→"ISE Design Suite 14.1"→"ISE Design Tools"→"32-bit Tools"→"XPower Analyzer",即可打开,打开后的界面如图 7-21 所示。

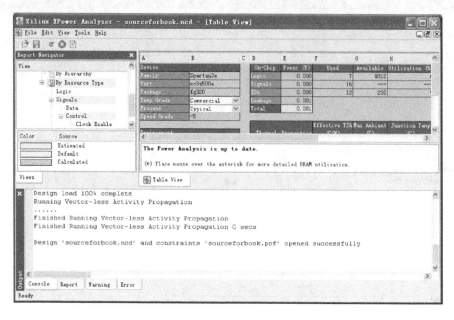

图 7-21　XPower 窗口

在功耗分析窗口中的"Report Navigator"窗口中,包括了一些常用视图目录,如图 7-22 所示。

其中,"Summary"为概要视图,显示了当前计算的结果,各选项卡中的白色的项目用户可以设置,灰色的文本编辑框为计算结果,不能编辑。"Data"为表格视图,用于显示设计元件的功耗。

选择"File"→"Open Design",在打开之后的对话框里,其中,"Design file"栏用于输入设计文件,后缀为.ncd 或.cxt;"Setting file"栏用于输入设置文件,后缀为.xml;"Physical Constraints file"栏用于输入物理约束文件,后缀为.pcf;"Simulation Activity file"栏用于输入仿真后的输出文件,后缀为.vcd。如图 7-23 所示。

在功耗分析器界面表格中不同的颜色含义不同,如图 7-24 所示。

不同的颜色代表的含义如表 7-1 所列。

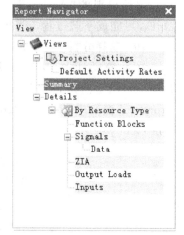

图 7-22　Report Navigator 窗口

表 7-1　电子表格颜色说明表

颜　色	说　明
白　色	用户可编辑、输入相关参数
灰　色	分析器的计算结果,不能编辑或输入数据
青　色	用于给出功耗估计报告
黄　色	用于警告提示
红　色	用于错误提示

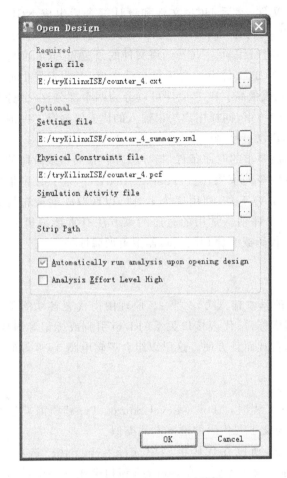

图 7-23　Open Design 对话框

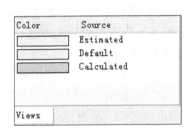

图 7-24　颜色对话框

以下是视图中的几个常用页面，如图 7-25 至图 7-27 所示。

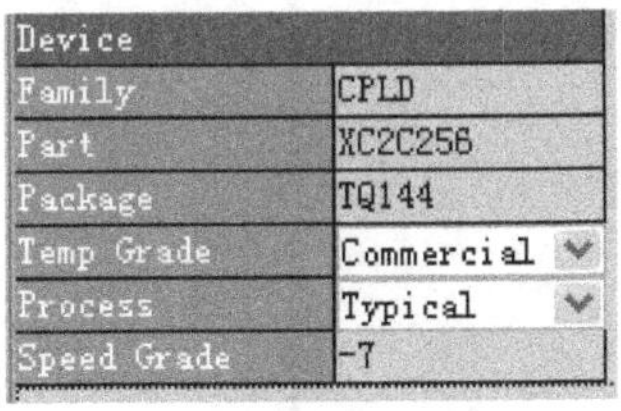

Device	
Family	CPLD
Part	XC2C256
Package	TQ144
Temp Grade	Commercial
Process	Typical
Speed Grade	-7

图 7-25　芯片配置页面

Thermal Properties	Effective TJA (C/W)	Max Ambient (C)	Junction Temp (C)
	37.2	85.0	25.0

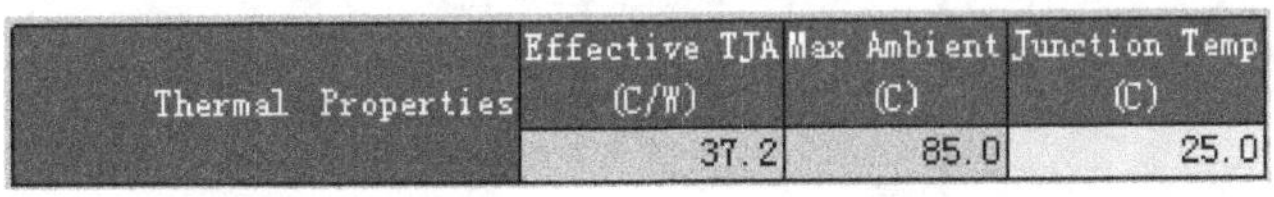

图 7-26　热性能页面

通过对工作电压、环境温度、时钟频率、信号翻转率和输出负载等参数进行设置，进而生成功耗报告。

Environment	
Ambient Temp (C)	25.0
Use custom TJA?	No
Custom TJA (C/W)	NA
Airflow (LFM)	0

图 7-27　环境温度设定页面

11. 时序约束

FPGA 设计中的约束文件有 3 类：用户设计文件(.UCF 文件)、网表约束文件(.NCF 文件)以及物理约束文件(.PCF 文件)，分别完成时序约束、引脚约束以及区域约束。3 类约束文件

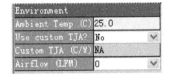

的关系为:用户在设计输入阶段编写 UCF 文件,然后 UCF 文件和设计综合后生成 NCF 文件,最后再经过实现后生成 PCF 文件。UCF 文件是 ASCII 码文件,描述了逻辑设计的约束,可以用文本编辑器和 Xilinx 约束文件编辑器进行编辑。NCF 约束文件的语法和 UCF 文件相同,两者的区别在于:UCF 文件由用户输入,NCF 文件由综合工具自动生成,当两者发生冲突时,以 UCF 文件为准,这是因为 UCF 的优先级最高。PCF 文件可以分为两个部分:一部分是映射产生的物理约束,另一部分是用户输入的约束,同样用户约束输入的优先级最高。一般情况下,用户约束都应在 UCF 文件中完成,不建议直接修改 NCF 文件和 PCF 文件。

时序约束用于规范设计的时序行为,满足要求的时序条件,指导综合和布局布线阶段的优化算法。其他约束指目标芯片型号、电气特性等约束属性。"Timing Analyzer"是 ISE 中集成的静态时序分析(Static Timing Analysis,STA)工具,利用这个工具可以获取映射或布局布线后的时序分析报告,从而对设计的性能做出评估。常用的时序约束方法有直接编辑 UCF 文件、从"Constraints Editor"输入、在 HDL 代码或者原理图编辑器中附加属性等。

7.1.3 原理图输入方式

原理图输入方法是 FPGA/CPLD 设计的基本输入方法之一。原理图由代表各功能部件的器件符号、代表信号连接更新的连线和网络标号、代表接口关系的 I/O 引脚或标记等组成,通过精确地描述电路的结构来定义其功能,直观而且方便。这里以组合逻辑电路 3—8 译码器为例,介绍一下原理图的输入方法。

1. 例化 VHDL 模块

与文本源代码的输入方式不同,在创建工程时,"Top‐Level Source Type"项需要选择"Schematic"项,如图 7‐2 所示。其他步骤与文本源代码的输入方式类似。

新建源文件时,因为使用原理图输入法,所以在代码类型中选择"schematic"选项,如图 7‐28所示,命名后单击"Next"进入原理图输入界面。在 Sources 窗口会出现一个后缀名为.sch 的文件,同时打开了原理图编辑器,如图 7‐29 所示。

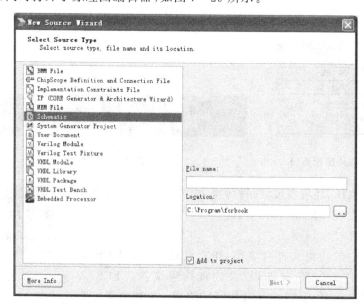

图 7‐28 新建工程对话框

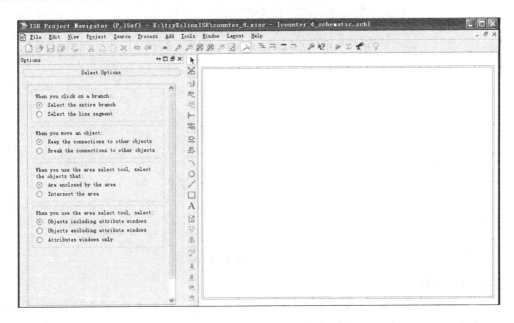

图 7-29 原理图编辑器界面图

在原理图编辑区,完成计数器的原理图输入。原理图输入具体步骤如下:

① 在原理图编辑器界面内,选择"Tools"→"Create I/O markers",显示创建 I/O marker 对话框,在"Inputs"下输入输入脚名称 A,B,C,在"output"下输入输出脚名称 D0,D1,D2,D3,D4,D5,D6,D7,如图 7-30 所示,单击 OK。

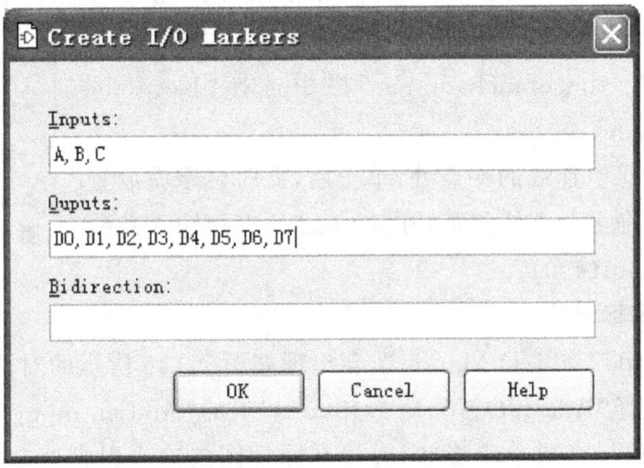

图 7-30 I/O 引脚输入对话框

② 通过符号浏览器找到要使用的元件名符号,用鼠标直接拖到原理图编辑器中,如图 7-31所示。

可以通过单击工具栏中的  图标或执行菜单命令"View"→"Zoom"→"In"或"Out"来调整视图的大小。

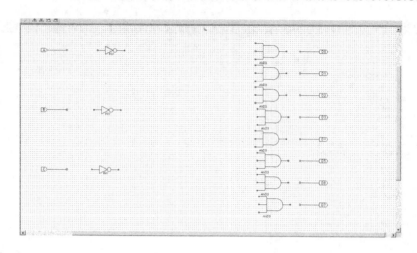

图 7-31　元件的选择输入

2. 原理图连线

① 在元件编辑器界面内,选择"Add"→"wire",或者在工具栏中单击"Add wire"图标,如图 7-32 所示。此时光标变成十字形状。

② 在引脚上左击,将线拉伸到需要的长度,在连线端点处双击,可完成连线,完成原理图的编辑,如图 7-33 所示。

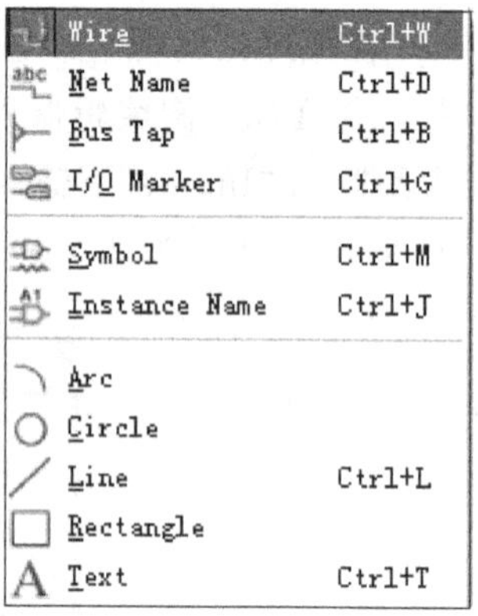

3. 给连线和总线命名

通过执行菜单命令"Add"→"Net Name",可以给连线命名。此时光标变成十字形状,在"Option"下的"When you click on a branch"项中选择"Name"栏输入连线的名字,如图 7-34 所示。

在"After naming the branch or net"栏中选择"Keep the name",如图 7-35 所示。

再将鼠标移动到悬空连线的端点处,单击后,此时名字就放置在了连线上。总线的命名与连线类似,在"Name"处直接输入总线的名字即可,比如"count(4:0)"。

图 7-32　Add 菜单命令

4. 添加 I/O 引脚标记

执行菜单命令"Add"→"I/O Marker",会出现如图 7-36 所示的对话框。

在此对话框中选择"Add I/O Marker Options"下的"Add an input marker"项,为输入端口添加标记。此时,鼠标变成十字形状,直接在原理图的输入引脚处左击就可以加上引脚标记。在引脚标记处右击选择"Rename Port"项,即可对该引脚标记修改名称。同样的方式可以给其他引脚添加标记。

5. 原理图的编译

保存文件后,在 Processes 窗口中,双击处理窗中的"Synthesize-XST"。查看报告窗,如有错误的话,修改后保存文件,再运行"Synthesize-XST",直到报告窗为 Successfully,即完成了原理图的编辑和编译。

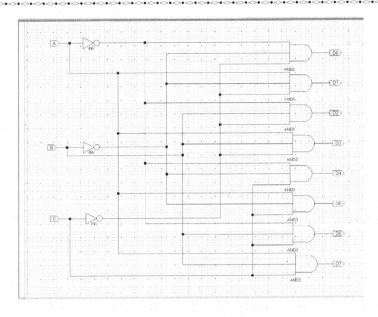

图 7-33 编辑完的原理图

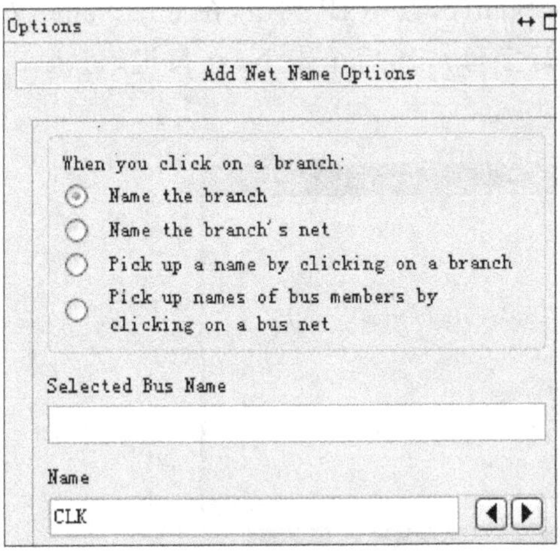

图 7-34 Options 对话框

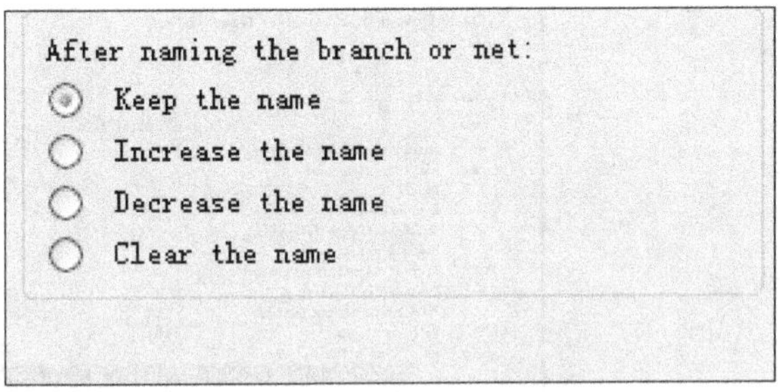

图 7-35 Options 对话框

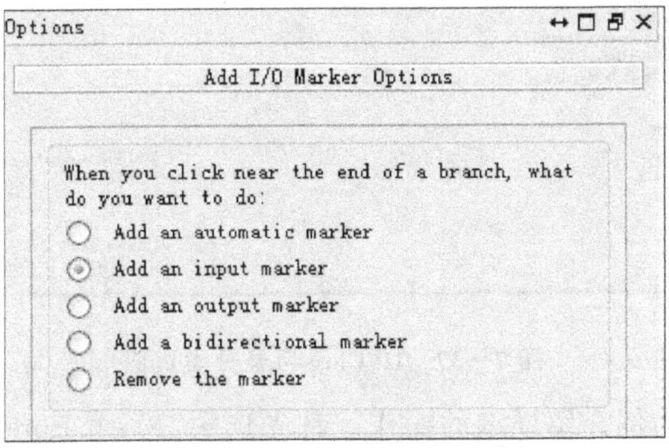

图 7-36 Options 对话框

7.2 IP核的应用

1. Xilinx IP core 基本操作

IP Core 就是预先设计好、经过严格测试和优化过的电路功能模块,如乘法器、FIR 滤波器、PCI 接口等,并且一般采用参数可配置的结构,方便用户根据实际情况来调用这些模块。随着 FPGA 规模的增加,使用 IP Core 完成设计成为发展趋势。

IP Core 生成器(Core Generator)是 Xilinx FPGA 设计中的一个重要设计工具,提供了大量成熟的、高效的 IP Core 为用户所用,涵盖了汽车工业、基本单元、通信和网络、数字信号处理、FPGA 特点和设计、数学函数、记忆和存储单元、标准总线接口、食品和图像处理等 13 大类,从简单的基本设计模块到复杂的处理器一应俱全。配合 Xilinx 网站的 IP 中心使用,能够大幅度减轻设计人员的工作量,提高设计可靠性。

Core Generator 最重要的配置文件的后缀是. xco,既可以是输出文件又可以是输入文件,包含了当前工程的属性和 IP Core 的参数信息。在 ISE 中新建 IP 类型的源文件就可以启动 Core Generator,本节以调用加法器 IP Core 为例来介绍使用方法。

在工程管理区右击后,在弹出的菜单中选择 New Source,选中 IP 类型,在 File Name 文本框中输入 adder(注意:该名字不能出现英文的大写字母),然后单击 Next 按键,进入 IP Core 目录分类页面,如图 7-37 所示。

图 7-37 IP Core 目录分类页面

下面以加法器模块为例介绍详细的操作。首先选中"Math Funcation Adder & Subtracter Adder Subtracter",单击"Next"进入下一页,选择"Finish"完成配置。这时在信息显示区会出现"Customizing IP..."的提示信息,并弹出一个"Adder Subtracter"配置对话框,如图 7-38 所示。

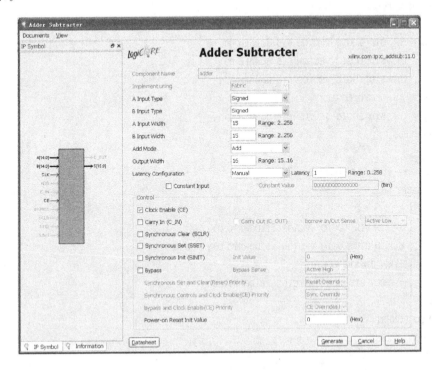

图 7-38 加法器 IP Core 配置对话框

然后,选中 adder,设置位宽为 16,然后单击"Generate",信息显示区显示 Generating IP...,直到出现 Successfully generated adder 的提示信息。此时在工程管理区出现一个"adder.xco"的文件。这样加法器的 IP Core 已经生成,并自动在指定的路径下生成扩展名为 .vhd 以及 .vho 文件。.vhd 文件为加法器的源代码,.vho 文件包含了此模块的调用信息,即元件声明和元件例化语句。设计人员只需要从该源文件中查看其端口声明,将其作为一个普通的设计实体进行调用即可。

如果对配置参数的含义有任何疑问,可以单击窗口下方的"DataSheet"按钮,则相应的数据手册(一般为 pdf 格式)就会打开,里面有对各个参数的详细解释。

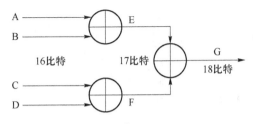

图 7-39 2 级加法器示意图

IP Core 在综合时被认为是黑盒子,综合器不对 IP Core 做任何编译。IP Core 的仿真主要是运用 Core Generator 的仿真模型(生成的.vhd 文件)来完成的。下面给出加法器的应用实例。

【例 7-1】 调用加法器的 IP core,并用其实现图 7-39 所示的 2 级加法树。

照本节介绍的步骤生成 2 个加法器的 IP core Add16 和 Add17,前者用于实现第 1 级的加法,后者用于实现第 2 级加法,对应的代码为:

```vhdl
library IEEE;
use IEEE.STD_LOGIC_1164.ALL;
entity addertree is
    Port ( a : in  STD_LOGIC_VECTOR (15 downto 0);
           b : in  STD_LOGIC_VECTOR (15 downto 0);
           c : in  STD_LOGIC_VECTOR (15 downto 0);
           d : in  STD_LOGIC_VECTOR (15 downto 0);
           clk : in  STD_LOGIC;
           g : in  STD_LOGIC_VECTOR (17 downto 0));
end addertree;

architecture struc of addertree is
    COMPONENT add16
     PORT (
            a : IN STD_LOGIC_VECTOR(15 DOWNTO 0);
            b : IN STD_LOGIC_VECTOR(15 DOWNTO 0);
            clk : IN STD_LOGIC;
            s : OUT STD_LOGIC_VECTOR(16 DOWNTO 0)
        );
    END COMPONENT;
    COMPONENT add17
     PORT (
            a : IN STD_LOGIC_VECTOR(16 DOWNTO 0);
            b : IN STD_LOGIC_VECTOR(16 DOWNTO 0);
            clk : IN STD_LOGIC;
            s : OUT STD_LOGIC_VECTOR(17 DOWNTO 0)
        );
    END COMPONENT;
    signal e,f: STD_LOGIC_VECTOR(17 DOWNTO 0);
begin

    add_1 : add16
     PORT MAP (
            a => a,
            b => b,
            clk => clk,
            s => e
        );
    add_2 : add16
     PORT MAP (
            a => c,
            b => d,
            clk => clk,
            s => f
```

);
add_3 : add17
    PORT MAP (
        a => e,
        b => f,
        clk => clk,
        s => g
    );
end struc;

上述程序经过综合后,得到如图 7-40 所示的 RTL 级结构图。

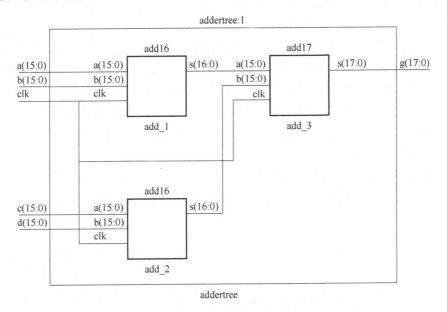

图 7-40 2 级加法树的 RTL 结构图

经过 ModelSim 6.2b 仿真测试,得到的功能波形图如图 7-41 所示。由于每一级加法器会引入一个时钟周期的延迟,因此,两级加法器就会引入 2 个时钟的周期,可以看出,仿真结果和设计分析的结果是一样的。

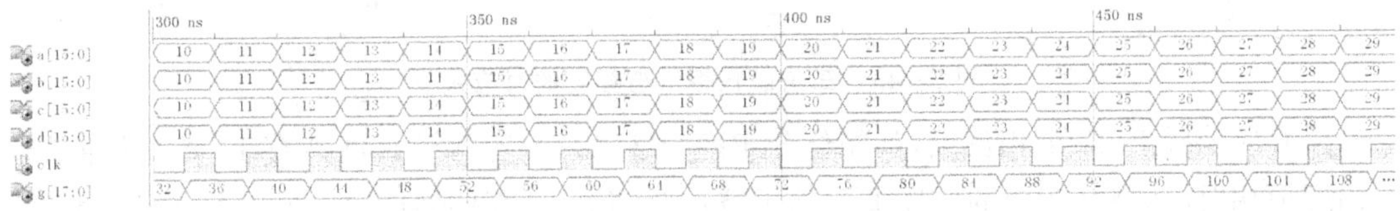

图 7-41 2 级加法树仿真结果示意图

2. DDS 模块 IP Core 的调用

(1) DDS 算法原理

DDS 技术是一种新的频率合成方法,其工作原理为:在参考时钟的驱动下,相位累加器对频率控制字进行线性累加,得到的相位码对波形存储器寻址,使之输出相应的幅度码,经过模数转换器得到相应的阶梯波,最后再使用低通滤波器对其进行平滑,得到所需频率的平滑连续的波形,其结构如图 7-42 所示。

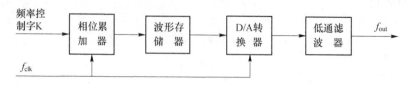

图 7-42 DDS 的结构框图

相位累加器由 N 位加法器与 N 位累加寄存器级联构成。每来一个时钟脉冲 f_{clk},加法器将频率控制字 K 与累加寄存器输出的累加相位数据相加,把相加后的结果送至累加寄存器的数据输入端。累加寄存器将加法器在上一个时钟脉冲作用后所产生的新相位数据反馈到加法器的输入端,以使加法器在下一个时钟脉冲的作用下继续与频率控制字相加。这样,相位累加器在时钟作用下,不断对频率控制字进行线性相位累加。由此可以看出,相位累加器在每一个时钟脉冲输入时,把频率控制字累加一次,相位累加器输出的数据就是合成信号的相位,相位累加器的溢出频率就是 DDS 输出的信号频率。用相位累加器输出的数据作为波形存储器(ROM)的相位取样地址,这样就可把存储在波形存储器内的波形抽样值(二进制编码)经查找表查出,完成相位到幅值转换。

波形存储器所储存的幅度值与余弦信号有关。余弦信号波形在一个周期内相位幅度的变化关系可以用图 7-43 中的相位圆表示,每一个点对应一个特定的幅度值。一个 N 位的相位

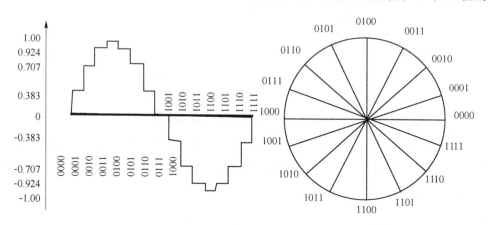

图 7-43 三角函数相位与幅度的对应关系

累加器对应着圆上 2^N 个相位点,其相位分辨率为 $2\pi/2^N$。若 $N=4$,则共有 16 种相位值与 16 种幅度值相对应,并将相应的幅度值存储于波形存储器中,存储器的字节数决定了相位量化误差。在实际的 DDS 中,可利用正弦波的对称性,可以将 2π 范围内的幅、相点减小到 $\pi/2$ 内以降低所需的存储量,量化的比特数决定了幅度量化误差。

波形存储器的输出送到 D/A 转换器,D/A 转换器将数字量形式的波形幅值转换成所要求合成频率的模拟量形式信号。低通滤波器用于滤除不需要的取样分量,以便输出频谱纯净的正弦波信号。DDS 在相对带宽、频率转换时间、高分辨力、相位连续性、正交输出以及集成

化等一系列性能指标方面远远超过了传统频率合成技术所能达到的水平,为系统提供的信号源优于模拟信号源。

DDS 模块的输出频率 f_{out} 是系统工作频率 f_{clk}、相位累加器比特数 N 以及频率控制字 K 三者的一个函数,其数学关系由式(7 - 1)给出,即

$$f_{out} = \frac{f_{clk} K}{2^N} \tag{7-1}$$

它的频率分辨率,即频率的变化间隔为为

$$\Delta f = \frac{f_{clk}}{2^N} \tag{7-2}$$

(2) DDS IP Core 的调用

DDS 模块 IP Core 的用户界面如图 7 - 44 所示。该 IP Core 支持余弦、正弦以及正交函数的输出,旁瓣抑制比的范围从 18 dB~115 dB,最小频率分辨率为 0.02 Hz,可同时独立支持 16 个通道。其中的查找表既可以利用分布式 RAM,也可利用块 RAM。

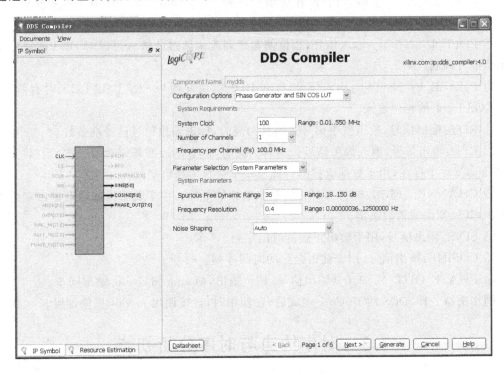

图 7 - 44 DDS IP Core 的用户界面

图 7 - 45 列出了 DDS 模块所有可能的信号端口,实际的端口与模块的配置有关。各端口说明如下:

① CLK:输入信号,DDS 模块的工作时钟,对 DDS 输出信号的频率和频率分辨率有很大的影响,即式(7 - 1)中的 f_{clk}。

② REG_SELECT:输入信号。由于 DDS 模块的相位增量存储器和相位偏置寄存器共用一个数据通道,REG_SELECT 端口信号用于片选相位增量寄存器和偏置寄存器。当 REG_SELECT 端口为 1 时,相位偏置寄存器被选中;当其为 0 时,则选中相位增量寄存器。

③ ADDR[M-1:0]：用于片选 DDS 的输出通道，最多可以输出 16 路信号。

④ WE：输入信号，写有效控制信号，高有效。只有当 WE 为高时，DATA 端口的数值才能被写入相应的寄存器中。

⑤ CE 输入信号，片选信号，高有效。模块正常工作时 CE 必须为高电平。

⑥ DATA：输入信号，时分复用的数据总线，用于配置相位增量寄存器和相位偏置寄存器。

⑦ SCLR：输入信号，同步的清空信号，高有效。当 SCLR 等于 1 时，DDS 模块内部所有的寄存器都被清空，RDY 信号也会被拉低。

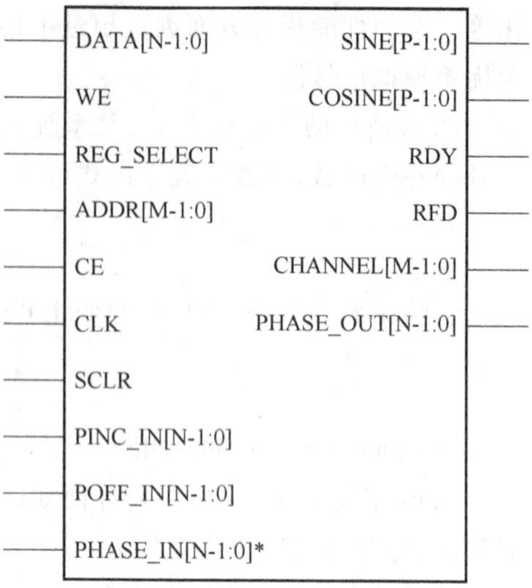

⑧ PINC_IN[N-1:0]：输入信号，相位增量序列流。通过此输入可以对 DDS 模块输出信号频率进行调制。

图 7-45　DDS IP Core 符号图

⑨ POFF_IN[N-1:0]：输入信号，相位偏置序列流。通过此输入可以对 DDS 模块输出信号相位进行调制。

⑩ PHASE_IN[N-1:0]：输入信号，仅在 DDS 模块配置为 SIN/COS LUT 时有效，作为 SIN/COS LUT 的相位输入。

⑪ RDY：输出信号，输出握手信号。当其为高时，标志输出信号已经准备好。

⑫ RFD：输出信号，输入握手信号。当其为高时，标志已经准备好接收数据。在许多 Xilinx LogicCore 中存在，用于数据流控制。此模块中一直为高电平。

⑬ CHANNEL[M-1:0]：输出信号，输出通路的下标。用于表明当前时刻输出端为哪一路输出，其位宽由通道数决定。

⑭ SINE：输出信号，用于输出正弦的时间序列。

⑮ COSINE：输出信号，用于输出余弦的时间序列。

⑯ PHASE_OUT[N-1:0]：输出信号，相位输出，与 sine 和 cosine 输出同步。

同加法器一样，DDS 的 IP Core 生成后，在使用时，直接调用 mydds 模块即可。

7.3　时序约束与时序分析初步

一般来说，要分析或检验一个电路设计的时序方面的特征有两种主要手段：动态时序仿真和静态时序分析。动态时序仿真的优点是比较精确，而且同后者相比较，它适用于更多的设计类型。但是它也存在着比较明显的缺点：首先是分析的速度比较慢；其次是它需要使用输入矢量，这使得它在分析的过程中有可能会遗漏一些关键路径，因为输入矢量未必是对所有相关的路径都敏感的。静态时序分析的分析速度比较快，而且它会对所有可能的路径都进行检查，不存在遗漏关键路径的问题。

早期的电路设计通常采用动态时序仿真的方法来测试设计的正确性。但是随着 FPGA 工艺向着深亚微米技术的发展，动态时序仿真所需要的输入向量将随着规模增大以指数增长，导致仿真时间占据整个芯片开发周期的很大比重。此外，动态仿真还会忽略测试向量没有覆盖的逻辑电路。因此静态时序分析占据了越来越重要的地位。

7.3.1 时序分析

1. 时序分析的作用

时序分析的主要作用就是查看 FPGA 内部逻辑和布线的延时，验证其是否满足设计者的约束。在工程实践中，可以细分为下面 3 点。

(1) 确定芯片最高工作频率

更高的工作频率意味着更强的处理能力，通过时序分析可以控制工程的综合、映射、布局布线等关键环节，减少逻辑和布线延迟，从而尽可能提高工作频率。一般情况下，当处理时钟高于 100 MHz 时，必须添加合理的时序约束文件以通过相应的时序分析。

(2) 检查时序约束是否满足

可以通过时序分析来查看目标模块是否满足约束，如果不能满足，可以通过时序分析器来定位程序中不满足约束的部分，并给出具体原因。然后，设计人员依此修改程序，直到时序约束为止。

(3) 分析时钟质量

时钟是数字系统的动力系统，但存在抖动、偏移和占空比失真等 3 大类不可避免的缺陷。要验证其对目标模块的影响有多大，必须通过时序分析。当采用了全局时钟等优质资源后，如果仍然是时钟造成目标模块不满足约束，则需要降低所约束的时钟频率。

2. 静态时序分析原理

静态时序分析是通过穷举法抽取整个设计电路的所有时序路径，按照约束条件分析电路中是否有违反设计规则的问题，并计算出设计的最高频率。和动态时序仿真不同的是，静态时序分析仅着重于时序性能的分析，并不涉及逻辑功能。

整个设计电路按四种类型来抽取时序路径：

① 从输入端口到触发器的数据 D 端；

② 从触发器的时钟 CLK 端到触发器的数据 D 端；

③ 从触发器的时钟 CLK 端到输出端口；

④ 从输入端口到输出端口。

静态时序分析在分析过程中计算时序路径上数据信号的到达时间和要求时间的差值，以判断是否存在违反设计规则的错误。数据的到达时间指的是数据沿路从起点到终点经过的所有器件和连线延迟之和。要求时间是根据约束条件（包括工艺库和静态时序分析过程中设置的设计约束）计算出的从起点到达终点的理论时间，默认的参考值是一个时钟周期。如果数据能够在要求时间内到达钟点，那么可以说这条路径是符合设计规则的。在逻辑综合、整体规划、布局布线等阶段进行静态时序分析，就能及时发现并修改关键路径上存在的时序问题，达到修正错误、优化设计的目的。时序路径如图 7-46 所示。

3. 时序分析的相关概念

(1) 时钟的时序特性

时钟的时序特性主要分为偏移、抖动和占空比失真这三点。

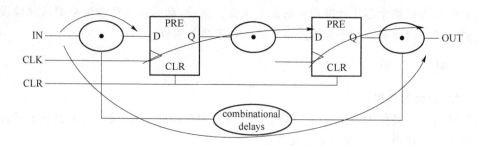

图 7-46 时序路径

时钟偏移(clock skew)指的是同一个时钟信号到达两个不同的寄存器之间的时间差值，根据差值的正负可以分为正偏移和负偏移。两条时钟路径的长度不同是造成时钟抖动的原因，因此主要时钟信号应该走 FPGA 全局时钟网络以避免时钟偏移现象。图 4-47 为时钟偏移现象图。

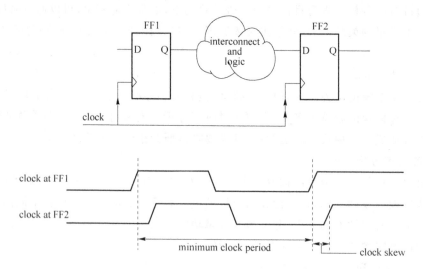

图 7-47 时钟偏移

时钟抖动(见图 7-48)有多种定义，两个最常用的称为周期抖动和周期间抖动。周期抖动一般比较大也比较确定，常由于第三方原因造成，如干扰、电源、噪声等。周期间抖动由环境因素造成，具有不确定性，满足高斯分布，一般难以跟踪。

图 7-48 时钟抖动的示意图

时钟占空比失真即时钟不对称性，指信号在传输过程中由于变形、时延等原因脉冲宽度所发生的变化，该变化使有脉冲和无脉冲持续时间的比例发生改变，图 7-49 为时钟占空比失真示意图。

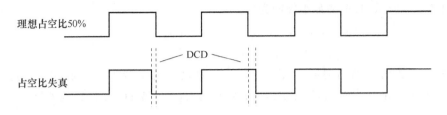

图 7-49　时钟占空比失真示意图

(2) 时钟建立、保持时间

建立时间是指在触发器的时钟信号上升沿到来以前,数据稳定不变的时间,常用 tSU 表示。如果建立时间不够,数据将不能在这个时钟上升沿被打入触发器。保持时间是指在触发器的时钟信号上升沿到来以后,数据稳定不变的时间,常用 tH 表示。如果保持时间不够,数据同样不能被打入触发器。建立时间和保持时间的示意图如图 7-50 所示。数据稳定传输必须满足建立和保持时间的要求,否则就可能发生亚稳态现象,导致数据采样错误。图 7-50 为时钟建立、保持时间示意图。

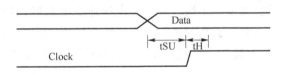

图 7-50　时钟建立、保持时间示意图

7.3.2　时序约束

时序约束主要包括周期约束(触发器到触发器)和偏移约束(输入引脚到触发器、触发器到输出引脚)以及静态路径约束(输入引脚到输出引脚)等 3 种。通过附加约束条件可以使综合布线工具调整映射和布局布线过程,使设计达到时序要求。例如用 OFFSET_IN_BEFORE 约束可以告诉综合布线工具输入信号在时钟之前什么时候准备好,综合布线工具就可以根据这个约束调整与 IPAD 相连的 Logic Circuitry 的综合实现过程,使结果满足 FFS 的建立时间要求。时序约束的基本作用有两点:

① 提高设计的工作频率:对很多数字电路设计来说,提高工作频率非常重要,因为高工作频率意味着高处理能力。通过附加约束可以控制逻辑的综合、映射、布局和布线,以减小逻辑和布线延时,从而提高工作频率。

② 获得正确的时序分析报告:几乎所有的 FPGA 设计平台都包含静态时序分析工具,利用这类工具可以获得映射或布局布线后的时序分析报告,从而对设计的性能做出评估。静态时序分析工具以约束作为判断时序是否满足设计要求的标准,因此要求设计者正确输入约束,以便静态时序分析工具输出正确的时序分析报告。

1. 周期约束

周期约束是一个基本时序和综合约束,它附加在时钟网线上,时序分析工具根据周期约束检查时钟域内所有同步元件的时序是否满足要求。周期约束会自动处理寄存器时钟端的反相问题,如果相邻同步元件时钟相位相反,那么它们之间的延迟将被默认限制为周期约束值的一半。如图 7-51 所示,时钟的最小周期为:

$$T_{CLK} = T_{CKO} + T_{LOGIC} + T_{NET} + T_{SETUP} - T_{CLK\_SKEW}$$

$$T_{CLK\_SKEW} = T_{CD2} - T_{CD1}$$

其中,T_{CKO} 为时钟输出时间,T_{LOGIC} 为同步元件之间的组合逻辑延迟,T_{NET} 为网线延迟,T_{SETUP} 为同步元件的建立时间,T_{CLK_SKEW} 为时钟信号 TCD2 和 TCD1 延迟的差别。

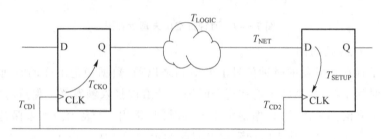

图 7-51 周期的定义

2. 偏移约束

为了确保芯片数据采样可靠和下级芯片之间正确地交换数据,需要约束外部时钟和数据输入输出引脚之间的时序关系。约束的内容为告诉综合器、布线器输入数据到达的时刻,或者输出数据稳定的时刻,从而保证与下一级电路的时序关系。这种时序约束在包括输入到达时间,输出的稳定时间等。

输入到达时间的计算时序描述如图 7-52 所示。

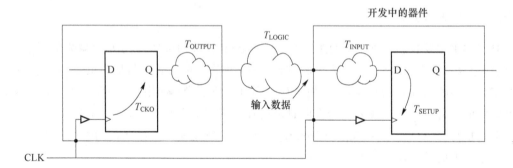

图 7-52 输入到达时间示意图

定义的含义是输入数据在有效时钟沿之后的 $T_{ARRIVAL}$ 时刻到达,则

$$T_{ARRIVAL} = T_{CKO} + T_{OUTPUT} + T_{LOGIC} \tag{7-3}$$

根据上面介绍的周期公式,我们可以得到:

$$T_{CKO} + T_{OUTPUT} + T_{LOGIC} + T_{INPUT} + T_{SETUP} - T_{CLK\_SKEW} = T_{CLK} \tag{7-4}$$

将式(7-3)代入式(7-4)后得:$T_{ARRIVAL} + T_{INPUT} + T_{SETUP} - T_{CLK\_SKEW} = T_{CLK}$,而 T_{CLK_SKEW} 满足时序关系后为负,所以

$$T_{ARRIVAL} + T_{INPUT} + T_{SETUP} < T_{CLK} \tag{7-5}$$

这就是 $T_{ARRIVAL}$ 应该满足的时序关系。其中,T_{INPUT} 为输入端的组合逻辑、网线和引脚的

延迟之和，T_{SETUP} 为输入同步元件的建立时间。

输出稳定时间指当前设计输出的数据必须在何时稳定下来，可以从下一级输入端的延迟计算得出。根据这个数据对设计输出端的逻辑布线进行约束，以满足下一级的建立时间要求，保证下一级采样的数据是稳定的。输出稳定时间描述如图 7-53 所示。

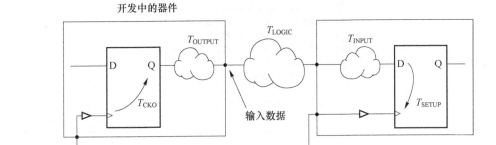

图 7-53　要求的输出稳定时间

公式的推导如下：

定义：$T_{STABLE} = T_{LOGIC} + T_{INPUT} + T_{SETUP}$

从前面介绍的周期（Period）公式，可以得到（其中 $T_{CLK\_SKEW} = T_{CLK1} - T_{CLK2}$）为

$$T_{CLK} = T_{CKO} + T_{OUTPUT} + T_{LOGIC} + T_{INPUT} + T_{SETUP} + T_{CLK\_SKEW}$$

将 T_{STABLE} 的定义代入到周期公式，可以得到：

$$T_{CLK} = T_{CKO} + T_{OUTPUT} + T_{STABLE} + T_{CLK\_SKEW}$$

所以

$$T_{CKO} + T_{OUTPUT} + T_{STABLE} < T_{CLK}$$

这个公式就是 T_{STABLE} 必须要满足的基本时序关系，即本级的输出应该保持怎么样的稳定状态，才能保证下级芯片的采样稳定。有时我们也称这个约束关系是输出数据的保持时间的时序约束关系。只要满足上述关系，当前芯片输出端的数据比时钟上升沿提早 T_{STABLE} 时间稳定下来，下一级就可以正确地采样数据。其中 T_{OUTPUT} 为设计中连接同步元件输出端的组合逻辑、网线和引脚的延迟之和，T_{CKO} 为同步元件时钟输出时间。

7.3.3　时序约束的实施

在 Xilinx 开发环境中，映射前输入的约束称为逻辑约束，逻辑约束保存在 UCF 文件中。设计者创建和修改约束时可以直接编辑 UCF 文件，这要求熟悉 UCF 文件的语法以及设计中各触发器、网线、PAD 等元件的命名，否则容易发生错误。使用约束编辑器创建和修改约束可以降低这方面要求，提高工作效率，且约束编辑器可以把在窗口中设置的参数自动转换成约束命令写入到约束文件中，本节将简要介绍约束编辑器的用法。

在 hierarchy 窗口中选中设计文件，然后在"Processes for Source"窗口中双击"Create Timing Constraints"即可启动约束编辑器，如图 7-54 所示。

约束编辑器窗口左上方（见图 7-55）列出了相关的约束文件，左下方窗口里列出了各种约束类型，时序约束包括时钟约束、输入输出约束以及例外约束项等。选中约束类型后，在右侧窗口下方会列出相关的信号，上方是关于此信号的时序约束设置。对于时钟信号的周期约

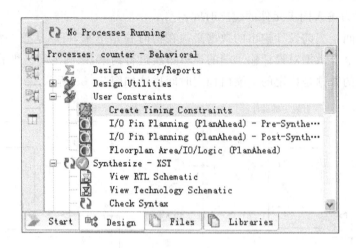

图 7-54　启动约束编辑器

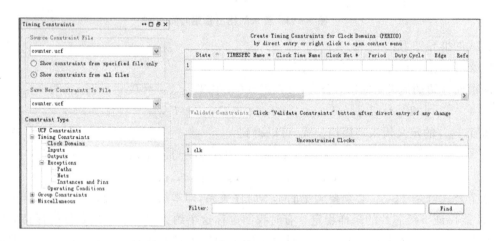

图 7-55　约束编辑器

束,双击时钟信号,可以打开如下的周期约束窗口,用户可以方便地进行时钟周期、占空比等参数的设置。对于输入/输出信号的约束,双击该信号,可以打开如下的输入/输出约束窗口。在窗口中画有示意图及详细的参数说明,以供用户设置时参考,如图 7-56 所示。详细的操作步骤请参考 Xilinx 公司相关数据手册。

7.3.4　时序分析报告

为了让逻辑综合器和布局布线器能够根据时序的约束条件找到真正需要优化的路径,还需要对时序报告进行分析,结合逻辑综合器的时序报告,布线器的时序报告,通过分析,可以看出是否芯片的潜能已经被完全挖掘出来。时序分析器可以帮助设计者对设计中的时序冲突以及时序约束等进行细致的检查,找到设计中的时序瓶颈,然后设计者可以通过一些方法对时序进行调整。

时序分析器只可以用来分析由组合逻辑和触发器等构成的同步系统。时序分析器可以分析给定路径的各种延时信息,也可以用来分析用户的时序约束是否满足,可以组织和显示路径

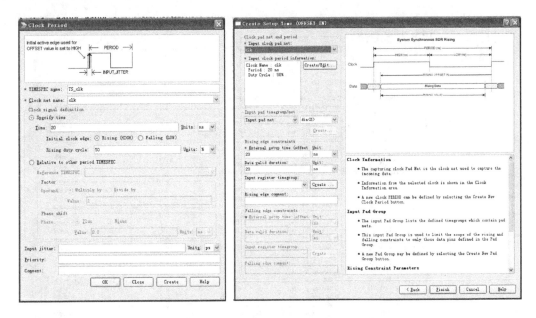

图 7-56 时钟与输入信号约束窗口

的周期数量、设计的最大延时等信息,同时也可以对同一设计在不同速度等级下的性能提供一个快速的分析对比。

时序分析是 FPGA/CPLD 设计流程的一个重要组成部分,当一个设计项目经过了综合以后,就可以通过某种方式直接启动时序分析工具进行时序分析。ISE 中分析时序有两种方法,一种是使用 PlanAhead 工具,一种是使用 Timing Analyzer 进行分析,可以在 Process 窗口中双击相应处理过程打开,如图 7-57 所示。

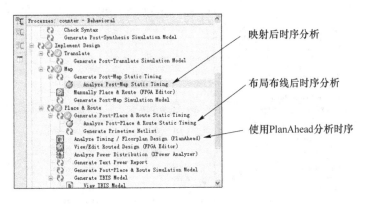

图 7-57 启动时序分析

PlanAhead 工具时序报告窗口中,对每一条时序约束都列出了所有覆盖的路径,以及路径的起始点、终点、路径延时、逻辑延时、连线延时、相关时钟以及该路径的分段数(stage)等详细信息。未满足的时序约束以红色标示。选中一条路径后,在路径属性(Path Properties)窗口中,列出了该路径的时序总结,对于不满足时序约束的路径,以红色表示时序裕量。每条路径都详细列出了相应的时钟路径和数据路径所经过的每段连线和逻辑,供用户进行分析,以便针对问题进行优化。如图 7-58,图 7-59 所示。

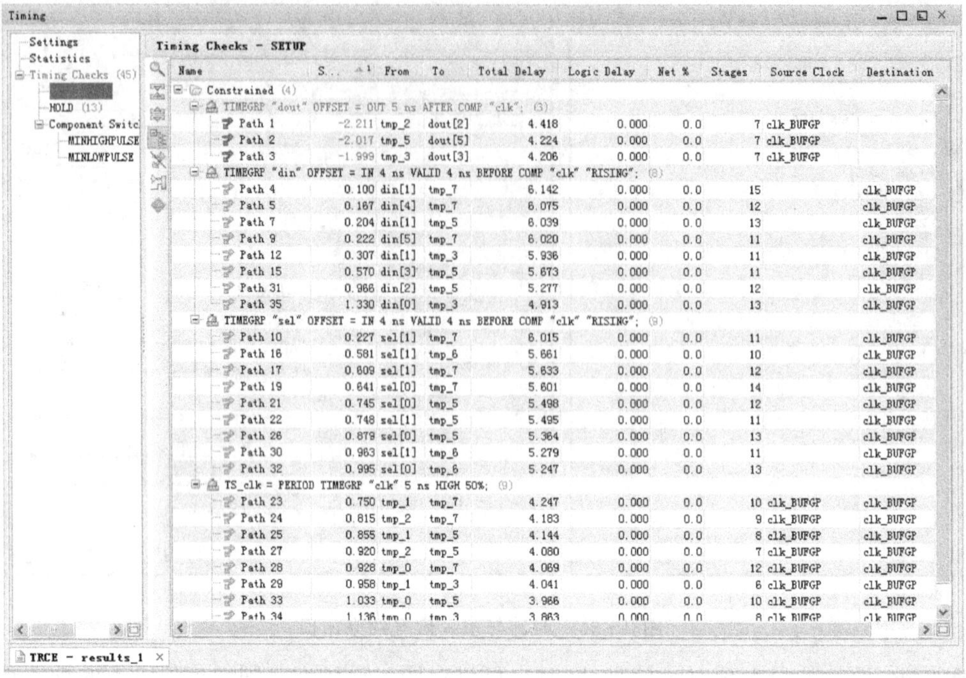

图 7-58 PlanAhead 时序报告

图 7-59 PlanAhead 路径时序报告

同样，在 TimingAnalyzer 工具窗口的分析结果如图 7-60 所示。

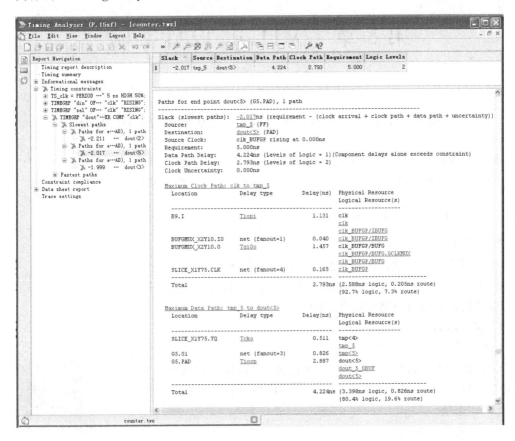

图 7-60 时序分析报告

时序分析器可以分析给定路径的各种延时信息，也可以用来分析用户的时序约束是否满足，可以组织和显示路径的周期数量、设计的最大延时等信息，同时也可以对同一设计在不同速度等级下的性能提供一个快速的分析对比，因此时序分析在 FPGA 设计流程中起着越来越重要的作用，成为一个重要组成部分，本节仅对时序分析的概念作一简单介绍，如需进行深入了解，读者可参考相关手册。

第 8 章 VHDL 设计实验

8.1 Xilinx ISE14.1 软件的基本应用实验

本节将以 3-8 译码器为例介绍 Xilinx ISE14.1 版本软件的基本应用,其他实验中将不再赘述。因篇幅有限,这里仅介绍 ISE 软件的最基本、最常用的一些功能。

8.1.1 ISE 软件的基本应用

1. 实验目的

① 掌握 ISE14.1 软件的基本操作及应用。
② 通过一个简单的 3-8 译码器的设计,掌握组合逻辑电路的设计方法。
③ 掌握组合逻辑电路的仿真方法。

2. 实验步骤

(1) 打开 ISE 集成开发环境

双击桌面图标如图 8-1 所示,或者执行"程序"→"Xilinx Design Tools"→"ISE Design Suite 14.1"→"ISE Design Tools"→"Project Navigator"选项。

(2) 建立一个项目

图 8-1 软件快捷方式图标

首先打开 ISE,每次启动时 ISE 都会默认恢复到最近使用过的工程界面。当第一次使用时,由于此时还没有过去的工程记录,所以工程管理区显示空白。选择"File"→"New Project"选项,在弹出的"New Project Wizard"对话框中的工程名称中输入"decoder3_8"。可以选择路径,将所建工程放到指定目录,如图 8-2 所示。注意项目不可直接放到根目录(比如 D:\、E:\等)下,建立自己的文件夹,并且保证项目名符合命名规范,比如"decoder3_8"。

(3) 单击"Next"进入下一页,选择所使用的芯片类型以及综合、仿真工具

如图 8-3 所示,假设本例采用器件 spartan3E 系列的 XC3S500E 芯片,并且指定综合工具为 XST(VHDL/verilog),语言使用 VHDL,仿真工具选为 ISE 自带的 ISim,如图 8-3 所示。

(4) 单击"Next"进入下一页,出现信息对话框

如果没有错误的话,单击 finish 确认后,就可以建立一个完整的工程。

(5) 建立源文件

在工程管理区任意位置右击,在弹出的菜单中选择"New Source"命令,会弹出如图 8-4 所示的 New Source 对话框。

在代码类型中选择"VHDL Module"选项,在 File Name 文本框中输入 decoder3_8,单击"Next"进入端口定义对话框,如图 8-5 所示。

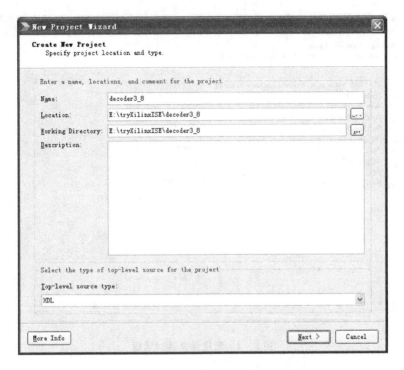

图 8-2 新建工程对话框

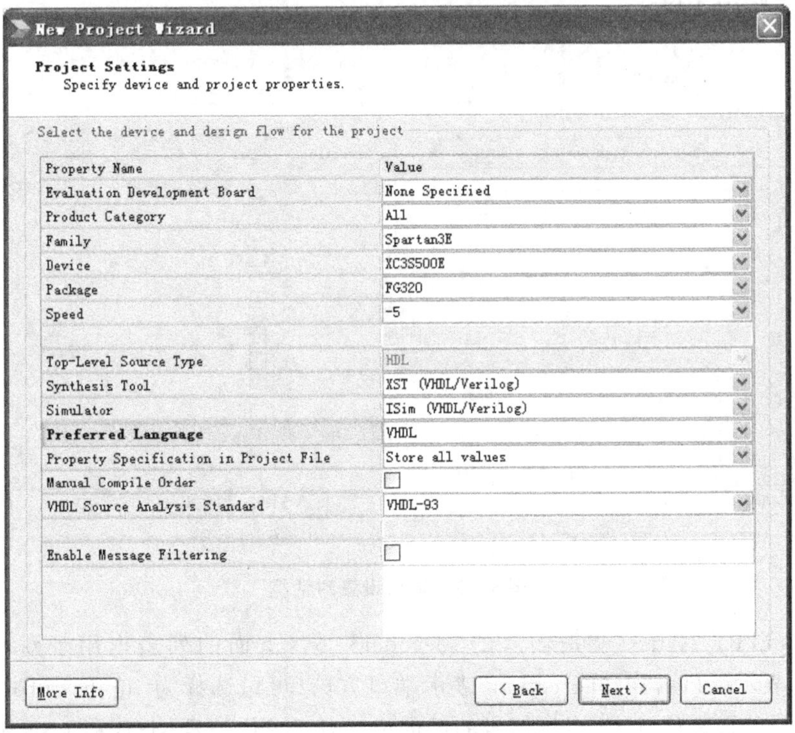

图 8-3 项目设置对话框

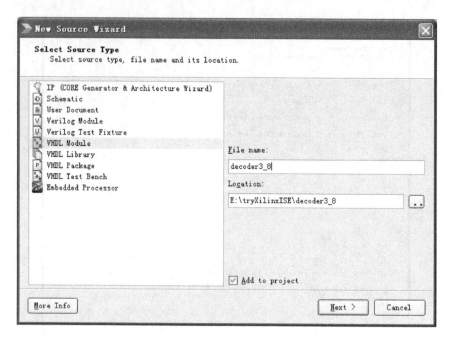

图 8-4 新建源文件对话框

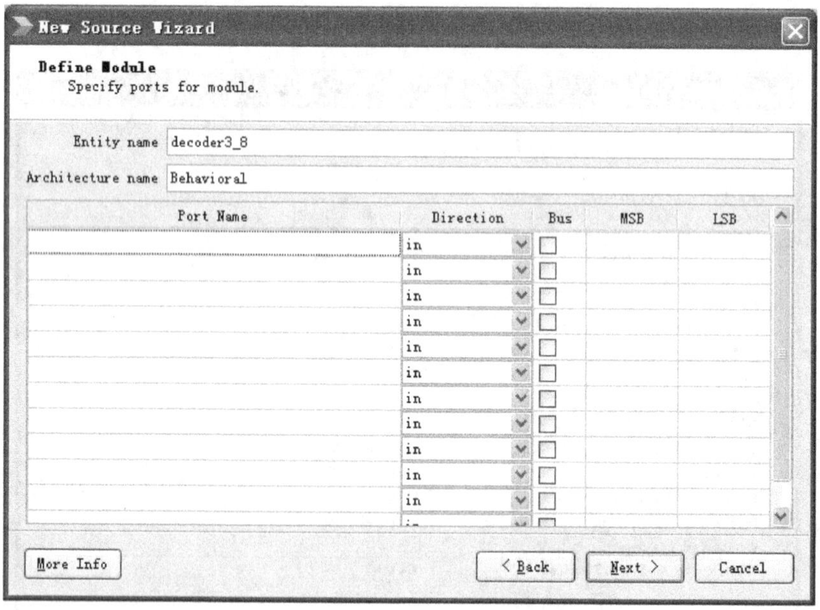

图 8-5 端口设置对话框

其中"ENTITY Name"就是输入的"decoder3_8",下面的列表框用于对端口的定义。"Port Name"表示端口名称,"Direction"表示端口方向(可以选择为 input、output 或 inout),MSB 表示信号的最高位,LSB 表示信号的最低位。对于单位信号 MSB 和 LSB 不用填写。该对话框可以选择直接跳过,在后面程序窗口手动添加端口信息。单击"Next"进入下一步,出现信息对话框,对照检查无误后,单击"Finish"按键完成创建。此时,在工程管理窗口会显示新建立的 VHDL 模块,如图 8-6 所示。

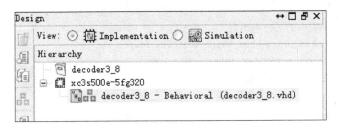

图 8-6 工程管理窗口

在源代码编辑区,简单的注释、模块和端口定义已经自动生成,所剩余的工作就是在模块中加入代码,补充完整。完整的代码如下:

```
-- Company:
-- Engineer:
--
-- Create Date:    18:11:10 07/20/2012
-- Design Name:
-- Module Name:    decoder3_8_vhd - Behavioral
-- Project Name:
-- Target Devices:
-- Tool versions:
-- Description:
--
-- Dependencies:
--
-- Revision:
-- Revision 0.01 - File Created
-- Additional Comments:
--
library IEEE;
use IEEE.STD_LOGIC_1164.ALL;
use IEEE.STD_LOGIC_ARITH.ALL;
use IEEE.STD_LOGIC_UNSIGNED.ALL;
-- Uncomment the following library declaration if instantiating
-- any Xilinx primitives in this code.
-- library UNISIM;
-- use UNISIM.VComponents.all;
entity decoder3_8_vhd is
port(g1,g2a_n,g2b_n: in std_logic;
               a,b,c: in std_logic;
               y_n: out std_logic_vector(7 downto 0));
end decoder3_8_vhd;
```

```vhdl
architecture Behavioral of decoder3_8_vhd is
begin
    process(g1,g2a_n,g2b_n,a,b,c)
        variable temporary: std_logic_vector(2 downto 0);
    begin temporary: = g1&g2a_n&g2b_n;
        if temporary = "100" then
            temporary: = c&b&a;
            case temporary is
                when "000" => y_n <= "11111110";
                when "001" => y_n <= "11111101";
                when "010" => y_n <= "11111011";
                when "011" => y_n <= "11110111";
                when "100" => y_n <= "11101111";
                when "101" => y_n <= "11011111";
                when "110" => y_n <= "10111111";
                when "111" => y_n <= "01111111";
                when others => y_n <= (others => '1');
            end case;
        else
            y_n <= (others => '1');
        end if;
    end process;
end Behavioral;
```

如图 8-7 所示,![]标志为顶层文件。选择顶层文件,"Processes"窗口会出现用户设计中常用的四个操作:综合、实现、生成 bit 文件和下载。

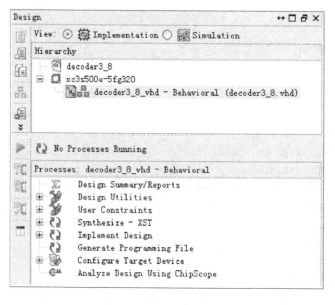

图 8-7 工程管理窗口

(6) 综 合

"Sources"窗口中,选中要编译的源文件,双击处理窗"Processes"中的"Synthesize-XST"。对出错报告语句进行修改,直到 successfully。综合可能有 3 种结果:如果综合后完全正确,则在 Synthesize-XST 前面有一个打钩的绿色小圈圈;如果有警告,则出现一个带感叹号的黄色小圆圈;如果有错误,则出现一个带叉的红色小圈圈。

完成综合后,"Synthesize-XST"前面会出现一个绿色的对号。双击其下的"View RTL Schematic"项,可以观察寄存器 RTL 级示意图,如图 8-8 所示。

双击模块符号,可以观察到模块内部逻辑图,如图 8-9 所示。查看综合结构是否按照设计意图来实现电路。

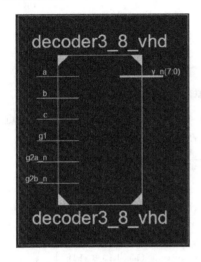
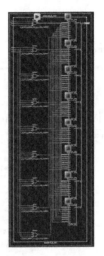

图 8-8 RTL 级示意图　　　　　　图 8-9 内部逻辑图

(7) 建立测试基准波形文件

在代码编写完毕后,需要借助于测试平台来验证所设计的模块是否满足要求。首先在工程管理区将 Sources for 设置为 Behavioral Simulation,然后在任意位置右击,在弹出的菜单中选择"New Source"命令,然后选中"VHDL Test Bench"类型,输入文件名为"decoder3_8_tbw",单击 Next 进入下一页,如图 8-10 所示。

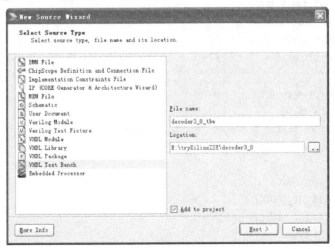

图 8-10 建立测试基准文件

这时,工程中所有 VHDL Module 的名称都会显示出来,设计人员需要选择要进行测试的模块。由于本工程只有一个模块,所以只列出了一个源文件,如图 8-11 所示。

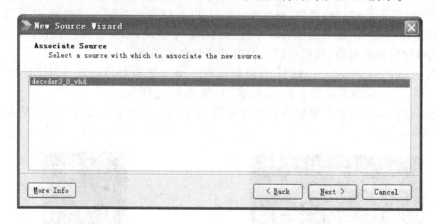

图 8-11 关联文件

用鼠标选中 decoder3_8_vhd,单击"Next"后进入下一页,直接单击"Finish"按键。此时在 Sources 窗口出现了刚建立的测试基准文件 decoder3_8_tbw.vhd,如图 8-12 所示。

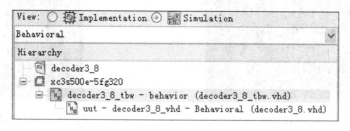

图 8-12 管理区窗口

在代码编辑区将波形文件的代码补充完整,如下:

```
library IEEE;
use IEEE.STD_LOGIC_1164.ALL;
use IEEE.STD_LOGIC_ARITH.ALL;
use IEEE.STD_LOGIC_UNSIGNED.ALL;
USE IEEE.STD_LOGIC_TEXTIO.ALL;
USE IEEE.NUMERIC_STD.ALL;
USE STD.TEXTIO.ALL;
ENTITY newdecoder_tbw_tb_0 IS
END newdecoder_tbw_tb_0;
ARCHITECTURE testbench_arch OF newdecoder_tbw_tb_0 IS
  COMPONENT newdecoder_vhd IS
    PORT (
        g1 : IN STD_LOGIC;
        g2a_n : IN STD_LOGIC;
        g2b_n : IN STD_LOGIC;
        a : IN STD_LOGIC;
        b : IN STD_LOGIC;
```

```vhdl
        c : IN STD_LOGIC;
        y_n : OUT STD_LOGIC_VECTOR (7 DOWNTO 0)
    );
END COMPONENT;
SIGNAL g1 : STD_LOGIC : = '1';
SIGNAL g2a_n : STD_LOGIC : = '0';
SIGNAL g2b_n : STD_LOGIC : = '0';
SIGNAL a : STD_LOGIC : = '0';
SIGNAL b : STD_LOGIC: = '0';
SIGNAL c : STD_LOGIC: = '0';
SIGNAL y_n : STD_LOGIC_VECTOR (7 DOWNTO 0) : = "00000000";
BEGIN
    UUT : newdecoder_vhd
    PORT MAP (
        g1 => g1,
        g2a_n => g2a_n,
        g2b_n => g2b_n,
        a => a,
        b => b,
        c => c,
        y_n => y_n
    );
    PROCESS
    BEGIN
        -- Current Time: 100ns
        WAIT FOR 100 ns;
        a <= '1';
-- ----------------------------------------
-- Current Time: 200ns
        WAIT FOR 100 ns;
        a <= '0';
        b <= '1';
-- ----------------------------------------
-- Current Time: 300ns
        WAIT FOR 100 ns;
        a <= '1';
-- ----------------------------------------
-- Current Time: 400ns
        WAIT FOR 100 ns;
        a <= '0';
        b <= '0';
        c <= '1';
-- ----------------------------------------
-- Current Time: 500ns
        WAIT FOR 100 ns;
        a <= '1';
        -- ----------------------------------------
```

```
-- Current Time: 600ns
    WAIT FOR 100 ns;
    a <= '0';
    b <= '1';
    -- ----------------------------------------
    -- Current Time: 700ns
    WAIT FOR 100 ns;
    a <= '1';
-- --------------------------------------------
-- Current Time: 800ns
    WAIT FOR 100 ns;
    a <= '0';
    b <= '0';
    c <= '0';
    -- ----------------------------------------
-- Current Time: 900ns
    WAIT FOR 100 ns;
    a <= '1';
-- --------------------------------------------
    WAIT FOR 100 ns;
    END PROCESS;
END testbench_arch;
```

保存之后,在 Processes 窗口选中"ISim Simulator"下的"Simulate Behavioral Model",双击即可完成功能仿真,如图 8-13 和 8-14 所示。

从图 8-14 中,可以看出功能正确。

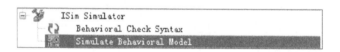

图 8-13 仿真功能

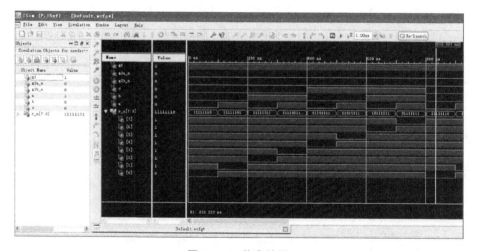

图 8-14 仿真结果

(8) 引脚适配

在分配引脚之前,需要先确定芯片的选择是否正确。在 Sources 窗口的目录树中可以看到已选择的芯片型号。如果不正确,直接在芯片型号上右击,选择"Properties"项,进入即可对芯片类型进行修改。在确保 Sources 窗口中存有 UCF 文件的前提下,在 Processes 窗口中找到"User Constraints"项,双击其下的"Floorplan Area / IO / Logic (PlanAhead)"项打开窗口,如图 8-15 所示,可以进行引脚分配。

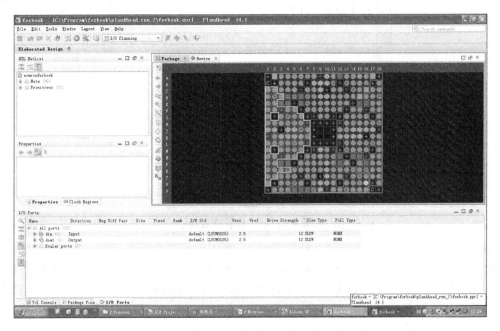

图 8-15 PlanAhead 窗口

引脚分配的方法有两种:一种是将 I/O ports 窗口中的信号直接拖到右边的引脚封装视图(Package View)区;另外一种方法是直接在 I/O Ports 窗口的"Site"列单击,在下拉框中选择所分配的引脚号。比如,在图 8-16 中,din[1]信号所分配的引脚号为 D2。用相同的方法完成所有输入输出引脚的分配。

注意,分配引脚之前,要对照实验箱看一下哪些引脚能用,实验箱上没有出现的引脚不能进行分配。

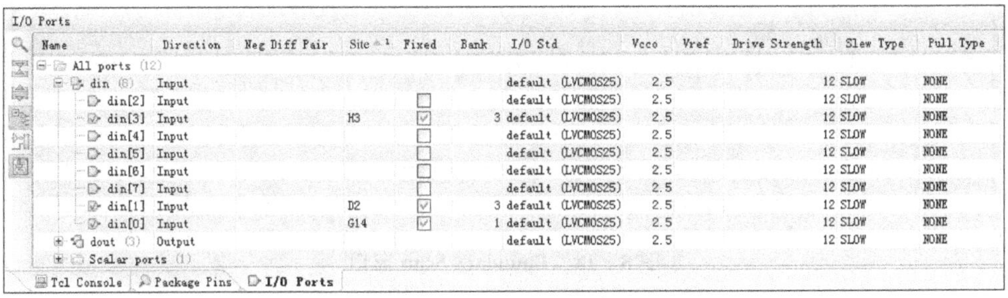

图 8-16 I/O Ports 窗口

(9) 工程实现及产生位流文件

如图 8-17 所示,选中顶层文件 decoder3_8_vhd,再选中 Processes 窗口的"Generate Programming File"可生成一个后缀名为.bit 的位流文件。

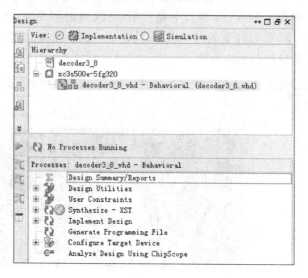

图 8-17 工程管理窗口

(10) 程序下载

把程序下载到芯片中是 FPGA 设计的最后一步,需要将生成的二进制编程文件下载到芯片中。展开"Configure Target Device"下的"Manage Configuration Project (iMPACT)"项,出现如图 8-18 所示的界面。

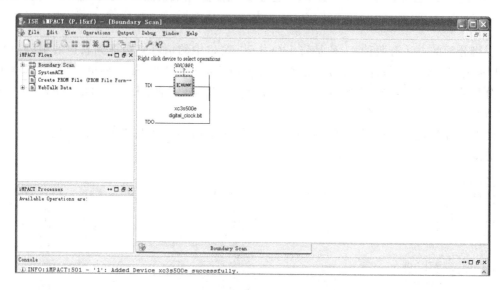

图 8-18 Boundary Scan 窗口

之后出现的"Assign New Configuration File"对话框中选择相应的位流文件(后缀为.bit),可完成下载过程。当界面上出现"Program Succeeded"时,表示下载成功。

8.1.2 实验要求

根据软件的基本应用操作完成后节基础实验,并完成实验报告。

8.2 基础实验

8.2.1 编码器

1. 实验目的

① 设计并实现一个 8—3 编码器,巩固 ISE 软件的应用。
② 掌握 ISE 软件的综合与设计实现流程。
③ 巩固使用 ISE 软件进行 FPGA 开发的过程以及硬件验证的使用方法。

2. 实验步骤

① 启动 ISE 集成开发环境,新建一个工程。
② 为工程添加设计源文件。
③ 对源文件进行语法检查,并改正错误之处。
④ 对设计进行综合、翻译与映射。
⑤ 创建 UCF 文件,添加 I/O 约束,锁定引脚。
⑥ 对设计进行布局布线,生成布局布线后仿真模型。
⑦ 输入测试基准波形文件。
⑧ 进行时序仿真,修改设计中的错误,记录仿真结果。
⑨ 在实验箱上连线,利用 iMPACT 进行程序下载。在实验箱上验证编码器的功能,观察并记录实验结果。

3. 实验原理

常用的编码器有:4—2 编码器、8—3 编码器、16—4 编码器,下面用一个 8—3 编码器的设计来介绍编码器的设计方法。

8—3 编码器如图 8-19 所示,其真值如表 8-1 所列。

表 8-1 8—3 编码器真值表

输入									输出		
EN	A	B	C	D	E	F	G	H	DOUT0	DOUT1	DOUT2
0	X	X	X	X	X	X	X	X	Z	Z	Z
1	1	0	0	0	0	0	0	0	0	0	0
1	0	1	0	0	0	0	0	0	1	0	0
1	0	0	1	0	0	0	0	0	0	1	0
1	0	0	0	1	0	0	0	0	1	1	0
1	0	0	0	0	1	0	0	0	0	0	1
1	0	0	0	0	0	1	0	0	1	0	1
1	0	0	0	0	0	0	1	0	0	1	1
1	0	0	0	0	0	0	0	1	1	1	1

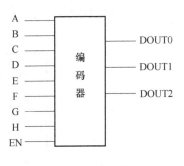

图 8-19 8—3 编码器

4. 实验连线

输入信号接拨码开关,输出信号接发光二极管。改变拨码开关的状态,观察实验结果。连接如图 8-20 所示。

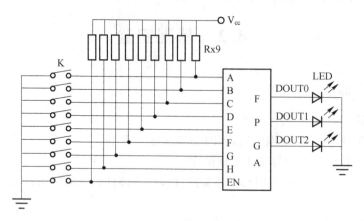

图 8-20 8-3 编码器连接框图

5. 实验报告要求

(1) 预习要求

① 简要说明实验步骤。

② 写出实验用的 VHDL 源程序。

③ 设计表格,如表 8-2 所示。说明可编程器件与拨码开关和发光二极管的连接情况。

表 8-2 可编程器件、拨码开关与发光二极管的关系

VHDL 中端口名称	EPGA 引脚号	拨码开关序号	发光二极管序号

④ 设计表格(见表 8-3),验证输入与输出之间的关系。

表 8-3 输入与输出之间的关系

拨码开关状态(上或下)								发光二极管状态(亮或灭)		
D0	D1	D2	D3	D4	D5	D6	D7	LED1	LED2	LED3

(2) 实验记录

① 记录仿真结果(波形),说明输出延时情况。
② 根据预习报告所设计表格,记录可编程器件与拨码开关和发光二极管的连接情况。
③ 根据预习报告所设计表格,记录实验结果,并分析其结果的正确性。
④ 说明实验中遇到的问题及解决方法,写出实验心得体会。

6. 思考题

试设计一个 16—4 编码器。

8.2.2 七段数码管显示译码

1. 实验目的

① 设计并实现一个七段数码管控制接口,巩固 ISE 软件的应用。
② 掌握 ISE 软件的综合与设计实现流程。
③ 巩固使用 ISE 软件进行 FPGA 开发的过程以及硬件验证的使用方法。

2. 实验步骤

① 启动 ISE 集成开发环境,新建一个工程。
② 为工程添加设计源文件。
③ 对源文件进行语法检查,并改正错误之处。
④ 对设计进行综合、翻译与映射。
⑤ 创建 UCF 文件,添加 I/O 约束,锁定引脚。
⑥ 对设计进行布局布线,生成布局布线后仿真模型。
⑦ 输入测试基准波形文件。
⑧ 进行时序仿真,修改设计中的错误,记录仿真结果。
⑨ 在实验箱上连线,利用 iMPACT 进行程序下载。在实验箱上验证译码器的功能,观察并记录实验结果。

3. 实验原理

七段显示译码器是对一个 4 位二进制数进行译码,并在七段数码管上显示出相应的十进制数或十六进制数。

七段数码管发光原理是:七段数码管一般由八个发光二极管组成,其中七个发光二极管排列成"8"字形,另一个位于小数点位置。根据连接形式的不同,数码管分为共阴极和共阳极两类。对于共阴极数码管,八个发光二极管的阴极连接在一起作为公共端,阳极作为段驱动端分别命名为 a,b,c,d,e,f,g 和 dp。当公共端为低电平时,段驱动端为高电平时,相应段的二极管点亮发光。共阳极数码管正好相反,其原理如图 8-21 所示。

4. 实验连线

输入接拨码开关,输出接七段数码管的段码,连接图如 8-22 所示。

5. 实验报告要求

(1) 预习要求

① 简要说明实验步骤。
② 写出实验用的 VHDL 源程序。
③ 设计表格,说明可编程器件与拨码开关和数码管段码的连接情况。
④ 设计表格,验证输入与输出之间的关系。

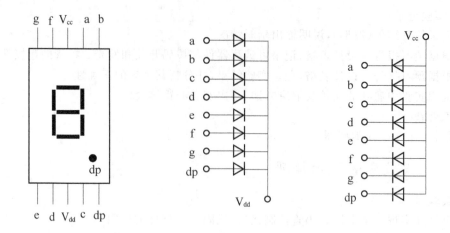

图 8-21 七段数码管显示原理图

(2) 实验记录

① 记录仿真结果(波形),说明输出延时情况。

② 根据预习报告所设计表格,记录可编程器件与拨码开关和数码管的连接情况。

③ 根据预习报告所设计表格,记录实验结果,并分析其结果的正确性。

④ 说明实验中遇到的问题及解决方法,写出实验心得体会。

6. 思考题

① 如何用其他描述语句改写该程序以实现相同的功能?

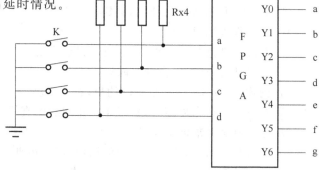

图 8-22 七段数码管显示译框图

② 如何换用其他的数码管来显示该实验的数值结果?

8.2.3 移位寄存器

1. 实验目的

① 设计并实现一个串/并进、串出移位寄存器,掌握时序电路设计方法。

② 熟练掌握 ISE 软件进行 FPGA 开发的过程以及实验箱的使用方法。

③ 了解对设计电路进行功耗分析的方法。

④ 了解 ISE 设计报告中电路资源利用率的情况分析。

⑤ 掌握使用 VHDL 创建测试文件的方法。

2. 实验步骤

① 启动 ISE 集成开发环境,创建工程并输入设计源文件。

② 对设计进行时序仿真,分析设计的正确性。

③ 锁定引脚,完成设计实现过程。并在实验箱上连线,利用 iMPACT 进行程序下载。

④ 在实验箱上验证移位寄存器的功能,观察并记录实验结果。

⑤ 打开 Report 文件查看资源利用率的情况。

⑥ 通过执行"Xilinx ISE"→"Accessories",打开"Xpower"来对设计功耗进行分析。

3. 实验原理

串/并进、串出移位寄存器在 TTL 手册中是 74166 芯片,其功能图如图 8-23 所示。其中,A~H 为 8 位并行数据输入端;

CLRN 为异步清零端;
SER 为串行数据输入端;
CLK 为同步时钟输入端;
CLKIH 为时钟信号禁止端;
STLD 为移位/装载控制端;
QH 为串行数据输出端。

通过查询 74166 的真值表可知:
CLK=0 时,输出为 0;
CLKIH=1 时,不管时钟如何变化,输出不变化。
STLD=1 时,移位状态,在时钟上升沿时刻,向右移一位,SER 串入的数据移入 reg(0)。
STLD=0 时,加载状态,8 位输入数据就能装到 reg(0)~reg(7)寄存器。

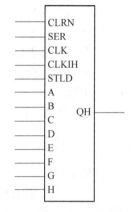

图 8-23 74166 的功能图

该实验的 VHDL 描述参考附录Ⅱ串/并进、串出移位寄存器的 VHDL 描述。

4. 实验连线

同前,输入时钟信号接时钟电路的相应输出,输入信号接拨码开关,输出信号接发光二极管,连接如图 8-24 所示。

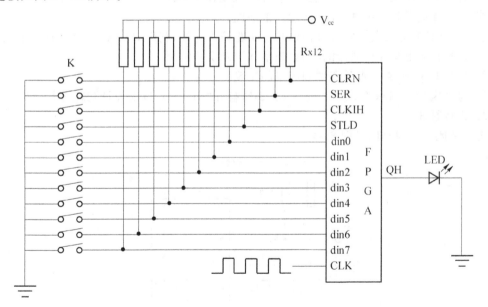

图 8-24 移位寄存器设计框图

5. 实验报告要求

(1)预习要求

① 简要说明实验步骤。
② 写出实验用的 VHDL 源程序。

③ 设计表格,说明可编程器件与拨码开关和发光二极管的连接情况。
④ 设计表格,验证输入与输出之间的关系。
(2) 实验记录
① 记录仿真结果(波形),说明输出延时情况。
② 根据预习报告所设计表格,记录可编程器件与拨码开关和发光二极管的连接情况。
③ 根据预习报告所设计表格,记录实验结果,并分析其结果的正确性。
④ 说明实验中遇到的问题及解决方法,写出实验心得体会。

6. 思考题

试设计一个循环移位寄存器。

8.2.4 计数器

1. 实验目的

① 设计一个带使能和同步清 0 控制的增 1 四位二进制计数器;计数结果由一位数码管显示,掌握时序电路设计方法。
② 熟练掌握采用 ISE 软件进行 FPGA 开发的过程以及实验箱的使用方法。
③ 了解对设计电路进行功耗分析的方法。
④ 了解 ISE 设计报告中电路资源利用率情况分析。
⑤ 掌握使用 VHDL 创建测试文件的方法。

2. 实验步骤

① 启动 ISE 集成开发环境,创建工程并输入设计源文件。
② 对设计进行时序仿真,分析设计的正确性。
③ 锁定引脚,完成设计实现过程。并在实验箱上连线,利用 iMPACT 进行程序下载。
④ 在实验箱上验证计数器的功能,观察并记录实验结果。
⑤ 打开 Report 文件查看资源利用率的情况。
⑥ 通过执行"Xilinx ISE"→"Accessories",打开"Xpower"以对设计功耗进行分析。

3. 实验原理

七段数码管的原理图见图 8-21。

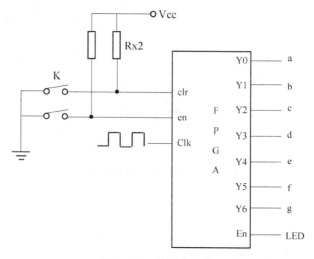

图 8-25 按键电路图

4. 实验连线

输入时钟信号接时钟电路的相应输出,复位等控制信号接拨码开关,输出信号接七段数码管,进位输出接发光二极管。

5. 实验记录

(1) 预习要求

① 简要说明实验步骤。
② 写出实验用的 VHDL 源程序。
③ 设计表格,说明可编程器件与拨码开关和七段数码管的连接情况。
④ 设计表格,验证输入与输出之间的关系。

(2) 实验记录

① 记录仿真结果(波形),说明输出延时情况。
② 根据预习报告所设计表格,记录可编程器件与拨码开关和七段数码管的连接情况。
③ 根据预习报告所设计表格,记录实验结果,并分析其结果的正确性。
④ 说明实验中遇到的问题及解决方法,写出实验心得体会。

6. 思考题

如何将本实验程序中的复位功能由同步改为异步?

8.2.5 售货机

1. 实验目的

① 设计一个简易的自动售货机。
② 熟练掌握 ISE 软件进行 FPGA 开发过程以及实验箱的使用方法。
③ 了解对设计电路进行功耗分析的方法。
④ 了解 ISE 设计报告中电路资源利用率情况分析。
⑤ 掌握使用 VHDL 创建测试文件的方法。

2. 设计要求

可以用 Mealy 状态机设计方法设计一个自动售饮料的逻辑电路。它的投币口每次只能投入一枚五角或一元的硬币;投入一元五角的硬币后机器自动给出一杯饮料;投入两元(两枚一元)的硬币后,在给出饮料的同时找回一枚五角的硬币。其状态转移图如图 8 - 26 所示。

其中输入为两位二进制数,bit0 位为'1'是投入一枚 5 角硬币,bit1 位为'1'表示投入一枚 1 元硬币。输出也是两位二进制数,bit1 位为'1'表示找回一枚 5 角硬币,bit0 位为'1'表示出饮料。

控制状态 有 3 个 S0、S1 和 S2。S0 表示初始态,S1 表示共投入一枚 5 角硬币,S2 表示已投入了 2 枚 5 角硬币或一枚 1 元硬币。

找回的钱数和是否送出饮料用发光二极管显示。

3. 实验步骤

① 启动 ISE 集成开发环境,新建一个工程。
② 为工程添加设计源文件,参见 4.4 节【例 4 - 48】。
③ 对源文件进行语法检查,并改正错误之处。
④ 对设计进行综合、翻译与映射。
⑤ 创建 UCF 文件,添加 I/O 约束,锁定引脚。
⑥ 对设计进行布局布线,生成布局布线后仿真模型。

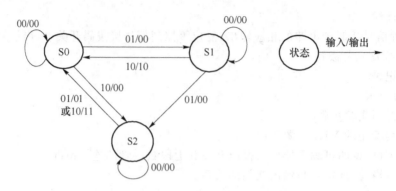

图 8-26　自动售货机状态转移图

⑦ 输入测试基准波形文件。
⑧ 进行时序仿真,修改设计中的错误,记录仿真结果。

4. 实验连线

输入时钟信号接时钟电路的相应输出,输入信号接按键,输出信号接发光二极管。

5. 实验报告要求

(1) 预习要求
① 简要说明实验步骤。
② 写出实验用的 VHDL 源程序。
③ 设计表格,说明可编程器件与拨码开关和数码管及发光二极管的连接情况。
④ 设计表格,验证输入与输出之间的关系。

(2) 实验记录
① 记录仿真结果(波形),说明输出延时情况。
② 根据预习报告所设计表格,记录可编程器件与拨码开关和数码管及发光二极管的连接情况。
③ 根据预习报告所设计表格,记录实验结果,并分析其结果的正确性。
④ 说明实验中遇到的问题及解决方法,写出实验心得体会。

6. 思考题

① 思考一下投入和找回钱数如何用数码管显示？
② 如果投硬币不足时,并且超过 10 s 后顾客还没有再次投入硬币则报警,报警时间 3 s,如何设置？

8.2.6　交通灯控制器

1. 实验目的

① 设计一个交通灯控制器。
② 熟练掌握 ISE 软件进行 FPGA 开发的过程以及实验箱的使用方法。
③ 了解对设计电路进行功耗分析的方法。
④ 了解 ISE 设计报告中电路资源利用率情况分析。
⑤ 掌握使用 VHDL 创建测试文件的方法。

2. 设计要求

设计一个十字路口交通控制系统,要求如下:

① 东西、南北方向都有红、黄、绿指示是否允许通行,其中绿灯、黄灯和红灯时间分别可以设定,用发光二极管持续亮或闪亮显示。

② 当东西方向或南北方向任一道上出现特殊情况,例如消防车、警车执行任务或其他车辆需优先放行时,即可中断正常运行,进入特殊运行状态。此时两条道上的所有车辆皆停止通行,红灯全亮,时钟停止计时,且数字在闪烁。当特殊运行状态结束后,管理系统恢复原来的状态,继续正常运行。

时钟用可预置减法计数器来实现,控制电路用状态机实现。

设计框图如图 8-27 所示。

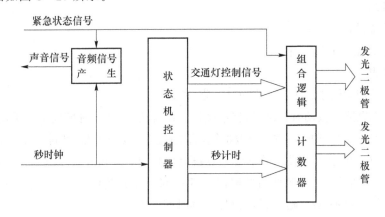

图 8-27 十字路口交通控制系统

3. 实验步骤

① 启动 ISE 集成开发环境,新建一个工程。
② 为工程添加设计源文件,状态机控制器设计参见 4.4 节【例 4-49】。
③ 对源文件进行语法检查,并改正错误之处。
④ 对设计进行综合、翻译与映射。
⑤ 创建 UCF 文件,添加 I/O 约束,锁定引脚。
⑥ 对设计进行布局布线,生成布局布线后仿真模型。
⑦ 输入测试基准波形文件。
⑧ 进行时序仿真,修改设计中的错误,记录仿真结果。

4. 实验连线

输入时钟信号接时钟电路的相应输出,输入信号接按键,输出信号接发光二极管。

5. 实验报告要求

(1) 预习要求

① 简要说明实验步骤。
② 写出实验用的 VHDL 源程序。
③ 设计表格,说明可编程器件与拨码开关和数码管及发光二极管的连接情况。
④ 设计表格,验证输入与输出之间的关系。

(2) 实验记录

① 记录仿真结果(波形),说明输出延时情况。
② 根据预习报告所设计表格,记录可编程器件与拨码开关和数码管及发光二极管的连接情况。

6. 思考题

如何将计时结果扫描显示？

8.3　综合实验

8.3.1　多功能数字钟实验

1. 实验目的

① 学习系统设计方法；

② 设计并实现一个数字钟。

2. 设计要求

① 正常模式时，采用 24 h 制。显示时、分、秒。

② 手动校准电路。按动时校准键，将系统置于校时状态，则计时模块可用手动方式校准，每按一下校时键，时钟计数器加 1；按动分校准键，将电路置于校分状态，以同样方式手动校分。

③ 整点报时。仿中央人民广播电台整点报时信号，从 59 min 50 s 起每隔 2 s 钟发出一次低音(512 Hz)"嘟"信号(信号鸣叫持续时间 0.5 s，间隙 1 s，连续 5 次，到达整点(00 分 00 秒时)，发一次高音(1 024 Hz)"哒"信号(信号持续时间 0.5 s)。

④ 闹钟功能。接下设置闹钟方式键，使系统工作于预置状态，此时显示器与时钟脱开，而与预置计数器相连，利用前面手动校时、校分方式进行预置，预置后回到正常计时模式。当计时计到预置的时间时，蜂鸣器发出闹钟信号，时间为 1 min，闹铃信号可以用开关键 CLOSE "止闹"，正常情况下此开关键释放。

⑤ 系统复位功能：复位控制只对秒计数复位，对分计数与小时计数无效。

3. 设计提示

① 数字钟的功能实际上是对秒信号进行计数。可以根据实验箱上提供的时钟信号分频后产生秒时钟。数字钟在结构上可分为三个部分：分频器、计数器和显示器。计数器又可分为正常计时计数器和闹钟设置计数器。正常计时计数器包含秒计数器、分计数器和小时计数器；闹钟设置计数器只包含分计数器和小时计数器。秒计数器和分钟计数器由六进制和十进制计数器构成，小时计数器由二十四进制计数器实现。显示电路用 6 位扫描数码显示器，它的扫描时钟可以选择实验箱上合适的时钟信号。分钟和小时的调整用两个按键开关实现。秒计时时钟信号可以根据实验箱上的时钟信号进行分频得到。

② 闹铃信号与准点报时信号的时钟信号分别为 1 024 Hz、512 Hz 和 0.5 Hz 信号，可以根据实验箱上的时钟信号进行分频得到。

③ 校时、校分信号为 1 Hz，作为快速调整时钟输入。

④ 时、分、秒显示之间，可利用数码管中的小数点区分，在正常计时情况下，分、秒之间的小数点也可闪动。

⑤ 设计方框如图 8-28 所示。

⑥ 设计过程可以采用分层设计，具体参照第 5.2.1 节。

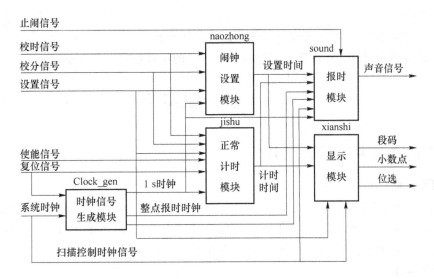

图 8-28 多功能数字钟设计参考框图

4. 实验连线

时钟信号 CLK 接实验箱上的相应的时钟信号即可,复位控制 reset_in、时校准 adj_h_in 与分校准 adj_m_in 接按键,方式控制 set 与闹钟止闹 close 接拨码开关;计时输出信号 led_out 接七段数码管的输入,scan_out 接七段数码管的选通信号,sound_out 接扬声器或蜂鸣器。

5. 实验记录

记录下仿真及验证结果。参照基础实验表格将实验结果制表,实验报告要求同基础实验。

6. 思考题

① 试想如何将秒表功能加进数字钟当中。

② 将日历功能加进数字钟当中,可显示月、日、星期等。

③ 可进行 24 h 和 12 h 计时转换。

8.3.2 乘法器实验

1. 实验目的

① 学习 IP 核设计方法;

② 设计并实现一个乘法器。

2. 设计要求

使用以下两种方法设计:

① 参照使用第 5 章中 5-5 例题中给出的与门、16 位锁存器、8 位右移寄存器、乘法运算控制器,设计一个 8×8 位乘法器。

② 使用 IP 核的方法设计一个 8×8 位乘法器。

3. 实验连线

时钟信号 CLK 接实验箱上的相应的时钟信号即可,输入接拨码开关,输出接发光二极管。

4. 实验记录

记录下仿真及验证结果。参照基础实验表格将实验结果制表,实验报告要求同基础实验。

5. 思考题

① 结构的描述方法和 IP 核设计方法的区别是什么？

② 从功能、资源利用、速度等方面比较两种方法的设计结果有什么不同。

8.4 设计型实验

8.4.1 智力竞赛抢答器设计

1. 简要说明

在进行智力竞赛抢答题比赛时，在一定时间内，各参赛者考虑好答案后都想抢先答题。如果没有合适的设备，有时难以分清参赛者的先后，使主持人感到为难。为了使比赛能顺利进行，需要有一个能判断抢答先后的设备，这将它称为智力竞赛抢答器。

2. 设计要求

① 最多可容纳 15 名选手或 15 个代表队参加比赛，各自的编号分别为 1～15，各用一个抢答按钮，其编号与参赛者的号码一一对应。此外，还有一个按钮给主持人用来清零，主持人清零后才可进行下一次抢答。

② 抢答器具有数据锁存功能，并将锁存的数据用 LED 数码管显示出来。在主持人将抢答器清零后，若有参赛者按抢答按钮，数码管立即显示出最先动作的选手编号，抢答器对参赛选手动作的先后有很强的分辨能力，即使他们动作的先后只相差几毫秒，抢答器也能分辨出来。数码管不显示后动作选手的编号，只显示先动作选手的编号，并保持到主持人清零为止。

③ 在各抢答按钮为常态时，主持人可用清零按钮将数码管变为零状态，直至有人使用抢答按钮为止。抢答时间设为 10 s，在 10 s 后若没有参赛者按抢答按钮，抢答按钮无效，并保持到主持人清零为止。

3. 设计提示

① 输入输出信号：输出显示的位扫描时钟信号可以作为键盘输入的检测扫描信号。10 s 定时计数器的时钟信号可以选 2 Hz 的时钟。复位信号用来使 10 s 定时器和键盘编码器清零。15 个按键输入信号应进行编码。

② 系统功能：按下异步复位键，10 s 定时器和键盘编码器清零。放开异步复位键后，启动定时器，并允许键盘编码器扫描信号输入，如在 10 s 内发现有输入信号，将其编码输出，同时使定时器停止计时；否则，停止扫描编码和定时，直到再次按下异步复位键。把 16 进制编码转换为十进制码，经译码后显示。

③ 设计框图如图 8-29 所示。

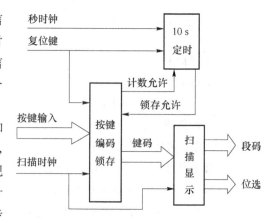

图 8-29 抢答器设计框图

④ 设计报告要求同基础实验。
  5. 思考题
① 扩充计分显示,答错了不加分,答对了可加 10 分、20 分、30 分。
② 累计加分可由主持人随时清零。

8.4.2 电子琴设计

音乐中不同的音名和音调是由发出声音的信号频率决定的,因此要设计电子琴必须了解音名和音调与频率的关系。

  1. 音名与频率的关系

音乐上的十二平均律规定:每两个八度音之间的频率相差一倍。在这两个八度音之间,分成十二个半音,每两个相邻伴音的频率比为 $12\sqrt{2}$。另外还规定,音名 A 的频率为 440 Hz。音名 B~C、E~F 之间为半音,其余全音。这样,可计算得从 A(简谱的低音 6)到 a1(简谱的高音 6)之间每个音名的频率为:

A(6):440 Hz   a(6):880 Hz   a1(6):1 760 Hz
B(7):493.88 Hz   b(7):987.76 Hz
c(1):523.25 Hz   c1(1):1 046.50 Hz
d(2):587.33 Hz   d1(2):1 174.66 Hz
e(3):659.25 Hz   e1(3):1 318.51 Hz
f(4):698.46 Hz   f1(4):1 396.92 Hz
g(5):783.99 Hz   g1(5):1 567.98 Hz

  2. 设计要求

设计一个电子琴,要求能演奏音名 A~a1 之间的全部音阶。按下一个键,则演奏该音名,并用数码管显示音名,用发光二极管指示高、中、低音。

  3. 设计提示

本实验由键盘编码、音频输出译码器、分频器组成。取 10 MHz 信号作为基准。以基准频率除以上述频率,可得各音名频率的分频系数。注意,为了减少输出的偶次谐波成分,最后输出应为对称方波。音频输出译码器实质上是一个多路选择器,根据键盘编码的输出,选择音阶发生器的不同的预置数,分频后输出音频。

分频器可以为加法计数器,也可以为减法计数器,计算预置数时稍有不同,应加以注意。另外,应根据基准频率和输出频率,来确定计数器的位数。

设计框图如图 8-30 所示。设计报告要求同基础实验。

  4. 思考题
① 扩充储存乐曲功能(多首乐曲),并能选择自动播放和随时停止播放功能。
② 扩充录音功能,并能多次播放,直到清除所录内容。

8.4.3 电子乒乓球游戏系统

  1. 设计要求

甲乙二人各持一按键作为球拍,实验箱上的一行发光二极管为乒乓球运动轨迹,用一只亮点代表乒乓球,它可以在此轨迹上左右移动。击球位置在左、右端第二只发光二极管位置。若

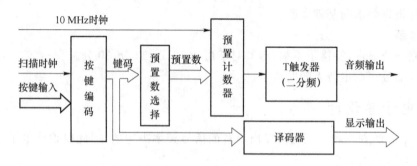

图 8-30 电子琴设计框图

击球键恰好在球到达击球位置时按下,则发出短促的击球声,球即向相反的方向移动。若按键偏早或偏晚,击球无效,无击球声发出,球将继续向前运行至末端,且亮点消失。此时判击球者失分,计分板上给胜球者加 1 分。然后经一秒钟后,亮点自动按乒乓球规则移到发球者的位置,发球者按动击球按键,下一球比赛开始。击球的速度可以设四级,由击球时刻与球到达击球位置时刻的时间差决定,该时间越短,球速越高。比赛规则与实际乒乓球规则相同,胜负在计分牌上显示(七段数码管)。

2. 设计说明

球的运动用双向移位寄存器实现,球速即移位寄存器时钟速率,若将外部送入的时钟信号经 16 分频后,作为移位寄存器时钟,并设 4 种时钟速率,则球在移位寄存器当中的每一位上将停留四个时钟节拍。若击球脉冲与第一节拍同步,则回球速度最高;若与第四个节拍同步,则回球速度最低。

击球输入应当采取同步化处理,使其成为与外时钟同步,宽度为外时钟周期的脉冲,设计框图如图 8-31 所示。设计报告要求同基础实验。

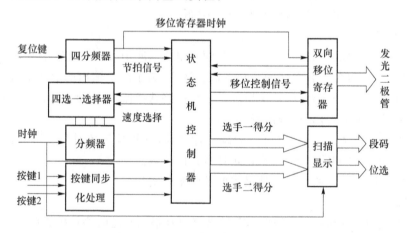

图 8-31 乒乓球游戏机设计框图

3. 思考题

① 扩充当一方的比分到达 11 分时,该局结束,记分清零,开始新的一局。
② 扩充当比分为 11∶11,可争球到 13 个球。

8.4.4 数字密码锁设计

1. 简要说明

在实际应用中,往往要对某些设备加上密码,以防无关人员操作。下面以密码箱为例,设计一个数字密码控制电路。考虑到保密性要求,密码长度应该较大,以便密码不易被破译。密码宜采用十进制数字串行输入,便于记忆和操作。密码锁的操作过程为:加电后,密码锁处于锁定状态。首先按 READY 键,使密码锁进入密码输入等待状态。接下来输入密码,在未按 ON/OFF 键以前,可随时按 CLEAR 键消除所输入密码,然后按 READY 键重新输入。输完密码后按 ON/OFF 键,当输入密码正确,锁被打开;当输入了错误的密码,或者输入密码的位数不正确,锁不能被打开。若连续三次的输入密码不正确时,产生报警信号且所有按键不起作用。报警信号持续到保安人员按下总控制室的 RESTORE 键,使密码锁恢复到正常工作状态。按 ON/OFF 键,锁被锁上。用一个发光二极管指示密码锁的门状态,门打开时,指示灯亮;门锁上时,指示灯灭。

2. 设计要求

① 采用3位十进制数字作为内置密码,修改密码必须重构逻辑。
② 加电后,密码锁处于锁定状态。
③ 连续三次的输入密码不正确时,产生报警信号。
④ 用声音和闪烁的灯光作为报警信号。
⑤ 开门和关门 ON/OFF 是一个乒乓按键。

3. 设计提示

① 所有按键应进行消抖同步化处理。
② 用一个计数器和一个比较器完成比较,计数器同时记录输入密码的位数。
③ 设计框图如图 8-32 所示。设计报告要求同基础实验。

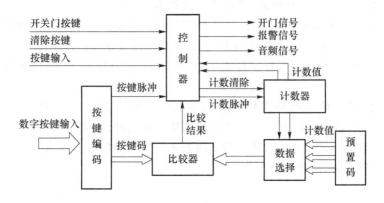

图 8-32 数字密码锁设计框图

4. 思考题

① 增加密码位数。
② 密码输入为8位二进制形式。

8.4.5 数据采集与检测系统

1. 简要说明

随着计算机应用的普及化,将模拟信号转化为数字信号,以及将数字信号转化为模拟信号已成为应用的重要环节。本课题以多路数据的采集及监测为例,介绍了 A/D 转换、D/A 转换、数据处理、数字量及模拟量显示等项环节的基本原理及实施方法。多路信号采集与监测系统能对输入的多路模拟信号进行定时循环采样,将它们变为数字量;同时,对采集到的数字信号进行数据处理,判断该输入信号是否正常。若正常,将其转换成相应的模拟量输出;若不正常,输出规定的模拟量,同时进行声光报警,并将采样停留在该路信号上等待处理。因此多路信号采集与监测系统应具有采样控制电路、A/D 转换电路、译码显示电路、数据处理电路、D/A 转换电路、声光报警电路及脉冲信号产生电路,其结构框图如图 8-33 所示。

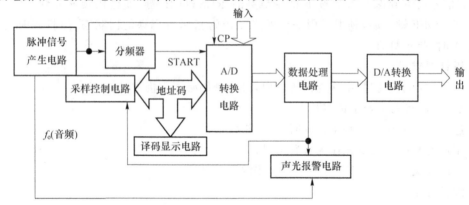

图 8-33 多路采集与检测系统框图

2. 设计要求

① 设计一路模拟信号采样电路,要求采样间隔为 5~10 s。

② 设计采样信号上下限比较电路,上下限可以自行设定。要求当采样数据在上下限之间时,经过 D/A 转换输出采样信号的模拟量;当采样数据超限时,使 D/A 转换为零。

③ 设计超限报警电路,要求输入超上限时,红灯亮,扬声器响;输入超下限时,黄灯亮,扬声器响。

④ 设计 4 路模拟信号循环采样电路。要求输入信号正常时,采样在该路线号上停留 5~10 s 后再进行下一路信号的采样;若输入模拟信号超限时,采样一直停留在该路信号上。

⑤ 设计采样通道号显示电路,要求用七段数码管显示当前采样通道号。

⑥ 设计报告要求同基础实验。

3. 思考题

① 能否将报警信号用 GPRS 传输到手机上?

② 如何考虑设计模拟信号路数增多?

8.4.6 任意波形发生器设计

1. 实验要求

设计并实现一个 DA 转换控制器,要求完成这几种波形的产生(频率相同):递增斜波;递减斜波;三角波;递增阶梯波;正弦波和方波。

2. 实验内容

① 要求这几种波形的频率范围都是 100 Hz～1 kHz 之间可调,调节的步进长度为 100 Hz。输出的峰峰值为 5 V。

② 在一个周期内的数据由 32 个采样值构成。

3. 设计提示

① 对于递增斜波可采用 0～255 循环加法计数器实现。

② 对于递减斜波可采用 255～0 循环减法计数器实现。

③ 对于三角波可采用 0～255～0 循环加/减法计数器实现。

④ 对于递增阶梯波可采用 00H、20H、40H、60H、80H、A0H、C0H、E0H 八位二进制计数器实现。

⑤ 对于正弦波,可用计数器加译码方式实现。

4. 实验连线

CLK 接时钟源;FPGA 输出分别接 AD 转换器的相应引脚,用示波器观察 AD 转换器的输出。设计报告要求同基础实验。

5. 思考题

① 扩充锯齿波波形。

② 矩形波的占空比在 10 %～90 %之间可调,如何设计?

8.4.7 量程自动转换的数字式频率计

1. 测频原理

通常的测频方法有两种,即直接测频和周期测频。

直接测频:对被测信号由计数器计数,把单位时间内(1 s)的计数值作为测量结果。例如,闸门时间取 1 秒,当计数值为 5 000 时,则被测信号频率为 5 000 Hz;闸门时间取 0.01 s,当计数值为 5 000 时,则被测信号频率为 500 kHz。这种频率计的测量精度取决于闸门时间的精度。另外,由于闸门时间与被测信号不同步,可能会造成多计或少计一个被测脉冲。这是这种频率计的固有系统误差,这种方法不适于测较低的频率。

周期测频:用被测信号作为闸门时间,而计数器对内部的一个高速基准信号进行计数。由于基准信号的频率较高,计数值较大所以测量误差较小。由于器件响应速度的限制基准信号的频率不可能很高。因此,这种方法适于测较低的频率。

下面请用直接测频法设计一个 3 位十进制数字式频率计。

2. 设计要求

设计一个 3 位十进制数字式频率计,其测量范围为 1 MHz。量程分 10 kHz(×1)、100 kHz(×10)和 1 MHz(×100)三挡(最大读数分别为 9.99 kHz、99.9 kHz 和 999 kHz),量程自动转换规则如下:

① 当读数大于 999 时,频率计处于超量程状态,若量程为 ×1 或 ×10 挡,测量结果不显示,量程自动增大一挡;进行下一次测量时,若已在最大量程 ×100 挡,显示 P.表示溢出。

② 当读数小于 99 时,若量程为 ×10 或 ×100 挡时,频率计处于欠量程状态,测量结果不显示,量程自动减小一挡;进行下一次测量时,若量程为最小的×1 挡时,显示测量结果。

显示方式如下：

① 采用记忆显示方式，计数过程中不显示数据，待计数过程结束以后，显示计数结果，并将此显示结果保持到下一次计数结束，测量间隔由定时器决定。

② 小数点位置随量程变化自动移位。

送入测试信号应符合 CMOS 电路要求的脉冲。设计框图如图 8-34 所示。

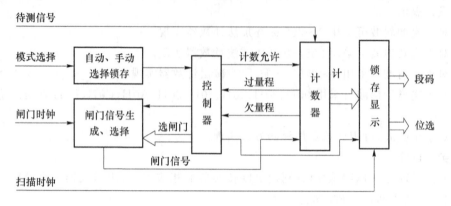

图 8-34 数字式频率计设计框图

③ 设计报告要求同基础实验。

3. 思考题

① 如何增大显示位数。

② 如何增大测频范围。

③ 如何增加测周期功能。

8.4.8 电梯自动控制器

1. 设计要求

设计一个 3 层楼房全自动电梯控制器，其功能如下：

① 每层楼电梯入口处设有上、下请求开关各一个（一层只有上行请求开关，三层只有下降请求开关）；电梯内设有乘客到达层次的停站要求开关和开、关电梯门开关两个。

② 有电梯所处位置指示装置和电梯上行、下行状态指示装置。

③ 电梯每秒升（降）一层楼。到达某一层楼时，指示该层的灯发光，并一直保持到电梯到达新的一层为止。

④ 电梯到达有停站请求的楼层后，该层的指示灯亮，经过 0.5 s，电梯门自动打开，开门指示灯亮。开门 5 秒后，电梯门自动关闭（开关门指示灯灭），电梯继续运行。

⑤ 能记忆电梯内外所有的请求信号，并按照电梯运行规则次第响应。每个请求信号保留至执行后撤除。

⑥ 电梯运行规则：电梯处于上升模式时，只响应比电梯所在位置高的层次的上楼请求信号，由下而上逐个执行，直到最后一个请求执行完毕。如更高层次有下楼请求，则直接升到有下楼请求的最高层接乘客，然后便进入下降模式。电梯处于下降模式时与之相反，仅响应比电梯所在位置低的楼层的下楼请求，由上到下逐一解决，直到最后一个请求处理完毕。如再低楼层有上升请求，则降至该层，并转入上升模式。电梯执行完所有的请求后，应停在最后所在的

位置不变,等待新的请求。

⑦ 开机(接通电源)时,电梯应停留在一楼,而各种上、下请求皆被清除。

2. 设计提示

① 用 4 只按键作为上、下楼请求开关,另外 3 只作为乘客进入电梯所按的目的层次开关。

② 电梯所在楼层位置用数码管显示,另用两只发光二极管显示上行状态和下降状态。

③ 利用发光二极管作为开门指示。

④ 对电梯开门时间可以要求延长,每按一次开门键,自按键时开始延长 5 s,可以连续使用,也可提前关门(按动关门键)。

⑤ 电梯运行过程中,不断判断前进方向是否存在上楼请求或下楼请求信号,如到达某层后,上、下方均无请求,则电梯停在该层,终止运行。

⑥ 设计的主要部分是一个状态机,此状态机可以有以下几个状态:停在每一层关门状态和开门状态(共六个);两层之间的上行状态和下降状态(共四个)。在每一状态判断输入信号,决定输出信号和下一状态。

⑦ 设计报告要求同基础实验。

3. 思考题

① 增加层数。

② 故障报警。

③ 到达各层时,有音响提示音。

8.4.9　8×8 点阵汉字显示综合实验

1. 简要说明

8×8 点阵显示装置的目的是让学生利用自己所学的知识,发挥想象力,在小小的 8×8 点阵上设计出自己喜欢的内容,以便对大屏幕有进一步的了解。

2. 设计任务

(1) 字符显示

① 设计一个中文字符,在 8×8 点阵上按笔顺写出来,周而复始的重复。

② 设计一个中文字符显示器,在 8×8 点阵上每次显示一个字符,每个字要求停 1~4 s,至少显示 4 个字,周而复始地重复。

(2) 字符移动

① 设计一组中文字符,从右向左移动,每个字移动到 8×8 点阵屏幕中间,停 1~4 s,再继续向左移动,周而复始地重复。

② 设计一组中文字符,从左向右移动,每个字移动到 8×8 点阵屏幕中间,停 1~4 s,再继续向左移动,周而复始地重复。

(3) 图形闪烁

① 设计一个图形,从右向左移动,移动到 8×8 点阵屏幕中间,停 1~4 s,再继续向左移动,周而复始地重复下去。

② 设计一个图形,从左向右移动,移动到 8×8 点阵屏幕中间,停 1~4 s,再继续向左移动,周而复始地重复下去。

(4) 彩灯闪烁

设计一个扫描控制电路,使光电从屏幕的左上角开始扫描,终止于右下角,然后周而复始地重复运行下去。要求奇数帧一点一点扫描,偶数帧两点两点扫描。

(5) 跑马灯游戏

在 8×8 的点阵的外圈上每隔 6 个点,亮 2 个点,旋转一圈向前移动 2 个点,三圈一循环。在中间的 6×6 点阵上依次显示"BUPT",每个字显示 3~4 s,周而复始地重复。

(6) 设计报告要求同基础实验。

3. 思考题

① 用 FPGA 器件和单片机实现汉字点阵显示的不同点?

② 设计字符和图形的移动可从右向左移,从左向右移,从上往下移,从下往上移。

③ 设计跑马灯游戏,外圈频率每旋转一圈,增加一倍,三圈一循环。

④ 自编彩灯游戏。

8.4.10 FIR 滤波器的设计

1. 简要说明

数字滤波器的实现有很多种方法,常见的以限脉冲响应(FIR)滤波器为主。通用的 FIR 滤波器公式是乘积(也称为内积)的总和,定义如下:

$$y_n = \sum_{i=0}^{N-1} x_{n-i} h_i \tag{8-1}$$

在该公式中,N 个系数与 N 个相应的数据采样相乘,然后对内积求和来产生单个结果。这里的系数值确定了滤波器的特性(如:低通滤波器、带通滤波器、高通滤波器)。该公式可以采用不同架构、利用不同方法(如串行、半并行或并行)来实现。

2. 设计提示

(1) 单乘法器 MAC FIR 滤波器

单乘法器 MAC FIR 采用单一乘法器和累加器来顺序实现 FIR 滤波器,是最简单的 DSP 滤波器结构之一,其结构如图 8-35 所示。此结构中,利用高速时钟来驱动乘加器,实现对低速数据的多倍计算。该设计不仅使硬件数量减少了 N 倍,也使滤波器吞吐量按照同样比例下降。在采样速度慢、系数多时,采用单一的 MAC FIR 滤波器来实现非常合适。

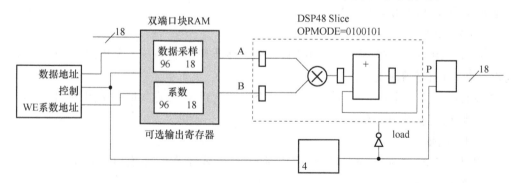

图 8-35 乘法器 MAC FIR 滤波器

(2) 并行 FIR 滤波器

并行 FIR 滤波器架构如图 8-36 所示,称其为直接式类型 I。这个结构实现了通用 FIR 滤波器的乘积和形式,见式(8-1)。数据的历史记录存储在单独的寄存器中,这些寄存器在架构的顶部连接在一起。每个时钟周期生成一个全新的结果,而且所有的乘法和所需的算法同时进行。并行 FIR 滤波器的最大输入采样率等于时钟速率。

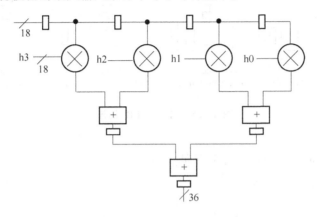

图 8-36 直接式类型 I 滤波器

(3) 转置型 FIR 滤波器

转置型 FIR 滤波器是并行乘法器直接型 FIR 滤波器结构的转置变形。采样数据同时进入乘法器,乘法运算在同一个时钟周期内,同时完成乘法运算。通过流水线的加法器链将乘积结果流水相加,得到滤波输出,如图 8-37 所示。

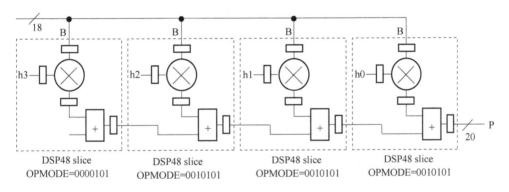

图 8-37 转置型 FIR 滤波器

(4) 脉冲型 FIR 滤波器

并行乘法器脉动型 FIR 滤波器结构是基于并行乘法器直接型 I FIR 滤波器的优化模型,如图 8-38 所示。它与转置型 FIR 滤波器结构一样使用加法器链,只是系数安排刚好与转置型相反;而与直接型相比,系数排列相同。采样数据保存在作为数据缓存和时间延时器的寄存器链中,每个寄存器将采样数据传递给各自的乘法器,分别与各自的滤波器系数相乘,乘积结果通过加法器链流水相加,最后得到滤波输出。

3. 设计任务

选择任何一种滤波器进行设计,并进行仿真以验证其结果的正确性。设计报告要求同基础实验。

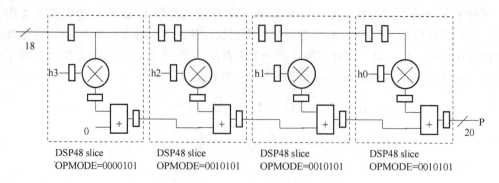

图 8-38 脉冲型 FIR 滤波器

4. 思考题

如何采用 IP 核的设计方法设计 FIR 滤波器?

第 9 章 FPGA 硬件电路设计

FPGA 芯片是作为专用集成电路(ASIC)领域中的一种半定制电路而出现的,既解决了定制电路的不足,又克服了原有可编程器件门电路数有限的缺点。因为它具备接口、控制、功能 IP、内嵌 CPU 等特点,有条件实现一个构造简单、固化程度高、功能全面的系统,所以,在通信、自动控制、信号及图像处理等多种领域得到广泛的应用。在应用中,除了设计 FPGA 内部功能以外,以 FPGA 为核心的系统硬件及接口设计也是一个重要的环节。本章主要以 Xilinx 公司的 Spartan 系列 FPGA 为例,讨论硬件系统设计思路,介绍一些常用的接口芯片及其应用方法。

9.1 FPGA 硬件系统组成

9.1.1 FPGA 硬件系统

FPGA 硬件系统是指以 FPGA 芯片为主要器件的电路,必须包含的组件有 FPGA 芯片、下载电路、外部时钟、复位电路和电源,如果要使用嵌入式处理器还要包括 SDRAM 和 FLASH,这些组件是 FPGA 最小系统的组成部分。除此之外系统一般还包括键盘显示等人机接口、扩展总线接口、AD/DA 器件等。典型的 FPGA 开发板功能框图如图 9-1 所示。

9.1.2 FPGA 引脚

FPGA 的引脚主要包括用户 I/O(User I/O)、配置引脚、电源、时钟及特殊应用引脚等。其中有些引脚可有多种用途,所以在设计 FPGA 电路之前,需要认真的阅读相应 FPGA 的芯片手册。

图 9-1 典型的 FPGA 开发板功能框图

下面以 Xilinx 公司的 Spartan 系列 FPGA 为例,介绍 FPGA 的各种功能引脚。

1. 用户 I/O

IO(IO_Lxxy_♯):可用作输入或输出,或者双向口,同时可结对作为差分 I/O。

IP(IP_Lxxy_♯):只能作为输入端口。

其中'L'表示此引脚可以构成差分引脚对。"xx"为两位整数,在每个分区里是唯一的,用以指示差分引脚对。'y'由'P'代替表示同相信号,由'N'代替表示反相信号,这两个引脚构成差分引脚对。'♯'为一个 0~3 的整数,表示相关的 I/O 分区。一般在绘制 FPGA 原理图时,将同一种功能和用途的引脚放在一个框图中。

在开发 FPGA 的时候,集成开发环境中一般允许对用户 IO 进行设置,如电压标准(LVTTL、PCI3.3、CMOS3.3 等),是否接上拉或下拉电阻,还有 IO 信号摆率等,为 FPGA 适用于不同的场合提供了多种选择。

2. 配置引脚

M[2:0]:用于选择配置模式。FPGA 有多种配置模式,比如主动、被动、串行、并行等,可以以此引脚进行选择。

TDI,TDO,TMS,TCK:JTAG 接口引脚。

PROG_B:配置启动信号,输入。当保持低电平超过 500 ns 时,迫使 FPGA 重新启动配置过程。配置时此引脚必须保持高电平。

DONE:配置结束信号,输出,高电平有效。

HSWAP:用户 I/O 引脚上拉控制,输入。HSWAP=1 时,FPGA 配置过程中用户 I/O 通过上拉电阻连接到相应分区的 VCCO 电平。否则,用户 I/O 不接上拉电阻。

CCLK:配置时钟。主配置模式下由 FPGA 内部晶振产生,提供给相应 PROM。从配置模式下为时钟输入引脚。

INIT_B:配置初始化状态信号,输出,低电平有效。

CSO_B:配置芯片片选信号,FPGA 输出,低电平有效。连接至配置器件的 nCS 引脚。

DOUT/BUSY:FPGA 忙,用于被动并行配置模式。

MOSI:主动配置模式下串行数据输出,用于 PROM 寻址。

CSI_B:被动配置模式下配置片选输入信号,低电平有效。

A[23:0]:并行 PROM 地址,输出。

LDC[2:0]:分别为 PROM 字节模式、输出使能和片选信号。

HDC:PROM 写使能。

D[7:0]:FPGA 并行数据输入,连接至配置器件的输出引脚。串行配置模式下只使用 D0 引脚,记作 DIN。

3. 电源引脚

VCCINT:内核电压。通常与 FPGA 芯片所采用的工艺有关,例如 130 nm 工艺为 1.5 V,90 nm 工艺为 1.2 V。

VCCO:端口电压。一般为 3.3 V,还可以支持选择多种电压,如 5 V、1.8 V、1.5 V 等。另外,FPGA 的 I/O 一般划分为几个分区(bank),同一分区内的引脚电压标准必须相同,但不同分区的引脚可以使用不同的电压标准。

VREF:参考电压。某些特定 I/O 标准的参考电压,同一分区内的 VREF 必须连接到一起。

VCCAUX:辅助电压。固定为 2.5 V,为数字时钟管理器(DCM),差分驱动器,专用配置引脚,JTAG 接口供电。

GND:信号地。

4. 时钟引脚

GCLK:全局时钟引脚,也可用作用户 I/O。

RHCLK:右半部分时钟引脚,布置在芯片右侧,为片内右半侧逻辑资源提供时钟。

LHCLK:左半部分时钟引脚,布置在芯片左侧,为片内左半侧逻辑资源提供时钟。

在 FPGA 中,全局时钟引脚一般连接到 FPGA 内部的时钟管理器以及时钟树。使用这些引脚作为关键时钟或信号的布线可以获得最佳性能。

9.2 电源电路

现场可编程门阵列(FPGA)的出现给电路设计带来了极大的方便。目前,在芯片设计领域也采用 FPGA 来开发仿真验证平台。这种开发系统的 FPGA 一般规模较大,功耗也相对较高,其供电系统的好坏直接影响到整个开发系统的稳定性。因此,设计出高效率、高性能的 FPGA 供电系统具有极其重要的意义。

9.2.1 FPGA 电源指标要求

1. 额定电压

FPGA 一般需要 2.5 V,1.8 V 或 1.5 V 作为核心电压,3.3 V 或 2.5 V 作为 I/O 电压,另外 Virtex Ⅱ 和 Virtex-Ⅱ Pro 还需要 3.3 V 的辅助电压。表 9-1 列举了 Xilinx 不同系列 FPGA 的电压需求。

表 9-1 FPGA 电压需求

FPGA 系列	Virtex-Ⅱ	Virtex-Ⅱ Pro	Spartan-Ⅱ	Spartan-ⅡE
核心电压/V	1.5	1.5	2.5	1.8
I/O 电压/V	3.3	2.5	3.3	3.3
辅助电压/V	3.3	3.3	—	—

2. 电压上升时间

为了保证 FPGA 正常启动,核心电压(VCCINT)的上升时间 t_r 必须在特定的范围内,表 9-2 列举了不同系列 FPGA 的这一指标要求。此外,电压上升必须单调,不允许有波动。某些 DC/DC 变换芯片,比如 TI 的 TPS5461X 系列可以外部调节电压上升时间,给设计带来了方便。

表 9-2 核心电压上升时间要求

FPGA 系列	Virtex II	Virtex II Pro	Spartan II	Spartan IIE
t_r 要求	1 ms<t_r< 50 ms	100 μs<t_r< 50 ms	t_r< 50 ms	2 ms<t_r< 50 ms

3. 供电电压顺序

根据 Xilinx 的文档,对于 Virtex II 和 Virtex-Ⅱ Pro 系列 FPGA 没有电压顺序要求,推荐所有的供电电压同时上电,否则,可能产生较大的启动电流。对于 Spartan-ⅡE 系列,推荐核心电压和 I/O 电压同时供给。对于 Spartan II 系列上电顺序可以任意。设计经验表明,大部分情况下对于 Xilinx 的 FPGA 来说,核心电压先于 I/O 电压供给是个比较好的做法。

4. 电压功耗估计

FPGA 的电源功耗一般取决于内部资源的使用率、工作时钟频率、输出变化率、布线密度、I/O 电压等因素。不同的应用,电源实际功耗相差非常大。在 FPGA 集成开发环境中,一般嵌入有准确估计 FPGA 功耗的工具——电源估计软件,利用此工具可以得到 FPGA 所需电流的估计结果,可以为电源电路的设计提供参考。

9.2.2 电源解决方案

根据采用 FPGA 系列的不同,核心和 I/O 电压可能是 3.3 V,2.5 V,1.8 V,1.5 V 和 1.2 V,目前总的来说有三种电源解决方案,分别是线性稳压器电源(LDO)、开关稳压器、电源模块。在选择方案时,要求设计者综合考虑系统要求,成本,效率,市场需要,设计灵活性及封装等众多因素。

1. LDO 线性稳压器电源

LDO 线性稳压器只适用于降压变换,具体效果与输入/输出电压比有关。从基本原理来说,LDO 根据负载电阻的变化情况来调节自身的内电阻,从而保证稳压输出端的电压不变。其变换效率可以简单地看作输出与输入电压之比。LDO 芯片所占面积仅为几个 mm^2,只要求外接输入和输出电容即可工作。由于采用线性调节原理,LDO 本质上没有输出纹波。不过随着 LDO 的输入/输出电压差别增大或者输出电流增加,LDO 的发热比也会按比例增大,所以,对散热控制方面要求很高。

如今很多厂商都有适合 FPGA 应用的低电压、大电流 LDO 芯片,比如 TI 的 TPS755XX 和 TPS756XX 系列为 5A 电流输出,TPS759XX 系列为 7.5 A 电流输出;Linear 的 LT1585/A 系列为 5 A 输出,LT1581 为 10 A 输出;National 的 LMS1585A 系列也为 5 A 输出,并与 Linear 的 LT1585/A 系列可以相互替换。图 9-2 以 National 的 LMS1585A 为例的 LDO 稳压器的典型设计电路,LMS1585A 系列有三种型号,分别为 1.5 V,3.3 V 和可调电压输出,最大输出电流均为 5 A。

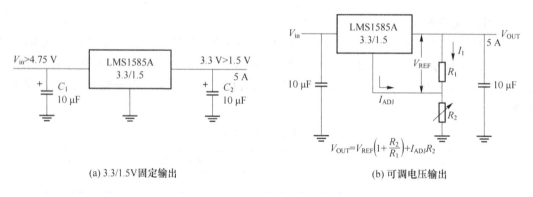

(a) 3.3/1.5V 固定输出   (b) 可调电压输出

图 9-2 LDO 稳压器的典型设计电路

2. DC/DC 调整器电源

DC/DC 调整器利用了磁场储能,无论升压、降压还是两者同时进行,都可以实现相当高的变换效率。与线性稳压(LDO)相比,尽管它要求更大的电路板面积,但对于 FPGA 这种需要大电流的应用来说却十分理想。由于变换效率高,因此发热很小,与 LDO 器件相比,它常常不需要附加一个成本较高、面积较大的散热器。考虑到 DC/DC 调整器集成有 FETs,使用时只需外接一个电感和必不可少的输入、输出电容,故可以使整个解决方案的空间利用率大大提高。目前不少 IC 厂家都有这种适合 FPGA 应用的大电流 DC/DC 调整器芯片,最大输出电流达到了 9 A,比如 Elantec 的 EL7556BC 为 6 A 输出,EL7558BC 为 8 A 输出;TI 的 TPS5461X 系列为 6 A 输出,TPS54873 为 9 A 输出。设计时应根据电路板功耗进行选用。

3. DC/DC 控制器电源

DC/DC 控制器和 DC/DC 调整器的差别主要是没有内置的 FETs，因此，它能够保证设计有很大的灵活性，设计者可以选用有特定导通电阻的外接 FET 晶体管，并根据应用的需要调整电流限。这在需要十几甚至几十安电流的特大规模 FPGA 开发系统中非常有用。与 DC/DC 调整器相比，采用这种方案设计，既要选择适当的输入/输出电容、输出电感，又要选择符合要求的 FET，增加了设计难度和总成本。此外，由于 FET 外置，占用空间也相对较大。目前 DC/DC 控制器芯片市场上非常多，比如 TI，Linear，Maxim，National 等公司都有相应的产品，规格也相当全，仅 Maxim 一家就有数十种此类产品，设计者可以根据自己的需求选择合适的芯片。图 9-3 为 DC/DC 控制器电源设计典型电路。

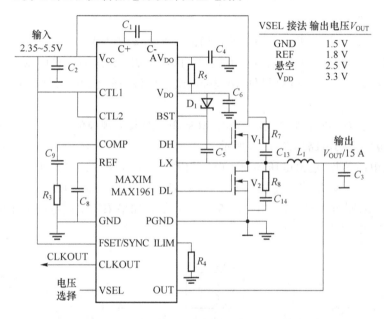

图 9-3 DC/DC 控制器电源设计典型电路

4. 电源模块

电源模块一般以可插拔的形式给出。就原理上来说，它通常也是个开关稳压器，所以它的效率也非常高，而且相对于普通开关稳压器，它的集成度更高，外围只需要一个输入电容和一个输出电容即可工作（这一点与 LDO 类似），设计相当简便，特别适合要求开发周期非常短的应用，尤其是原型机的设计。由于电源模块上集成了几乎所有可以集成的东西，灵活性相对较差，价格也相对较高。图 9-4 以 TI 的 PT6943 为例，描述了用电源模块设计 FPGA 电源的典型电路。PT6943 是 TI 的 PT6940 系列电源模块的一种，输入为 4.5～5.5 V，它支持 3.3 V 和 1.5 V 两路输出，每路输出的最大电流均为 6 A，其内部还集成了电压顺序控制，短路保护等功能。

9.2.3 FPGA 系统板电源设计实例

在选用电源之前要仔细阅读 FPGA 的芯片手册，一般来说，FPGA 用到的引脚和资源越多，那么所需要的电流就越大，当电路启动时 FPGA 的瞬间电流也比较大。通过数据手册中提供的电气参数，确定 FPGA 最大需要多大的电流才能工作。

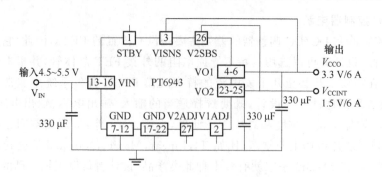

图 9-4 用电源模块设计 FPGA 电源典型电路

1. 小规模电路

当电路规模较小时,可采用下面几种常用的 FPGA 参考电源。

AS117 可以提供 1 A 电流,线性电源(适用 144 引脚以下、5 万逻辑门以下的 FPGA)。

AS2830(或 LT1085/6)可以提供 3A 电流,线性电源(适用 240 引脚以下、30 万逻辑门以下的 FPGA)。

TPS54350 可以提供 3 A 电流,开关电源(适用大封装大规模的高端 FPGA)。

AS2830 电源应用电路如图 9-5 所示。

对于线性电源芯片,输出电压和输入电压的关系为:$V_{out} = (1 + R_{P3}/R_{P2}) \times V_{ref}$。

V_{ref} 一般是 1.25 V,输出假定输入 V_{in} 为 5 V,V_{out} 为 1.5 V,那么 $R_{P2}/R_{P3} = 1/5$,而 R_{P3} 一般要求 100~150 Ω,则可以选 $R_{P3} = 100$ Ω,$R_{P2} = 500$ Ω。如果采用了固定电平输出的芯片,只需要把 R_{P3} 焊 0 Ω,R_{P2} 不焊接即可。

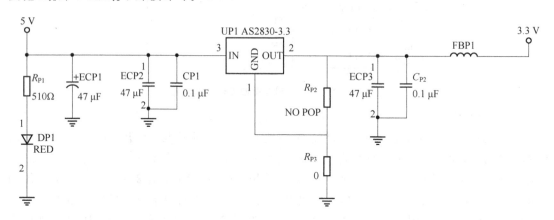

图 9-5 AS2830 电源应用电路

2. 大规模电路

图 9-6 是采用 TI 公司 TPS5461X 系列 DC/DC 调整器芯片设计的基于 FPGA 系统板的电源电路实例。系统板上有两块 Xilinx 的 XC2V2000FPGA 芯片,规模相对较大,要求 3.3~5 V 输入,3.3 V 和 1.5 V 输出,所以选用了 TPS54616(输出 3.3 V/6 A)和 TPS54613(输出 1.5 V/6 A)两种芯片。

输入、输出电容采用低等效串联电阻(ESR)的钽电解电容,输出电感选用了 Pulse 公司的 PD0120.702,其电感值为 7.1 μH,直流电阻为 9.5 mΩ,饱和电流为 12.6 A。TPS54613 的

第 9 章 FPGA 硬件电路设计

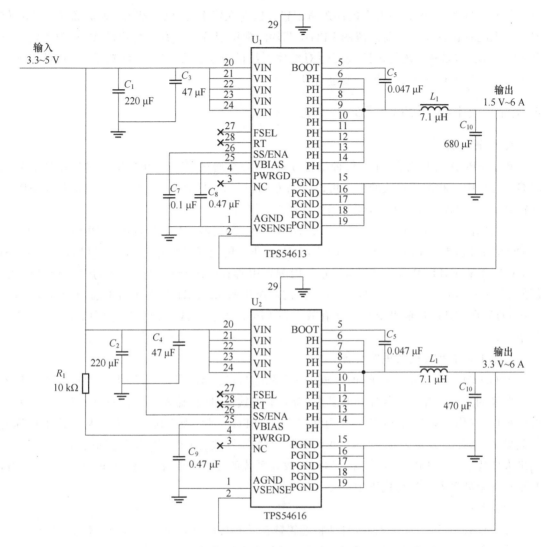

图 9-6 FPGA 系统板电源电路

PWRGD 输出连接了 TPS54616 的 SS/ENA 引脚，当 TPS54613 输出电压低于 1.35 V（正常值的 90%）时，PWRGD 为低，TPS54616 处于关闭状态，当 TPS54613 输出电压高于 1.35 V 时，PWRGD 变高，TPS54616 开始工作；在关闭电源时，TPS54613 输出电压降到 1.35 V 时，PWRGD 变低，关断了 TPS54616 给 I/O 供电，使得周边接口先掉电，从而保证了 FPGA 核心电压优先于 I/O 电压的供电顺序，符合一般设计规律。

设计时需要特别注意的是，所有的 I/O 口电源及内核电源引脚都要连接相应的稳压电源，并且在每个电源引脚最近处加一个 $0.1~\mu F$ 退耦电容。

9.3 FPGA 配置电路

硬件配置是 FPGA 开发的最关键的一步，只有将由 HDL 代码转化来的配置文件下载到 FPGA 芯片中，才能进而调试并最终实现相应的功能。FPGA 芯片是基于 SRAM 工艺的，不具备非易失特性,断电后将丢失内部逻辑配置。因此在每次上电后,都需要从外部非易失存储器中导入配置比特流。当前主流的 FPGA 芯片的常用配置方式有主配置模式、从配置模式以及 JTAG 模式,以减少配置电路失配性对整体系统的影响。在 FPGA 配置系统中,目标板上的配置电路需要设计人员根据需要进行设计。

9.3.1 Xilinx FPGA 配置概述

1. 配置引脚

对于 FPGA 芯片而言,无论何种配置方式,都必须通过 FPGA 相应的引脚把设计加载到 FPGA 芯片中。和配置有关的引脚可以分为专用引脚和复用引脚两类,前者只能用于 FPGA 配置,后者在配置过程结束后,还可当作普通 I/O 使用。

专用的配置引脚有配置模式脚 M2、M1、M0;配置时钟 CCLK;启动配置 PROG_B;配置结束 DONE;及边界扫描 TDI,TDO,TMS,TCK。非专用配置引脚有 DIN,DOUT,CSO_B,CSI_B,A,BUSY,INIT_B 等。当然,部分专用配置引脚在配置结束后也可作为普通引脚使用。例如,在 Spartan-3E 系列 FPGA 中,3 个 FPGA 引脚 M2、M1 和 M0 用于选择配置模式,M[2:0]的值在 INIT_B 输出变高后才有效。在 FPGA 配置完成后,M[2:0]可以作为普通 I/O 使用。

2. Xilinx FPGA 配置电路分类

FPGA 配置方式灵活多样,根据芯片是否能够自己主动加载配置数据分为主模式和从模式。典型的主模式都是加载片外非易失(断电不丢数据)性存储器中的配置比特流,配置所需的时钟信号(称为 CCLK)由 FPGA 内部产生,且 FPGA 控制整个配置过程。从模式也被称为下载模式,需要外部的主智能终端(如处理器、微控制器或者 DSP 等)将数据下载到 FPGA 中,其最大的优点就是 FPGA 的配置数据可以放在系统的任何存储部位,包括 Flash、硬盘、网络,甚至在其余处理器的运行代码中。

(1) 主模式

在主模式下,FPGA 上电后,自动将配置数据从相应的外存储器读入到 SRAM 中,实现内部结构映射;主模式根据比特流的位宽又可以分为串行模式和并行模式两大类。如:主串行模式、主 SPI Flash 串行模式、内部主 SPI Flash 串行模式、主 BPI 并行模式以及主并行模式。

(2) 从模式

在从模式下,FPGA 作为从属器件,由相应的控制电路或微处理器提供配置所需的时序,实现配置数据的下载。从模式也根据比特流的位宽不同分为串、并模式两类,具体包括从串行模式、JTAG 模式和从并行模式三大类。

(3) JTAG 模式

在 JTAG 模式中,PC 和 FPGA 通信的时钟为 JTAG 接口的 TCLK,数据直接从 TDI 进入 FPGA,完成相应功能的配置。

在主配置模式中,FPGA 自己产生时钟,并从外部存储器中加载配置数据,其位宽可以为单比特或者字节;在从模式中,外部的处理器通过同步串行接口,按照比特或字节宽度将配置数据送入 FPGA 芯片。此外,多片 FPGA 可以通过 JTAG 菊花链的形式共享同一块外部存储器,同样一片/多片 FPGA 也可以从多片外部存储器中读取配置数据以及用户自定义数据。

9.3.2 FPGA 的常用配置电路

1. 主串模式——最常用的 FPGA 配置模式

(1) 配置单片 FPGA

在主串模式下,由 FPGA 的 CCLK 引脚给 PROM 提供工作时钟,相应地 PROM 在 CCLK 的上升沿提供将数据从 D0 引脚送到 FPGA 的 DIN 引脚。无论 PROM 芯片类型(即使其支持并行配置),都只利用其串行配置功能。Spartan3E 单片 FPGA 的主串配置电路如图 9-7所示。

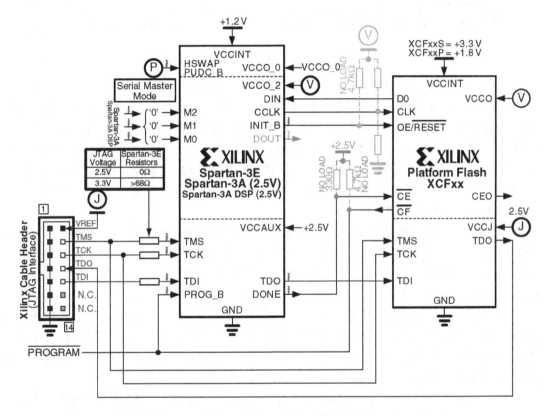

图 9-7 Spartan-3E 主从模式配置电路

在使用此配置时,要注意 3 类引脚的连接方式:首先,模式选择引脚 M[2:0]在配置过程中或者 INIT_B 变高时,必须设置为全 0,当 FPGA 的输出引脚 DONE 变高后,模式配置引脚可以作为普通 I/O 引脚使用;其次,HSWAP 引脚的输入电平在器件配置阶段必须保持不变,可以拉低使能 FPGA 所有 I/O 引脚的上拉电阻,也可以拉高去掉 FPGA 所有 I/O 引脚的上拉电阻,当 FPGA 配置完毕,输出信号 DONE 变高后,可以作为普通 I/O 引脚使用;最后,FPGA 的 DOUT 引脚仅在多芯片配置时有效,在单芯片配置中悬空。

(2) 配置多片 FPGA

多片 FPGA 的配置电路和单片的类似,但是多片 FPGA 之间有主(Master)、从(Slave)之分,且需要选择不同的配置模式。两片 Spartan 3E 系列 FPGA 的典型配置电路如图 9-8 所示,两片 FPGA 存在主、从地位之分。

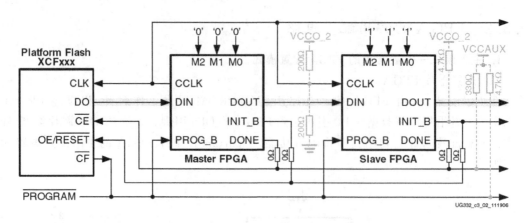

图 9-8　主从模式下两片 FPGA 的配置电路

如果系统中有更多的 FPGA 芯片，只需要在后面继续添加即可，即从链首 FPGA 获得 CCLK，将芯片 TCK、TMS 和 JTAG 连接器的 TCK、TMS 连接在一起，最后把上一级 FPGA 的 TDO 连接到本地 TDI，并将本地 TDO 和 JTAG 连接器的 TDO 连在一起，构成完整的 JTAG 链。当链首 FPGA 完成配置后，将利用其 DOUT 引脚为在 CCLK 的下降沿为后续芯片传送配置数据，而其自身在 CCLK 的上升沿从 PROM 读取配置数据。注意：除了链首 FPGA 的模式选择信号 M[2:0]=3'b000 外，其余 FPGA 的模式选择信号 M[2:0]=3'b111。

2. SPI 串行 Flash 配置模式

串行 Flash 的特点是占用引脚比较少，作为系统的数据存储非常适合，一般都是采用串行外设接口（SPI 总线接口）。SPI 总线通过 4 根信号线来完成主、从之间的通信，典型的 SPI 系统中常包含一个主设备以及至少一个从设备，在 FPGA 应用场合中，FPGA 芯片为主设备，SPI 串行 FLASH 为从设备。

SPI 串行配置模式常用于已采用了 SPI 串行 Flash PROM 的系统，在上电时将配置数据加载到 FPGA 中，这一过程只需向 SPI 串行发送一个 4 字节的指令，其后串行 FLASH 中的数据就像 PROM 配置方式一样连续加载到 FPGA 中。一旦配置完成，SPI 中的额外存储空间还能用于其他应用目的。

图 9-9 给出了 Spartan3E 系列 FPGA 支持 SPI 协议的 Atmel 公司"C"、"D"系列串行 Flash 芯片的典型配置电路。这两个系列的 Flash 芯片可以工作在很低温度，具有短的时钟建立时间。同样，单片的 FPGA 芯片构成了完整的 JTAG 链，仅用来测试芯片状态，以及支持 JTAG 在线调试模式，与 SPI 配置模式没有关系。

3. JTAG 配置模式

Xilinx 公司的 FPGA 芯片具有 IEEE 1149.1/1532 协议所规定的 JTAG 接口，只要 FPGA 上电，不论模式选择引脚 M[2:0]的配置如何，都可采用该配置模式。但是当模式配置引脚设置为 JTAG 模式，即 M[2:0] = 3'b101 时，FPGA 芯片上电后或者 PROG_B 引脚有低脉冲出现后，只能通过 JTAG 模式配置。JTAG 模式不需要额外的掉电非易失存储器，因此通过其配置的比特文件在 FPGA 断电后即丢失，每次上电后都需要重新配置。由于 JTAG 模式易更改，配置效率高，是项目研发阶段必不可少的配置模式。典型的 Spartan 3E 系列芯片的 JTAG 配置电路如图 9-10 所示。

第 9 章 FPGA 硬件电路设计

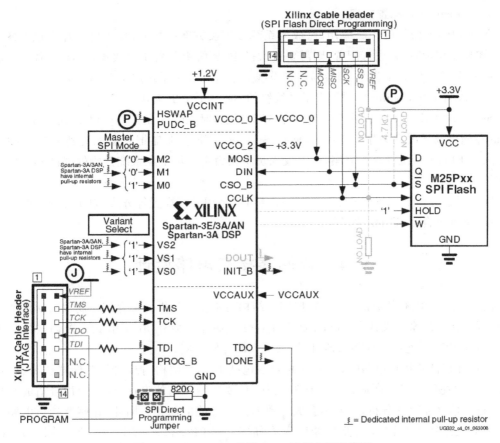

图 9-9 Atmel SPI 串行 Flash 配置电路示意图

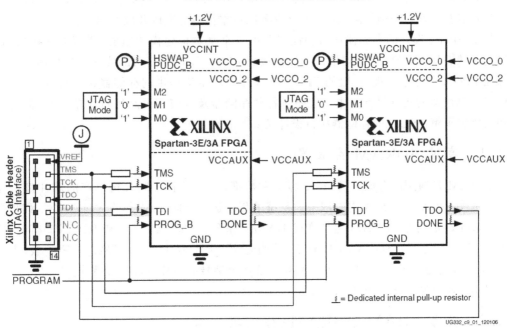

图 9-10 JTAG 模式配置电路示意图

4. Syatem ACE 配置方案

随着 FPGA 器件的广泛应用,已成为系统级解决方案的核心,常需要多片大规模的 FPGA。如果使用 PROM 进行配置,则需要很大的 PCB 面积和高昂的成本,因此大都利用微处理由从模式配置 FPGA 芯片,但容易出现总线竞争且延长了系统启动时间。为了解决大规模 FPGA 的配置问题,Xilinx 公司推出了系统级的 System ACE 解决方案。

System ACE 可在一个系统内,甚至在多个板上,对 Xilinx 的所有 FPGA 进行配置,使用 Flash 存储卡或微硬盘保存配置数据,通过 System ACE 控制器把数据配置到 FPGA 中。简化了大型 FPGA 系统的配置方案,令开发人员将精力主要集中在系统性能的提高和开发时间的缩短。

除了以上介绍的配置方式之外,FPGA 还可以采用并行配置等方式,限于篇幅在此不作详细介绍,读者可自行参阅相关资料。

9.4 存储器接口电路设计

由于 FPGA 固有的灵活性,以及 FPGA 结构通常能够提供各种存储控制及其所需的电气接口,因此在许多系统设计中 FPGA 被选作存储控制器。另外,在使用 FPGA 内嵌的处理器时,也需要 FPGA 连接片外存储器,以提供更大的存储空间。

在设计存储器接口电路时,要考虑的问题包括 FPGA 结构、控制器、存储器类型、印刷线路板图和功耗等。对于印刷线路板图和功耗,只要遵循厂商的设计指导,选用合适的端接方式,并进行信号完整性分析,一般不会成为数据传输性能的瓶颈。因此,存储器接口电路的成功与否的关键就在于 FPGA、控制器 IP 和存储器。就 FPGA 而言,应该支持存储器的 I/O 标准,并能够提供达到系统要求频率的时钟;控制器 IP 应针对 FPGA 结构设计,并支持各种存储器模式以及特性;而存储器的选择主要应考虑数据传输带宽以及成本问题。

基于 FPGA 设计的存储器接口和控制器由三个基本构建模块组成:读写数据接口、存储器控制器状态机,以及将存储器接口设计桥接到 FPGA 设计的其余部分的用户界面。这些模块都在 FPGA 资源中实现,一般的 FPGA 集成开发环境均提供的存储器接口设计工具,以帮助用户简单快速的实现设计。本节主要对各种存储器及其应用电路进行简单介绍,读者可参考相关资料了解 FPGA 的存储器接口设计工具。

9.4.1 高速 SDRAM 存储器

SDRAM 是通用的存储设备,只要容量和数据位宽相同,不同公司生产的芯片都是兼容的。SDRAM 可作为 FPGA 内软嵌入式系统的程序运行空间,或者作为大量数据的缓冲区。

一般比较常用的 SDRAM 包括现代 HY57V 系列、三星 K4S 系列和美光 MT48LC 系列。例如,$4M \times 32$ 位的 SDRAM,现代公司的芯片型号为 HY57V283220,三星公司的为 K4S283232,美光公司的为 MT48LC4M32。这几个型号的芯片可以相互替换。

SDRAM 典型电路如图 9-11 所示。

9.4.2 异步 SRAM(ASRAM)存储器

由于 ASRAM 的读写时序相对比较简单,因此一般使用 SRAM 作为数据的缓冲,但其成

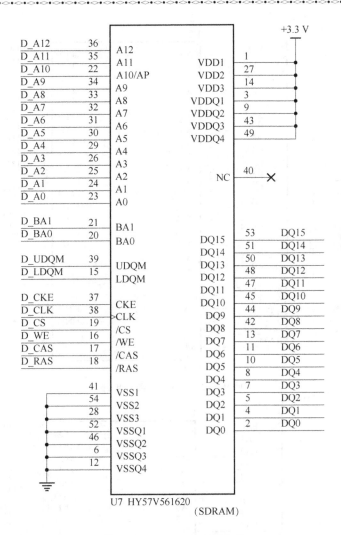

图 9-11 SDRAM 典型电路

本相对 SDRAM 高。而且作为异步设备，ASRAM 对于时钟同步的要求也不高，可以在低速下运行。ASRAM 主要为 8 位和 16 位数据宽度，用户可根据需要进行选择。

ASRAM 的典型电路如图 9-12 所示。

9.4.3 Flash 存储器

Flash 可作为软嵌入式系统的程序存储空间，或者作为程序的固件空间。最常使用的是 AMD 公司或者 Intel 公司的 Flash。在小容量的 Flash 选择上，AMD 公司的 Flash 性价比较高，而高容量的 Flash 选择上，Intel 公司的 Flash 性价比较高。

Flash 同样也可以通过设置实现 8 位和 16 位的数据位宽，下面是几种典型的 Flash 应用。16 位模式下的 (AMD)Flash 连接如图 9-13 所示。

9.4.4 DDR2 存储器

DDR2 SDRAM 是由 JEDEC 标准组织开发的基于 DDR SDRAM 的升级存储技术。相对

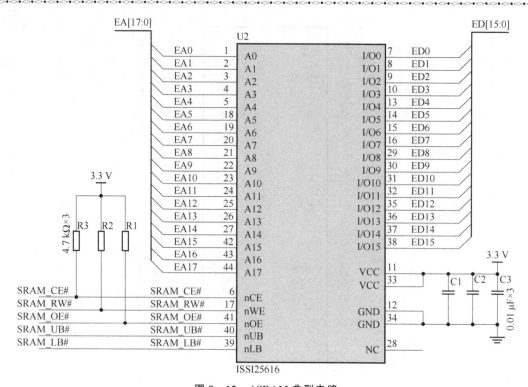

图 9-12　ASRAM 典型电路

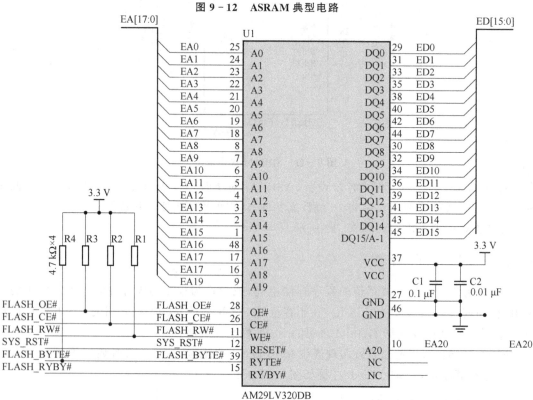

图 9-13　16 位模式下 (AMD) Flash 连接

于 DDR SDRAM,虽然其仍然保持了一个时钟周期完成两次数据传输的特性,但 DDR2 SDRAM 在数据传输率、延时、功耗等方面都有了显著提高。DDR2 以其高性能、低成本的存储器解决方案,正广泛应用于计算机、手机等电子系统。

Xilinx 的 spartan3 对 DDR2_400_512M DIMM 内存模组的具体接口连接如图 9-14 所示。

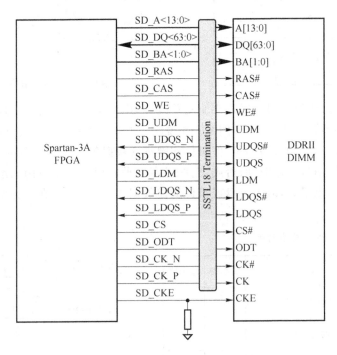

图 9-14 DDR2 内存模组接口示意图

DDR2 SDRAM 与 FPGA 接口信号线可以分为 4 组：时钟信号线 CK/CK♯；数据传输信号线 DQ、DQS/DQS♯、DM；地址/命令信号线 ADDR、BA、RAS、CAS、WE；控制信号线 CS、CKE、ODT。差分时钟 CK/CK♯为 DDR2 SDRAM 提供工作时钟,在 CK 的上升沿锁存地址和命令控制信号；双向差分信号 DQS/DQS♯数据选通脉冲,在写入时用来传送 DDR2 控制器发出的 DQS 信号,读取时则由 DDR2 产生 DQS 向控制器发送。DM 作为数据屏蔽信号,在突发写传输时对不想存入的数据进行屏蔽；RAS、CAS、WE 作为命令信号线对 DDR2 发出读、写、刷新或预充电命令；片内终结信号线 ODT 控制是否需要 DDR2 进行片内终结。

DDR2 控制器主要包括控制模块、用户接口、数据通路及时钟发生模块等四个部分,具体设计可以参考相关数据手册和设计指南。

9.5 人机界面电路设计

9.5.1 PS2 键盘/鼠标接口

PC 鼠标和键盘都采用 2 线 PS/2 串行总线与主机进行通信,PS/2 串行总线包括时钟和数据线,其鼠标/键盘接口连接器如图 9-15 所示,表 9-3 给出了连接信号。一般情况下,只需要将连接器的引脚 1 和 5 连到 FPGA。键盘的供给电压是 5 V 或 3.3 V,电路设计时要注意系统板的 FPGA 器件能不能承受 5 V 电压,如果不能则需要串一个限流电阻。

表 9-3 PS/2 接口引脚及含义

PS/2 DIN 引脚	信号名及含义
1	DATA,数据
2	保 留
3	GND,电源地
4	+5 V,电源
5	CLK,时钟
6	保 留

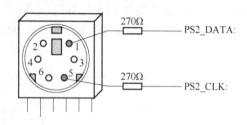

图 9-15 PS/2 键盘/鼠标接口

鼠标和键盘通过识别信号的时序来驱动总线,时序定义了鼠标与主机通信的信号要求或键盘与主机的双向通信。表 9-4 和图 9-16 说明了 PS/2 总线的时序,它们均采用 11 位的字包括一个起始位、停止位和奇检验位,但鼠标和键盘的数据包打包方式不同。只有当数据转换发生时,时钟和数据信号才被驱动;否则,它们以高电平的形式处于空闲状态。如图 9-16 所示,当时钟信号是高电平时,敲击键盘或鼠标就往数据线写 1 位字,在时钟低电平时,主机 PC 读该数据线。

表 9-4 PS/2 总线时序

符 号	含 义	最小值	最大值
T_{CK}	时钟高电平或低电平时间/μs	30	50
T_{SU}	数据到时钟的建立时间/μs	5	25
T_{HLD}	时钟到数据的保持时间/μs	5	25

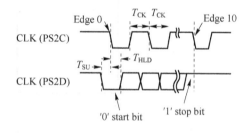

图 9-16 PS/2 总线时序波形

1. 键 盘

键盘使用开集式驱动方式,这样键盘或主机均可以驱动 2 线总线。如果主机无需传送数据给键盘,则可以单线输入方式。

PS/2 式键盘采用扫描式编码来获取按键的数值,每个按键被按下时,都会产生一个独立的扫描码信号。按键的扫描码如图 9-17 所示。

如果按键按下并且按住不放,键盘则每隔 100 ms 重复发送扫描码信号。当按键释放时,键盘在扫描码之后发送一个"F0"。不管有没有按下 SHIF 键,键盘都发送同样的字符扫描码。一些扩展键,按下时在扫描码之前发送一个"E0",而且它们可能会发送多于一个的扫描码。当一个扩展键释放时,在扫描码之后发送一个"E0 F0"。

只有在空闲状态,数据线和时钟线均为高时,键盘才发送数据或命令给主机。

由于总线控制器是主方,在驱动总线之前,由键盘检查主方是否正在发送数据。时钟线可以用作清除发送信号线。如果主方将时钟线置低,直到时钟线被释放,键盘才能发送数据。键盘以 11 位字(包括 0 起始位,接着是 8 位的扫描码(最低位 LSB 先传),再接着是奇校验位和终止位 1)发送数据给主机。当键盘发送数据时,它大约以 20~30 kHz 的频率产生 11 个时钟周期的传送时间。在时钟的下降沿数据有效,如图 9-16 所示。

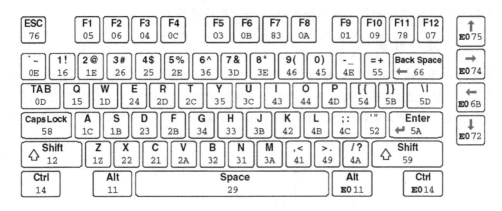

图 9-17 按键的扫描码

2. 鼠　标

鼠标移动时产生一个时钟和数据信号,否则,这些信号保持高电平,说明处于空闲状态。鼠标每次移动,都发送 11 位字给主机。每个 11 位的字包括起始位 0,8 位的扫描码(最低位 LSB 先传),奇校验位和终止位 1。每个传送的数据总共包括 33 位,即第 0、11、22 位是起始位 0,第 10、21、32 位是终止位 1。三个数据域所包含的数据如图 9-18 所示。在时钟的下降沿数据有效,其时钟周期大约为 20~30 kHz。

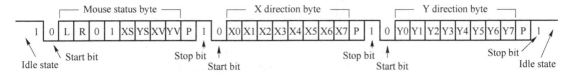

图 9-18　PS/2 鼠标数据传输格式

PS/2 式鼠标采用关联坐标体系,如图 9-19 所示。鼠标右移时,X 域产生一个正值;左移时,产生负值。同理可得,鼠标上移时,Y 域产生一个正值;下移时,产生负值。XS 位和 YS 位为每个值的状态位,1 表示负值。

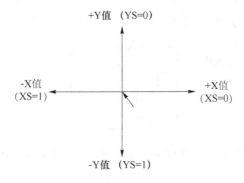

图 9-19　PS/2 鼠标移动相对坐标值

X 和 Y 值的大小代表鼠标移动速度的快慢。值越大,移动越快。状态字节的 XV 和 YV 位表示鼠标超出最大值,溢出。1 表示溢出。此时如果鼠标继续移动,则第 33 位每隔 50 ms 重复发送一次。

状态字节的 L 和 R 域代表左右键按下,1 表示相应键按下。

9.5.2 按键与开关

按键的电路与拨动开关非常相似,如图 9-20 所示。当开关断开或按键弹开时,FPGA 的引脚连接 3.3 V 电源,即逻辑高电平。开关闭合或按键按下时,FPGA 引脚接地,逻辑低电平。需要注意的是,一般开关的机械闭合时间为 2 ms,而且在 FPGA 内根据需要应该加上去抖动电路。

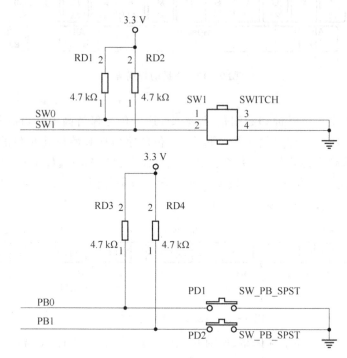

图 9-20 开关/按键电路图

此外,也可以使用 FPGA 内部的上拉/下拉电阻,如图 9-21 所示。按下按钮,FPGA 接到 3.3 V 电源。没有按下时,鉴于内部下拉电阻的原因,FPGA 引脚产生一个逻辑低电平。

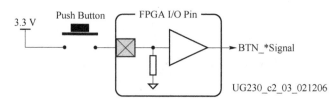

图 9-21 使用 FPGA 内部下拉电阻的开关/按键电路

9.5.3 显示接口

1. 字符型 LCD 模块

LCD 模块,每个字符可显示 5×7 或 5×10 点字图形,包含标准的 ASCII 码(含大小写英文字母、阿拉伯数字及特殊符号等)。模块内是由 LCD 显示器、LCD 驱动器、LCD 控制器三部分所组成,如图9-22所示。常见的图形控制器有Sitronix ST7066U、Samsung S6A0069X或KS0066U、Hitachi HD44780和SMOS SED1278等,其功能和接口兼容,因此目前市售LCD模块的控制方法均相同。其应用方式也相同,不同厂牌的模块可以互换,具体的参数请参照此液晶的数据手册。

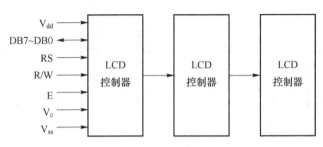

图9-22 字符型LCD模块结构图

一般字符型LCD模块具有14根脚位(不含背光),各引脚的定义以及功能如下:

第1脚:V_{ss}为地电源。

第2脚:V_{dd}接5 V正电源。

第3脚:V_c为液晶显示器对比度调整端,接正电源时对比度最弱,接地电源时对比度最高,对比度过高时会产生"鬼影",使用时可以通过一个10 kΩ的电位器调整对比度。

第4脚:RS为寄存器选择线,高电平时选择数据寄存器,低电平时选择指令寄存器。

第5脚:R/W为读写信号线,高电平时进行读操作,低电平时进行写操作。当RS和RW共同为低电平时可以写入指令或者显示地址;当RS为低电平、R/W为高电平时,可以读忙信号;当RS为高电平、R/W为低电平时可以写入数据。

第6脚:E端为使能端,当E端由高电平跳变成低电平时,液晶模块执行命令。

第7~14脚:DB7~DB0为8位双向数据线。

尽管LCD支持8位的数据接口,为了尽可能减少针脚数,FPGA也可以通过4位的数据接口线控制LCD,其电路如图9-23所示。需要8位数据接口时将DB[3:0]以同样的方式接到FPGA的用户I/O即可。

2. VGA接口

FPGA通过串联电阻直接驱动5个VGA

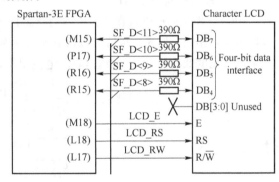

图9-23 字符型LCD接口电路

信号(2个扫描信号和3个颜色信号),如图9-24所示,就可以在显示器上显示八种不同的颜色。每个颜色信号串一个电阻,每位的颜色信号分别是VGA_RED、VGA_BLUE、VGA_GREEN。每个电阻与终端的75 Ω电缆电阻相结合,确保颜色信号保持在VGA规定的0 V~0.7 V之间。VGA_HSYNC和VGA_VSYNC信号使用LVTTL或LVCMOS3 I/O标准驱动电平。通过VGA_RED、VGA_BLUE、VGA_GREEN置高或低来产生8种颜色,如表9-5所示。

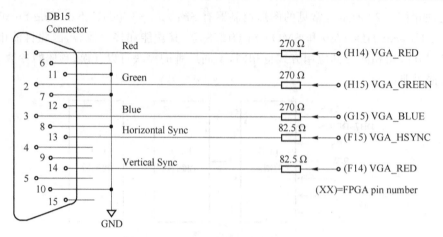

图 9-24 FPGA 硬件系统的 VGA 接口

表 9-5 三位显示颜色代码表

VGA_RED	VGA_GREEN	VGA_BLUE	显示颜色
0	0	0	黑 色
0	0	1	蓝 色
0	1	0	绿 色
0	1	1	深绿蓝色
1	0	0	红 色
1	0	1	紫 色
1	1	0	黄 色
1	1	1	白 色

3. 七段数码管及 LED

LED 常用于调试以及在产品中作为状态指示,而七段数码管一般由 8 个 LED 排列构成,两者显示原理相同。发光二极管可以由 FPGA 引脚直接驱动,只需串接一限流电阻即可。目前一般采用高亮度低功耗发光二极管,驱动电流很小,限流电阻可采用 510 Ω~1 kΩ,电路如图 9-25

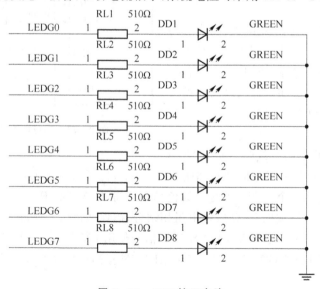

图 9-25 LED 接口电路

所示，LEDG[0:7]接到 FPGA 用户 I/O 引脚，根据引脚电平标准以及二极管额定电流选定限流电阻阻值。

9.6 处理器的接口设计

在雷达信号处理、数字图像处理等领域中，对信号处理的实时性要求较高。由于 FPGA 芯片在大数据量的底层算法处理上的优势及处理器芯片在复杂算法处理上的优势，处理器+FPGA 的实时信号处理系统的应用越来越广泛。比如由 DSP 和 FPGA 构成的系统中，DSP VC5402 实现卷积编码器编码数字基带序列，然后编码序列传输给 FPGA 进行 DQPSK 的调制解调，解调后的序列又传送到 VC5402 中进行维特比译码。因此，"微处理器（或 DSP）+FPGA"的电路结构充分发挥了各自的优点，易于实现强大的系统功能。在这类实时处理系统中，FPGA 与 DSP 芯片之间数据的实时通信至关重要。

处理器芯片与外部进行数据通信主要有两种方式：并行总线方式和串行接口方式。并行总线方式下 FPGA 可以作为处理器的外设使用，但由于处理器的地址、数据线引脚很多，占用 FPGA 的 I/O 引脚资源较多。串行接口方式能有效缓解处理器总线上的压力，而且与 FPGA 之间的连线相对也少得多，故通信速率要求不是很高的情况下，串行接口方式更适合于 FPGA 与处理器之间进行实时数据通信。

9.6.1 串行接口

1. SPI 接口

SPI 的全称为串行外围设备接口（serial peripheral interface），由 Motorola 公司开发，用于在 MCU 或 DSP 与外围设备芯片之间提供一个低成本、易使用的高速同步串行通信接口。SPI 以主从方式工作，一般具有 1 个主设备和 1 个或多个从设备。所有的传输都参照 1 个共同的时钟，这个同步时钟信号由主设备产生，从设备使用时钟来对串行比特流的接收进行同步化。SPI 接口一般使用 4 个信号：串行移位时钟信号 SCLK、数据输出信号（master out－slave in，MOSI）、数据输入信号（master in－salve out，MISO）、低电平有效的从使能信号线（SS）。

DSP VC5402 与 FPGA 之间的通过 SPI 接口的高速串行数据通信硬件连接如图 9－26 所示，其中省略了 FPGA 和 VC5402 的其他外围电路。

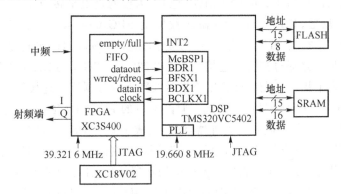

图 9－26 DSP VC5402 通过 SPI 接口与 FPGA 连接

VC5402 内部有 2 个高速、双向的同步多通道缓冲串口 McBSP0、McBSP1，在 McBSP 的时钟停止模式下，McBSP 串口支持 SPI 协议。在 FPGA 上编写一个 SPI 模块，主要包括时钟模块、接收缓冲模块和发送缓冲模块(用 FIFO 实现)。这样就能够实现 VC5402 与 FPGA 之间的高速串行数据通信。

VC5402 使用 McBSP1 串口作为 SPI 接口的主设备，此时 McBSP1 处于时钟停止模式，发送器和接收器内部同步。VC5402 作为主设备提供接收和发送时钟信号(BCL KX1)，发送帧同步信号(BFSX1，也是接收帧同步信号 BFSR1)和发送数据信号(BDX1)，FPGA 作为从设备用 input_buffer 接收来自 BDX1 引脚的数据，output_buffer 缓冲器将数据发送到 BDR1 引脚。这 2 个缓冲器模块均用 FIFO 实现。FIFO 提供一个空/满标志触发 DSP 的中断，当接收缓冲器为空时，产生 1 个低电平，触发 1 个外部中断 INT2，DSP 将编码序列通过 McBSP1 发送到 FPGA；当发送缓冲器为满时，同样触发 INT2，将 FPGA 的信息传送到 McBSP1 的接收引脚上。

2. RS - 232 接口

RS - 232 接口是微处理器间常用的通信方式，具有电路简单、连线少等优点。RS - 232 接口定义如表 9 - 6 所列。

表 9 - 6 RS - 232 接口定义表

25 芯	9 芯	信号方向来自	缩 写	描 述
2	3	PC	TXD	发送数据
3	2	调制解调器	RXD	接收数据
4	7	PC	RTS	请求发送
5	8	调制解调器	CTS	允许发送
6	6	调制解调器	DSR	通信设备准备好
7	5	GND	信号地	
8	1	调制解调器	CD	载波检测
20	4	PC	DTR	数据终端准备好
22	9	调制解调器	RI	响铃指示器

由于 FPGA 使用 LVTTL 或 LVCMOS 电平，需要通过电平转换器件以满足 RS - 232 电压的电平的要求。反之，RS - 232 串行输入数据给 FPGA 时，电平转换器件转换成相应的 LVTTL 电平。图 9 - 27 给出了使用 SP3232 的两路异步串口的电平转换电路，其中 1 路和 DB9 连接器连接，另一路通过接插件连接。在 SP3232 与 FPGA 的 RXD 引脚之间串联一个电阻，以保护外部逻辑干扰。发光二极管用于指示线路上的数据流。连接器不支持硬件流控制，需要将 DCD、DTR 和 DSR 信号连接一起，同样，端口的 RTS 和 CTS 信号连接在一起。

如果使用 FPGA 内部的嵌入式处理器，则其集成了基于 RS - 232C 标准的异步串行通信接口。否则需要用户自行设计此接口电路。它主要由数据总线接口、控制逻辑、波特率发生器、发送和接收等部分组成，其功能主要包括微处理器接口，用于数据传输的缓冲器(Buffer)、帧产生、奇偶校验、并转串、用于数据接收的缓冲器、帧产生、奇偶校验、串转并等。读者可参考相关设计，本节不再详述。

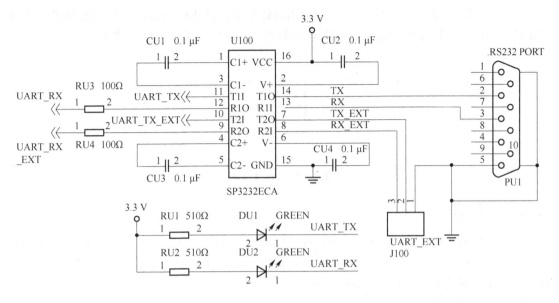

图 9-27　RS-232 电平转换电路

9.6.2　并行接口

利用现场可编程门阵列 FPGA 实现处理器的外设接口电路可以简化单片机系统的硬件电路，提高系统的集成度、可靠性和系统设计的灵活性。基于 FPGA 的单片机外设接口电路的基本设计方法，以及各个功能模块的设计思路已在第 5 章系统设计中给出，本节不再详述。需要注意的是，除了对总线信号进行连接以外，在硬件电路的设计上应充分考虑处理器和 FPGA 引脚的电平匹配问题。

9.7　时钟和复位电路

9.7.1　时钟电路

所有的 FPGA 内部均建有全局时钟。全局时钟是一种专用互联网络，是专为覆盖对 FPGA 中各种资源的所有时钟输入设计的。这些网络的针对降低歪斜、占空比失真和功耗并提高抖动容限而设计，可以支持甚高频信号。

以 Virtex-5 FPGA 为例，每个器件有 20 个全局时钟输入位置，时钟输入可以按任意 I/O 标准配置，即每个时钟输入可以是单端输入，也可以是差分输入。这些输入位置即使不用作时钟输入，也可用作常规用户 I/O。当用作输出时，全局时钟输入引脚可以按任意输出标准配置，包括差分 I/O 标准。每个 Virtex-5 器件内部有 32 个全局时钟缓冲器，允许各种时钟源/信号源接入全局时钟树和网。所有全局时钟缓冲器都可以驱动 Virtex-5 器件中的全部时钟区域。

正是由于 FPGA 内部提供了丰富的时钟管理资源，如 DCM、PLL 等，因此，FPGA 外部的时钟电路比较简单，一般情况下使用晶体振荡器即可。时钟电路典型连接如图 9-28 所示，需要注意的是，CLK0 应该连接到 FPGA 的专用时钟引脚。晶体振荡器产生时钟信号的频率是固定的，如果 FPGA 需要其他频率的时钟，可以使用 FPGA 内部的 DCM 来产生。

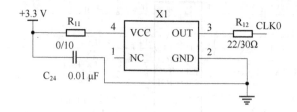

图 9-28 时钟电路

9.7.2 复位电路

几乎在所有应用场合，都要求系统具有复位功能。复位功能又可细分为手动复位、上电复位以及电源监测等，这些都是复位电路应该具备的。复位功能可以由简单的阻容电路来实现，也可以使用专用的复位芯片，下面逐一进行介绍。

1. 阻容复位电路

典型的阻容复位电路如图 9-29 所示，该电路提供了上电复位功能和手动复位功能，复位信号 SYS_RST 低电平有效。系统上电或复位按键 SW2 按下时，均能在 SYS_RST 产生一段时间低电平。上电时低电平的保持时间与电阻 R_{R4} 和电容 ECR1 的取值有关，根据需要可自行选择。

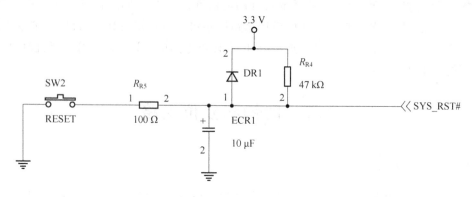

图 9-29 阻容复位电路

2. 专用复位芯片

目前专用的复位芯片非常多，有些功能也非常强大，例如 X25045 芯片即包含复位电路，又有看门狗功能，还有串行 EEPROM 等。但在很多场合，只需要有复位功能就行了。下面以 IMP 公司生产的 IMP809/810/811/8112 系列复位芯片为例，介绍 FPGA 复位电路的选择与设计。

IMP809/810/811/8112 系列复位芯片具有电源监测功能，能够为低功耗微控制器 MCU（或 μC）、微处理器 MPU（或 μP）或数字系统监视 3~5 V 的电源电压。在电源上电、掉电和跌落期间产生不低于 140 ms 的复位脉冲，将该功能集成到一片 3 脚封装的小芯片内，与采用分立元件或通用芯片构成的电路相比，大大减小了系统电路的复杂性和元器件的数量，显著提高了系统可靠性和精确度。

该系列产品能提供高、低两种复位信号电平,在购买器件时需注意自己的 MCU 是高电平复位还是低电平复位。另外,还能提供 6 种复位门限 4.63 V、4.38 V、4.00 V、3.08 V、2.93 V 和 2.63 V,以供选择。图 9-30 是 IMP811/812 的外部应用连接图。

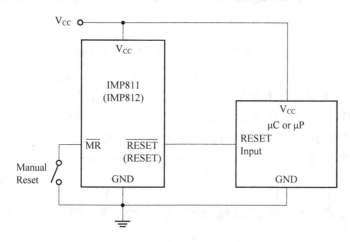

图 9-30　IMP811/812 应用连接图

通常情况下,当 V_{cc} 降至 1.1 V 以下,IMP811 的 $\overline{\text{RESET}}$ 端不再吸入电流而呈现开路,故输出电平不确定。如果在该脚接一只下拉电阻到地,负责泄放杂散电荷,这样即使 V_{cc} 降至 1.1 V 以下,也能保障 $\overline{\text{RESET}}$ 电平有效。对该阻值的要求并不严格,一只 100 kΩ 的电阻即可满足需要。同理,对于 IMP812 需要加一只 100 kΩ 上拉电阻。

附录A　Quartus Ⅱ 9.0简明教程

　　Quartus Ⅱ 是 Altera 公司推出的专业 EDA 工具，支持原理图输入、硬件描述语言的输入等多种输入方式。本章主要介绍 Altera 公司的 CPLD/FPGA 综合开发平台 Quartus Ⅱ 的应用，演示其基本开发流程和设计输入、综合、仿真、布局布线、编程与配置等常用工具的使用方法。通过学习本章，希望读者能够掌握 Quartus Ⅱ 软件的用户界面、常用工具与设计流程。

　　Quartus Ⅱ 软件的用户界面：启动 Quartus Ⅱ 软件后其默认界面如图 A-1 所示，由标题栏、菜单栏、工具栏、资源管理窗、编译状态显示窗、信息显示窗和工程工作区等部分组成。

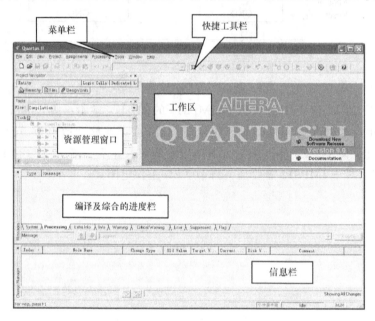

图 A-1　Quartus Ⅱ 软件图形用户界面

　　快捷工具栏：提供设置（setting）和编译（compile）等快捷方式，方便用户使用，用户也可以在菜单栏的下拉菜单找到相应的选项。

　　菜单栏：软件所有功能的控制选项都可以在其下拉菜单中找到。

　　编译及综合的进度栏：编译和综合时该窗口可以显示进度，当显示 100% 是表示编译或者综合通过。

　　信息栏：编译或者综合整个过程的详细信息显示窗口，包括编译通过信息和报错信息。

　　下面逐步介绍使用 QuartusⅡ 的开发 FPGA 的流程。

第 1 步　新建工程（file＞new Project Wizard）

　　（1）输入工程名称，如图 A-2 所示。
　　（2）添加已有文件。没有已有文件则单击 next 直接跳过，如图 A-3 所示。

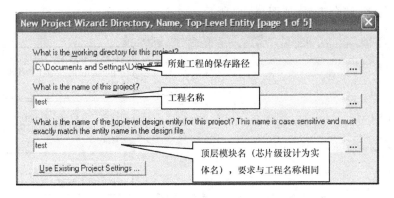

图 A-2 新建工程

图 A-3 添加文件

(3) 选择芯片型号,如图 A-4 所示。

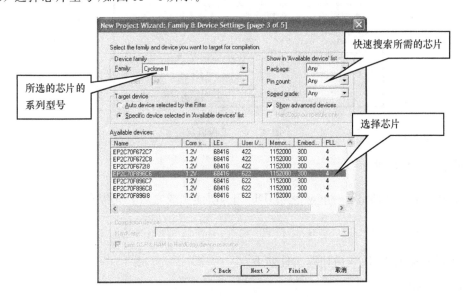

图 A-4 选择芯片

(4) 选择仿真,综合工具,如图 A-5 所示。

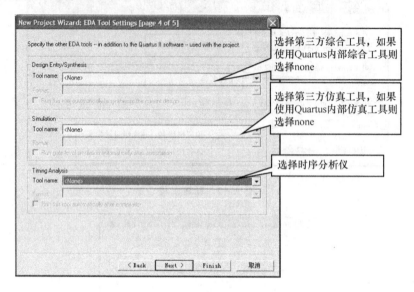

图 A-5　选择仿真、综合工具

(5) 完成工程建立。单击 finish,建立工程步骤完成,如图 A-6 所示。

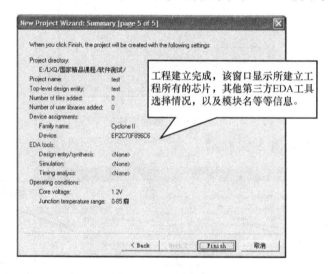

图 A-6　工程概况

第 2 步:添加文件

在菜单下依次选择 file→new→VHDL file,新建完成之后要先保存,如图 A-7 所示。

第 3 步:编写程序

3—8 译码器的 VHDL 描述源文件如下:

```
library ieee;
use ieee.std_logic_1164.all;
```

```vhdl
entity decoder3_8 is
   port(       A:in std_logic_vector(2 downto 0);
            EN:in std_logic;
            Y:out std_logic_vector(7 downto 0));
end decoder3_8;
architecture example_1 of decoder3_8 is
 signal sel:std_logic_vector(3 downto 0);
begin
 sel<= A & EN;
 with sel select
       Y <= "11111110" when "0001",
            "11111101" when "0011",
            "11111011" when "0101",
            "11110111" when "0111",
            "11101111" when "1001",
            "11011111" when "1011",
            "10111111" when "1101",
            "01111111" when "1111",
            "11111111" when others;
end example_1;
```

然后保存源文件。

图 A-7 选择新建文件类型

第4步：检查语法

单击工具栏的按钮 ，启动检查功能。单击确定完成语法检查，如图 A-8 所示。

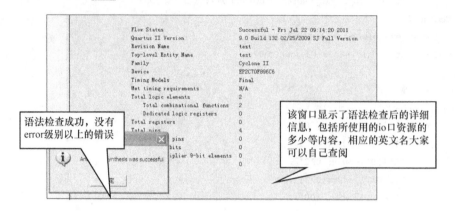

图 A-8 语法检查报告

第5步：锁定引脚

单击工具栏的 (pin planner)，打开锁定引脚窗口。双击 location 为您的输入输出配置引脚，如图 A-9 所示。

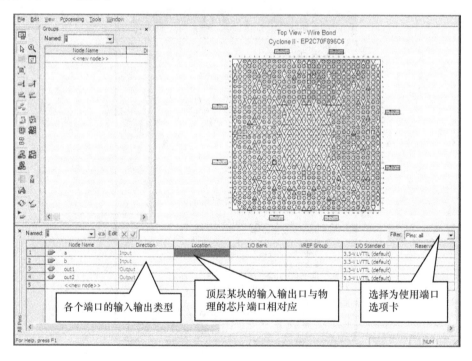

图 A-9 锁定引脚

第 6 步：整体编译

单击工具栏的按钮 ▶（start Complilation），启动编译过程，如图 A-10 所示。

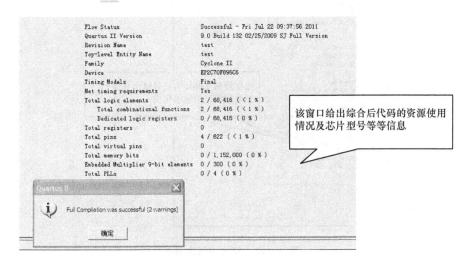

图 A-10 编译结果报告

第 7 步：功能仿真

(1) 将仿真类型设置为功能仿真。依次选择 setting＞Simulator Settings＞下拉＞Function，出现如图 A-11 所示对话框。

图 A-11 功能仿真设置

(2) 建立一个波形文件,即 new>Vector Waveform File,如图 A-12 所示。

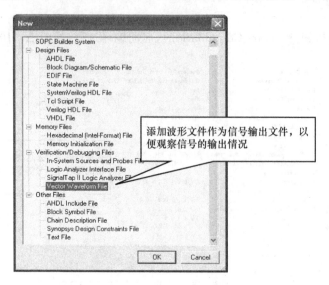

图 A-12 新建波形文件

(3) 导入引脚。双击 Name 下面空白区域>Node Finder>list>单击,如图 A-13 所示。

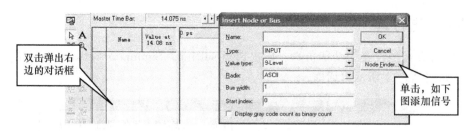

图 A-13 导入引脚

图 A-14 为查找引脚对话框。

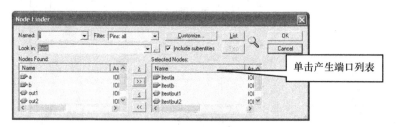

图 A-14 查找引脚

(4) 设置激励信号。单击 >> >选择 ▶0   a   A 0 Timing>Multiplied by 1,出现如图 A-15 所示。

设置 b 信号源时类同设置 a 信号源,最后一步改为 Multiplied by 2,如图 A-16 所示。

(5) 生成仿真需要的网表。工具栏 processing>Generate Functional Simulation Netlist,出现如图 A-17 所示对话框。

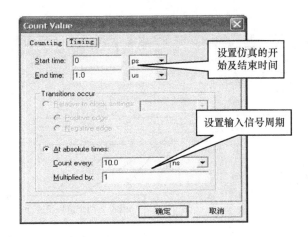

图 A-15 设置激励信号

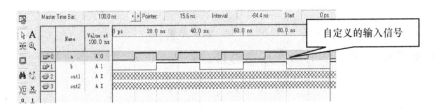

图 A-16 激励信号波形

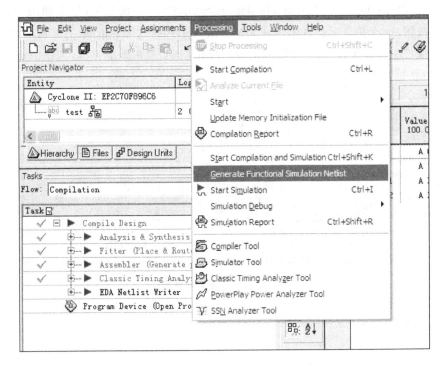

图 A-17 生成仿真需要的网表

(6) 开始仿真。注意仿真前要将波形文件保存,单击工具栏 开始仿真,出现如图 A-18

所示仿真结果。

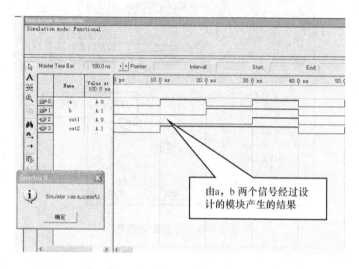

图 A-18 仿真结果

（7）观察波形，检查是否符合我们的逻辑。如果不正确，则应修改程序重新进行功能仿真。

第 8 步：下载编辑

单击 ，再单击 Hardware Setup 配置下载电缆，单击弹出窗口的"Add Hardware"按钮，选择并口下载 ByteBlasterMV or ByteBlasterMV Ⅱ，单击"Close"按钮完成设置。CPLD 器件生成的下载文件后缀名为 .pof，单击图 A-19 所示方框，选中下载文件，然后直接单击 start 按钮开始下载。

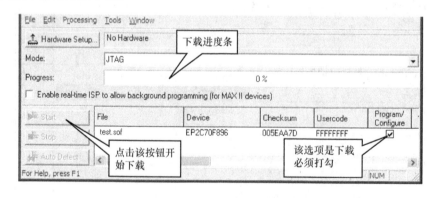

图 A-19 器件下载编程

附录 B 基础实验程序

1. 8—3 编码器的 VHDL 描述

```
LIBRARY IEEE;
USE IEEE.STD_LOGIC_1164.ALL;
ENTITY encoder IS
    PORT(
            A,B,C,D,E,F,G,H:IN STD_LOGIC;
            en : IN STD_LOGIC;
            dout : OUT STD_LOGIC_VECTOR(0 to 2)
    );
END encoder;
ARCHITECTURE rtl OF encoder IS
BEGIN
    PROCESS(din,en)
    BEGIN
        IF en = '1' THEN
            IF A = '1' THEN
                dout<="000";
            ELSIF B = '1' THEN
                dout<="001";
            ELSIF C = '1' THEN
                dout<="010";
            ELSIF D = '1' THEN
                dout<="011";
            ELSIF E = '1' THEN
                dout<="100";
            ELSIF F = '1' THEN
                dout<="101";
            ELSIF G = '1' THEN
                dout<="110";
            ELSIF H = '1' THEN
                dout<="111";
            ELSE
                dout<="ZZZ";
            END IF;
        ELSE
            dout<="ZZZ";
        END IF;
    END PROCESS;
END rtl;
```

2. 七段数码管显示程序

```vhdl
LIBRARY IEEE;
USE IEEE.STD_LOGIC_1164.all;
ENTITY hex2led IS
 PORT ( a, b, c, d: IN STD_LOGIC;
        y: OUT STD_LOGIC_VECTOR( 6 DOWNTO 0));
END hex2led;
ARCHITECTURE rtl OF hex2led IS
 SIGNAL hex: STD_LOGIC_VECTOR(3 DOWNTO 0);
BEGIN
 hex<= a&b&c&d;
 WITH hex SELECT
 y<= "0000110" WHEN "0001",
     "1011011" WHEN "0010",
     "1001111" WHEN "0011",
     "1100110" WHEN "0100",
     "1101101" WHEN "0101",
     "1111101" WHEN "0110",
     "0000111" WHEN "0111",
     "1111111" WHEN "1000",
     "1101111" WHEN "1001",
     "1110111" WHEN "1010",
     "1111100" WHEN "1011",
     "0111001" WHEN "1100",
     "1011110" WHEN "1101",
     "1111001" WHEN "1110",
     "1110001" WHEN "1111",
     "0111111" WHEN others;
END rtl;
```

3. 串/并进、串出 8 位移位寄存器 VHDL 描述

```vhdl
LIBRARY IEEE;
USE IEEE.STD_LOGIC_1164.ALL;

ENTITY shifter IS
     PORT(clr : IN STD_LOGIC;
          clk : IN STD_LOGIC;
          ser : IN STD_LOGIC;
          clkin : IN STD_LOGIC;
          stld : IN STD_LOGIC;
          din : IN STD_LOGIC_VECTOR(0 to 7);
          qh : OUT STD_LOGIC );
ENF shifter;
ARCHITECTURE rtl OF shifter IS
     SIGNAL reg: STD_LOGIC_VECTOR(0 to 7);
```

```vhdl
BEGIN
    PROCESS (clk,clr)
    BEGIN
                IF clr = '1' THEN
                        reg<= (others =>'0')
                ELSIF clk'event and clk = '1' THEN
                        IF clkin = '0' THEN
                                IF stld = '0' THEN
                                        reg<= din;
                                ELSE
                                        reg<= ser & reg(0 to 6);
                                END IF;
                        END IF;
                END IF;
    END PROCESS;
    qh <= reg(7);
END rtl;
```

4. 计数器

```vhdl
-- clk: clock input   clr: clear input   en: enable input
-- Y: 0-a, 1-b, 2-c, 3-d, 4-e, 5-f, 6-g

LIBRARY ieee;
USE ieee.std_logic_1164.all;
USE ieee.std_logic_unsigned.all;

ENTITY counter2 IS
    PORT
        (clk, clr,en    : IN   STD_LOGIC;
         co             : OUT  STD_LOGIC;
         Y              : OUT  STD_LOGIC_VECTOR(6 downto 0));
END counter2;

ARCHITECTURE a OF counter2 IS
    SIGNAL  cnt  : STD_LOGIC_VECTOR(3 downto 0);
    SIGNAL  led  : STD_LOGIC_VECTOR(6 downto 0);
BEGIN
    PROCESS (clk)
    BEGIN
            IF (clk'EVENT AND clk = '1') THEN
                    IF clr = '1' THEN
                            cnt <= (OTHERS => '0');
                    ELSIF EN = '1' THEN
                            IF cnt = "1111" THEN
                                    cnt <= "0000";
```

```vhdl
                        ELSE
                                    cnt <= cnt + '1';
                        END IF;
                END IF;
            END IF;
        END PROCESS;

        co <= '1' WHEN cnt = "1111" ELSE '0';
        Y <= NOT led;

with cnt select
led<=    "1111001" when "0001",    --1
         "0100100" when "0010",    --2
         "0110000" when "0011",    --3
         "0011001" when "0100",    --4
         "0010010" when "0101",    --5
         "0000010" when "0110",    --6
         "1111000" when "0111",    --7
         "0000000" when "1000",    --8
         "0010000" when "1001",    --9
         "0001000" when "1010",    --A
         "0000011" when "1011",    --b
         "1000110" when "1100",    --C
         "0100001" when "1101",    --d
         "0000110" when "1110",    --E
         "0001110" when "1111",    --F
         "1000000" when others;    --0
END a;
```

参 考 文 献

[1] Douglas L. Perry,电子设计硬件描述语言——VHDL[M].周祖成,陆卫民,译.北京:学苑出版社,1994.
[2] 张亦华,延明.数字电路 EDA 技术入门——VHDL 程序实例集[M].北京:北京邮电大学出版社,2003.
[3] Quartus II 简介. Altera Corporation. 2004.
[4] Spartan - IIE 1.8V FPGA Family:Complete Data Sheet. Xilinx, Inc. ,July 2004.
[5] 姜立东,等.VHDL 语言程序设计及应用[M].第 2 版.北京:北京邮电大学出版社,2004.
[6] 李辉.PLD 与数字系统设计[M].西安:西安电子科技大学出版社,2005.
[7] 王行,李衍,等.EDA 技术入门与提高[M].西安:西安电子科技大学出版社,2005.
[8] 黄任.VHDL 入门·解惑·经典实例·经验总结[M].北京:北京航空航天大学出版社,2005.
[9] Virtex - II Platform FPGAs:Complete Data Sheet. Xilinx, Inc. ,March 2005.
[10] 延明,张亦华,肖冰.数字逻辑设计实验与 EDA 技术[M].北京:北京邮电大学出版社,2006.
[11] 延明,张亦华.数字电路 EDA 技术入门[M].北京:北京邮电大学出版社,2006.
[12] 褚振勇,齐亮,田红心.FPGA 设计及应用[M].第 2 版.西安:西安电子科技大学出版社,2009.
[13] 杨跃.FPGA 应用开发实战技巧精粹[M].北京:人民邮电出版社,2009.
[14] 潘松,黄继业.EDA 技术与 VHDL[M].第 3 版.北京:清华大学出版社,2009.
[15] 谈世哲,李健,管殿柱.基于 Xilinx ISE 的 FPGA/CPLD 设计与应用[M].北京:电子工业出版社,2009.
[16] 谭会生,张昌凡.EDA 技术及应用[M].第 2 版.西安:西安电子科技大学出版社,2011.
[17] 田耘,徐文波.Xilinx FPGA 开发实用教程[M].北京:清华大学出版社,2008.